陕西省通用安装工程消耗量定额

（2025）

第三册　静置设备与工艺金属结构制作安装工程

批准部门：陕 西 省 住 房 和 城 乡 建 设 厅
主编单位：陕西省建设工程造价服务中心
参编单位：陕西化建工程有限责任公司
软件支持：广 联 达 西 安 科 技 有 限 公 司
实施日期：2　0　2　5　年　7　月　1　日

中国计划出版社

北　京

本书编委会

本册编写人员名单

主　　编： 赵启哲　赵玉兰

副 主 编： 贺渤伦　曹　方　庄智斌

编写人员： 许泽梅　商　艳　武　波　李小平　刘　娴　张　铭
马红旗　张景映　金　平　梁　煜

软件操作： 郭继庆　路燚桓

总 说 明

一、《陕西省通用安装工程消耗量定额（2025）》共分十二册，包括：

第一册　机械设备安装工程

第二册　热力设备安装工程

第三册　静置设备与工艺金属结构制作安装工程

第四册　电气设备与线缆安装工程

第五册　建筑智能化安装工程

第六册　自动化控制仪表安装工程

第七册　通风空调安装工程

第八册　工业管道安装工程

第九册　消防安装工程

第十册　给排水、采暖、燃气安装工程

第十一册　信息通信设备与线缆安装工程

第十二册　防腐蚀、绝热工程

二、《陕西省通用安装工程消耗量定额（2025）》（以下简称“本定额”）是完成规定计量单位分部分项工程所需的人工、材料、施工机械台班、仪器仪表台班的消耗量标准。

三、本定额适用于工业与民用新建、扩建和改建工程项目中的通用安装工程。

四、本定额是在2021年《陕西省安装工程消耗量定额》基础上，以国家和有关行业发布的现行设计规程或规范、施工及验收规范、技术操作规程、质量评定标准、产品标准和安全操作规程、绿色建造规定等，并结合我省实际进行编制。

五、本定额是按照正常施工组织和施工条件，国内大多数施工企业采用的施工方法、机械装备水平、合理的劳动组织及工期进行编制。

1. 设备、材料、成品、半成品、构配件完整无损，符合质量标准和设计要求，附有合格证书和检验、试验合格记录。

2. 安装工程和土建工程之间的交叉作业合理、正常。

3. 安装地点、建筑物实体、设备基础、预留孔洞、预埋件等均符合安装设计要求。

4. 正常的气候、地理条件和施工环境。

5. 水、电供应均满足安装工程正常使用。

六、本定额未包括的项目，可按其他专业相应消耗量定额执行。

七、关于人工：

1. 人工以综合工日表示。

2. 人工消耗量包括基本用工、辅助用工和人工幅度差。

3. 人工每工日按照8小时工作制计算。

八、关于材料：

1. 材料泛指原材料、成品、半成品。包括施工中主要材料、辅助材料、周转材料和其他材料。在项目中以“（×××）”表示的材料为主要材料。

2. 材料用量：

（1）材料用量包括净用量和损耗量。

（2）材料损耗量包括从工地仓库运至安装堆放地点或现场加工地点运至安装地点的搬运损耗、安装操作损耗、安装地点堆放损耗。

（3）材料损耗量不包括场外的运输损失、仓库（含露天堆场）地点或现场加工地点保管损耗、由于材料规格和质量不符合要求而报废的数量；不包括规范、设计文件规定的预留量、搭接量、冗余量。

3. 项目中列出的周转性材料用量是按照不同施工方法、考虑不同工程项目类别、选取不同材料规格综合计算出的摊销量。

4. 对于用量少、低值易耗的零星材料，列为其他材料。按照消耗性材料费用比例计算。

九、关于机械：

1. 施工机械是按照常用机械、合理配备考虑，同时结合施工企业的机械化能力与水平等情况综合确定。

2. 施工机械台班消耗量是按照机械正常施工效率并考虑机械施工适当幅度差综合取定。

3. 原单位价值在 2000 元以内、使用年限在一年以内不构成固定资产的施工机械，不列入机械台班消耗量，其消耗的燃料动力等综合在其他材料费中。

4. 机械台班按每台班 8 小时工作制计算。

十、关于仪器仪表：

1. 仪器仪表是按照正常施工组织、施工技术水平考虑，同时结合市场实际情况综合确定。

2. 仪器仪表台班消耗量是按照仪器仪表正常使用率，并考虑必要的检验检测及适当幅度差综合取定。

3. 原单位价值在 2000 元以内、使用年限在一年以内不构成固定资产的仪器仪表，不列入仪器仪表台班消耗量，其消耗的燃料动力等综合在其他材料费中。

十一、关于水平运输和垂直运输：

1. 水平运输：

（1）水平运输距离是指由施工单位现场仓库或指定堆放地点运至安装地点或垂直运输点的距离。设备水平运距按照 200m、材料（含成品、半成品）水平运距按照 300m 综合取定，执行时不做调整。

（2）项目中未考虑场外运输和场内二次搬运。工程实际发生时应根据有关规定另行计算。

2. 垂直运输：

（1）垂直运输基准面为室外地坪。

（2）垂直运输是按照建筑物层数 6 层以下、建筑高度 20m 以下、地下深度 10m 以内考虑，工程实际超过时，应计算建筑物超高（深）增加费。

十二、关于安装操作高度：

1. 安装操作基准面一般是指室外地坪或室内各层楼地面地坪。

2. 安装操作高度是指安装操作基准面至安装点的垂直高度。除各册另有规定者外，安装操作高度综合取定为 6m 以内。工程实际超过时，应计算安装操作高度增加费。

十三、关于建筑超高（深）增加费：

1. 建筑超高（深）增加费是指在建筑物层数 6 层以上、建筑高度 20m 以上、地下深度 10m 以上的建筑施工时，应计算建筑超高（深）需要增加的安装费。各册另有规定者除外。

2. 建筑超高（深）增加费包括人工降效、使用机械（含仪器仪表、工具用具）降效、延长垂直运输时间等费用。

3. 建筑超高（深）增加费，以单位工程（群体建筑以车间或单栋楼设计为准）全部工程量（含地下、地上部分）为基数，按照系数法计算。系数详见各册说明。

4. 单位工程（群体建筑以车间或单栋楼设计为准）满足建筑高度、建筑物层数、地下深度之一者，均应计算建筑超高（深）增加费。

十四、关于脚手架搭拆：

1. 脚手架搭拆是根据施工组织设计、满足安装需要所采取的安装措施。脚手架搭拆除满足自身安全外，不包括工程项目安全、环保、文明等工作内容。

2. 脚手架搭拆综合考虑了不同的结构形式、材质、规模、占用时间等要素，执行时不做调整。

3. 在同一个单位工程内有若干专业安装时，凡符合脚手架搭拆计算规定者，应分别计算脚手架搭拆费用。

十五、本定额中没有考虑施工与生产同时进行、在有害身体健康（防腐工程、检测项目除外）条件下施工时的降效，工程实际发生时按各册相关规定另行计算。

十六、本定额适用于海拔 2000m 以下地区。

十七、本定额中注有“××以内”或“××以下”者，均包括××本身；注有“××以外”或“××以上”者，则不包括××本身。

十八、凡本说明未尽事宜，详见各册说明。

十九、本定额的解释和日常管理，由陕西省建设工程造价服务中心负责。

目 录

册说明……1

第一章 静置设备制作

说明……5
工程量计算规则……6
一、容器制作……7
1. 碳钢平底平盖容器制作……7
2. 碳钢平底锥顶容器制作……9
二、静置设备附件制作……11
1. 鞍座制作……11
2. 支座制作……12
3. 设备接管制作、安装（碳钢、合金钢）……13
4. 设备接管制作、安装（不锈钢）……19
5. 设备人孔制作、安装……25
6. 设备手孔制作、安装……33
7. 设备法兰制作……36
8. 塔器地脚螺栓制作……39

第二章 静置设备安装

说明……43
工程量计算规则……46
一、容器组装……48
1. 容器分片组装……48
2. 容器分段组对……54
二、整体容器安装……57
1. 卧式容器类设备安装……57
2. 塑料、玻璃钢容器……63
三、塔器组装……63
1. 塔类设备分片组装……63
2. 塔类设备分段组对……70
3. 塔类设备分段现场高空组对……73
4. 塔类固定件及锚固件安装……83
5. 龟甲网安装……87
6. 塔内衬合金板……87
四、整体塔器安装……88
1. 碳钢、不锈钢塔（立式容器）……88
2. 塔盘安装……93
3. 设备填料……111
五、热交换器类安装……112
1. 热交换器安装……112
2. 热交换器类设备地面抽芯检查……118
六、空气冷却器安装……119
1. 管束（翅片）安装……119
2. 空冷器构架及风机安装……121
七、整体反应器类安装……122
1. 基础标高 10m 以内……122
2. 10m < 基础标高 ≤ 20m……124
八、电解槽、除雾器安装……126
1. 立式隔膜电解槽……126
2. 箱式玻璃钢电除雾器……128
3. 电除雾器……129
4. 污水处理设备……130
九、设备压力试验与设备清洗、钝化、脱脂……132
1. 设备水压试验（设计压力 2.5MPa 以内）……132
2. 设备气密性试验……135
3. 设备清洗、钝化……148
4. 设备脱脂……156
十、设备制作、安装辅助项目……162
1. 吊耳制作、安装……162
2. 设备胎具制作、安装与加固件……163
3. 临时支撑架制作、安装、拆除……167
十一、补充项目……168
1. 催化剂装填……168

第三章 金属储罐制作安装

说明……171
工程量计算规则……174
一、金属立式储罐主体预制、安装……175
1. 搭接式拱顶罐预制、安装……175
2. 对接式拱顶罐预制、安装……177
3. 双盘式浮顶罐预制、安装……180
4. 单盘式浮顶罐预制、安装……183
5. 内浮顶罐预制、安装……185
6. 不锈钢罐预制、安装……187

7. 储罐底板板幅调整……189
8. 储罐壁板板幅调整……190
二、金属立式储罐附件安装……194
1. 立式拱顶罐附件……194
2. 浮顶罐附件……201
三、金属立式储罐水压试验……210
1. 拱顶罐、内浮顶罐水压试验……210
2. 浮顶罐升降试验……215
3. 浮顶排水系统严密性试验……217
4. 储罐加热器、加热盘管试压及吹扫……219
四、立式储罐胎具制作、安装与拆除……221
1. 立式储罐壁板卷弧胎具制作……221
2. 拱顶、内浮顶罐顶板预制胎具制作……222
3. 拱顶、内浮顶罐顶板组装胎具制作……223
4. 拱顶、内浮顶罐顶板组装胎具安装、拆除……225
5. 内浮顶钢制浮盘组装胎具制作……226
6. 内浮顶钢制浮盘组装胎具安装、拆除……227
7. 浮顶罐内脚手架正装胎具制作……228
8. 浮顶罐内脚手架正装胎具安装、拆除……231
9. 浮顶罐外脚手架安装、拆除……232
10. 浮顶罐船舱胎具制作……232
11. 拱顶、内浮顶油罐顶板组装胎具制作……234
12. 拱顶、内浮顶油罐顶板组装胎具安装、拆除……236
13. 拱顶、内浮顶油罐桅杆倒装吊具制作……237
14. 拱顶、内浮顶油罐桅杆倒装吊具安装、拆除……238
15. 拱顶、内浮顶油罐临时加固件制作……238
16. 拱顶、内浮顶油罐临时加固件安装、拆除……239

第四章 球形罐组对安装

说明……243
工程量计算规则……244
一、球形罐组装……245
1. 容量：50m³……245
2. 容量：120m³……246
3. 容量：200m³……248
4. 容量：400m³……250
5. 容量：650m³……252
6. 容量：1000m³……254
7. 容量：1500m³……256
8. 容量：2000m³……258
9. 容量：3000m³……260
10. 容量：4000m³……262
11. 容量：5000m³……263
12. 容量：6000m³……264
13. 容量：8000m³……265
14. 容量：10000m³……266
二、球形罐组装胎具制作、安装、拆除……267
1. 球形罐组装胎具制作……267
2. 球形罐组装胎具安装与拆除……269
三、球形罐试验……271
1. 球形罐水压试验……271
2. 球形罐气密性试验……275
四、球形罐焊接防护棚制作、安装、拆除……279
1. 金属防护棚……279
2. 防火篷布防护棚……281

第五章 气柜制作安装

说明……285
工程量计算规则……286
一、气柜制作、安装……287
1. 螺旋式气柜制作、安装……287
2. 低压干式气柜制作、安装……289
3. 直升式气柜制作、安装……290
4. 配重块安装……291
5. 密封装置制作、安装……291
二、胎具制作、安装与拆除……292
1. 直升式气柜组装胎具制作……292
2. 直升式气柜组装胎具安装、拆除……293
3. 螺旋式气柜组装胎具制作……293
4. 螺旋式气柜组装胎具安装、拆除……294
5. 干式气柜组装胎具制作……295
6. 干式气柜组装胎具安装、拆除……296
7. 螺旋式气柜轨道煨弯胎具制作……296
8. 螺旋式气柜型钢煨弯胎具制作……297
三、气柜充水、气密、快速升降试验……299

第六章 工艺金属结构制作安装

说明……305
工程量计算规则……307
一、金属结构制作、安装……308
1. 桁架、管廊、设备框架、单梁结构制作、安装……308

2. 高强度螺栓连接管廊钢结构制作、安装 …… 311
3. 高强度螺栓连接设备框架钢结构安装 …… 311
4. 联合平台制作、安装 …… 312
5. 平台制作、安装 …… 314
6. 格栅板平台安装 …… 317
7. 设备支架制作、安装 …… 318
8. 梯子、栏杆扶手制作、安装 …… 319
9. 零星小型金属结构件制作、安装 …… 320
二、烟囱、风道制作、安装 …… 321
1. 烟囱制作、安装 …… 321
2. 烟（风）道制作、安装 …… 322
三、料斗、料仓制作、安装 …… 323
1. 方形碳钢料斗、料仓预制、安装 …… 323
2. 形碳钢料斗、料仓预制、安装 …… 324
3. 铝合金料斗、料仓制作、安装 …… 325
4. 铝镁合金料斗、料仓制作 …… 326
5. 铝镁合金料斗、料仓安装 …… 329
6. 铝镁合金料斗、料仓接管制作、安装 …… 332
7. 不锈钢料斗、料仓制作 …… 334
8. 不锈钢料斗、料仓安装 …… 338
四、火炬及排气筒制作、安装 …… 341
1. 火炬、排气筒筒体制作、组对 …… 341
2. 火炬、排气筒型钢塔架制作、组对 …… 342
3. 火炬、排气筒钢管塔架现场制作、组装 …… 343
4. 火炬、排气筒整体吊装 …… 344
5. 火炬头安装 …… 346
五、型钢圈制作 …… 347
1. 钢板组合工字钢（H 型钢）制作 …… 347
2. 型钢圈制作 …… 348
3. 型钢圈煨制胎具 …… 351

第七章　撬块安装

说明 …… 355
工程量计算规则 …… 356
一、设备类工艺单元 …… 357
二、泵类工艺单元 …… 360
三、应急发电机组工艺单元 …… 363
四、仪表供风工艺单元 …… 364

第八章　综合辅助项目

说明 …… 367
工程量计算规则 …… 368
一、无损探伤检测 …… 369
1. X 射线探伤 …… 369
2. γ 射线探伤（内透法） …… 370
3. 超声波探伤 …… 370
4. 磁粉探伤 …… 371
5. 渗透探伤 …… 372
6. 光谱分析 …… 372
二、预热、后热与整体热处理 …… 373
1. 液化气预热 …… 373
2. 液化气后热 …… 374
3. 液化气预热、后热器具制作 …… 375
4. 电加热片预热、后热 …… 376
5. 焊后局部热处理 …… 377
6. 设备整体热处理 …… 378
7. 球罐整体热处理 …… 379
三、钢卷板开卷与平直 …… 384
四、现场组装平台铺设与拆除 …… 384
五、钢材半成品运输 …… 385
六、补充项目 …… 386
1. 硬度测定、TOFD 检测 …… 386

册 说 明

一、第三册《静置设备与工艺金属结构制作安装工程》适用于工业静置设备类的制作安装工程。包括：静置设备制作与安装、金属储罐制作安装、球形罐组对安装、气柜制作安装、工艺金属结构制作安装、撬块安装、检测等。

二、本册主要依据的规范标准有：

1.《压力容器》GB 150.1～GB 150.4—2011；

2.《塔式容器》NB/T 47041—2014；

3.《卧式容器》NB/T 47042—2014；

4.《热交换器》GB/T 151—2014；

5.《石油化工钢制压力容器》SH/T 3074—2018；

6.《现场设备、工业管道焊接工程施工规范》GB 50236—2011；

7.《石油化工静设备现场组焊技术规程》SH/T 3524—2009；

8.《石油化工铬镍不锈钢、铁镍合金、镍基合金及不锈钢复合钢焊接规范》SH/T 3523—2020；

9.《固定式压力容器安全技术监察规程》TSG 21—2016；

10.《钢制焊接常压容器》NB/T 47003.1—2009；

11.《固体料仓》NB/T 47003.2—2009；

12.《石油化工大型设备吊装工程施工技术规程》SH/T 3515—2017；

13.《石油化工钢结构工程施工质量验收规范》SH/T 3507—2011；

14.《金属材料熔焊质量要求》GB/T 12467—2009；

15.《钢结构设计标准》GB 50017—2017；

16.《钢结构工程施工规范》GB 50755—2017；

17.《钢结构工程施工质量验收规范》GB 50205—2020；

18.《金属焊接结构湿式气柜施工及验收规范》HG/T 20212—2017；

19.《钢结构焊接规范》GB 50661—2011；

20.《钢结构用扭剪型高强度螺栓连接副》GB/T 3632—2008；

21.《钢制球形储罐》GB/T 12337—2014；

22.《球形储罐施工规范》GB 50094—2010；

23.《钢制球型储罐型式与基本参数》GB/T 17261—2011；

24.《立式圆筒形钢制焊接储罐施工规范》GB 50128—2014；

25.《石油化工球形储罐施工技术规程》SH/T 3512—2011；

26.《承压设备无损检测》NB/T 47013.1～6—2015；

27.《热处理质量控制体系》GB/T 32541—2016；

28.《建筑工程施工质量验收统一标准》GB 50300—2013；

29.《石油化工立式圆筒形钢制储罐施工技术规程》SH/T 3530—2011；

30.《石油化工球形储罐施工技术规程》SH/T 3512—2011；

31.《立式圆筒形料仓施工及验收规范》SH/T 3513—2019；

32.《板式塔内件技术规范》NB/T 10557—2021；

33.《容器支座》NB/T 47065.1～5—2018。

三、本册除各章另有说明外，均包括以下工作内容：施工准备，设备、材料及工机具场内运输，配合基础验收，吊装设备就位、安装、连接、找正、固定，配套附件安装，临时移动水源与电源，配合检查验收等。

四、本册除各章另有说明外，不包括以下内容：

1. 除高压设备外，金属垫片的热处理和紧固件的冷紧、热固。

2. 设备安装所需吊耳的制作、安装与拆除。

3. 吊装加固件的制作、安装与拆除。

4. 60t 及以上设备的场内水平运输。

5. 施压临时管线的敷设与拆除。

6. 除高压设备外，金属垫片的热处理和紧固件的冷紧、热固。

五、相关说明

1. 地脚螺栓灌浆，应执行第一册《机械设备安装工程》相应项目。

2. 设备防腐蚀、绝热工程，应执行第十二册《防腐蚀、绝热工程》相应项目。

六、下列费用可按系数分别计取：

1. 脚手架搭拆费，应按安装工程人工费的 8%计算。其中：人工费为 40%、材料费为 50%、机械费为 10%。搭设高度超过 25m 的静置设备安装脚手架，应按照施工方案另行计算。

2. 安装与生产同时进行增加的费用，应按安装工程人工费的 6%计算。

3. 在有害身体健康的环境中施工降效增加的费用，应按安装工程人工费的 6%计算。

4. 安装高度超过安装操作基准面 6m 时，安装操作高度增加费，应按照相应安装项目人工费和机械费乘以下表规定系数计算：

系数表

设备底座标高距离安装操作基准面（m）	≤ 10	≤ 30	≤ 50	＞50
系数	0.10	0.30	0.50	0.75

5. 拆除费用(现场变更等因素需要拆除的项目)：应按相应安装项目人工费、机械费的 40%，材料费的 8%计算。

七、站内工艺系统调整费，应按照各站工艺系统内全部安装工程人工费的 10%计算。其中：人工费为 40%，材料费为 10%，机械费为 50%。在计算系统调试费时，须遵守下列规定：

1. 站内系统调整费是指独立的制冷站（库）、空气压缩站、乙炔发生站、水压机蓄势站、制氧站、煤气站等工程。

2. 系统调试费适用于第一册《机械设备安装工程》、第三册《静置设备与工艺金属结构制作安装工程》、第八册《工业管道安装工程》、第十二册《防腐蚀、绝热工程》四册安装项目中的站内工艺系统安装工程。

八、安装项目中设备地脚螺栓和连接设备各部件的螺栓、销钉、垫片，按照随设备配套供货考虑。如果工程实际由施工单位采购配置安装所用螺栓、销钉、垫片时，根据实际安装用量加 3%损耗另行计算其费用。

第一章

静置设备制作

说　明

一、本章内容包括容器、塔器的人孔、手孔、接管、鞍座、支座、地脚螺栓、设备法兰等制作与装配。

二、本章不包括以下工作内容：

1. 各种型钢圈、支撑圈及加固圈的煨制。
2. 胎具的制作、安装与拆除。
3. 设备附属的梯子、平台、栏杆、扶手的制作安装。
4. 压力试验与无损探伤检验。
5. 预热、后热与整体热处理。
6. 工艺评定及产品试板检验。

三、外购件（外协件）按实际采购价计入主材费。

四、主要材料利用率见下表。

主要材料利用率表

材料	筒体（常压）	圆形平底盖	伞形顶盖	法兰		鞍（支）座	地脚螺栓	接管
				≤ ϕ500	> ϕ500			
利用率	95%	75%	70%	30%	55%	84%	93%	90%

注：1. 金属常压容器套用"筒体（常压）"利用率。
2. 人孔、手孔、接管补强板损耗按筒体主材利用率计算，工程量可计入到筒体中。
3. 短管按接管制作的利用率。
4. 设备法兰制作，按法兰外径的尺寸计算主材利用率；外购法兰按成品外购件计算。
5. 各部件材料毛重 = 各部件金属净重/该部件主材利用率。
6. 主材费 = Σ（各部件金属材料单价 × 各部件材料毛重）。

工程量计算规则

一、金属容器制作项目中的“金属净重量”是指以设计图示尺寸计算的金属重量，应区分其不同容积，分别以“t”为计量单位。

1. 计算金属容器的设备重量时，不扣除内部附件、开孔割除部分的重量；不包括外部附件（人、手孔，接管，鞍座，支座）和内部防腐、刷油、绝缘及填充物的重量。

2. 内部附件如属于外构件或外协件时，其重量应从金属容器净重量中扣除。

二、鞍座、支座制作，应区分不同重量按设计图示尺寸，分别以“t”为计量单位。

三、接管、人孔、手孔制作安装，应区分不同设计压力、材质、管径，按设计图示数量，分别以“个”为计量单位。

四、法兰制作，应区分公称压力、管径，按设计图示数量，分别以“个”为计量单位。

五、塔器地脚螺栓制作，应区分螺栓不同直径，按设计图示数量，分别以“10 个”为计量单位。

一、容 器 制 作

1. 碳钢平底平盖容器制作

工作内容：放样号料、切割、调直、卷弧、钻孔、割豁、拼接、滚圆、找圆、组对、焊接等。 **计量单位：**t

编　号				3-1-1	3-1-2	3-1-3	3-1-4	3-1-5
项　目				容积（m^3 以内）				
				1	2	4	6	8
		名　称	单位	消　耗　量				
人工	000203000	综合二类工	工日	12.667	11.298	9.280	8.940	8.078
材料	012900002	钢板（综合）	kg	16.225	15.547	14.185	12.929	10.707
	142907002	乙炔气	kg	2.786	2.634	2.485	2.351	2.274
	142909001	氧气	m^3	7.244	6.849	6.461	6.112	5.913
	031301009	低碳钢焊条 J427（综合）	kg	27.685	23.112	21.597	19.931	19.060
	050301001	木材	m^3	0.053	0.044	0.033	0.027	0.027
	022305004	碳精棒 ϕ8～12	根	22.069	26.635	22.830	20.547	19.025
	031101009	尼龙砂轮片 ϕ100	片	7.724	6.560	5.936	5.418	4.102
	031101010	尼龙砂轮片 ϕ150	片	3.584	3.440	3.151	2.892	1.408
	170100004	钢管（综合）	kg	—	—	—	—	2.633
	850103006	其他材料费（占材料费）	%	3.000	3.000	3.000	3.000	3.000
机械	990304016	汽车式起重机 16t	台班	1.799	1.185	0.675	0.554	0.389
	990308020	桥式起重机 15t	台班	1.730	1.626	1.436	1.323	1.125
	990401020	载重汽车 5t	台班	0.960	0.718	0.614	0.502	0.337
	990401035	载重汽车 10t	台班	0.069	0.061	0.061	0.061	0.061
	990727020	立式钻床 35mm	台班	0.208	0.182	0.017	0.173	0.164
	990732035	剪板机 20×2500mm	台班	0.268	0.216	0.138	0.138	0.138
	990734005	卷板机 2×1600mm	台班	1.583	1.401	1.384	1.289	1.012
	990734015	卷板机 20×2500mm	台班	0.251	0.234	0.216	0.199	0.147
	990736010	刨边机 9000mm	台班	0.104	0.087	0.061	0.061	0.061
	990901020	交流弧焊机 32kV·A	台班	6.764	6.219	6.012	5.640	5.640
	990744010	半自动切割机 100mm	台班	0.554	0.510	0.458	0.415	0.329
	991003050	电动空气压缩机 $6m^3$/min	台班	0.891	0.701	0.606	0.562	0.562
	990919040	电焊条烘干箱 80×80×$100cm^3$	台班	0.675	0.623	0.606	0.562	0.562
	990920010	电焊条恒温箱	台班	0.675	0.623	0.606	0.562	0.562

工作内容：放样号料、切割、调直、卷弧、钻孔、割豁、拼接、滚圆、找圆、组对、焊接等。 **计量单位：**t

编号				3-1-6	3-1-7	3-1-8	3-1-9
项目				容积（m^3以内）			
				10	15	20	30
名称			单位	消耗量			
人工	000203000	综合二类工	工日	8.013	7.868	7.177	5.523
材料	012900002	钢板（综合）	kg	9.642	9.619	9.535	5.639
	142907002	乙炔气	kg	2.101	1.864	1.710	1.399
	142909001	氧气	m^3	5.463	4.847	4.445	3.637
	031301009	低碳钢焊条 J427（综合）	kg	19.725	19.215	18.698	6.560
	031303007	碳钢埋弧焊丝	kg	—	—	—	4.475
	031305007	埋弧焊剂	kg	—	—	—	2.237
	050301001	木材	m^3	0.027	0.027	0.021	0.021
	022305004	碳精棒 ϕ8～12	根	18.264	16.742	15.220	13.698
	031101009	尼龙砂轮片 ϕ100	片	4.087	4.049	3.957	3.767
	031101010	尼龙砂轮片 ϕ150	片	1.286	1.081	0.989	0.799
	170100004	钢管（综合）	kg	2.374	1.903	1.903	1.903
	850103006	其他材料费（占材料费）	%	3.000	3.000	—	3.000
机械	990304016	汽车式起重机 16t	台班	0.355	0.061	0.061	0.052
	990304008	汽车式起重机 10t	台班	—	0.277	0.216	0.061
	990308020	桥式起重机 15t	台班	1.047	1.021	1.003	0.908
	990309030	门式起重机 20t	台班	—	—	—	0.061
	990401020	载重汽车 5t	台班	0.294	0.277	0.216	0.061
	990401035	载重汽车 10t	台班	0.061	0.061	0.061	0.121
	990727020	立式钻床 35mm	台班	0.156	0.156	0.156	0.147
	990732035	剪板机 20×2500mm	台班	0.121	0.121	0.112	0.112
	990734005	卷板机 2×1600mm	台班	0.995	0.977	0.960	0.917
	990734015	卷板机 20×2500mm	台班	0.130	0.130	0.121	0.121
	990736010	刨边机 9000mm	台班	0.061	0.061	0.061	0.061
	990901020	交流弧焊机 32kV·A	台班	5.493	4.896	4.420	1.972
	990915020	自动埋弧焊机 1200A	台班	—	—	—	0.173
	990744010	半自动切割机 100mm	台班	0.285	0.234	0.208	0.156
	991003050	电动空气压缩机 6m^3/min	台班	0.545	0.493	0.441	0.199
	990919040	电焊条烘干箱 80×80×100cm^3	台班	0.545	0.493	0.441	0.199
	990920010	电焊条恒温箱	台班	0.545	0.493	0.441	0.199

2. 碳钢平底锥顶容器制作

工作内容：放样号料、切割、调直、弯曲、套丝、补强圈制作、组对、焊接、设备开孔、紧固螺栓等。

计量单位：t

编号				3-1-10	3-1-11	3-1-12	3-1-13
项目				容积（m^3 以内）			
				12	16	20	30
		名称	单位	消耗量			
人工	000203000	综合二类工	工日	12.555	11.888	11.227	9.780
材料	012900002	钢板（综合）	kg	24.512	23.294	21.491	16.521
	142907002	乙炔气	kg	2.637	2.629	2.617	2.017
	142909001	氧气	m^3	6.856	6.835	6.803	5.243
	031301009	低碳钢焊条 J427（综合）	kg	24.740	21.833	21.491	21.064
	050301001	木材	m^3	0.028	0.024	0.021	0.020
	022305004	碳精棒 ϕ8～12	根	19.025	18.264	17.503	15.981
	031101009	尼龙砂轮片 ϕ100	片	5.860	5.137	4.863	4.018
	031101010	尼龙砂轮片 ϕ150	片	3.151	2.983	2.877	2.618
	170100004	钢管（综合）	kg	3.417	3.211	3.014	2.702
	370100002	钢轨	m	2.222	2.146	2.062	1.202
	050105001	道木（综合）	m^3	0.019	0.018	0.018	0.017
	031101019	碟形钢丝砂轮片 ϕ100	片	0.928	0.837	0.753	0.677
	850103006	其他材料费（占材料费）	%	3.000	3.000	3.000	3.000
机械	990304016	汽车式起重机 16t	台班	0.415	0.052	0.061	0.061
	990308020	桥式起重机 15t	台班	1.159	1.107	1.064	1.003
	990401020	载重汽车 5t	台班	0.363	0.355	0.303	0.173
	990401035	载重汽车 10t	台班	0.061	0.052	0.061	0.061
	990727010	立式钻床 25mm	台班	0.173	0.164	0.164	0.156
	990732035	剪板机 20×2500mm	台班	0.147	0.121	0.121	0.009
	990734005	卷板机 2×1600mm	台班	1.272	1.272	1.272	1.220
	990734015	卷板机 20×2500mm	台班	0.216	0.208	0.199	0.173
	990736010	刨边机 9000mm	台班	0.372	0.294	0.190	0.173
	990901020	交流弧焊机 32kV·A	台班	6.695	6.124	5.891	5.450
	990744010	半自动切割机 100mm	台班	0.190	0.182	0.173	0.121
	991003050	电动空气压缩机 $6m^3$/min	台班	0.666	0.614	0.588	0.545
	990919040	电焊条烘干箱 80×80×100cm^3	台班	0.666	0.614	0.588	0.545
	990920010	电焊条恒温箱	台班	0.666	0.614	0.588	0.545
	990309030	门式起重机 20t	台班	0.363	0.337	0.337	0.329
	990808010	真空泵 $204m^3$/h	台班	0.078	0.078	0.078	0.078
	990304008	汽车式起重机 10t	台班	—	0.355	0.303	0.173

工作内容： 放样号料、切割、调直、弯曲、套丝、补强圈制作、组对、焊接、设备开孔、紧固螺栓等。

计量单位：t

编号				3-1-14	3-1-15	3-1-16	3-1-17
项目				容积（m^3以内）			
				40	50	60	80
名称			单位	消耗量			
人工	000203000	综合二类工	工日	9.490	9.182	8.880	8.590
材料	012900002	钢板（综合）	kg	15.661	14.801	14.345	13.896
	142907002	乙炔气	kg	1.668	1.668	1.522	1.447
	142909001	氧气	m^3	4.338	4.336	3.957	3.762
	031301009	低碳钢焊条 J427（综合）	kg	20.646	20.250	20.144	20.037
	050301001	木材	m^3	0.015	0.017	0.017	0.017
	022305004	碳精棒 ϕ8～12	根	14.459	13.698	13.698	13.698
	031101009	尼龙砂轮片 ϕ100	片	3.828	3.828	3.782	3.737
	031101010	尼龙砂轮片 ϕ150	片	2.329	2.222	2.116	1.963
	170100004	钢管（综合）	kg	2.382	2.108	2.108	1.864
	370100002	钢轨	m	1.005	1.005	0.860	0.837
	050105001	道木（综合）	m^3	0.017	0.017	0.015	0.014
	031101019	碟形钢丝砂轮片 ϕ100	片	0.061	0.586	0.502	0.411
	850103006	其他材料费（占材料费）	%	3.000	3.000	3.000	3.000
机械	990304016	汽车式起重机 16t	台班	0.061	0.061	0.061	0.052
	990304008	汽车式起重机 10t	台班	0.069	—	—	—
	990308020	桥式起重机 15t	台班	0.943	0.882	0.839	0.796
	990401020	载重汽车 5t	台班	0.069	—	—	—
	990401035	载重汽车 10t	台班	0.138	0.190	0.173	0.147
	990727010	立式钻床 25mm	台班	0.147	0.147	0.147	0.147
	990732035	剪板机 20×2500mm	台班	0.112	0.112	0.104	0.112
	990734005	卷板机 2×1600mm	台班	1.211	1.194	1.168	1.142
	990734015	卷板机 20×2500mm	台班	0.138	0.121	0.112	0.095
	990736010	刨边机 9000mm	台班	0.164	0.156	0.147	0.138
	990901020	交流弧焊机 32kV·A	台班	5.155	4.991	4.818	4.654
	990744010	半自动切割机 100mm	台班	0.121	0.112	0.104	0.095
	991003050	电动空气压缩机 6m^3/min	台班	0.519	0.502	0.484	0.467
	990919040	电焊条烘干箱 80×80×100cm^3	台班	0.519	0.502	0.484	0.467
	990920010	电焊条恒温箱	台班	0.519	0.502	0.484	0.467
	990309030	门式起重机 20t	台班	0.407	0.441	0.415	0.398
	990808010	真空泵 204m^3/h	台班	0.078	0.078	0.078	0.078

二、静置设备附件制作

1. 鞍座制作

工作内容：放样号料、切割、调直、卷弧、钻孔、割豁、拼接、滚圆、找圆、组对、焊接等。 **计量单位**：t

编号				3-1-18	3-1-19	3-1-20	3-1-21	3-1-22	3-1-23	3-1-24
项目				鞍座每件重量（kg 以内）						
				50	100	300	500	600	800	800 以上
名称			单位	消耗量						
人工	000203000	综合二类工	工日	40.175	32.614	26.933	23.625	19.365	17.200	15.587
材料	142907002	乙炔气	kg	6.111	5.495	4.259	3.884	3.352	3.084	2.873
	142909001	氧气	m^3	15.890	14.287	11.073	10.098	8.714	8.018	7.470
	031301009	低碳钢焊条 J427（综合）	kg	38.248	35.447	32.845	30.432	25.661	22.518	21.635
	022305004	碳精棒 ϕ8～12	根	6.849	3.425	1.005	0.822	0.457	0.365	0.320
	031101009	尼龙砂轮片 ϕ100	片	13.378	10.563	7.640	5.753	3.942	3.714	3.554
	031101010	尼龙砂轮片 ϕ150	片	3.805	1.903	1.043	0.852	0.594	0.533	0.479
	850103006	其他材料费（占材料费）	%	3.000	3.000	3.000	3.000	3.000	3.000	3.000
机械	990304016	汽车式起重机 16t	台班	0.020	0.018	0.014	0.012	0.010	0.009	0.008
	990308020	桥式起重机 15t	台班	5.034	2.648	1.049	0.827	0.570	0.478	0.435
	990401035	载重汽车 10t	台班	0.020	0.019	0.016	0.014	0.012	0.011	0.010
	990727010	立式钻床 25mm	台班	1.611	0.805	0.235	0.172	0.107	0.085	0.075
	990732035	剪板机 20 × 2500mm	台班	0.805	0.403	0.170	0.125	0.085	0.067	0.065
	990734015	卷板机 20 × 2500mm	台班	0.141	0.081	0.064	0.048	0.042	0.034	0.031
	990901020	交流弧焊机 32kV · A	台班	18.304	13.619	9.302	7.567	5.649	5.217	5.066
	991003050	电动空气压缩机 $6m^3$/min	台班	0.122	0.101	0.056	0.046	0.025	0.020	0.018
	990919040	电焊条烘干箱 80 × 80 × $100cm^3$	台班	1.830	1.362	0.930	0.757	0.565	0.521	0.507
	990920010	电焊条恒温箱	台班	1.830	1.362	0.930	0.757	0.565	0.521	0.505

2. 支座制作

工作内容：放样号料、切割、调直、卷弧、钻孔、割豁、拼接、滚圆、找圆、组对、焊接等。 **计量单位：**t

编号				3-1-25	3-1-26
项目				支座每件重量（kg）	
				20	80
名称			单位	消耗量	
人工	000203000	综合二类工	工日	39.907	37.135
材料	142907002	乙炔气	kg	3.465	1.920
	142909001	氧气	m^3	9.010	4.992
	031301009	低碳钢焊条 J427（综合）	kg	81.427	53.163
	031101009	尼龙砂轮片 ϕ100	片	20.844	8.881
	031101010	尼龙砂轮片 ϕ150	片	1.689	3.105
	850103006	其他材料费（占材料费）	%	3.000	3.000
机械	990304016	汽车式起重机 16t	台班	0.045	0.016
	990308020	桥式起重机 15t	台班	2.103	3.419
	990401035	载重汽车 10t	台班	0.089	0.033
	990727010	立式钻床 25mm	台班	0.537	0.395
	990732035	剪板机 20×2500mm	台班	0.268	0.198
	990734015	卷板机 20×2500mm	台班	0.045	0.033
	990901020	交流弧焊机 32kV·A	台班	18.387	13.542
	990919040	电焊条烘干箱 80×80×100cm^3	台班	1.839	1.355
	990920010	电焊条恒温箱	台班	1.839	1.355

3. 设备接管制作、安装（碳钢、合金钢）

工作内容：放样号料、切割、调直、弯曲、套丝、补强圈制作、组对、焊接、设备开孔、紧固螺栓等。

计量单位：个

编号				3-1-27	3-1-28	3-1-29	3-1-30	3-1-31
项目				设计压力 $PN \leqslant$（MPa）				
				1.6				
				管径（mm 以内）				
				25	50	80	100	125
名称			单位	消耗量				
人工	000203000	综合二类工	工日	0.325	0.400	0.489	1.290	1.372
材料	012903011	热轧中厚钢板 δ8～20	kg	—	—	—	0.875	1.027
	142907002	乙炔气	kg	0.058	0.102	0.164	0.568	0.666
	142909001	氧气	m^3	0.151	0.265	0.427	1.478	1.731
	031301009	低碳钢焊条 J427（综合）	kg	0.053	0.099	0.183	1.568	1.720
	031101009	尼龙砂轮片 ϕ100	片	0.472	0.487	0.510	0.183	0.183
	031101010	尼龙砂轮片 ϕ150	片	0.046	0.084	0.129	0.693	0.814
	850103006	其他材料费（占材料费）	%	3.000	3.000	3.000	3.000	3.000
机械	990308020	桥式起重机 15t	台班	0.008	0.008	0.008	0.010	0.012
	990734005	卷板机 2×1600mm	台班	0.088	0.101	0.117	0.195	0.198
	990734015	卷板机 20×2500mm	台班	—	—	—	0.008	0.008
	990901020	交流弧焊机 32kV·A	台班	0.048	0.070	0.092	0.339	0.339
	990919040	电焊条烘干箱 80×80×100cm³	台班	0.005	0.007	0.009	0.034	0.034
	990920010	电焊条恒温箱	台班	0.005	0.007	0.009	0.034	0.034

工作内容：放样号料、切割、调直、弯曲、套丝、补强圈制作、组对、焊接、设备开孔、紧固螺栓等。

计量单位：个

编号				3-1-32	3-1-33	3-1-34	3-1-35	3-1-36
项目				设计压力 $PN \leqslant$（MPa）				
				1.6				
				管径（mm 以内）				
				150	200	250	300	350
名称			单位	消耗量				
人工	000203000	综合二类工	工日	1.524	1.944	2.386	2.697	2.977
材料	012903011	热轧中厚钢板 δ8～20	kg	1.233	1.667	2.001	2.329	2.656
	142907002	乙炔气	kg	0.796	1.091	1.359	1.606	1.865
	142909001	氧气	m^3	2.071	2.835	3.533	4.176	4.849
	031301009	低碳钢焊条 J427（综合）	kg	1.864	2.679	3.592	4.231	5.198
	031101009	尼龙砂轮片 ϕ100	片	0.228	0.312	0.419	0.495	0.632
	031101010	尼龙砂轮片 ϕ150	片	0.974	1.332	1.613	1.895	2.176
	850103006	其他材料费（占材料费）	%	3.000	3.000	3.000	3.000	3.000
机械	990308020	桥式起重机 15t	台班	0.013	0.016	0.018	0.020	0.022
	990734005	卷板机 2×1600mm	台班	0.225	0.268	0.317	0.346	0.373
	990734015	卷板机 20×2500mm	台班	0.008	0.008	0.008	0.008	0.008
	990901020	交流弧焊机 32kV·A	台班	0.394	0.565	0.712	0.823	0.892
	990919040	电焊条烘干箱 80×80×100cm^3	台班	0.040	0.057	0.071	0.083	0.089
	990920010	电焊条恒温箱	台班	0.040	0.057	0.071	0.083	0.089

工作内容：放样号料、切割、调直、弯曲、套丝、补强圈制作、组对、焊接、设备开孔、紧固螺栓等。 **计量单位**：个

编号				3-1-37	3-1-38	3-1-39	3-1-40
项目				设计压力*PN*≤（MPa）			
				1.6			
				管径（mm 以内）			
				400	450	500	600
名称			单位	消耗量			
人工	000203000	综合二类工	工日	3.302	3.763	4.205	5.715
材料	012903011	热轧中厚钢板 δ8～20	kg	2.976	3.333	3.683	4.330
	142907002	乙炔气	kg	2.103	2.371	2.615	3.135
	142909001	氧气	m^3	5.468	6.164	6.799	8.150
	031301009	低碳钢焊条 J427（综合）	kg	5.784	6.507	7.176	8.919
	031101009	尼龙砂轮片 ϕ100	片	0.708	0.799	0.883	1.111
	031101010	尼龙砂轮片 ϕ150	片	2.443	2.740	3.029	3.577
	850103006	其他材料费（占材料费）	%	3.000	3.000	3.000	3.000
机械	990308020	桥式起重机 15t	台班	0.070	0.087	0.099	0.121
	990734005	卷板机 2×1600mm	台班	0.418	0.474	0.542	0.655
	990734015	卷板机 20×2500mm	台班	0.008	0.008	0.008	0.009
	990901020	交流弧焊机 32kV·A	台班	0.997	1.132	1.274	1.522
	990919040	电焊条烘干箱 80×80×100cm³	台班	0.100	0.113	0.127	0.153
	990920010	电焊条恒温箱	台班	0.100	0.113	0.127	0.153

工作内容：放样号料、切割、调直、弯曲、套丝、补强圈制作、组对、焊接、设备开孔、紧固螺栓等。

计量单位：个

编号				3-1-41	3-1-42	3-1-43	3-1-44	3-1-45
项目				设计压力$PN \leqslant$（MPa）				
				4				
				管径（mm 以内）				
				25	50	80	100	125
名称			单位	消耗量				
人工	000203000	综合二类工	工日	0.422	0.509	0.697	1.585	1.778
材料	142907002	乙炔气	kg	0.092	0.152	0.246	0.732	0.858
	142909001	氧气	m^3	0.240	0.395	0.639	1.904	2.230
	031301009	低碳钢焊条 J427（综合）	kg	0.076	0.183	0.510	2.991	3.752
	031101009	尼龙砂轮片 ϕ100	片	0.015	0.030	0.061	0.183	0.221
	031101010	尼龙砂轮片 ϕ150	片	0.099	0.183	0.282	0.845	0.997
	012903011	热轧中厚钢板 δ8～20	kg	—	—	—	0.875	1.027
	850103006	其他材料费（占材料费）	%	3.000	3.000	3.000	3.000	3.000
机械	990308020	桥式起重机 15t	台班	0.008	0.008	0.008	0.013	0.014
	990901020	交流弧焊机 32kV·A	台班	0.075	0.109	0.170	0.510	0.609
	990919040	电焊条烘干箱 80×80×100cm^3	台班	0.008	0.011	0.018	0.052	0.061
	990734005	卷板机 2×1600mm	台班	0.114	0.131	0.153	0.204	0.257
	990734025	卷板机 30×2000mm	台班	—	—	—	0.008	0.008
	990920010	电焊条恒温箱	台班	0.008	0.011	0.018	0.052	0.061

工作内容：放样号料、切割、调直、弯曲、套丝、补强圈制作、组对、焊接、设备开孔、紧固螺栓等。

计量单位：个

编号				3-1-46	3-1-47	3-1-48	3-1-49	3-1-50
项目				设计压力$PN \leqslant$（MPa）				
				4				
				管径（mm 以内）				
				150	200	250	300	350
名称			单位	消耗量				
人工	000203000	综合二类工	工日	1.965	2.439	2.889	3.247	3.585
材料	142907002	乙炔气	kg	1.025	1.404	1.750	2.068	2.402
	142909001	氧气	m^3	2.664	3.650	4.551	5.376	6.246
	031301009	低碳钢焊条 J427（综合）	kg	4.467	6.012	7.397	8.721	9.680
	031101009	尼龙砂轮片 $\phi 100$	片	0.266	0.358	0.449	0.548	0.601
	031101010	尼龙砂轮片 $\phi 150$	片	1.195	1.613	1.963	2.306	2.648
	012903011	热轧中厚钢板 $\delta 8 \sim 20$	kg	1.233	1.367	2.001	2.329	2.656
	850103006	其他材料费（占材料费）	%	3.000	3.000	3.000	3.000	3.000
机械	990734005	卷板机 2×1600mm	台班	0.293	0.348	0.412	0.449	0.485
	990734025	卷板机 30×2000mm	台班	0.008	—	—	—	—
	990734040	卷板机 40×3500mm	台班	—	0.008	0.008	0.008	0.008
	990308020	桥式起重机 15t	台班	0.015	0.019	0.021	0.025	0.028
	990901020	交流弧焊机 32kV·A	台班	0.732	0.926	1.135	1.309	1.444
	990919040	电焊条烘干箱 80×80×100cm^3	台班	0.071	0.092	0.113	0.132	0.144
	990920010	电焊条恒温箱	台班	0.071	0.092	0.113	0.132	0.144

工作内容： 放样号料、切割、调直、弯曲、套丝、补强圈制作、组对、焊接、设备开孔、紧固螺栓等。

计量单位： 个

编号				3-1-51	3-1-52	3-1-53	3-1-54
项目				设计压力PN ≤（MPa）			
				4			
				管径（mm 以内）			
				400	450	500	600
名称			单位	消耗量			
人工	000203000	综合二类工	工日	3.998	4.550	5.088	6.080
材料	012903011	热轧中厚钢板 δ8～20	kg	2.976	3.409	3.683	4.330
	142907002	乙炔气	kg	2.709	3.054	3.368	4.035
	142909001	氧气	m^3	7.043	7.940	8.758	10.490
	031301009	低碳钢焊条 J427（综合）	kg	10.898	12.290	13.584	16.597
	031101009	尼龙砂轮片 ϕ100	片	0.693	0.784	0.868	1.103
	031101010	尼龙砂轮片 ϕ150	片	2.968	3.348	3.683	4.353
	850103006	其他材料费（占材料费）	%	3.000	3.000	3.000	3.000
机械	990308020	桥式起重机 15t	台班	0.092	0.110	0.125	0.153
	990734005	卷板机 2×1600mm	台班	0.543	0.615	0.704	0.852
	990734040	卷板机 40×3500mm	台班	0.008	0.008	0.008	0.009
	990901020	交流弧焊机 32kV·A	台班	1.593	1.851	2.083	2.521
	990919040	电焊条烘干箱 80×80×100cm³	台班	0.164	0.185	0.208	0.253
	990920010	电焊条恒温箱	台班	0.164	0.185	0.208	0.253

4. 设备接管制作、安装（不锈钢）

工作内容：放样号料、切割、调直、弯曲、套丝、补强圈制作、组对、焊接、设备开孔、紧固螺栓等。

计量单位：个

编号				3-1-55	3-1-56	3-1-57	3-1-58	3-1-59
项目				设计压力 $PN\leqslant$（MPa）				
				1.6				
				管径（mm 以内）				
				25	50	80	100	125
名称			单位	消耗量				
人工	000203000	综合二类工	工日	0.600	0.725	0.910	1.869	2.000
材料	031301001	不锈钢焊条（综合）	kg	0.053	0.099	0.183	1.355	1.469
	143103001	硝酸	kg	0.015	0.030	0.046	0.107	0.122
	143157001	氢氟酸 45%	kg	0.008	0.008	0.008	0.015	0.015
	031101017	不锈钢专用砂轮片	片	0.030	0.046	0.076	0.472	0.297
	143169002	酸洗膏	kg	0.030	0.061	0.091	0.205	0.244
	133521001	飞溅净	kg	0.038	0.068	0.107	0.236	0.282
	850103006	其他材料费（占材料费）	%	1.500	1.500	1.500	1.500	1.500
机械	990901020	交流弧焊机 32kV·A	台班	0.064	0.102	0.132	0.426	0.455
	990743010	等离子切割机 400A	台班	0.035	0.057	0.078	0.138	0.281
	991003030	电动空气压缩机 $1m^3/min$	台班	0.035	0.057	0.078	0.138	0.281
	990919040	电焊条烘干箱 $80\times80\times100cm^3$	台班	0.006	0.010	0.014	0.042	0.046
	990734005	卷板机 2×1600mm	台班	0.132	0.151	0.175	0.282	0.302
	990734015	卷板机 20×2500mm	台班	—	—	—	0.008	0.008
	990920010	电焊条恒温箱	台班	0.006	0.010	0.014	0.042	0.046
	991003050	电动空气压缩机 $6m^3/min$	台班	—	—	0.008	0.008	0.008
	990308020	桥式起重机 15t	台班	—	—	—	0.014	0.015

工作内容： 放样号料、切割、调直、弯曲、套丝、补强圈制作、组对、焊接、设备开孔、紧固螺栓等。

计量单位：个

编号				3-1-60	3-1-61	3-1-62	3-1-63	3-1-64
项目				设计压力$PN \leqslant$（MPa）				
				1.6				
				管径（mm 以内）				
				150	200	250	300	350
名称			单位	消耗量				
人工	000203000	综合二类工	工日	2.234	2.854	3.427	3.875	4.282
材料	031301001	不锈钢焊条（综合）	kg	1.575	2.298	3.151	3.721	4.642
	143103001	硝酸	kg	0.152	0.205	0.251	0.297	0.342
	143157001	氢氟酸 45%	kg	0.023	0.023	0.030	0.038	0.046
	031101002	砂轮片 ϕ100	片	—	—	—	0.776	0.982
	031101003	砂轮片 ϕ150	片	—	—	—	2.458	2.823
	143169002	酸洗膏	kg	0.297	0.403	0.495	0.586	0.677
	133521001	飞溅净	kg	0.335	0.457	0.571	0.670	0.769
	031101017	不锈钢专用砂轮片	片	0.365	0.495	0.662	—	—
	850103006	其他材料费（占材料费）	%	1.500	1.500	1.500	1.500	1.500
机械	990308020	桥式起重机 15t	台班	0.017	0.023	0.025	0.027	0.032
	990734005	卷板机 2×1600mm	台班	0.324	0.382	0.451	0.488	0.525
	990734015	卷板机 20×2500mm	台班	0.008	0.008	0.008	0.008	0.005
	990901020	交流弧焊机 32kV·A	台班	0.484	0.694	0.879	1.016	1.097
	990743010	等离子切割机 400A	台班	0.325	0.427	0.527	0.605	0.686
	991003030	电动空气压缩机 1m^3/min	台班	0.325	0.411	0.527	0.605	0.686
	991003050	电动空气压缩机 6m^3/min	台班	0.008	0.008	0.005	0.007	0.007
	990919040	电焊条烘干箱 80×80×100cm^3	台班	0.048	0.070	0.088	0.102	0.110
	990920010	电焊条恒温箱	台班	0.048	0.070	0.088	0.102	0.110

工作内容：放样号料、切割、调直、弯曲、套丝、补强圈制作、组对、焊接、设备开孔、紧固螺栓等。

计量单位：个

编号				3-1-65	3-1-66	3-1-67	3-1-68
项目				设计压力$PN \leqslant$（MPa）			
				1.6			
				管径（mm以内）			
				400	450	500	600
名称			单位	消耗量			
人工	000203000	综合二类工	工日	4.743	5.418	6.060	7.913
材料	031301001	不锈钢焊条（综合）	kg	5.175	5.822	6.347	7.937
	143103001	硝酸	kg	0.381	0.426	0.472	0.563
	143157001	氢氟酸 45%	kg	0.046	0.053	0.061	0.068
	031101002	砂轮片 ϕ100	片	1.096	1.240	1.370	1.651
	031101003	砂轮片 ϕ150	片	3.173	3.569	3.934	4.650
	143169002	酸洗膏	kg	0.753	0.852	0.936	1.103
	133521001	飞溅净	kg	0.860	0.966	1.065	1.263
	850103006	其他材料费（占材料费）	%	1.500	1.500	1.500	1.500
机械	990308020	桥式起重机 15t	台班	0.104	0.128	0.147	0.182
	990734005	卷板机 2×1600mm	台班	0.588	0.666	0.765	0.927
	990734015	卷板机 20×2500mm	台班	0.005	0.007	0.007	0.013
	990901020	交流弧焊机 32kV·A	台班	1.212	1.395	1.578	1.868
	990743010	等离子切割机 400A	台班	0.769	0.879	0.991	1.195
	991003030	电动空气压缩机 1m^3/min	台班	0.769	0.879	0.990	1.195
	991003050	电动空气压缩机 6m^3/min	台班	0.008	0.008	0.009	0.011
	990919040	电焊条烘干箱 80×80×100cm^3	台班	0.121	0.140	0.158	0.186
	990920010	电焊条恒温箱	台班	0.121	0.140	0.158	0.186

工作内容： 放样号料、切割、调直、弯曲、套丝、补强圈制作、组对、焊接、设备开孔、紧固螺栓等。

计量单位： 个

编号				3-1-69	3-1-70	3-1-71	3-1-72	3-1-73
项目				设计压力$PN \leqslant$（MPa）				
				4				
				管径（mm 以内）				
				25	50	80	100	125
名称			单位	消耗量				
人工	000203000	综合二类工	工日	0.690	0.834	1.020	2.012	2.220
材料	031301001	不锈钢焊条（综合）	kg	0.068	0.175	0.282	1.149	1.408
	143103001	硝酸	kg	0.015	0.030	0.076	0.091	0.107
	143157001	氢氟酸 45%	kg	0.008	0.008	0.008	0.015	0.015
	031101002	砂轮片 ϕ100	片	0.030	0.061	0.099	0.259	0.312
	031101003	砂轮片 ϕ150	片	0.129	0.244	0.365	1.134	1.294
	143169002	酸洗膏	kg	0.030	0.061	0.145	0.175	0.221
	133521001	飞溅净	kg	0.038	0.068	0.167	0.205	0.251
	850103006	其他材料费（占材料费）	%	1.500	1.500	1.500	1.500	1.500
机械	990901020	交流弧焊机 32kV·A	台班	0.094	0.134	0.190	0.432	0.500
	990743010	等离子切割机 400A	台班	0.045	0.066	0.091	0.303	0.345
	991003030	电动空气压缩机 1m^3/min	台班	0.045	0.066	0.091	0.303	0.345
	991003050	电动空气压缩机 6m^3/min	台班	—	—	0.008	0.008	0.008
	990919040	电焊条烘干箱 80×80×100cm^3	台班	0.008	0.014	0.019	0.042	0.050
	990734005	卷板机 2×1600mm	台班	0.149	0.170	0.198	0.266	0.334
	990734040	卷板机 40×3500mm	台班	—	—	—	0.008	0.008
	990920010	电焊条恒温箱	台班	0.008	0.014	0.019	0.042	0.050
	990308020	桥式起重机 15t	台班	—	—	—	0.017	0.019

工作内容：放样号料、切割、调直、弯曲、套丝、补强圈制作、组对、焊接、设备开孔、紧固螺栓等。

计量单位：个

编号				3-1-74	3-1-75	3-1-76	3-1-77	3-1-78
项目				设计压力PN≤（MPa）				
				4				
				管径（mm 以内）				
				150	200	250	300	350
名称			单位	消耗量				
人工	000203000	综合二类工	工日	2.433	2.986	3.510	3.957	4.405
材料	031301001	不锈钢焊条（综合）	kg	1.682	2.253	2.740	3.364	3.858
	143103001	硝酸	kg	0.129	0.175	0.213	0.251	0.289
	143157001	氢氟酸 45%	kg	0.015	0.023	0.030	0.030	0.038
	031101002	砂轮片 ϕ100	片	0.373	0.510	0.624	0.761	0.875
	031101003	砂轮片 ϕ150	片	1.545	2.100	2.557	2.998	3.440
	143169002	酸洗膏	kg	0.251	0.342	0.426	0.502	0.571
	133521001	飞溅净	kg	0.289	0.396	0.487	0.571	0.654
	850103006	其他材料费（占材料费）	%	1.500	1.500	1.500	1.500	1.500
机械	990308020	桥式起重机 15t	台班	0.020	0.025	0.027	0.031	0.037
	990734005	卷板机 2×1600mm	台班	0.381	0.454	0.537	0.584	0.631
	990734040	卷板机 40×3500mm	台班	0.008	0.008	0.008	0.008	0.006
	990901020	交流弧焊机 32kV·A	台班	0.571	0.722	0.877	1.044	1.165
	990743010	等离子切割机 400A	台班	0.398	0.526	0.649	0.747	0.847
	991003030	电动空气压缩机 1m^3/min	台班	0.398	0.526	0.649	0.732	0.847
	991003050	电动空气压缩机 6m^3/min	台班	0.008	0.008	0.005	0.005	0.005
	990919040	电焊条烘干箱 80×80×100cm^3	台班	0.057	0.072	0.088	0.104	0.118
	990920010	电焊条恒温箱	台班	0.057	0.072	0.088	0.104	0.118

工作内容：放样号料、切割、调直、弯曲、套丝、补强圈制作、组对、焊接、设备开孔、紧固螺栓等。

计量单位：个

编号				3-1-79	3-1-80	3-1-81	3-1-82
项目				设计压力PN≤（MPa）			
				4			
				管径（mm 以内）			
				400	450	500	600
名称			单位	消耗量			
人工	000203000	综合二类工	工日	4.963	5.612	6.273	7.404
材料	031301001	不锈钢焊条（综合）	kg	4.452	5.038	5.593	7.245
	143103001	硝酸	kg	0.327	0.365	0.403	0.479
	143157001	氢氟酸 45%	kg	0.038	0.046	0.053	0.061
	031101002	砂轮片 ϕ100	片	1.005	1.134	1.248	1.301
	031101003	砂轮片 ϕ150	片	3.858	4.345	4.794	5.662
	143169002	酸洗膏	kg	0.647	0.723	0.799	0.944
	133521001	飞溅净	kg	0.738	0.829	0.913	1.081
	850103006	其他材料费（占材料费）	%	1.500	1.500	1.500	1.500
机械	990308020	桥式起重机 15t	台班	0.121	0.145	0.166	0.202
	990734005	卷板机 2×1600mm	台班	0.708	0.799	0.916	1.107
	990734040	卷板机 40×3500mm	台班	0.007	0.007	0.007	0.013
	990901020	交流弧焊机 32kV·A	台班	1.336	1.522	1.732	2.025
	990743010	等离子切割机 400A	台班	0.950	1.085	1.220	1.472
	991003030	电动空气压缩机 1m^3/min	台班	0.950	1.085	1.220	1.472
	991003050	电动空气压缩机 6m^3/min	台班	0.007	0.007	0.008	0.009
	990919040	电焊条烘干箱 80×80×100cm^3	台班	0.134	0.153	0.172	0.203
	990920010	电焊条恒温箱	台班	0.134	0.153	0.172	0.203

5. 设备人孔制作、安装

（1）碳钢（低合金钢）平吊

工作内容：放样号料、切割、坡口、压头滚圆、加强圈制作、组对、焊接、设备开孔、紧固螺栓等。

计量单位：个

编　号				3-1-83	3-1-84	3-1-85	3-1-86	3-1-87	3-1-88
项　目				设计压力PN ≤（MPa）					
				0.6			1.6		
				管径（mm 以内）					
				450	500	600	450	500	600
名　称			单位	消　耗　量					
人工	000203000	综合二类工	工日	3.510	3.729	4.343	4.557	4.930	5.756
材料	012903011	热轧中厚钢板 δ8～20	kg	3.767	3.843	4.444	3.561	3.912	4.147
	142907002	乙炔气	kg	1.635	1.778	2.105	2.602	2.826	3.351
	142909001	氧气	m^3	4.250	4.622	5.474	6.765	7.348	8.713
	031301009	低碳钢焊条 J427（综合）	kg	5.373	5.905	7.344	9.992	11.027	13.356
	020112006	无石棉橡胶板 中压 δ0.8～6	kg	0.266	0.312	0.441	0.312	0.381	0.548
	031101009	尼龙砂轮片 ϕ100	片	0.883	0.966	1.202	1.012	1.119	1.370
	031101010	尼龙砂轮片 ϕ150	片	1.415	1.537	1.834	2.747	3.029	3.577
	031101019	碟形钢丝砂轮片 ϕ100	片	0.183	0.205	0.236	0.183	0.205	0.236
	850103006	其他材料费（占材料费）	%	3.000	3.000	3.000	3.000	3.000	3.000
机械	990308020	桥式起重机 15t	台班	0.074	0.081	0.091	0.090	0.102	0.124
	990732035	剪板机 20×2500mm	台班	0.005	0.006	0.006	0.006	0.006	0.007
	990734005	卷板机 2×1600mm	台班	0.359	0.387	0.454	0.474	0.588	0.655
	990734015	卷板机 20×2500mm	台班	0.004	0.005	0.005	0.006	0.006	0.008
	990901020	交流弧焊机 32kV·A	台班	1.111	1.229	1.450	1.533	1.717	2.037
	990919040	电焊条烘干箱 80×80×100cm^3	台班	0.111	0.123	0.145	0.153	0.172	0.203
	990920010	电焊条恒温箱	台班	0.111	0.123	0.145	0.153	0.172	0.203

工作内容：放样号料、切割、坡口、压头滚圆、加强圈制作、组对、焊接、设备开孔、紧固螺栓等。

计量单位：个

编号				3-1-89	3-1-90	3-1-91
项目				设计压力PN≤（MPa）		
				4		
				管径（mm 以内）		
				450	500	600
名称			单位	消耗量		
人工	000203000	综合二类工	工日	6.405	6.916	8.115
材料	012903011	热轧中厚钢板 δ8～20	kg	3.630	3.980	4.688
	142907002	乙炔气	kg	4.167	4.513	5.363
	142909001	氧气	m^3	10.835	11.735	13.945
	031301009	低碳钢焊条 J427（综合）	kg	1.507	1.735	2.055
	031101009	尼龙砂轮片 ϕ100	片	1.530	1.682	1.963
	031101010	尼龙砂轮片 ϕ150	片	3.432	3.782	4.467
	031101019	碟形钢丝砂轮片 ϕ100	片	0.183	0.205	0.236
	031303004	合金钢氩弧焊丝	kg	0.107	0.122	0.145
	142911001	氩气	m^3	0.297	0.342	0.406
	031301004	合金钢焊条	kg	13.493	14.908	17.526
	020112008	无石棉橡胶板 高压 δ0.5～8	kg	0.374	0.457	0.658
	340101003	铈钨棒	g	0.601	0.683	0.812
	850103006	其他材料费（占材料费）	%	3.000	3.000	3.000
机械	990308020	桥式起重机 15t	台班	0.138	0.147	0.170
	990732035	剪板机 20×2500mm	台班	0.008	0.008	0.008
	990734005	卷板机 2×1600mm	台班	0.615	0.704	0.852
	990734040	卷板机 40×3500mm	台班	0.008	0.008	0.009
	990901020	交流弧焊机 32kV·A	台班	2.418	2.700	3.199
	990919040	电焊条烘干箱 80×80×100cm^3	台班	0.242	0.270	0.320
	990920010	电焊条恒温箱	台班	0.242	0.270	0.320
	990912010	氩弧焊机 500A	台班	0.174	0.193	0.231

（2）不锈钢平吊

工作内容：放样号料、切割、坡口、压头滚圆、找圆、补强圈制作、组对、焊接、设备开孔、紧固螺栓等。

计量单位：个

编号				3-1-92	3-1-93	3-1-94	3-1-95	3-1-96	3-1-97
项目				设计压力 $PN \leqslant$（MPa）					
				0.6			1.6		
				管径（mm 以内）					
				450	500	600	450	500	600
名称			单位	消耗量					
人工	000203000	综合二类工	工日	5.632	6.190	7.127	7.797	8.431	9.843
材料	142907002	乙炔气	kg	0.296	0.296	0.296	0.296	0.296	0.296
	142909001	氧气	m^3	0.769	0.769	0.769	0.769	0.769	0.769
	031301001	不锈钢焊条（综合）	kg	4.421	4.863	6.134	9.984	10.981	13.325
	143103001	硝酸	kg	0.358	0.388	0.457	0.358	0.388	0.457
	143157001	氢氟酸 45%	kg	0.046	0.053	0.061	0.046	0.053	0.061
	020112008	无石棉橡胶板 高压 δ0.5～8	kg	0.266	0.312	0.441	0.312	0.381	0.548
	031101009	尼龙砂轮片 ϕ100	片	1.362	1.499	1.849	1.750	1.925	2.351
	031101010	尼龙砂轮片 ϕ150	片	2.732	2.915	3.447	4.239	4.536	5.365
	143169002	酸洗膏	kg	0.700	0.769	0.898	0.700	0.769	0.898
	133521001	飞溅净	kg	0.799	0.883	1.027	0.799	0.883	1.027
	850103006	其他材料费（占材料费）	%	1.500	1.500	1.500	1.500	1.500	1.500
机械	990308020	桥式起重机 15t	台班	0.096	0.104	0.119	0.115	0.122	0.142
	990732035	剪板机 20×2500mm	台班	0.005	0.006	0.006	0.006	0.006	0.007
	990734005	卷板机 2×1600mm	台班	0.664	0.721	0.852	0.638	0.784	0.866
	990734015	卷板机 20×2500mm	台班	0.004	0.005	0.005	0.006	0.006	0.008
	990901020	交流弧焊机 32kV·A	台班	1.240	1.370	1.617	2.070	2.285	2.692
	990743010	等离子切割机 400A	台班	0.443	0.492	0.577	0.906	0.927	1.086
	991003050	电动空气压缩机 6m^3/min	台班	0.452	0.500	0.587	0.913	0.935	1.094
	990919040	电焊条烘干箱 80×80×100cm^3	台班	0.124	0.137	0.162	0.208	0.230	0.270
	990920010	电焊条恒温箱	台班	0.124	0.137	0.162	0.208	0.230	0.270

工作内容：放样号料、切割、坡口、压头滚圆、找圆、补强圈制作、组对、焊接、设备开孔、紧固螺栓等。

计量单位：个

编号				3-1-98	3-1-99	3-1-100
项目				设计压力*PN*≤（MPa）		
				4		
				管径（mm 以内）		
				450	500	600
名称			单位	消耗量		
人工	000203000	综合二类工	工日	8.045	9.500	11.451
材料	031301001	不锈钢焊条（综合）	kg	12.823	14.086	22.092
	143103001	硝酸	kg	0.358	0.388	0.457
	143157001	氢氟酸 45%	kg	0.046	0.053	0.061
	020112008	无石棉橡胶板 高压 δ0.5～8	kg	0.374	0.457	0.658
	031101009	尼龙砂轮片 $\phi100$	片	1.842	2.024	2.740
	031101010	尼龙砂轮片 $\phi150$	片	3.775	4.239	4.916
	143169002	酸洗膏	kg	0.700	0.769	0.898
	133521001	飞溅净	kg	0.799	0.883	1.027
	031303018	不锈钢氩弧焊丝（综合）	kg	0.107	0.122	0.145
	142911001	氩气	m^3	0.297	0.342	0.406
	340101003	铈钨棒	g	0.594	0.683	0.812
	850103006	其他材料费（占材料费）	%	1.500	1.500	1.500
机械	990308020	桥式起重机 15t	台班	0.138	0.147	0.170
	990732035	剪板机 20×2500mm	台班	0.008	0.008	0.008
	990734005	卷板机 2×1600mm	台班	0.787	0.922	1.090
	990901020	交流弧焊机 32kV·A	台班	2.552	2.860	3.726
	990743010	等离子切割机 400A	台班	1.321	1.429	1.700
	991003050	电动空气压缩机 $6m^3/min$	台班	1.322	1.430	1.700
	990919040	电焊条烘干箱 $80\times80\times100cm^3$	台班	0.255	0.286	0.373
	990920010	电焊条恒温箱	台班	0.255	0.286	0.373
	990734040	卷板机 40×3500mm	台班	0.008	0.008	0.009
	990912010	氩弧焊机 500A	台班	0.194	0.215	0.245

（3）碳钢（低合金钢）垂吊

工作内容：放样号料、切割、坡口、压头滚圆、找圆、补强圈制作、组对、焊接、设备开孔、紧固螺栓等。

计量单位：个

编号				3-1-101	3-1-102	3-1-103	3-1-104	3-1-105	3-1-106
项目				设计压力$PN \leqslant$（MPa）					
				0.6			1.6		
				管径（mm 以内）					
				450	500	600	450	500	600
名称			单位	消耗量					
人工	000203000	综合二类工	工日	3.440	3.729	4.343	4.564	4.930	5.763
材料	012903011	热轧中厚钢板 δ8～20	kg	3.767	3.843	4.444	3.561	3.912	4.482
	142907002	乙炔气	kg	1.635	1.778	2.105	2.602	2.826	3.351
	142909001	氧气	m^3	4.250	4.622	5.474	6.765	7.348	8.713
	031301009	低碳钢焊条 J427（综合）	kg	5.373	5.905	7.344	9.992	11.027	13.356
	020112006	无石棉橡胶板 中压 δ0.8～6	kg	0.266	0.312	0.441	0.312	0.381	0.548
	031101009	尼龙砂轮片 ϕ100	片	0.883	0.966	1.202	1.012	1.119	1.370
	031101010	尼龙砂轮片 ϕ150	片	1.415	1.537	1.834	2.747	3.029	3.577
	031101019	碟形钢丝砂轮片 ϕ100	片	0.183	0.205	0.236	0.183	0.205	0.236
	850103006	其他材料费（占材料费）	%	3.000	3.000	3.000	3.000	3.000	3.000
机械	990308020	桥式起重机 15t	台班	0.074	0.081	0.091	0.090	0.102	0.124
	990732035	剪板机 20×2500mm	台班	0.005	0.006	0.006	0.006	0.006	0.007
	990734005	卷板机 2×1600mm	台班	0.359	0.387	0.454	0.474	0.588	0.655
	990734015	卷板机 20×2500mm	台班	0.004	0.005	0.005	0.006	0.006	0.008
	990901020	交流弧焊机 32kV·A	台班	1.112	1.230	1.450	1.534	1.717	2.038
	990919040	电焊条烘干箱 80×80×100cm^3	台班	0.111	0.123	0.145	0.153	0.172	0.203
	990920010	电焊条恒温箱	台班	0.111	0.123	0.145	0.153	0.172	0.203

工作内容：放样号料、切割、坡口、压头滚圆、找圆、补强圈制作、组对、焊接、设备开孔、紧固螺栓等。

计量单位：个

编号				3-1-107	3-1-108	3-1-109
项目				设计压力$PN \leqslant$（MPa）		
				4		
				管径（mm 以内）		
				450	500	600
名称			单位	消耗量		
人工	000203000	综合二类工	工日	6.445	6.957	8.624
材料	012903011	热轧中厚钢板 δ8～20	kg	3.668	4.018	5.160
	031303004	合金钢氩弧焊丝	kg	0.107	0.122	0.145
	142907002	乙炔气	kg	4.209	4.557	5.900
	142911001	氩气	m^3	0.297	0.342	0.406
	142909001	氧气	m^3	10.942	11.848	15.339
	031301004	合金钢焊条	kg	13.493	14.908	17.526
	031301009	低碳钢焊条 J427（综合）	kg	1.522	1.750	2.260
	020112008	无石棉橡胶板 高压 δ0.5～8	kg	0.374	0.457	0.658
	340101003	铈钨棒	g	0.601	0.683	0.812
	031101009	尼龙砂轮片 ϕ100	片	1.530	1.682	1.963
	031101010	尼龙砂轮片 ϕ150	片	3.463	3.820	4.916
	031101019	碟形钢丝砂轮片 ϕ100	片	0.183	0.205	0.236
	850103006	其他材料费（占材料费）	%	3.000	3.000	3.000
机械	990308020	桥式起重机 15t	台班	0.140	0.148	0.186
	990732035	剪板机 20×2500mm	台班	0.008	0.008	0.008
	990734005	卷板机 2×1600mm	台班	0.621	0.712	0.938
	990734040	卷板机 40×3500mm	台班	0.008	0.008	0.010
	990901020	交流弧焊机 32kV·A	台班	2.424	2.706	3.270
	990912010	氩弧焊机 500A	台班	0.174	0.193	0.231
	990919040	电焊条烘干箱 80×80×100cm^3	台班	0.242	0.270	0.329
	990920010	电焊条恒温箱	台班	0.242	0.270	0.329

（4）不锈钢垂吊

工作内容：放样号料、切割、坡口、压头滚圆、找圆、补强圈制作、组对、焊接、设备开孔、紧固螺栓等。

计量单位：个

编号				3-1-110	3-1-111	3-1-112	3-1-113	3-1-114	3-1-115
项目				设计压力$PN \leqslant$（MPa）					
				0.6			1.6		
				管径（mm 以内）					
				450	500	600	450	500	600
名称			单位	消耗量					
人工	000203000	综合二类工	工日	5.653	6.267	7.155	7.804	8.492	9.852
材料	142907002	乙炔气	kg	0.296	0.296	0.296	0.296	0.296	0.296
	142909001	氧气	m^3	0.769	0.769	0.769	0.769	0.769	0.769
	031301001	不锈钢焊条（综合）	kg	4.421	4.863	6.134	9.984	10.989	13.325
	143103001	硝酸	kg	0.358	0.388	0.457	0.358	0.388	0.457
	143157001	氢氟酸 45%	kg	0.046	0.053	0.061	0.046	0.053	0.061
	020112008	无石棉橡胶板 高压 δ0.5～8	kg	0.266	0.312	0.441	0.312	0.381	0.548
	031101017	不锈钢专用砂轮片	片	1.362	1.499	1.849	1.750	1.925	2.351
	143169002	酸洗膏	kg	0.700	0.769	0.898	0.700	0.769	0.898
	133521001	飞溅净	kg	0.799	0.883	1.027	0.799	0.883	1.027
	850103006	其他材料费（占材料费）	%	1.500	1.500	1.500	1.500	1.500	1.500
机械	990308020	桥式起重机 15t	台班	0.096	0.104	0.119	0.115	0.123	0.142
	990732035	剪板机 20×2500mm	台班	0.005	0.006	0.006	0.006	0.006	0.007
	990734015	卷板机 20×2500mm	台班	0.004	0.005	0.005	0.006	0.006	0.008
	990901020	交流弧焊机 32kV·A	台班	1.241	1.370	1.617	2.070	2.291	2.693
	990743010	等离子切割机 400A	台班	0.444	0.492	0.577	0.906	0.935	1.086
	991003050	电动空气压缩机 $6m^3$/min	台班	0.452	0.500	0.587	0.913	0.943	1.094
	990919040	电焊条烘干箱 80×80×$100cm^3$	台班	0.124	0.137	0.162	0.207	0.229	0.270
	990734005	卷板机 2×1600mm	台班	0.671	0.730	0.860	0.638	0.784	0.866
	990920010	电焊条恒温箱	台班	0.124	0.137	0.162	0.207	0.229	0.270

工作内容： 放样号料、切割、坡口、压头滚圆、找圆、补强圈制作、组对、焊接、设备开孔、紧固螺栓等。

计量单位：个

编号				3-1-116	3-1-117	3-1-118
项目				设计压力PN≤（MPa）		
				4		
				管径（mm 以内）		
				450	500	600
名称			单位	消耗量		
人工	000203000	综合二类工	工日	8.120	9.595	11.603
材料	031303018	不锈钢氩弧焊丝（综合）	kg	0.107	0.122	0.145
	142911001	氩气	m^3	0.297	0.342	0.406
	031301001	不锈钢焊条（综合）	kg	12.846	14.101	16.788
	143103001	硝酸	kg	0.358	0.388	0.457
	143157001	氢氟酸 45%	kg	0.046	0.053	0.061
	020112008	无石棉橡胶板 高压 δ0.5～8	kg	0.374	0.457	0.658
	340101003	铈钨棒	g	0.594	0.683	0.812
	031101017	不锈钢专用砂轮片	片	1.842	2.024	2.374
	143169002	酸洗膏	kg	0.700	0.769	0.898
	133521001	飞溅净	kg	0.799	0.883	1.027
	850103006	其他材料费（占材料费）	%	1.500	1.500	1.500
机械	990308020	桥式起重机 15t	台班	0.140	0.148	0.186
	990732035	剪板机 20 × 2500mm	台班	0.008	0.008	0.008
	990734005	卷板机 2 × 1600mm	台班	0.794	0.932	1.199
	990734040	卷板机 40 × 3500mm	台班	0.008	0.008	0.008
	990901020	交流弧焊机 32kV · A	台班	2.561	2.871	3.232
	990912010	氩弧焊机 500A	台班	0.194	0.215	0.245
	990743010	等离子切割机 400A	台班	1.336	1.449	1.872
	991003050	电动空气压缩机 $6m^3$/min	台班	1.344	1.458	1.880
	990919040	电焊条烘干箱 80 × 80 × 100cm^3	台班	0.256	0.287	0.323
	990920010	电焊条恒温箱	台班	0.256	0.287	0.323

6. 设备手孔制作、安装

（1）碳钢（低合金钢）

工作内容：放样号料、切割、坡口、压头滚圆、找圆、补强圈制作、组对、焊接、设备开孔、紧固螺栓等。

计量单位：个

编号				3-1-119	3-1-120	3-1-121	3-1-122	3-1-123	3-1-124
项目				设计压力PN ≤（MPa）					
				0.6		1.6		4	
				管径（mm 以内）					
				150	250	150	250	150	250
名称			单位	消耗量					
人工	000203000	综合二类工	工日	1.302	1.937	1.635	2.419	2.448	3.398
材料	012903011	热轧中厚钢板 δ8～20	kg	1.233	1.651	1.233	2.001	1.233	2.001
	142907002	乙炔气	kg	0.562	0.913	0.696	1.142	1.379	1.990
	142909001	氧气	m^3	1.461	2.374	1.810	2.968	3.584	5.175
	031301009	低碳钢焊条 J427（综合）	kg	1.377	2.831	3.036	5.563	0.487	0.799
	020112006	无石棉橡胶板 中压 δ0.8～6	kg	0.046	0.088	0.064	0.131	0.077	0.157
	031101009	尼龙砂轮片 ϕ100	片	0.236	0.434	0.282	0.502	0.457	0.753
	031101010	尼龙砂轮片 ϕ150	片	0.860	1.514	0.974	1.613	1.240	1.788
	031101019	碟形钢丝砂轮片 ϕ100	片	0.061	0.099	0.061	0.099	0.061	0.099
	031303004	合金钢氩弧焊丝	kg	—	—	—	—	0.046	0.061
	142911001	氩气	m^3	—	—	—	—	0.129	0.171
	031301004	合金钢焊条	kg	—	—	—	—	4.277	7.093
	340101003	铈钨棒	g	—	—	—	—	0.258	0.342
	850103006	其他材料费（占材料费）	%	3.000	3.000	3.000	3.000	3.000	3.000
机械	990912010	氩弧焊机 500A	台班	—	—	—	—	0.080	0.099
	990308020	桥式起重机 15t	台班	0.032	0.064	0.041	0.080	0.016	0.019
	990901020	交流弧焊机 32kV · A	台班	0.309	0.637	0.474	0.910	0.830	1.369
	990919040	电焊条烘干箱 80 × 80 × 100cm³	台班	0.031	0.064	0.047	0.091	0.083	0.137
	990734005	卷板机 2 × 1600mm	台班	0.122	0.248	0.174	0.340	0.226	0.442
	990920010	电焊条恒温箱	台班	0.047	0.064	0.064	0.091	0.083	0.137

（2）不锈钢

工作内容： 放样号料、切割、坡口、压头滚圆、找圆、补强圈制作、组对、焊接、设备开孔、紧固螺栓等。

计量单位：个

编号				3-1-125	3-1-126	3-1-127	3-1-128
项目				设计压力PN≤（MPa）			
				0.6		1.6	
				管径（mm 以内）			
				150	250	150	250
名称			单位	消耗量			
人工	000203000	综合二类工	工日	2.164	2.889	2.620	3.915
材料	031301001	不锈钢焊条（综合）	kg	1.027	2.245	2.481	4.604
	143103001	硝酸	kg	0.114	0.190	0.114	0.190
	143157001	氢氟酸 45%	kg	0.015	0.023	0.015	0.023
	020112008	无石棉橡胶板 高压 δ0.5～8	kg	0.046	0.088	0.064	0.131
	031101017	不锈钢专用砂轮片	片	0.365	0.670	0.472	0.845
	143169002	酸洗膏	kg	0.228	0.373	0.228	0.373
	133521001	飞溅净	kg	0.259	0.426	0.259	0.426
	850103006	其他材料费（占材料费）	%	1.500	1.500	1.500	1.500
机械	990308020	桥式起重机 15t	台班	0.028	0.057	0.040	0.075
	990901020	交流弧焊机 32kV·A	台班	0.333	0.718	0.617	1.188
	990743010	等离子切割机 400A	台班	0.329	0.569	0.471	0.810
	991003050	电动空气压缩机 6m³/min	台班	0.331	0.572	0.473	0.813
	990919040	电焊条烘干箱 80×80×100cm³	台班	0.034	0.072	0.062	0.119
	990734005	卷板机 2×1600mm	台班	0.157	0.278	0.226	0.437
	990920010	电焊条恒温箱	台班	0.034	0.072	0.062	0.119

工作内容：放样号料、切割、坡口、压头滚圆、找圆、补强圈制作、组对、焊接、设备开孔、紧固螺栓等。

计量单位：个

编号				3-1-129	3-1-130
项目				设计压力PN ≤（MPa）	
				4	
				管径（mm 以内）	
				150	250
名称			单位	消耗量	
人工	000203000	综合二类工	工日	3.267	4.723
材料	031301001	不锈钢焊条（综合）	kg	3.942	6.605
	143103001	硝酸	kg	0.114	0.190
	143157001	氢氟酸 45%	kg	0.015	0.023
	020112008	无石棉橡胶板 高压 δ0.5～8	kg	0.077	0.157
	031101017	不锈钢专用砂轮片	片	0.502	0.898
	143169002	酸洗膏	kg	0.228	0.373
	133521001	飞溅净	kg	0.259	0.426
	850103006	其他材料费（占材料费）	%	1.500	1.500
	031303018	不锈钢氩弧焊丝（综合）	kg	0.038	0.061
	142911001	氩气	m^3	0.106	0.171
	340101003	铈钨棒	g	0.213	0.342
机械	990912010	氩弧焊机 500A	台班	0.064	0.110
	990308020	桥式起重机 15t	台班	0.043	0.081
	990901020	交流弧焊机 32kV·A	台班	0.812	1.366
	990743010	等离子切割机 400A	台班	0.343	0.644
	991003050	电动空气压缩机 $6m^3/min$	台班	0.345	0.648
	990919040	电焊条烘干箱 $80\times80\times100cm^3$	台班	0.081	0.136
	990734005	卷板机 2×1600mm	台班	0.290	0.521
	990920010	电焊条恒温箱	台班	0.081	0.136

7. 设备法兰制作

工作内容：放样号料、切割、坡口、打磨、车削、划线、钻孔等。 **计量单位：**个

编号				3-1-131	3-1-132	3-1-133	3-1-134
项目				公称压力PN≤（MPa）			
				0.6			
				管径（mm 以内）			
				1000	1200	1400	1600
名称			单位	消耗量			
人工	000203000	综合二类工	工日	4.006	5.247	6.267	7.003
材料	031101009	尼龙砂轮片 ϕ100	片	0.700	0.845	1.050	1.119
	031101010	尼龙砂轮片 ϕ150	片	2.435	4.262	4.947	5.327
	850103006	其他材料费（占材料费）	%	3.000	3.000	3.000	3.000
机械	990308020	桥式起重机 15t	台班	0.081	0.081	0.101	0.101
	990727010	立式钻床 25mm	台班	0.838	0.975	1.111	1.256
	990728030	摇臂钻床 63mm	台班	0.220	0.259	0.286	0.311
	990743010	等离子切割机 400A	台班	0.890	1.250	1.530	1.740
	991003030	电动空气压缩机 1m^3/min	台班	0.890	1.250	1.530	1.740

工作内容：放样号料、切割、坡口、打磨、车削、划线、钻孔等。 **计量单位：**个

编号				3-1-135	3-1-136	3-1-137	3-1-138
项目				公称压力PN≤（MPa）			
				1			
				管径（mm 以内）			
				300	350	400	500
名称			单位	消耗量			
人工	000203000	综合二类工	工日	0.910	1.035	1.172	1.585
材料	142907002	乙炔气	kg	0.990	1.273	1.844	2.619
	142909001	氧气	m^3	2.573	3.310	4.794	6.810
	031101010	尼龙砂轮片 ϕ150	片	0.358	0.388	0.877	0.989
	031101009	尼龙砂轮片 ϕ100	片	—	—	0.205	0.304
	850103006	其他材料费（占材料费）	%	3.000	3.000	3.000	3.000
机械	990308020	桥式起重机 15t	台班	0.041	0.041	0.041	0.057
	990718060	普通车床 1000×5000mm	台班	0.218	0.218	0.250	0.403
	990728030	摇臂钻床 63mm	台班	0.064	0.064	0.081	0.129

工作内容：放样号料、切割、坡口、打磨、车削、划线、钻孔等。　　**计量单位：**个

编　号				3-1-139	3-1-140	3-1-141	3-1-142
项　目				公称压力$PN \leqslant$（MPa）			
				1			
				管径（mm 以内）			
				600	700	800	900
名　称			单位	消　耗　量			
人工	000203000	综合二类工	工日	2.068	2.413	2.813	3.481
材料	142907002	乙炔气	kg	3.688	—	—	—
	142909001	氧气	m^3	9.589	—	—	—
	031101009	尼龙砂轮片 $\phi100$	片	0.342	0.472	0.556	0.632
	031101010	尼龙砂轮片 $\phi150$	片	1.142	1.294	1.598	2.131
	850103006	其他材料费（占材料费）	%	3.000	3.000	3.000	3.000
机械	990308020	桥式起重机 15t	台班	0.057	0.057	0.057	0.081
	990718060	普通车床 1000×5000mm	台班	0.483	0.572	0.660	—
	990728030	摇臂钻床 63mm	台班	0.145	0.157	0.179	0.191
	990743010	等离子切割机 400A	台班	—	0.480	0.550	0.760
	991003030	电动空气压缩机 $1m^3/min$	台班	—	0.480	0.550	0.760
	990727010	立式钻床 25mm	台班	—	—	—	0.741

工作内容：放样号料、切割、坡口、打磨、车削、划线、钻孔等。　　**计量单位：**个

编　号				3-1-143	3-1-144	3-1-145	3-1-146
项　目				公称压力$PN \leqslant$（MPa）			
				1.6			
				管径（mm 以内）			
				300	350	400	500
名　称			单位	消　耗　量			
人工	000203000	综合二类工	工日	1.047	1.193	1.351	1.828
材料	142907002	乙炔气	kg	1.139	1.589	2.122	3.012
	142909001	氧气	m^3	2.960	4.132	5.517	7.831
	031101010	尼龙砂轮片 $\phi150$	片	0.411	0.449	1.005	1.134
	031101009	尼龙砂轮片 $\phi100$	片	—	—	0.236	0.350
	850103006	其他材料费（占材料费）	%	3.000	3.000	3.000	3.000
机械	990308020	桥式起重机 15t	台班	0.041	0.041	0.046	0.057
	990718060	普通车床 1000×5000mm	台班	0.250	0.250	0.287	0.463
	990728030	摇臂钻床 63mm	台班	0.074	0.076	0.092	0.148

工作内容：放样号料、切割、坡口、打磨、车削、划线、钻孔等。 计量单位：个

编号				3-1-147	3-1-148	3-1-149
项目				公称压力 $PN \leqslant$（MPa）		
				1.6		
				管径（mm 以内）		
				600	700	800
名称			单位	消耗量		
人工	000203000	综合二类工	工日	2.378	2.778	3.240
材料	142907002	乙炔气	kg	4.241	—	—
	142909001	氧气	m^3	11.027	—	—
	031101009	尼龙砂轮片 ϕ100	片	0.396	0.540	0.639
	031101010	尼龙砂轮片 ϕ150	片	1.309	1.492	1.750
	850103006	其他材料费（占材料费）	%	3.000	3.000	3.000
机械	990308020	桥式起重机 15t	台班	0.057	0.057	0.057
	990718060	普通车床 1000×5000mm	台班	0.556	0.658	0.760
	990728030	摇臂钻床 63mm	台班	0.167	0.181	0.181
	990743010	等离子切割机 400A	台班	—	0.560	0.640
	991003030	电动空气压缩机 $1m^3/min$	台班	—	0.560	0.640

工作内容：放样号料、切割、坡口、打磨、车削、划线、钻孔等。 计量单位：个

编号				3-1-150	3-1-151	3-1-152	3-1-153
项目				公称压力 $PN \leqslant$（MPa）			
				2.5			
				管径（mm 以内）			
				300	350	400	500
名称			单位	消耗量			
人工	000203000	综合二类工	工日	1.255	1.401	1.635	2.462
材料	142907002	乙炔气	kg	1.206	1.712	2.447	—
	142909001	氧气	m^3	3.135	4.452	6.362	—
	031101009	尼龙砂轮片 ϕ100	片	0.403	0.464	0.936	1.111
	031101010	尼龙砂轮片 ϕ150	片	0.761	0.913	1.142	1.377
	850103006	其他材料费（占材料费）	%	3.000	3.000	3.000	3.000
机械	990734015	卷板机 20×2500mm	台班	—	—	—	0.019
	990308020	桥式起重机 15t	台班	0.064	0.064	0.064	0.101
	990718060	普通车床 1000×5000mm	台班	0.024	0.282	0.443	0.548
	990728030	摇臂钻床 63mm	台班	0.105	0.105	0.145	0.242
	990743010	等离子切割机 400A	台班	—	—	—	0.380
	991003030	电动空气压缩机 $1m^3/min$	台班	—	—	—	0.380

工作内容：放样号料、切割、坡口、打磨、车削、划线、钻孔等。 计量单位：个

编号				3-1-154	3-1-155	3-1-156
项目				公称压力$PN \leqslant$（MPa）		
				2.5		
				管径（mm以内）		
				600	700	800
名称			单位	消耗量		
人工	000203000	综合二类工	工日	3.006	3.620	4.384
材料	031101009	尼龙砂轮片 $\phi100$	片	1.408	1.667	1.918
	031101010	尼龙砂轮片 $\phi150$	片	1.682	1.903	2.275
	850103006	其他材料费（占材料费）	%	3.000	3.000	3.000
机械	990308020	桥式起重机 15t	台班	0.101	0.101	0.101
	990718060	普通车床 1000×5000mm	台班	0.637	0.736	0.838
	990728030	摇臂钻床 63mm	台班	0.258	0.280	0.318
	990734015	卷板机 20×2500mm	台班	0.019	0.020	0.020
	990743010	等离子切割机 400A	台班	0.500	0.640	0.830
	991003030	电动空气压缩机 $1m^3/min$	台班	0.500	0.640	0.830

8. 塔器地脚螺栓制作

工作内容：放样号料、切割、煨制、车丝、焊接、涂油、保护等。 计量单位：10个

编号				3-1-157	3-1-158	3-1-159	3-1-160	3-1-161	3-1-162
项目				直径（mm以内）					
				20	24	30	36	42	48
名称			单位	消耗量					
人工	000203000	综合二类工	工日	1.889	2.041	2.433	2.784	3.737	4.253
材料	010900002	圆钢（综合）	kg	20.699	37.822	67.577	109.432	165.441	237.889
	012903023	热轧中厚钢板 $\delta20$	kg	—	—	—	—	23.439	47.791
	031301009	低碳钢焊条 J427（综合）	kg	—	—	—	—	0.053	0.061
	142125001	钠基酯	kg	0.030	0.038	0.053	0.061	0.068	0.076
	850103006	其他材料费（占材料费）	%	3.000	3.000	3.000	3.000	3.000	3.000
机械	990901020	交流弧焊机 32kV·A	台班	—	—	—	—	0.800	0.850
	990919040	电焊条烘干箱 80×80×100cm^3	台班	—	—	—	—	0.010	0.010
	990920010	电焊条恒温箱	台班	—	—	—	—	0.010	0.010
	990732045	剪板机 32×4000mm	台班	—	—	—	—	0.105	0.105
	990718020	普通车床 400×2000mm	台班	0.225	0.266	0.314	0.379	0.451	0.515
	990718040	普通车床 630×2000mm	台班	0.177	0.225	0.266	0.314	0.354	0.403
	990727020	立式钻床 35mm	台班	0.145	0.153	0.177	0.209	0.266	0.322
	990746010	弓锯床 250mm	台班	0.186	0.186	0.274	0.274	0.314	0.363
	990308010	桥式起重机 5t	台班	0.097	0.097	0.137	0.137	0.274	0.274

工作内容：放样号料、切割、煨制、车丝、焊接、涂油、保护等。 **计量单位：**10个

编号				3-1-163	3-1-164	3-1-165	3-1-166	3-1-167
项目				直径（mm以内）				
				56	64	72	80	90
名称			单位	消耗量				
人工	000203000	综合二类工	工日	4.963	5.363	9.410	10.782	11.464
材料	010900002	圆钢（综合）	kg	382.479	574.936	607.659	840.829	1178.104
	012903023	热轧中厚钢板 δ20	kg	47.791	—	—	—	—
	031301009	低碳钢焊条 J427（综合）	kg	0.068	0.122	0.137	1.712	1.948
	142125001	钠基酯	kg	0.091	0.107	0.122	0.137	0.152
	012903024	热轧中厚钢板 δ25	kg	—	85.993	—	—	—
	012903025	热轧中厚钢板 δ30	kg	—	—	328.600	—	—
	012903027	热轧中厚钢板 δ40	kg	—	—	—	497.542	650.731
	850103006	其他材料费（占材料费）	%	3.000	3.000	3.000	3.000	3.000
机械	990732050	剪板机 40×3100mm	台班	—	—	—	0.161	0.161
	990718060	普通车床 1000×5000mm	台班	—	—	—	0.644	0.717
	990901020	交流弧焊机 32kV·A	台班	0.880	0.960	0.274	0.274	0.274
	990919040	电焊条烘干箱 80×80×100cm³	台班	0.010	0.010	0.027	0.027	0.027
	990920010	电焊条恒温箱	台班	0.010	0.010	0.027	0.027	0.027
	990732045	剪板机 32×4000mm	台班	0.105	0.105	0.121	—	—
	990718020	普通车床 400×2000mm	台班	0.604	0.693	0.782	0.870	0.982
	990718040	普通车床 630×2000mm	台班	0.459	0.524	0.580	—	—
	990727020	立式钻床 35mm	台班	0.403	0.476	0.548	0.621	0.717
	990746010	弓锯床 250mm	台班	0.483	0.483	0.596	0.596	0.653
	990308010	桥式起重机 5t	台班	0.354	0.669	0.975	0.982	1.039

第二章

静置设备安装

说　明

一、本章内容包括碳钢、合金钢、不锈钢等静置设备安装工程，容器、反应器、热交换器、塔器、电解槽、除雾器、除尘器、污水处理等设备安装、塔盘安装、填料及催化剂装填、设备压力试验、清洗、钝化、脱脂。

二、本章包括以下工作内容：

1. 金属容器类：容器分片组装安装、容器分段组装安装、容器类设备整体安装。容器类设备整体安装包括各种形状的空体、内带夹套立式、卧式容器，内有冷却、加热及其他装置的容器，带搅拌装置的容器以及独立搅拌装置设备。

2. 金属塔器（立式容器）类：塔器的整体安装、分段组装、分片组装，塔器固定件及其他附件安装，各种形式塔盘安装以及设备填充材料等。

3. 热交换器类：各种结构热交换器（包括换热器、冷凝器、蒸发器、加热器和冷却器等）的安装及抽芯检查。

4. 空气冷却器类：空气冷却器管束（翅片）、构架及风机安装。

5. 反应器类：各种结构中低压（内有填料、内有复杂装置）反应器的整体安装。

6. 电解槽、电除雾器及污水处理设备安装。

7. 设备的水压试验、气密试验，设备的清洗、钝化与脱脂。

8. 设备吊耳制作与安装，设备胎具制作安装与拆除，临时支撑架制作、安装及拆除。

三、本章不包括以下工作内容：

1. 设备的除锈、刷油、防腐、衬里、保温、保冷及砌筑工程。

2. 设备本体法兰外的管道安装。

3. 安装在设备外表面的平台、梯子、栏杆的制作安装。

4. 电除雾器玻璃钢接缝处的处理。

5. 管式除雾器壳体的衬铅、木栅栏的制作。

6. 空气冷却器百叶窗的安装。

7. 电解槽隔膜的吸附处理。

8. 风机电机抽芯检查，减速器的解体检查。

9. 无损检测、预热、后热及整体热处理。

10. 现场组装平台的铺设与拆除。

11. 设备在基础上安装时不包含二次灌浆。

四、有关说明：

1. 塔类设备的分段组对：

（1）不适用于散装供货螺栓组对的设备组装。

（2）不包括组装成整体后就位吊装，该部分工作内容应另行计算。

（3）分段容器组装的有关调整系数按下列系数调整：

①分段容器按两段一道口取定。每增加一道口，人工、机械乘以系数 1.5，材料乘以系数 1.9。

②分段塔器按三段两道口取定。若分两段一道口时，项目乘以系数 0.75，三段以上每增加一段，项目乘以系数 1.35。

③不同材质的分段分片设备组装消耗量按下表系数调整：

2. “分片设备组装”和“分段设备组对”项目内均不包括设备整体吊装就位工作内容，应按“设备整体安装”另行计算。

分段分片设备组装消耗量系数表

材质	合金钢	低温钢	复合板	
			碳钢	不锈钢
人工	1.15	1.2	1.15	1.2
材料	1.02	1.12	1.02	1.1
机械	1.12	1.2	1.12	1.2

注：1. 合金钢、低温钢设备以碳钢设备消耗量为基数。
2. 复合板设备只计算复合板部分。

3. 整体设备安装：

（1）立式容器与卧式容器应分别执行相应项目。

（2）热交换器安装不包括抽芯检验，如需抽芯检验时，应执行热交换器抽芯检查相应项目。

（3）热交换器抽芯检查所有垫片，是按耐油石棉橡胶垫取定，如采用金属缠绕式垫片，可按实调整。

（4）塔盘安装是综合测算取定的，不论采用立式或卧式安装，除另有规定外，消耗量不得调整。

（5）设备填充材料主材按实另行计算。

（6）整体设备吊装的重量包括本体、附件、吊耳、绝热、内衬及随主体吊装的管线、平台、梯子和吊装加固件的全部重量，但不包括立式安装的塔盘和填充物的重量。

（7）本章按立式和卧式设备的重量综合取定，适用不同的吊装方法和吊装机具。如实际施工不同时，不得调整。

（8）静置设备安装是根据基础标高、设备重量确定的。项目最大吊装机械 150t，大于 150t 吊装机械另计，设备吊装机械是按单机吊装考虑。

（9）试压用水是指按正常情况考虑，不包括水质、水温有特殊要求的情况。

（10）本章包括压力试验的临时管线及盲板的安装与拆除。

（11）常压设备注水试漏：如在基础上试漏，按 1MPa 的项目乘以系数 0.6，在道木上试漏乘以系数0.85。

（12）设备水压试验，是按设备吊装就位后进行取定的，如必须搭设道木堆进行水压试验时，则项目乘以系数 1.35。容器、塔器、反应器及换热器水压试验是按设计压力$PN \leqslant 2.5$MPa 以内取定的，当设计压力大于 2.5MPa 时，按下表系数调整：

系数表

设计压力PN（MPa）	$2.5 < PN \leqslant 6.4$	$6.4 < PN \leqslant 10$	$10 < PN \leqslant 16$
人材机调整系数	1.2	1.35	1.65

（13）设备清洗、钝化、脱脂需用的手段措施消耗量，按不同项目以“次”摊销计算，项目内消耗量是指每次摊销的数量，是综合测算取定的。

（14）脱脂项目包括了通风设备的安装与拆除。

（15）设备清洗选定水冲洗、气体冲洗与蒸汽吹洗三种方法，如施工中采用的方法不同时，可按实计算。

（16）整体设备安装的基础标高：是指以设计正负零为基准，至设备底座安装标高点的吊装高度范围。

（17）整体设备安装中已按不同安装高度划分项目，不再计取超高费。

（18）10m < 基础标高 ⩽ 20m 整体设备安装，设备重量 > 40t，大型吊装机械另计。

4. 胎具与加固项目的说明：

（1）主材用量已按摊销量计入。

（2）筒体卷弧胎具是按设备筒体重量综合取定。

（3）设备组装（划分为分片与分段组装）胎具是指组装的手段措施，包括组装时的加固措施。按设备重量范围划分项目，不论采用何种施工方法，不得调整。

（4）设备吊装加固按审定后的施工措施方案计算，包括了加固件的制作、安装与拆除。

（5）胎具及加固件的消耗量，均已综合了重复利用的材料和回收率，不得调整。

5. 其他说明：

（1）设备化学清洗药剂如不同时，材料可以调整，其他不变。

（2）塔类设备分多段现场高空组对适用于设备实际分段超过四段（含四段）的情况，且最底段按照整体塔安装执行，其余各段依据各段设计壁厚执行塔类设备分多段现场高空组对项目。

（3）设备压力：是指设计压力；设备容积：是以设计图纸的标准为依据，如图纸无标注时，则按图纸尺寸计算，不扣除设备内部附件所占体积。

（4）设备压力试验与设备清洗、钝化、脱脂项目内所有临时设施的摊销次数及每次（或每台）的摊销量均为综合取定，不得调整。

（5）吊耳的构造形式与选用的材料，是根据其荷载要求综合取定的，若实际吊耳选用取定不同时，不得调整。

（6）临时支撑架制作、尾巴铰链及裙部加强板制作主材按两次摊销计算。

工程量计算规则

一、分片、分段设备安装，应区分设备名称、不同材质、焊接形式、设备直径等条件，按设备金属重量以“t”为计量单位。

二、整体设备安装不分设备类型，按基础标高、设备重量范围分别以“台”为计量单位。

三、塔内固定件安装，按设备直径以“层”为计量单位。

四、钉头及端板安装，以“100 组”为计量单位；各种类型钉及侧拉环安装，按照规格、类型以“100个”为计量单位；龟甲网安装，按材质以“m^2”为计量单位。

五、塔内衬合金板，应区分不同的构造部位，按合金板的重量以“t”为计量单位。

六、塔盘安装，按塔盘形式和设备直径以“层”为计量单位。

七、设备填充，按填充物的种类、材质、排列形式和规格，以“t”为计量单位。

八、热交换器设备安装，不分结构形式，按基础标高和设备重量以“台”为计量单位。热交换器设备安装，项目内不包括抽芯检验，如需要抽芯检验时，可按设备重量执行“热交换器地面抽芯检查”项目。

九、热交换器类设备地面抽芯检查，按设备重量以“台”为计量单位。

十、空气冷却器管束（翅片）安装，按设备重量以“片”为计量单位；空冷器构架安装，按金属重量以“t”为计量单位；风机安装，按设备重量以“台”为计量单位；空气冷却器管束（翅片）安装不含百叶窗安装。

十一、反应器安装，不分结构形式，分别按基础标高和设备重量以“台”为计量单位。

十二、电解槽安装，按设备构造形式及设备重量，分别以“台”为计量单位。设备重量按以下规定计算：

1. 钢框架底座、玻璃钢盖电解槽安装，包括底座、阴极箱、阳极板、上盖、底部绝缘瓷瓶等全部构件重量。

2. 混凝土槽底、盖电解槽安装，包括壳体、阴极箱、阳极石墨、槽向导板（电解铜）等金属、非金属件的重量。

十三、电除雾器、电除尘器安装，按设备重量以“t”为计量单位。

十四、玻璃钢电除雾器的设备重量包括：

1. 玻璃钢整体结构包括壳体、集酸极板、出入口罩、料斗、导料叶片、整流板、绝缘子室及内件的重量，不包括内部件衬铅板的重量。

2. 金属结构包括柱、支架、支撑、操作平台、梯子、栏杆以及连接各部的加强板、螺栓等金属总重量。

十五、电除雾器的设备重量包括设备壳体、沉淀板、上下分布板、电晕、电极内框架、顶盖、绝缘箱及其内部金属件的总重量，不包括壳体衬铅和内衬砖的重量。

十六、污水处理设备安装，以“台”为计量单位。

十七、容器、反应器、塔器、热交换器设备水压试验根据设备容积和压力以“m^3”为计量单位；设备水压试验项目内已包括水压试验临时水管线（含阀门、管件）的敷设与拆除。消耗量已列入管材、阀门、管件的材料摊销量，不得再计算水压试验的措施工程量及材料摊销量。

十八、容器、反应器、塔器、热交换器设备气密试验，根据设备容积和压力，以“台”为计量单位。

十九、设备水冲洗、压缩空气吹扫、蒸汽吹扫，根据设备类型和容积以“台”为计量单位。设备压缩空气吹扫和蒸汽吹扫措施用消耗材料摊销应不分数量以“台”为计量单位。

二十、设备酸洗钝化，根据设备材质和容积，以“台”为计量单位。设备酸洗钝化措施用消耗量摊销，按容积以“台”为计量单位，另行计算。

二十一、焊缝酸洗钝化，区分不同材质以“10m”为计量单位。

二十二、设备脱脂，根据设备类型、脱脂材料和设备直径，以“$10m^2$”为计量单位。

二十三、钢制结构脱脂，根据脱脂材料按钢结构净重量以“t”为计量单位。

二十四、吊耳的数量以审批后的施工方案为依据，按荷载能力以“个”为计量单位。

二十五、筒体卷弧胎具按每台制作设备扣除外部附件的金属重量，以“t”为计量单位。

二十六、浮头式热交换器试压胎具，根据热交换器设备直径以“台”为计量单位。

二十七、设备分段组装胎具及设备分片组装胎具均按设备金属重量范围以“台”为计量单位。

二十八、设备组对及吊装加固，根据审批后的施工方案以“t”为计量单位。

二十九、催化剂装填应按照装置类型、及是否需要装填吸附剂情况为区别，分别套用相应项目，其中加氢裂化装置项目包含：加氢裂化、汽油加氢、柴油加氢、加氢处理、蜡油加氢、煤油加氢；连续重整装置项目包含：连续重整、异构化、歧化；吸附剂、分子筛项目包含：PSA 吸附剂、分子筛、活性炭、硅胶、甲基叔丁基醚（MTBE）、交换树脂、惰性剂，以“t”为计量单位。

一、容 器 组 装

1. 容器分片组装

（1）碳钢椭圆双封头容器

工作内容：施工准备，分片组对，点焊、焊接、清根、开孔件、组合件安装、配合检查验收等。

计量单位：t

编号				3-2-1	3-2-2	3-2-3	3-2-4	3-2-5	3-2-6
项目				电弧焊设备直径（mm 以内）					
				3500	4000	4500	5000	6000	6000 以上
名称			单位	消耗量					
人工	000203000	综合二类工	工日	11.905	11.561	10.981	10.175	8.900	7.859
材料	142907002	乙炔气	kg	1.513	1.470	1.397	1.293	1.133	0.998
	142909001	氧气	m^3	3.934	3.822	3.632	3.363	2.945	2.596
	031301009	低碳钢焊条 J427（综合）	kg	17.320	16.818	15.981	14.801	12.952	11.438
	050105001	道木（综合）	m^3	0.015	0.015	0.015	0.015	0.015	0.015
	022305004	碳精棒 ϕ8～12	根	6.316	6.088	5.784	5.327	4.718	4.109
	031101009	尼龙砂轮片 ϕ100	片	1.362	1.324	1.256	1.164	1.020	0.898
	031101010	尼龙砂轮片 ϕ150	片	3.166	3.074	2.922	2.709	2.367	2.093
	850103006	其他材料费（占材料费）	%	5.000	5.000	5.000	5.000	5.000	5.000
机械	990302015	履带式起重机 15t	台班	0.274	0.266	0.250	0.234	0.202	0.177
	990304024	汽车式起重机 25t	台班	0.041	0.041	—	—	—	—
	990304036	汽车式起重机 40t	台班	—	—	0.041	0.041	0.032	0.032
	990401030	载重汽车 8t	台班	0.032	0.032	0.032	0.032	0.032	0.032
	990901020	交流弧焊机 32kV·A	台班	3.326	3.237	3.076	2.851	2.489	2.199
	991003050	电动空气压缩机 6m^3/min	台班	0.137	0.129	0.129	0.121	0.113	0.105
	990919040	电焊条烘干箱 80×80×100cm^3	台班	0.332	0.324	0.308	0.285	0.249	0.220
	990920010	电焊条恒温箱	台班	0.332	0.324	0.308	0.285	0.249	0.220

（2）碳钢平底椭圆顶容器

工作内容：施工准备，分片组对，点焊、焊接、清根、开孔件、组合件安装、配合检查验收等。

计量单位：t

	编　号			3-2-7	3-2-8	3-2-9	3-2-10	3-2-11
	项　目			电弧焊设备直径（mm 以内）				
				4800	5800	6800	8000	10000
	名　称		单位	消　耗　量				
人工	000203000	综合二类工	工日	9.527	9.052	8.680	8.293	7.742
材料	142907002	乙炔气	kg	2.213	2.195	1.651	1.510	1.282
	142909001	氧气	m^3	5.753	5.708	4.292	3.927	3.333
	031301009	低碳钢焊条 J427（综合）	kg	16.080	15.646	15.098	14.436	13.858
	050105001	道木（综合）	m^3	0.008	0.008	0.008	0.008	0.008
	022305004	碳精棒 ϕ8～12	根	8.493	8.264	7.975	7.625	7.321
	031101010	尼龙砂轮片 ϕ150	片	2.548	2.484	2.393	2.292	2.201
	850103006	其他材料费（占材料费）	%	5.000	5.000	5.000	5.000	5.000
机械	990304016	汽车式起重机 16t	台班	0.383	0.287	0.267	0.260	—
	990304024	汽车式起重机 25t	台班	—	—	—	—	0.219
	990403020	平板拖车组 20t	台班	—	—	—	—	0.016
	990401030	载重汽车 8t	台班	0.048	0.032	—	—	—
	990401045	载重汽车 15t	台班	—	—	0.025	0.016	—
	990901020	交流弧焊机 32kV · A	台班	3.146	3.061	2.954	2.825	2.712
	991003070	电动空气压缩机 $10m^3/min$	台班	0.153	0.137	0.113	0.097	0.089
	990919040	电焊条烘干箱 $80\times80\times100cm^3$	台班	0.314	0.306	0.296	0.282	0.271
	990920010	电焊条恒温箱	台班	0.314	0.306	0.296	0.282	0.271

（3）不锈钢椭圆双封头容器电弧焊

工作内容： 施工准备，分片组对，点焊、焊接、清根、开孔件、组合件安装、配合检查验收等。

计量单位： t

编号				3-2-12	3-2-13	3-2-14	3-2-15	3-2-16	3-2-17
项目				设备直径（mm 以内）					
				3500	4000	4500	5000	6000	6000 以上
名称			单位	消耗量					
人工	000203000	综合二类工	工日	15.759	15.297	14.532	13.463	11.782	10.403
材料	031301001	不锈钢焊条（综合）	kg	17.092	16.597	15.768	14.604	12.777	11.286
材料	143103001	硝酸	kg	1.050	1.020	0.966	0.898	0.784	0.693
材料	050105001	道木（综合）	m^3	0.015	0.015	0.015	0.015	0.015	0.015
材料	031101017	不锈钢专用砂轮片	片	1.629	1.583	1.507	1.393	1.218	1.073
材料	850103006	其他材料费（占材料费）	%	5.000	5.000	5.000	5.000	5.000	5.000
机械	990302015	履带式起重机 15t	台班	0.274	0.266	0.250	0.234	0.202	0.177
机械	990304024	汽车式起重机 25t	台班	0.041	0.041	—	—	—	—
机械	990304036	汽车式起重机 40t	台班	—	—	0.041	0.041	0.032	0.032
机械	990401030	载重汽车 8t	台班	0.032	0.032	0.032	0.032	0.032	0.032
机械	990901020	交流弧焊机 32kV·A	台班	4.300	4.180	3.971	3.681	3.221	2.843
机械	990743010	等离子切割机 400A	台班	0.113	0.105	0.097	0.089	0.081	0.073
机械	990919040	电焊条烘干箱 $80 \times 80 \times 100cm^3$	台班	0.430	0.418	0.397	0.368	0.322	0.285
机械	990920010	电焊条恒温箱	台班	0.430	0.418	0.397	0.368	0.322	0.285
机械	991003030	电动空气压缩机 $1m^3/min$	台班	0.142	0.132	0.122	0.112	0.102	0.092

（4）不锈钢椭圆双封头容器氩电联焊

工作内容：施工准备，分片组对，点焊、焊接、清根、开孔件、组合件安装、配合检查验收等。

计量单位：t

编　号				3-2-18	3-2-19	3-2-20	3-2-21	3-2-22	3-2-23
项　目				设备直径（mm 以内）					
				3500	4000	4500	5000	6000	6000 以上
名　称			单位	消　耗　量					
人工	000203000	综合二类工	工日	16.586	16.102	15.104	14.173	12.706	11.223
材料	031303018	不锈钢氩弧焊丝（综合）	kg	1.667	1.629	1.545	1.431	1.256	1.111
	142911001	氩气	m^3	4.673	4.551	4.322	4.003	3.501	3.097
	031301001	不锈钢焊条（综合）	kg	16.871	16.544	15.715	14.588	12.739	11.248
	143103001	硝酸	kg	1.050	1.020	0.966	0.898	0.784	0.693
	050105001	道木（综合）	m^3	0.015	0.015	0.015	0.015	0.015	0.015
	340101003	铈钨棒	g	9.333	9.120	8.651	8.012	7.032	6.222
	031101017	不锈钢专用砂轮片	片	1.629	1.583	1.507	1.393	1.218	1.073
	850103006	其他材料费（占材料费）	%	5.000	5.000	5.000	5.000	5.000	5.000
机械	990304024	汽车式起重机 25t	台班	0.041	0.041	—	—	—	—
	990304036	汽车式起重机 40t	台班	—	—	0.041	0.041	0.032	0.032
	990302015	履带式起重机 15t	台班	0.274	0.266	0.250	0.234	0.202	0.177
	990401030	载重汽车 8t	台班	0.032	0.032	0.032	0.032	0.032	0.032
	990901020	交流弧焊机 32kV·A	台班	4.284	4.164	3.955	3.665	3.205	2.835
	990912010	氩弧焊机 500A	台班	0.928	0.910	0.862	0.798	0.701	0.621
	990743010	等离子切割机 400A	台班	0.113	0.105	0.097	0.089	0.081	0.073
	990919040	电焊条烘干箱 $80 \times 80 \times 100cm^3$	台班	0.428	0.416	0.396	0.366	0.320	0.283
	990920010	电焊条恒温箱	台班	0.428	0.416	0.396	0.366	0.320	0.283
	991003030	电动空气压缩机 $1m^3/min$	台班	0.142	0.132	0.122	0.112	0.102	0.092

（5）不锈钢平底椭圆顶容器电弧焊

工作内容：施工准备，分片组对，点焊、焊接、清根、开孔件、组合件安装、配合检查验收等。

计量单位：t

编　号				3-2-24	3-2-25	3-2-26	3-2-27	3-2-28
项　目				设备直径（mm 以内）				
				4800	5800	6800	8000	10000 以内
名　称			单位	消　耗　量				
人工	000203000	综合二类工	工日	13.084	12.422	11.905	11.374	10.616
材料	142907002	乙炔气	kg	2.863	2.845	2.143	1.967	1.668
	142909001	氧气	m^3	7.443	7.397	5.571	5.114	4.338
	031301001	不锈钢焊条（综合）	kg	20.897	20.167	19.367	17.602	17.412
	143103001	硝酸	kg	3.090	2.344	1.781	1.568	1.362
	050105001	道木（综合）	m^3	0.008	0.008	0.008	0.008	0.008
	031101017	不锈钢专用砂轮片	片	2.762	2.686	2.587	2.473	2.382
	850103006	其他材料费（占材料费）	%	5.000	5.000	5.000	5.000	5.000
机械	990304016	汽车式起重机 16t	台班	0.383	0.287	0.267	0.260	—
	990304024	汽车式起重机 25t	台班	—	—	—	—	0.219
	990401030	载重汽车 8t	台班	0.048	0.032	—	—	—
	990401045	载重汽车 15t	台班	—	—	0.025	0.016	—
	990403020	平板拖车组 20t	台班	—	—	—	—	0.016
	990901020	交流弧焊机 32kV·A	台班	4.091	3.978	3.833	3.665	3.527
	990743010	等离子切割机 400A	台班	0.121	0.105	0.089	0.064	0.041
	991003030	电动空气压缩机 $1m^3/min$	台班	0.153	0.137	0.113	0.097	0.089
	990919040	电焊条烘干箱 $80\times80\times100cm^3$	台班	0.409	0.398	0.383	0.366	0.353
	990920010	电焊条恒温箱	台班	0.409	0.398	0.383	0.366	0.353

（6）不锈钢平底椭圆顶容器氩电联焊

工作内容：施工准备，分片组对，点焊、焊接、清根、开孔件、组合件安装、配合检查验收等。

计量单位：t

编号				3-2-29	3-2-30	3-2-31	3-2-32	3-2-33
项目				设备直径（mm 以内）				
				4800	5800	6800	8000	10000
名称			单位	消耗量				
人工	000203000	综合二类工	工日	14.084	13.243	12.849	12.291	11.519
材料	031303018	不锈钢氩弧焊丝（综合）	kg	1.522	1.385	1.218	1.149	1.027
	142907002	乙炔气	kg	1.440	1.247	1.071	0.983	0.913
	142911001	氩气	m^3	4.262	3.835	3.410	3.217	2.876
	142909001	氧气	m^3	3.744	3.242	2.785	2.557	2.374
	031301001	不锈钢焊条（综合）	kg	19.466	18.797	18.036	16.301	16.194
	143103001	硝酸	kg	3.090	2.344	1.781	1.568	1.362
	050105001	道木（综合）	m^3	0.008	0.008	0.008	0.008	0.008
	340101003	铈钨棒	g	8.523	7.756	6.819	6.435	5.753
	031101017	不锈钢专用砂轮片	片	2.762	2.686	2.587	2.473	2.382
	850103006	其他材料费（占材料费）	%	5.000	5.000	5.000	5.000	5.000
机械	990304016	汽车式起重机 16t	台班	0.383	0.287	0.267	0.260	—
	990304024	汽车式起重机 25t	台班	—	—	—	—	0.219
	990401030	载重汽车 8t	台班	0.048	0.032	—	—	—
	990401045	载重汽车 15t	台班	—	—	0.025	0.016	—
	990403020	平板拖车组 20t	台班	—	—	—	—	0.016
	990901020	交流弧焊机 32kV·A	台班	3.597	3.501	3.371	3.225	3.146
	990912010	氩弧焊机 500A	台班	0.644	0.628	0.604	0.580	0.556
	990743010	等离子切割机 400A	台班	0.121	0.105	0.089	0.064	0.041
	991003070	电动空气压缩机 $10m^3/min$	台班	0.153	0.137	0.113	0.097	0.089
	990919040	电焊条烘干箱 $80 \times 80 \times 100cm^3$	台班	0.359	0.350	0.337	0.322	0.314
	990920010	电焊条恒温箱	台班	0.359	0.350	0.337	0.322	0.314

2. 容器分段组对

（1）碳钢电弧焊

工作内容：施工准备，分段组对，点焊、焊接、清根、组合件安装、配合检查验收等。 计量单位：t

编号				3-2-34	3-2-35	3-2-36	3-2-37	3-2-38
项目				设备直径（mm 以内）				
				1800	2400	2800	3200	3800
名称			单位	消耗量				
人工	000203000	综合二类工	工日	4.267	3.557	3.275	3.027	2.840
材料	142907002	乙炔气	kg	0.597	0.498	0.457	0.425	0.393
	142909001	氧气	m^3	1.552	1.294	1.187	1.105	1.021
	031301009	低碳钢焊条 J427（综合）	kg	1.385	1.157	1.073	0.982	0.928
	050105001	道木（综合）	m^3	0.008	0.008	0.008	0.008	0.008
	022305004	碳精棒 ϕ8～12	根	1.058	0.883	0.814	0.761	0.700
	031101010	尼龙砂轮片 ϕ150	片	0.875	0.731	0.670	0.624	0.578
	850103006	其他材料费（占材料费）	%	5.000	5.000	5.000	5.000	5.000
机械	990304028	汽车式起重机 30t	台班	0.048	0.048	0.048	—	—
	990304052	汽车式起重机 75t	台班	—	—	—	0.048	0.048
	990302015	履带式起重机 15t	台班	0.145	0.113	0.081	0.057	0.041
	990403025	平板拖车组 30t	台班	0.032	0.025	0.025	0.016	0.016
	990901020	交流弧焊机 32kV·A	台班	0.443	0.370	0.347	0.314	0.298
	990919040	电焊条烘干箱 80×80×100cm³	台班	0.044	0.037	0.035	0.031	0.030
	990920010	电焊条恒温箱	台班	0.044	0.037	0.035	0.031	0.030

（2）碳钢氩电联焊

工作内容：施工准备，分段组对，点焊、焊接、清根、组合件安装、配合检查验收等。 **计量单位**：t

编号				3-2-39	3-2-40	3-2-41	3-2-42	3-2-43
项目				设备直径（mm 以内）				
				1800	2400	2800	3200	3800
		名称	单位	消耗量				
人工	000203000	综合二类工	工日	5.136	4.612	4.502	4.071	3.674
材料	031303008	碳钢氩弧焊丝	kg	0.242	0.233	0.225	0.206	0.195
	142911001	氩气	m^3	0.623	0.681	0.632	0.578	0.547
	031301009	低碳钢焊条 J427（综合）	kg	1.068	1.050	1.023	0.982	0.928
	143103001	硝酸	kg	0.107	0.091	0.061	0.046	0.038
	050105001	道木（综合）	m^3	0.011	0.011	0.011	0.011	0.011
	340101003	铈钨棒	g	1.244	1.359	1.262	1.155	1.091
	031101010	尼龙砂轮片 $\phi150$	片	0.957	1.047	0.971	0.888	0.840
	850103006	其他材料费（占材料费）	%	5.000	5.000	5.000	5.000	5.000
机械	990302015	履带式起重机 15t	台班	0.145	0.113	0.081	0.057	0.041
	990304028	汽车式起重机 30t	台班	0.048	0.048	0.048	—	—
	990304052	汽车式起重机 75t	台班	—	—	—	0.048	0.048
	990403025	平板拖车组 30t	台班	0.032	0.025	0.025	0.016	0.016
	990901020	交流弧焊机 32kV·A	台班	0.336	0.367	0.341	0.312	0.295
	990912010	氩弧焊机 500A	台班	0.122	0.134	0.124	0.114	0.107
	990919040	电焊条烘干箱 80×80×100cm^3	台班	0.034	0.036	0.034	0.031	0.030
	990920010	电焊条恒温箱	台班	0.034	0.036	0.034	0.031	0.030

（3）不锈钢电弧焊

工作内容：施工准备，分段组对，点焊、焊接、清根、组合件安装、配合检查验收等。 **计量单位**：t

编号				3-2-44	3-2-45	3-2-46	3-2-47	3-2-48
项目				设备直径（mm 以内）				
				1800	2400	2800	3200	3800
		名称	单位	消耗量				
人工	000203000	综合二类工	工日	5.846	4.874	4.488	4.143	3.854
材料	031301001	不锈钢焊条（综合）	kg	1.370	1.142	1.050	1.005	0.906
	143103001	硝酸	kg	0.107	0.091	0.061	0.046	0.038
	050105001	道木（综合）	m^3	0.008	0.008	0.008	0.008	0.008
	022703002	白布	m	1.142	1.142	1.050	1.005	0.906
	031101017	不锈钢专用砂轮片	片	1.225	1.005	0.928	0.860	0.791
	850103006	其他材料费（占材料费）	%	5.000	5.000	5.000	5.000	5.000
机械	990302015	履带式起重机 15t	台班	0.145	0.113	0.081	0.057	0.041
	990304028	汽车式起重机 30t	台班	0.048	0.048	0.048	—	—
	990304036	汽车式起重机 40t	台班	—	—	—	0.048	0.048
	990403025	平板拖车组 30t	台班	0.032	0.025	0.025	0.016	0.016
	990901020	交流弧焊机 32kV·A	台班	0.580	0.483	0.443	0.427	0.387
	990919040	电焊条烘干箱 80×80×100cm^3	台班	0.058	0.048	0.044	0.042	0.039
	990920010	电焊条恒温箱	台班	0.058	0.048	0.044	0.042	0.039

（4）不锈钢氩电联焊

工作内容：施工准备，分段组对，点焊、焊接、清根、组合件安装、配合检查验收等。 **计量单位：**t

编号				3-2-49	3-2-50	3-2-51	3-2-52	3-2-53
项目				设备直径（mm 以内）				
				1800	2400	2800	3200	3800
	名称		单位	消耗量				
人工	000203000	综合二类工	工日	6.391	5.329	4.957	4.530	4.212
材料	031303018	不锈钢氩弧焊丝（综合）	kg	0.282	0.236	0.221	0.198	0.190
	142911001	氩气	m^3	0.784	0.654	0.609	0.556	0.525
	031301001	不锈钢焊条（综合）	kg	1.339	1.111	1.020	0.974	0.868
	143103001	硝酸	kg	0.107	0.091	0.061	0.046	0.038
	050105001	道木（综合）	m^3	0.008	0.008	0.008	0.008	0.008
	340101003	铈钨棒	g	1.577	1.321	1.236	1.108	1.065
	031101017	不锈钢专用砂轮片	片	1.225	1.005	0.928	0.860	0.791
	850103006	其他材料费（占材料费）	%	5.000	5.000	5.000	5.000	5.000
机械	990302015	履带式起重机 15t	台班	0.145	0.113	0.081	0.057	0.041
	990304028	汽车式起重机 30t	台班	0.048	0.048	0.048	—	—
	990304036	汽车式起重机 40t	台班	—	—	—	0.048	0.048
	990403025	平板拖车组 30t	台班	0.032	0.025	0.025	0.016	0.016
	990901020	交流弧焊机 32kV·A	台班	0.564	0.467	0.435	0.411	0.370
	990912010	氩弧焊机 500A	台班	0.153	0.137	0.121	0.105	0.097
	990919040	电焊条烘干箱 80×80×100cm³	台班	0.057	0.047	0.043	0.042	0.037
	990920010	电焊条恒温箱	台班	0.057	0.047	0.043	0.042	0.037

二、整体容器安装

1. 卧式容器类设备安装

（1）基础标高 10m 以内

工作内容：施工准备，基础处理、垫铁设置、吊装就位、安装找正、垫铁点焊、配合检查验收等。

计量单位：台

编号				3-2-54	3-2-55	3-2-56	3-2-57	3-2-58	3-2-59
项目				设备重量（t 以内）					
				2	5	10	15	20	30
		名称	单位	消耗量					
人工	000203000	综合二类工	工日	5.778	10.933	14.704	18.812	24.940	36.143
材料	031507007	镀锌铁丝（综合）	kg	0.761	0.761	1.522	2.283	3.044	3.805
	142907002	乙炔气	kg	0.097	0.138	0.460	0.700	0.931	1.182
	142909001	氧气	m^3	0.251	0.358	1.195	1.819	2.420	3.074
	031301009	低碳钢焊条 J427（综合）	kg	1.301	1.636	2.108	2.351	2.603	5.167
	031509007	平垫铁（综合）	kg	6.545	10.388	19.733	32.890	35.067	45.660
	031509010	斜垫铁（综合）	kg	9.908	15.981	30.364	50.607	54.069	68.871
	140113002	黄油	kg	0.137	0.190	0.228	0.304	0.381	0.457
	143121001	二硫化钼	kg	0.061	0.076	0.152	0.175	0.228	0.266
	050105001	道木（综合）	m^3	0.046	0.084	0.114	0.160	0.183	0.221
	050401001	木方	m^3	—	—	—	—	0.061	0.061
	031101010	尼龙砂轮片 ϕ150	片	0.304	0.381	0.761	0.860	0.989	1.142
	850103006	其他材料费（占材料费）	%	3.000	3.000	3.000	3.000	3.000	3.000
机械	990401020	载重汽车 5t	台班	0.161	0.274	—	—	—	—
	990401035	载重汽车 10t	台班	—	—	0.290	—	—	—
	990401045	载重汽车 15t	台班	—	—	—	0.298	—	—
	990304016	汽车式起重机 16t	台班	0.404	0.588	0.290	—	—	—
	990304024	汽车式起重机 25t	台班	—	—	0.370	0.298	0.322	0.387
	990304036	汽车式起重机 40t	台班	—	—	—	0.524	0.604	—
	990304040	汽车式起重机 50t	台班	—	—	—	—	—	0.725
	990403020	平板拖车组 20t	台班	—	—	—	—	0.347	—
	990904030	直流弧焊机 20kV·A	台班	0.451	0.660	0.854	0.982	1.095	2.513
	990919040	电焊条烘干箱 80×80×100cm^3	台班	0.045	0.066	0.086	0.098	0.109	0.251
	990920010	电焊条恒温箱	台班	0.045	0.066	0.086	0.098	0.109	0.251
	990403030	平板拖车组 40t	台班	—	—	—	—	—	0.387

工作内容：施工准备，基础处理、垫铁设置、吊装就位、安装找正、垫铁点焊、配合检查验收等。

计量单位：台

编号				3-2-60	3-2-61	3-2-62	3-2-63	3-2-64
项目				设备重量（t 以内）				
				40	50	60	80	100
名称			单位	消耗量				
人工	000203000	综合二类工	工日	49.220	58.843	68.701	74.713	96.888
材料	031507007	镀锌铁丝（综合）	kg	4.353	4.566	5.327	6.088	7.610
	142907002	乙炔气	kg	1.291	1.449	1.475	1.616	2.020
	142909001	氧气	m^3	3.356	3.767	3.835	4.201	5.251
	031301009	低碳钢焊条 J427（综合）	kg	5.829	6.400	7.062	7.694	10.350
	031509007	平垫铁（综合）	kg	63.620	77.911	86.564	96.951	105.360
	031509010	斜垫铁（综合）	kg	95.429	119.858	133.175	149.156	162.474
	140113002	黄油	kg	0.609	0.685	0.761	0.852	1.065
	143121001	二硫化钼	kg	0.304	0.335	0.365	0.426	0.533
	050105001	道木（综合）	m^3	0.320	0.517	0.700	0.837	0.989
	050401001	木方	m^3	0.068	0.068	0.084	0.099	0.107
	031101010	尼龙砂轮片 ϕ150	片	1.218	1.370	1.507	1.766	2.207
	031599010	滚杠	kg	—	33.606	48.065	62.478	76.130
	850103006	其他材料费（占材料费）	%	3.000	3.000	3.000	3.000	3.000
机械	990304036	汽车式起重机 40t	台班	0.419	0.672	—	—	—
	990304052	汽车式起重机 75t	台班	0.773	—	0.505	1.040	—
	990304064	汽车式起重机 100t	台班	—	0.795	—	—	—
	990302075	履带式起重机 150t	台班	—	—	0.746	0.968	—
	990904030	直流弧焊机 20kV·A	台班	2.819	3.122	3.401	4.207	5.587
	990919040	电焊条烘干箱 80×80×100cm³	台班	0.282	0.328	0.362	0.443	0.583
	990920010	电焊条恒温箱	台班	0.282	0.328	0.362	0.443	0.583
	990403030	平板拖车组 40t	台班	0.419	—	—	—	—
	990403040	平板拖车组 60t	台班	—	0.453	0.505	—	—

（2）10m＜基础标高≤20m

工作内容：施工准备，基础处理、垫铁设置、吊装就位、安装找正、垫铁点焊、配合检查验收等。

计量单位：台

编　号				3-2-65	3-2-66	3-2-67	3-2-68	3-2-69	3-2-70
项　目				设备重量（t 以内）					
				2	5	10	15	20	30
名　称			单位	消　耗　量					
人工	000203000	综合二类工	工日	6.431	12.643	16.641	21.736	30.511	43.644
材料	031507007	镀锌铁丝（综合）	kg	0.761	0.761	1.522	2.283	3.044	3.805
	142907002	乙炔气	kg	0.097	0.140	0.457	0.702	0.931	1.185
	142909001	氧气	m^3	0.251	0.365	1.187	1.826	2.420	3.082
	031301009	低碳钢焊条 J427（综合）	kg	1.301	1.636	2.108	2.351	2.603	5.167
	031509007	平垫铁（综合）	kg	6.545	10.388	19.733	32.890	35.067	45.660
	031509010	斜垫铁（综合）	kg	9.908	15.981	30.364	50.607	54.069	68.871
	140113002	黄油	kg	0.137	0.190	0.228	0.304	0.381	0.457
	143121001	二硫化钼	kg	0.061	0.076	0.152	0.175	0.228	0.266
	050105001	道木（综合）	m^3	0.046	0.084	0.114	0.160	0.183	0.221
	050401001	木方	m^3	—	—	—	—	0.061	0.061
	031101010	尼龙砂轮片 $\phi150$	片	0.304	0.381	0.761	0.860	0.989	1.142
	850103006	其他材料费（占材料费）	%	3.000	3.000	3.000	3.000	3.000	3.000
机械	990401020	载重汽车 5t	台班	0.161	0.274	—	—	—	—
	990401035	载重汽车 10t	台班	—	—	0.290	—	—	—
	990401045	载重汽车 15t	台班	—	—	—	0.298	—	—
	990304016	汽车式起重机 16t	台班	0.524	0.274	—	—	—	—
	990304024	汽车式起重机 25t	台班	—	0.347	0.290	0.298	0.322	—
	990304036	汽车式起重机 40t	台班	—	—	0.435	0.564	—	0.354
	990304052	汽车式起重机 75t	台班	—	—	—	—	0.604	—
	990304064	汽车式起重机 100t	台班	—	—	—	—	—	0.644
	990403020	平板拖车组 20t	台班	—	—	—	—	0.347	—
	990904030	直流弧焊机 20kV·A	台班	0.451	0.660	0.854	0.982	1.095	2.513
	990919040	电焊条烘干箱 $80\times80\times100cm^3$	台班	0.045	0.066	0.086	0.098	0.109	0.251
	990920010	电焊条恒温箱	台班	0.045	0.066	0.086	0.098	0.109	0.251
	990403030	平板拖车组 40t	台班	—	—	—	—	—	0.387

工作内容： 施工准备，基础处理、垫铁设置、吊装就位、安装找正、垫铁点焊、配合检查验收等。

计量单位：台

编号				3-2-71	3-2-72	3-2-73	3-2-74	3-2-75
项目				设备重量（t 以内）				
				40	50	60	80	100
名称			单位	消耗量				
人工	000203000	综合二类工	工日	55.983	66.336	71.300	77.173	102.066
材料	031507007	镀锌铁丝（综合）	kg	4.353	4.566	5.327	6.088	7.610
	142907002	乙炔气	kg	1.291	1.449	1.475	1.616	2.020
	142909001	氧气	m^3	3.356	3.767	3.835	4.201	5.251
	031301009	低碳钢焊条 J427（综合）	kg	5.829	6.400	7.062	7.694	10.350
	031509007	平垫铁（综合）	kg	63.620	77.911	86.564	96.951	105.360
	031509010	斜垫铁（综合）	kg	95.429	119.858	133.175	149.156	162.474
	140113002	黄油	kg	0.609	0.685	0.761	0.852	1.065
	143121001	二硫化钼	kg	0.304	0.335	0.365	0.426	0.533
	050105001	道木（综合）	m^3	0.320	0.517	0.700	0.837	0.989
	050401001	木方	m^3	0.068	0.068	0.084	0.099	0.107
	031101010	尼龙砂轮片 ϕ150	片	1.218	1.370	1.507	1.766	2.207
	031599010	滚杠	kg	—	33.606	48.065	62.478	76.130
	850103006	其他材料费（占材料费）	%	3.000	3.000	3.000	3.000	3.000
机械	990403030	平板拖车组 40t	台班	0.419	—	—	—	—
	990304036	汽车式起重机 40t	台班	—	0.755	—	—	—
	990304040	汽车式起重机 50t	台班	0.419	—	—	—	—
	990304052	汽车式起重机 75t	台班	—	—	0.505	—	—
	990304072	汽车式起重机 120t	台班	0.773	—	—	—	—
	990302075	履带式起重机 150t	台班	—	0.870	0.874	—	—
	990403040	平板拖车组 60t	台班	—	0.453	0.505	—	—
	990904030	直流弧焊机 20kV·A	台班	2.819	3.122	3.401	4.207	5.587
	990919040	电焊条烘干箱 80×80×100cm³	台班	0.282	0.328	0.362	0.443	0.583
	990920010	电焊条恒温箱	台班	0.282	0.328	0.362	0.443	0.583

（3）基础标高20m以上

工作内容：施工准备，基础处理、垫铁设置、吊装就位、安装找正、垫铁点焊、配合检查验收等。

计量单位：台

编号				3-2-76	3-2-77	3-2-78	3-2-79	3-2-80
项目				设备重量（t以内）				
				2	5	10	15	20
名称			单位	消耗量				
人工	000203000	综合二类工	工日	7.170	14.145	18.171	23.996	34.337
材料	031507007	镀锌铁丝（综合）	kg	0.761	0.761	1.522	2.283	3.044
	142907002	乙炔气	kg	0.097	0.140	0.457	0.702	0.931
	142909001	氧气	m^3	0.251	0.365	1.187	1.826	2.420
	031301009	低碳钢焊条 J427（综合）	kg	1.301	1.636	2.108	2.351	2.603
	031509007	平垫铁（综合）	kg	6.545	10.388	19.733	32.890	35.067
	031509010	斜垫铁（综合）	kg	9.908	15.981	30.364	50.607	54.069
	140113002	黄油	kg	0.137	0.190	0.228	0.304	0.381
	143121001	二硫化钼	kg	0.061	0.076	0.152	0.175	0.228
	050105001	道木（综合）	m^3	0.046	0.084	0.114	0.160	0.183
	050401001	木方	m^3	—	—	—	—	0.061
	031101010	尼龙砂轮片 ϕ150	片	0.304	0.381	0.761	0.860	0.989
	850103006	其他材料费（占材料费）	%	3.000	3.000	3.000	3.000	3.000
机械	990401020	载重汽车 5t	台班	0.161	0.274	—	—	—
	990401035	载重汽车 10t	台班	—	—	0.290	—	—
	990401045	载重汽车 15t	台班	—	—	—	0.298	—
	990304016	汽车式起重机 16t	台班	0.202	0.290	—	—	—
	990304024	汽车式起重机 25t	台班	0.403	—	0.306	0.322	0.338
	990304036	汽车式起重机 40t	台班	—	0.435	—	—	—
	990304040	汽车式起重机 50t	台班	—	—	0.515	—	—
	990304052	汽车式起重机 75t	台班	—	—	—	0.612	—
	990304064	汽车式起重机 100t	台班	—	—	—	—	0.644
	990403020	平板拖车组 20t	台班	—	—	—	—	0.347
	990904030	直流弧焊机 20kV·A	台班	0.451	0.660	0.854	0.982	1.095
	990919040	电焊条烘干箱 $80\times80\times100cm^3$	台班	0.045	0.066	0.086	0.098	0.109
	990920010	电焊条恒温箱	台班	0.045	0.066	0.086	0.098	0.109

工作内容：施工准备，基础处理、垫铁设置、吊装就位、安装找正、垫铁点焊、配合检查验收等。

计量单位：台

编号				3-2-81	3-2-82	3-2-83	3-2-84
项目				设备重量（t以内）			
				30	40	50	60
名称			单位	消耗量			
人工	000203000	综合二类工	工日	49.103	56.527	63.000	66.537
材料	031507007	镀锌铁丝（综合）	kg	3.805	4.353	4.566	5.327
	142907002	乙炔气	kg	1.185	1.291	1.449	1.475
	142909001	氧气	m^3	3.082	3.356	3.767	3.835
	031301009	低碳钢焊条 J427（综合）	kg	5.167	5.829	6.400	7.062
	031509007	平垫铁（综合）	kg	45.660	63.620	77.911	86.564
	031509010	斜垫铁（综合）	kg	68.528	95.429	119.858	133.175
	140113002	黄油	kg	0.457	0.609	0.685	0.761
	143121001	二硫化钼	kg	0.266	0.304	0.335	0.365
	050105001	道木（综合）	m^3	0.221	0.320	0.517	0.700
	050401001	木方	m^3	0.061	0.068	0.068	0.084
	031101010	尼龙砂轮片 ϕ150	片	1.142	1.218	1.370	1.507
	031599010	滚杠	kg	—	—	33.606	48.065
	850103006	其他材料费（占材料费）	%	3.000	3.000	3.000	3.000
机械	990904030	直流弧焊机 20kV·A	台班	2.513	2.819	3.122	3.401
	990919040	电焊条烘干箱 80×80×100cm^3	台班	0.251	0.282	0.312	0.386
	990920010	电焊条恒温箱	台班	0.251	0.282	0.312	0.386
	990304016	汽车式起重机 16t	台班	0.356	0.381	—	—
	990304040	汽车式起重机 50t	台班	—	—	0.379	—
	990302075	履带式起重机 150t	台班	0.676	0.779	0.896	—
	990403030	平板拖车组 40t	台班	0.387	0.419	—	—
	990403040	平板拖车组 60t	台班	—	—	0.453	0.505

2. 塑料、玻璃钢容器

工作内容：施工准备，基础处理、垫铁设置、吊装就位、安装找正、配合检查验收等。 **计量单位：**台

编号				3-2-85	3-2-86	3-2-87	3-2-88	3-2-89	3-2-90	3-2-91
项目				设备重量（t 以内）						
				0.06	0.1	0.2	0.3	0.5	0.7	1
名称			单位	消耗量						
人工	000203000	综合二类工	工日	1.047	1.635	2.950	3.695	5.322	6.852	9.279
材料	020101001	橡胶板（综合）	kg	0.495	0.731	0.928	1.005	1.408	1.613	1.941
	050401001	木方	m^3	0.002	0.002	0.002	0.004	0.005	0.005	0.005
	850103006	其他材料费（占材料费）	%	5.000	5.000	5.000	5.000	5.000	5.000	5.000
机械	990304016	汽车式起重机 16t	台班	0.161	0.161	0.161	0.161	0.242	0.403	0.508
	990401020	载重汽车 5t	台班	0.081	0.081	0.109	0.109	0.145	0.186	0.234

三、塔器组装

1. 塔类设备分片组装

（1）碳钢电弧焊

工作内容：施工准备，分片组对，点焊、焊接、清根、开孔件、组合件安装、配合检查验收等。 **计量单位：**t

编号				3-2-92	3-2-93	3-2-94	3-2-95
项目				设备直径（mm 以内）			
				4000	4500	5000	6000
名称			单位	消耗量			
人工	000203000	综合二类工	工日	16.179	15.834	15.573	15.137
材料	142907002	乙炔气	kg	2.099	2.037	1.996	1.935
	142909001	氧气	m^3	5.456	5.297	5.190	5.030
	031301009	低碳钢焊条 J427（综合）	kg	27.830	27.016	25.912	25.669
	050105001	道木（综合）	m^3	0.015	0.015	0.015	0.015
	022305004	碳精棒 ϕ8～12	根	8.873	8.615	8.439	8.173
	031101009	尼龙砂轮片 ϕ100	片	1.895	1.842	1.804	1.750
	031101010	尼龙砂轮片 ϕ150	片	4.399	4.269	4.186	4.056
	850103006	其他材料费（占材料费）	%	5.000	5.000	5.000	5.000
机械	990302015	履带式起重机 15t	台班	0.282	0.274	0.266	0.250
	990304036	汽车式起重机 40t	台班	0.129	0.121	0.113	0.113
	990304052	汽车式起重机 75t	台班	0.041	0.041	0.032	0.032
	990401045	载重汽车 15t	台班	0.016	0.016	0.016	0.016
	990901020	交流弧焊机 32kV·A	台班	5.444	5.235	5.073	4.912
	991003050	电动空气压缩机 6m^3/min	台班	0.177	0.170	0.161	0.153
	990919040	电焊条烘干箱 80×80×100cm^3	台班	0.544	0.524	0.508	0.492
	990920010	电焊条恒温箱	台班	0.544	0.524	0.508	0.492

工作内容：施工准备，分片组对，点焊、焊接、清根、开孔件、组合件安装、配合检查验收等。

计量单位：t

编号				3-2-96	3-2-97	3-2-98
项目				设备直径（mm 以内）		
				8000	10000	10000 以上
名称			单位	消耗量		
人工	000203000	综合二类工	工日	13.408	12.319	11.250
材料	142907002	乙炔气	kg	1.733	1.589	1.449
	142909001	氧气	m^3	4.505	4.132	3.767
	031301009	低碳钢焊条 J427（综合）	kg	22.959	21.072	19.185
	050105001	道木（综合）	m^3	0.015	0.015	0.015
	022305004	碳精棒 ϕ8～12	根	7.321	6.720	6.118
	031101009	尼龙砂轮片 ϕ100	片	1.568	1.438	1.309
	031101010	尼龙砂轮片 ϕ150	片	3.630	3.333	3.029
	850103006	其他材料费（占材料费）	%	5.000	5.000	5.000
机械	990302015	履带式起重机 15t	台班	0.234	0.218	0.202
	990304036	汽车式起重机 40t	台班	0.105	0.097	0.089
	990304052	汽车式起重机 75t	台班	0.032	0.025	0.025
	990401045	载重汽车 15t	台班	0.016	0.016	0.016
	990901020	交流弧焊机 32kV·A	台班	4.631	4.188	3.890
	991003050	电动空气压缩机 $6m^3$/min	台班	0.145	0.129	0.121
	990919040	电焊条烘干箱 80×80×$100cm^3$	台班	0.463	0.419	0.389
	990920010	电焊条恒温箱	台班	0.463	0.419	0.389

（2）碳钢氩电联焊

工作内容：施工准备，分片组对，点焊、焊接、清根、开孔件、组合件安装、配合检查验收等。

计量单位：t

编号				3-2-99	3-2-100	3-2-101	3-2-102
项目				设备直径（mm 以内）			
				4000	4500	5000	6000
名称			单位	消耗量			
人工	000203000	综合二类工	工日	17.330	16.827	16.489	15.780
材料	142907002	乙炔气	kg	2.099	2.037	1.996	1.935
	142911001	氩气	m^3	6.476	6.309	6.027	5.883
	142909001	氧气	m^3	5.459	5.297	5.189	5.032
	031301009	低碳钢焊条 J427（综合）	kg	27.716	26.939	25.836	25.585
	031303008	碳钢氩弧焊丝	kg	2.313	2.253	2.154	2.100
	050105001	道木（综合）	m^3	0.015	0.015	0.015	0.015
	340101003	铈钨棒	g	12.955	12.614	12.060	11.762
	031101009	尼龙砂轮片 ϕ100	片	1.895	1.842	1.804	1.750
	031101010	尼龙砂轮片 ϕ150	片	4.399	4.269	4.186	4.056
	850103006	其他材料费（占材料费）	%	5.000	5.000	5.000	5.000
机械	990302015	履带式起重机 15t	台班	0.282	0.274	0.266	0.250
	990304036	汽车式起重机 40t	台班	0.129	0.121	0.113	0.113
	990304052	汽车式起重机 75t	台班	0.041	0.041	0.032	0.032
	990401045	载重汽车 15t	台班	0.016	0.016	0.016	0.016
	990901020	交流弧焊机 32kV·A	台班	5.082	4.929	4.824	4.679
	990912010	氩弧焊机 500A	台班	1.111	1.088	1.039	1.007
	990919040	电焊条烘干箱 80 × 80 × 100cm^3	台班	0.509	0.493	0.482	0.468
	990920010	电焊条恒温箱	台班	0.509	0.493	0.482	0.468

工作内容： 施工准备，分片组对，点焊、焊接、清根、开孔件、组合件安装、配合检查验收等。

计量单位： t

编号				3-2-103	3-2-104	3-2-105
项目				设备直径（mm 以内）		
				8000	10000	10000 以上
名称			单位	消耗量		
人工	000203000	综合二类工	工日	14.278	13.036	11.947
材料	142907002	乙炔气	kg	1.732	1.589	1.446
	142911001	氩气	m^3	5.365	4.924	4.475
	142909001	氧气	m^3	4.504	4.132	3.760
	031301009	低碳钢焊条 J427（综合）	kg	22.891	20.966	19.124
	031303008	碳钢氩弧焊丝	kg	1.918	1.758	1.598
	050105001	道木（综合）	m^3	0.015	0.015	0.015
	340101003	铈钨棒	g	10.739	9.844	8.949
	031101009	尼龙砂轮片 $\phi100$	片	1.568	1.438	1.309
	031101010	尼龙砂轮片 $\phi150$	片	3.630	3.333	3.029
	850103006	其他材料费（占材料费）	%	5.000	5.000	5.000
机械	990302015	履带式起重机 15t	台班	0.234	0.218	0.202
	990304036	汽车式起重机 40t	台班	0.105	0.097	0.089
	990304052	汽车式起重机 75t	台班	0.032	0.025	0.025
	990401045	载重汽车 15t	台班	0.016	0.016	0.016
	990901020	交流弧焊机 32kV·A	台班	4.204	3.849	3.559
	990912010	氩弧焊机 500A	台班	0.943	0.862	0.765
	990919040	电焊条烘干箱 $80\times80\times100cm^3$	台班	0.420	0.385	0.356
	990920010	电焊条恒温箱	台班	0.420	0.385	0.356

（3）不锈钢电弧焊

工作内容： 施工准备，分片组对，点焊、焊接、清根、开孔件、组合件安装、配合检查验收等。

计量单位： t

编号				3-2-106	3-2-107	3-2-108	3-2-109
项目				设备直径（mm 以内）			
				4000	4500	5000	6000
名称			单位	消耗量			
人工	000203000	综合二类工	工日	19.357	18.785	18.413	17.840
材料	031301001	不锈钢焊条（综合）	kg	28.355	27.525	26.977	26.148
	143103001	硝酸	kg	1.461	1.301	1.278	1.248
	050105001	道木（综合）	m^3	0.015	0.015	0.015	0.015
	031101017	不锈钢专用砂轮片	片	3.341	2.846	2.823	2.702
	850103006	其他材料费（占材料费）	%	5.000	5.000	5.000	5.000
机械	990302015	履带式起重机 15t	台班	0.338	0.331	0.314	0.298
	990304036	汽车式起重机 40t	台班	0.153	0.145	0.145	0.137
	990304052	汽车式起重机 75t	台班	0.041	0.041	0.032	0.032
	990401045	载重汽车 15t	台班	0.016	0.016	0.016	0.016
	990901020	交流弧焊机 32kV·A	台班	7.957	7.723	7.570	7.337
	990743010	等离子切割机 400A	台班	0.250	0.242	0.234	0.225
	991003050	电动空气压缩机 $6m^3/min$	台班	0.177	0.170	0.161	0.153
	990919040	电焊条烘干箱 $80 \times 80 \times 100cm^3$	台班	0.796	0.772	0.757	0.734
	990920010	电焊条恒温箱	台班	0.796	0.772	0.757	0.734

工作内容： 施工准备，分片组对，点焊、焊接、清根、开孔件、组合件安装、配合检查验收等。

计量单位： t

编号				3-2-110	3-2-111	3-2-112
项目				设备直径（mm 以内）		
				8000	10000	10000 以上
名称			单位	消耗量		
人工	000203000	综合二类工	工日	15.966	14.656	13.339
材料	031301001	不锈钢焊条（综合）	kg	23.401	21.468	19.542
	143103001	硝酸	kg	1.103	1.012	0.982
	050105001	道木（综合）	m^3	0.015	0.015	0.015
	031101017	不锈钢专用砂轮片	片	2.534	2.412	2.291
	850103006	其他材料费（占材料费）	%	5.000	5.000	5.000
机械	990302015	履带式起重机 15t	台班	0.282	0.258	0.242
	990304036	汽车式起重机 40t	台班	0.129	0.121	0.113
	990304052	汽车式起重机 75t	台班	0.032	0.025	0.025
	990401045	载重汽车 15t	台班	0.016	0.016	0.016
	990901020	交流弧焊机 32kV·A	台班	6.571	6.024	5.485
	990743010	等离子切割机 400A	台班	0.209	0.186	0.170
	991003050	电动空气压缩机 $6m^3/min$	台班	0.145	0.129	0.121
	990919040	电焊条烘干箱 $80 \times 80 \times 100cm^3$	台班	0.657	0.603	0.548
	990920010	电焊条恒温箱	台班	0.657	0.603	0.548

（4）不锈钢氩电联焊

工作内容：施工准备，分片组对，点焊、焊接、清根、开孔件、组合件安装、配合检查验收等。

计量单位：t

编号				3-2-113	3-2-114	3-2-115	3-2-116
项目				设备直径（mm 以内）			
				4000	4500	5000	6000
名称			单位	消耗量			
人工	000203000	综合二类工	工日	21.226	20.605	20.191	19.578
材料	031303018	不锈钢氩弧焊丝（综合）	kg	2.390	2.321	2.275	2.207
	142911001	氩气	m^3	6.697	6.499	6.370	6.172
	031301001	不锈钢焊条（综合）	kg	28.264	27.442	26.894	26.072
	143103001	硝酸	kg	1.461	1.301	1.278	1.248
	050105001	道木（综合）	m^3	0.015	0.015	0.015	0.015
	340101003	铈钨棒	g	13.381	12.998	12.742	12.359
	031101017	不锈钢专用砂轮片	片	3.341	2.846	2.823	2.702
	850103006	其他材料费（占材料费）	%	5.000	5.000	5.000	5.000
机械	990302015	履带式起重机 15t	台班	0.338	0.331	0.314	0.298
	990304036	汽车式起重机 40t	台班	0.153	0.145	0.145	0.137
	990304052	汽车式起重机 75t	台班	0.041	0.041	0.032	0.032
	990401045	载重汽车 15t	台班	0.016	0.016	0.016	0.016
	990901020	交流弧焊机 32kV·A	台班	6.008	5.830	5.718	5.541
	990912010	氩弧焊机 500A	台班	1.329	1.289	1.256	1.224
	990743010	等离子切割机 400A	台班	0.250	0.242	0.234	0.225
	990919040	电焊条烘干箱 80×80×100cm^3	台班	0.601	0.583	0.572	0.554
	990920010	电焊条恒温箱	台班	0.601	0.583	0.572	0.554

工作内容：施工准备，分片组对，点焊、焊接、清根、开孔件、组合件安装、配合检查验收等。

计量单位：t

编 号				3-2-117	3-2-118	3-2-119
项 目				设备直径（mm 以内）		
				8000	10000	10000 以上
名 称			单位	消 耗 量		
人工	000203000	综合二类工	工日	17.923	16.069	14.628
材料	031303018	不锈钢氩弧焊丝（综合）	kg	1.979	1.811	1.651
	142911001	氩气	m^3	5.525	5.068	4.612
	031301001	不锈钢焊条（综合）	kg	23.325	21.407	19.482
	143103001	硝酸	kg	1.103	1.012	0.982
	050105001	道木（综合）	m^3	0.015	0.015	0.015
	340101003	铈钨棒	g	11.080	10.143	9.248
	031101017	不锈钢专用砂轮片	片	2.534	2.412	2.291
	850103006	其他材料费（占材料费）	%	5.000	5.000	5.000
机械	990302015	履带式起重机 15t	台班	0.282	0.258	0.242
	990304036	汽车式起重机 40t	台班	0.129	0.121	0.113
	990304052	汽车式起重机 75t	台班	0.032	0.025	0.025
	990401045	载重汽车 15t	台班	0.016	0.016	0.016
	990901020	交流弧焊机 32kV·A	台班	4.953	4.550	4.139
	990912010	氩弧焊机 500A	台班	1.095	1.007	0.918
	990743010	等离子切割机 400A	台班	0.209	0.186	0.170
	990919040	电焊条烘干箱 $80 \times 80 \times 100cm^3$	台班	0.495	0.455	0.414
	990920010	电焊条恒温箱	台班	0.495	0.455	0.414

2. 塔类设备分段组对

（1）碳钢电弧焊

工作内容：施工准备，分段组对，点焊、焊接、清根、组合件安装、配合检查验收等。 **计量单位：**t

编号				3-2-120	3-2-121	3-2-122	3-2-123	3-2-124
项目				设备直径（mm 以内）				
				1800	2400	2800	3200	3800
名称			单位	消耗量				
人工	000203000	综合二类工	工日	3.964	3.303	3.040	2.806	2.606
材料	142907002	乙炔气	kg	0.565	0.472	0.434	0.401	0.372
	142909001	氧气	m^3	1.468	1.226	1.128	1.043	0.968
	031301009	低碳钢焊条 J427（综合）	kg	2.291	1.910	1.758	1.621	1.507
	050105001	道木（综合）	m^3	0.015	0.015	0.015	0.015	0.015
	022305004	碳精棒 ϕ8～12	根	0.495	0.411	0.381	0.365	0.327
	031101010	尼龙砂轮片 ϕ150	片	1.218	1.012	0.928	0.860	0.799
	850103006	其他材料费（占材料费）	%	5.000	5.000	5.000	5.000	5.000
机械	990302015	履带式起重机 15t	台班	0.186	0.121	0.081	0.064	0.048
	990304036	汽车式起重机 40t	台班	0.041	0.041	0.041	—	—
	990304040	汽车式起重机 50t	台班	—	—	—	0.041	0.041
	990403030	平板拖车组 40t	台班	0.032	0.025	0.016	—	—
	990403040	平板拖车组 60t	台班	—	—	—	0.016	0.016
	990901020	交流弧焊机 32kV·A	台班	0.693	0.580	0.532	0.492	0.459
	990919040	电焊条烘干箱 80×80×100cm^3	台班	0.070	0.058	0.053	0.049	0.046
	990920010	电焊条恒温箱	台班	0.070	0.058	0.053	0.049	0.046

（2）碳钢氩电联焊

工作内容：施工准备，分段组对，点焊、焊接、清根、组合件安装、配合检查验收等。 **计量单位：**t

编号				3-2-125	3-2-126	3-2-127	3-2-128	3-2-129
项目				设备直径（mm 以内）				
				1800	2400	2800	3200	3800
	名称		单位	消耗量				
人工	000203000	综合二类工	工日	4.095	3.413	3.137	2.903	2.695
材料	142907002	乙炔气	kg	0.565	0.472	0.434	0.401	0.372
	142911001	氩气	m^3	0.784	0.700	0.609	0.578	0.510
	142909001	氧气	m^3	1.468	1.226	1.128	1.043	0.968
	031301009	低碳钢焊条 J427（综合）	kg	1.811	1.507	1.385	1.278	1.187
	031303008	碳钢氩弧焊丝	kg	0.282	0.251	0.221	0.205	0.183
	050105001	道木（综合）	m^3	0.015	0.015	0.015	0.015	0.015
	340101003	铈钨棒	g	1.577	1.406	1.236	1.151	1.023
	031101010	尼龙砂轮片 ϕ150	片	1.218	1.012	0.928	0.860	0.799
	850103006	其他材料费（占材料费）	%	5.000	5.000	5.000	5.000	5.000
机械	990302015	履带式起重机 15t	台班	0.186	0.121	0.081	0.064	0.048
	990304036	汽车式起重机 40t	台班	0.041	0.041	0.041	—	—
	990304044	汽车式起重机 60t	台班	—	—	—	0.041	0.041
	990403030	平板拖车组 40t	台班	0.032	0.025	0.016	—	—
	990403040	平板拖车组 60t	台班	—	—	—	0.016	0.016
	990901020	交流弧焊机 32kV · A	台班	0.548	0.451	0.419	0.387	0.363
	990912010	氩弧焊机 500A	台班	0.170	0.129	0.121	0.105	0.089
	990919040	电焊条烘干箱 80 × 80 × 100cm^3	台班	0.055	0.045	0.042	0.039	0.036
	990920010	电焊条恒温箱	台班	0.055	0.045	0.042	0.039	0.036

（3）不锈钢电弧焊

工作内容：施工准备，分段组对，点焊、焊接、清根、组合件安装、配合检查验收等。 **计量单位：**t

编号				3-2-130	3-2-131	3-2-132	3-2-133	3-2-134
项目				设备直径（mm 以内）				
				1800	2400	2800	3200	3800
名称			单位	消耗量				
人工	000203000	综合二类工	工日	4.632	3.875	3.606	3.295	3.060
材料	031301001	不锈钢焊条（综合）	kg	2.603	2.397	2.207	2.039	1.895
	143103001	硝酸	kg	0.091	0.076	0.046	0.038	0.038
	050105001	道木（综合）	m^3	0.015	0.015	0.015	0.015	0.015
	031101017	不锈钢专用砂轮片	片	1.218	1.012	0.928	0.860	0.799
	850103006	其他材料费（占材料费）	%	5.000	5.000	5.000	5.000	5.000
机械	990302015	履带式起重机 15t	台班	0.225	0.153	0.113	0.081	0.057
	990304036	汽车式起重机 40t	台班	0.048	0.048	0.048	—	—
	990304044	汽车式起重机 60t	台班	—	—	—	0.048	0.048
	990403030	平板拖车组 40t	台班	0.041	0.032	0.025	—	—
	990403040	平板拖车组 60t	台班	—	—	—	0.025	0.025
	990901020	交流弧焊机 32kV·A	台班	0.765	0.709	0.653	0.596	0.556
	990919040	电焊条烘干箱 $80 \times 80 \times 100cm^3$	台班	0.076	0.071	0.065	0.059	0.056
	990920010	电焊条恒温箱	台班	0.076	0.071	0.065	0.059	0.056

（4）不锈钢氩电联焊

工作内容：施工准备，分段组对，点焊、焊接、清根、组合件安装、配合检查验收等。 **计量单位：**t

编号				3-2-135	3-2-136	3-2-137	3-2-138	3-2-139
项目				设备直径（mm 以内）				
				1800	2400	2800	3200	3800
名称			单位	消耗量				
人工	000203000	综合二类工	工日	5.164	4.329	4.020	3.675	3.413
材料	031303018	不锈钢氩弧焊丝（综合）	kg	0.289	0.259	0.228	0.213	0.190
	142911001	氩气	m^3	0.807	0.731	0.639	0.594	0.533
	031301001	不锈钢焊条（综合）	kg	2.435	1.979	1.766	1.682	1.560
	143103001	硝酸	kg	0.091	0.076	0.046	0.038	0.030
	050105001	道木（综合）	m^3	0.015	0.015	0.015	0.015	0.015
	340101003	铈钨棒	g	1.619	1.449	1.278	1.193	1.065
	031101017	不锈钢专用砂轮片	片	1.218	1.012	0.928	0.860	0.799
	850103006	其他材料费（占材料费）	%	5.000	5.000	5.000	5.000	5.000
机械	990302015	履带式起重机 15t	台班	0.225	0.153	0.113	0.081	0.057
	990304036	汽车式起重机 40t	台班	0.048	0.048	0.048	—	—
	990304044	汽车式起重机 60t	台班	—	—	—	0.048	0.048
	990403030	平板拖车组 40t	台班	0.041	0.032	0.025	—	—
	990403040	平板拖车组 60t	台班	—	—	—	0.025	0.025
	990901020	交流弧焊机 32kV·A	台班	0.717	0.580	0.515	0.492	0.459
	990912010	氩弧焊机 500A	台班	0.177	0.145	0.129	0.113	0.097
	990919040	电焊条烘干箱 $80 \times 80 \times 100cm^3$	台班	0.072	0.058	0.052	0.049	0.046
	990920010	电焊条恒温箱	台班	0.072	0.058	0.052	0.049	0.046

3. 塔类设备分段现场高空组对

（1）设备直径 5600mm 以内

工作内容：施工准备，塔节验收、分段组对，点焊、焊接、清根、组合件安装、配合检查验收等。

计量单位：段

编号				3-2-140	3-2-141	3-2-142	3-2-143
项目				壁厚（mm 以内）			
				16	20	24	26
名称			单位	消耗量			
人工	000203000	综合二类工	工日	87.154	93.380	96.859	100.488
材料	010501015	钢丝绳 ϕ21.5	m	7.268	7.268	7.610	7.610
	142907002	乙炔气	kg	8.696	8.696	9.439	9.688
	142909001	氧气	m^3	22.609	22.609	24.542	25.189
	031301009	低碳钢焊条 J427（综合）	kg	40.417	62.980	78.774	87.325
	140307001	煤油	kg	2.215	2.215	2.245	2.245
	050105001	道木（综合）	m^3	0.301	0.301	0.301	0.301
	050301001	木材	m^3	0.061	0.061	0.061	0.061
	031102004	铁砂布（综合）	张	5.708	5.936	6.088	6.240
	031101002	砂轮片 ϕ100	片	11.111	12.176	13.318	13.546
	031101003	砂轮片 ϕ150	片	1.370	1.370	1.370	1.370
	850103006	其他材料费（占材料费）	%	5.000	5.000	5.000	5.000
机械	990304040	汽车式起重机 50t	台班	1.943	2.104	2.151	2.177
	990305030	叉式起重机 6t	台班	1.380	1.415	1.439	1.479
	990401035	载重汽车 10t	台班	0.144	0.148	0.153	0.157
	990403030	平板拖车组 40t	台班	0.443	0.443	0.443	0.443
	990901020	交流弧焊机 32kV·A	台班	21.092	25.692	27.550	28.429
	990919040	电焊条烘干箱 80×80×100cm³	台班	2.111	2.571	2.753	2.843
	990920010	电焊条恒温箱	台班	2.111	2.571	2.753	2.843

工作内容：施工准备，塔节验收、分段组对，点焊、焊接、清根、组合件安装、配合检查验收等。

计量单位：段

编号				3-2-144	3-2-145	3-2-146
项目				壁厚（mm 以内）		
				28	30	32
名称			单位	消耗量		
人工	000203000	综合二类工	工日	101.868	104.963	106.351
材料	010501015	钢丝绳 ϕ21.5	m	7.610	7.610	7.610
	142907002	乙炔气	kg	10.039	10.157	10.303
	142909001	氧气	m^3	26.102	26.407	26.787
	031301009	低碳钢焊条 J427（综合）	kg	96.320	112.171	122.331
	140307001	煤油	kg	2.283	2.283	2.283
	050105001	道木（综合）	m^3	0.304	0.304	0.304
	050301001	木材	m^3	0.061	0.061	0.061
	031102004	铁砂布（综合）	张	6.469	6.697	6.849
	031101002	砂轮片 ϕ100	片	13.698	13.698	15.220
	031101003	砂轮片 ϕ150	片	1.370	1.370	1.370
	850103006	其他材料费（占材料费）	%	5.000	5.000	5.000
机械	990304040	汽车式起重机 50t	台班	2.227	2.243	2.259
	990305030	叉式起重机 6t	台班	1.544	1.562	1.626
	990401035	载重汽车 10t	台班	0.164	0.164	0.164
	990403030	平板拖车组 40t	台班	0.453	0.453	0.453
	990901020	交流弧焊机 32kV·A	台班	30.097	33.309	37.647
	990919040	电焊条烘干箱 80×80×100cm^3	台班	3.007	3.331	3.764
	990920010	电焊条恒温箱	台班	3.007	3.331	3.764

（2）设备直径 6600mm 以内

工作内容：施工准备，塔节验收、分段组对，点焊、焊接、清根、组合件安装、配合检查验收等。

计量单位：段

编号				3-2-147	3-2-148	3-2-149	3-2-150
项目				壁厚（mm 以内）			
				16	20	24	26
名称			单位	消耗量			
人工	000203000	综合二类工	工日	90.791	97.896	101.834	105.880
材料	010501015	钢丝绳 ϕ21.5	m	7.610	7.610	7.610	7.991
	142907002	乙炔气	kg	10.244	10.891	11.122	11.415
	142909001	氧气	m^3	26.635	28.317	28.918	29.679
	031301009	低碳钢焊条 J427（综合）	kg	47.220	73.802	92.423	102.499
	140307001	煤油	kg	2.215	2.215	2.245	2.245
	050105001	道木（综合）	m^3	0.301	0.301	0.301	0.301
	050301001	木材	m^3	0.061	0.061	0.061	0.061
	031102004	铁砂布（综合）	张	6.727	7.001	7.169	7.351
	031101002	砂轮片 ϕ100	片	13.089	14.345	15.692	15.981
	031101003	砂轮片 ϕ150	片	1.522	1.522	1.522	1.903
	850103006	其他材料费（占材料费）	%	5.000	5.000	5.000	5.000
机械	990304040	汽车式起重机 50t	台班	1.972	2.120	2.185	2.202
	990305030	叉式起重机 6t	台班	1.396	1.446	1.463	1.479
	990401035	载重汽车 10t	台班	0.148	0.148	0.157	0.157
	990403030	平板拖车组 40t	台班	0.443	0.443	0.443	0.443
	990901020	交流弧焊机 32kV·A	台班	22.767	28.140	30.319	32.201
	990919040	电焊条烘干箱 80 × 80 × 100cm^3	台班	2.277	2.814	3.032	3.221
	990920010	电焊条恒温箱	台班	2.277	2.814	3.032	3.221

工作内容：施工准备，塔节验收、分段组对，点焊、焊接、清根、组合件安装、配合检查验收等。

计量单位：段

编号				3-2-151	3-2-152	3-2-153
项目				壁厚（mm 以内）		
				28	30	32
名称			单位	消耗量		
人工	000203000	综合二类工	工日	107.566	111.162	114.114
材料	010501015	钢丝绳 ϕ21.5	m	7.991	8.371	8.371
	142907002	乙炔气	kg	11.828	12.000	12.138
	142909001	氧气	m³	30.752	31.201	31.559
	031301009	低碳钢焊条 J427（综合）	kg	113.116	131.798	143.783
	140307001	煤油	kg	2.283	2.283	2.283
	050105001	道木（综合）	m³	0.304	0.304	0.304
	050301001	木材	m³	0.061	0.061	0.061
	031102004	铁砂布（综合）	张	7.610	7.914	8.067
	031101002	砂轮片 ϕ100	片	15.981	16.590	17.123
	031101003	砂轮片 ϕ150	片	1.903	1.903	1.903
	850103006	其他材料费（占材料费）	%	5.000	5.000	5.000
机械	990304040	汽车式起重机 50t	台班	2.259	2.366	2.382
	990305030	叉式起重机 6t	台班	1.544	1.577	1.643
	990401035	载重汽车 10t	台班	0.164	0.164	0.164
	990403030	平板拖车组 40t	台班	0.453	0.453	0.453
	990901020	交流弧焊机 32kV·A	台班	33.497	37.060	37.984
	990919040	电焊条烘干箱 $80 \times 80 \times 100cm^3$	台班	3.351	3.705	3.798
	990920010	电焊条恒温箱	台班	3.351	3.705	3.798

（3）设备直径 7600mm 以内

工作内容：施工准备，塔节验收、分段组对，点焊、焊接、清根、组合件安装、配合检查验收等。

计量单位：段

编号				3-2-154	3-2-155	3-2-156	3-2-157
项目				壁厚（mm 以内）			
				16	20	24	26
名称			单位	消耗量			
人工	000203000	综合二类工	工日	98.415	106.883	111.614	116.602
材料	010501015	钢丝绳 ϕ21.5	m	7.268	7.268	7.610	7.610
	142907002	乙炔气	kg	11.802	11.802	12.808	13.171
	142909001	氧气	m^3	30.684	30.684	33.301	34.245
	031301009	低碳钢焊条 J427（综合）	kg	54.084	84.702	106.134	117.742
	140307001	煤油	kg	2.245	2.245	2.268	2.268
	050105001	道木（综合）	m^3	0.301	0.301	0.301	0.301
	050301001	木材	m^3	0.061	0.061	0.061	0.061
	031102004	铁砂布（综合）	张	7.762	8.067	8.371	8.523
	031101002	砂轮片 ϕ100	片	15.220	16.590	18.074	18.264
	031101003	砂轮片 ϕ150	片	1.522	1.522	1.522	1.903
	850103006	其他材料费（占材料费）	%	5.000	5.000	5.000	5.000
机械	990304040	汽车式起重机 50t	台班	1.996	2.137	2.193	2.202
	990305030	叉式起重机 6t	台班	1.405	1.453	1.479	1.495
	990401035	载重汽车 10t	台班	0.148	0.148	0.157	0.157
	990403030	平板拖车组 40t	台班	0.453	0.453	0.453	0.459
	990901020	交流弧焊机 32kV · A	台班	24.459	30.614	33.107	34.411
	990919040	电焊条烘干箱 80 × 80 × 100cm^3	台班	2.446	3.062	3.312	3.441
	990920010	电焊条恒温箱	台班	2.446	3.062	3.312	3.441

工作内容： 施工准备，塔节验收、分段组对，点焊、焊接、清根、组合件安装、配合检查验收等。

计量单位：段

编号				3-2-158	3-2-159	3-2-160
项目				壁厚（mm 以内）		
				28	30	32
名称			单位	消耗量		
人工	000203000	综合二类工	工日	118.564	122.834	123.902
材料	010501015	钢丝绳 ϕ21.5	m	7.610	7.610	7.610
	142907002	乙炔气	kg	13.625	13.783	13.982
	142909001	氧气	m^3	35.425	35.835	36.353
	031301009	低碳钢焊条 J427（综合）	kg	129.967	151.492	165.297
	140307001	煤油	kg	2.321	2.321	2.321
	050105001	道木（综合）	m^3	0.304	0.304	0.304
	050301001	木材	m^3	0.061	0.061	0.061
	031102004	铁砂布（综合）	张	8.752	9.132	9.284
	031101002	砂轮片 ϕ100	片	18.645	19.025	19.634
	031101003	砂轮片 ϕ150	片	1.903	1.903	1.903
	850103006	其他材料费（占材料费）	%	5.000	5.000	5.000
机械	990304040	汽车式起重机 50t	台班	2.276	2.382	2.382
	990305030	叉式起重机 6t	台班	1.562	1.587	1.643
	990401035	载重汽车 10t	台班	0.164	0.164	0.164
	990403030	平板拖车组 40t	台班	0.459	0.459	0.459
	990901020	交流弧焊机 32kV·A	台班	36.761	40.835	42.109
	990919040	电焊条烘干箱 80×80×100cm^3	台班	3.675	4.083	4.211
	990920010	电焊条恒温箱	台班	3.675	4.083	4.211

(4)设备直径 8600mm 以内

工作内容：施工准备，塔节验收、分段组对，点焊、焊接、清根、组合件安装、配合检查验收等。

计量单位：段

编号				3-2-161	3-2-162	3-2-163	3-2-164
项目				壁厚(mm 以内)			
				16	20	24	26
名称			单位	消耗量			
人工	000203000	综合二类工	工日	99.980	109.112	114.109	123.680
材料	010501015	钢丝绳 ϕ21.5	m	7.268	7.268	7.610	7.610
	142907002	乙炔气	kg	13.306	13.405	14.442	14.822
	142909001	氧气	m^3	34.595	34.854	37.548	38.537
	031301009	低碳钢焊条 J427(综合)	kg	60.888	95.533	119.781	132.916
	140307001	煤油	kg	2.268	2.268	2.283	2.283
	050105001	道木(综合)	m^3	0.301	0.301	0.301	0.301
	050301001	木材	m^3	0.061	0.061	0.061	0.061
	031102004	铁砂布(综合)	张	8.752	9.132	9.284	9.513
	031101002	砂轮片 ϕ100	片	16.970	18.645	20.395	20.699
	031101003	砂轮片 ϕ150	片	1.674	1.674	1.674	2.093
	850103006	其他材料费(占材料费)	%	5.000	5.000	5.000	5.000
机械	990304040	汽车式起重机 50t	台班	2.013	2.161	2.218	2.218
	990305030	叉式起重机 6t	台班	1.413	1.463	1.495	1.521
	990401035	载重汽车 10t	台班	0.152	0.152	0.159	0.159
	990403030	平板拖车组 40t	台班	0.459	0.459	0.459	0.476
	990901020	交流弧焊机 32kV·A	台班	26.202	33.161	35.979	37.450
	990919040	电焊条烘干箱 $80\times80\times100cm^3$	台班	2.620	3.317	3.599	3.747
	990920010	电焊条恒温箱	台班	2.620	3.317	3.599	3.747

工作内容：施工准备，塔节验收、分段组对，点焊、焊接、清根、组合件安装、配合检查验收等。

计量单位：段

编号				3-2-165	3-2-166	3-2-167
项目				壁厚（mm 以内）		
				28	30	32
名称			单位	消耗量		
人工	000203000	综合二类工	工日	125.898	130.706	131.911
材料	010501015	钢丝绳 ϕ21.5	m	7.610	7.610	7.610
	142907002	乙炔气	kg	15.360	15.539	15.764
	142909001	氧气	m^3	39.937	40.401	40.987
	031301009	低碳钢焊条 J427（综合）	kg	146.751	171.111	186.730
	140307001	煤油	kg	2.283	2.359	2.359
	050105001	道木（综合）	m^3	0.304	0.304	0.304
	050301001	木材	m^3	0.061	0.061	0.061
	031102004	铁砂布（综合）	张	9.893	10.274	10.654
	031101002	砂轮片 ϕ100	片	20.928	21.536	22.069
	031101003	砂轮片 ϕ150	片	2.093	2.093	2.093
	850103006	其他材料费（占材料费）	%	5.000	5.000	5.000
机械	990304040	汽车式起重机 50t	台班	2.299	2.382	2.465
	990305030	叉式起重机 6t	台班	1.577	1.601	1.808
	990401035	载重汽车 10t	台班	0.164	0.173	0.180
	990403030	平板拖车组 40t	台班	0.476	0.476	0.476
	990901020	交流弧焊机 32kV·A	台班	40.106	44.712	46.159
	990919040	电焊条烘干箱 80×80×100cm^3	台班	4.011	4.470	4.617
	990920010	电焊条恒温箱	台班	4.011	4.470	4.617

（5）设备直径 9600mm 以内

工作内容：施工准备，塔节验收、分段组对，点焊、焊接、清根、组合件安装、配合检查验收等。

计量单位：段

编号				3-2-168	3-2-169	3-2-170	3-2-171
项目				壁厚（mm 以内）			
				16	20	24	26
名称			单位	消耗量			
人工	000203000	综合二类工	工日	108.871	119.398	125.409	131.609
材料	010501015	钢丝绳 ϕ21.5	m	7.268	7.268	7.610	7.610
	142907002	乙炔气	kg	14.869	14.927	16.142	16.567
	142909001	氧气	m^3	38.659	38.811	41.969	43.073
	031301009	低碳钢焊条 J427（综合）	kg	67.722	106.384	133.479	148.136
	140307001	煤油	kg	2.283	2.283	2.359	2.359
	050105001	道木（综合）	m^3	0.301	0.301	0.301	0.301
	050301001	木材	m^3	0.061	0.061	0.061	0.061
	031102004	铁砂布（综合）	张	9.741	10.274	10.502	10.654
	031101002	砂轮片 ϕ100	片	19.025	20.928	22.830	23.211
	031101003	砂轮片 ϕ150	片	1.903	1.903	1.903	2.131
	850103006	其他材料费（占材料费）	%	5.000	5.000	5.000	5.000
机械	990304040	汽车式起重机 50t	台班	2.054	2.177	2.235	2.259
	990305030	叉式起重机 6t	台班	1.439	1.479	1.504	1.528
	990401035	载重汽车 10t	台班	0.157	0.157	0.160	0.160
	990403030	平板拖车组 40t	台班	0.469	0.469	0.476	0.476
	990901020	交流弧焊机 32kV · A	台班	27.964	35.626	38.905	40.381
	990919040	电焊条烘干箱 $80 \times 80 \times 100cm^3$	台班	2.802	3.562	3.891	4.042
	990920010	电焊条恒温箱	台班	2.802	3.562	3.891	4.042

工作内容：施工准备，塔节验收、分段组对，点焊、焊接、清根、组合件安装、配合检查验收等。

计量单位：段

编号				3-2-172	3-2-173	3-2-174
项目				壁厚（mm 以内）		
				28	30	32
名称			单位	消耗量		
人工	000203000	综合二类工	工日	134.071	139.366	140.795
材料	010501015	钢丝绳 ϕ21.5	m	7.610	7.610	7.610
	142907002	乙炔气	kg	17.167	17.368	17.617
	142909001	氧气	m^3	44.633	45.158	45.805
	031301009	低碳钢焊条 J427（综合）	kg	163.577	190.766	208.202
	140307001	煤油	kg	2.435	2.435	2.435
	050105001	道木（综合）	m^3	0.304	0.304	0.304
	050301001	木材	m^3	0.061	0.061	0.061
	031102004	铁砂布（综合）	张	11.035	11.415	11.796
	031101002	砂轮片 ϕ100	片	23.439	23.972	24.733
	031101003	砂轮片 ϕ150	片	2.131	2.131	2.283
	850103006	其他材料费（占材料费）	%	5.000	5.000	5.000
机械	990304040	汽车式起重机 50t	台班	2.326	2.399	2.547
	990305030	叉式起重机 6t	台班	1.601	1.626	1.890
	990401035	载重汽车 10t	台班	0.180	0.180	0.190
	990403030	平板拖车组 40t	台班	0.485	0.494	0.494
	990901020	交流弧焊机 32kV·A	台班	43.481	48.624	50.246
	990919040	电焊条烘干箱 80×80×100cm^3	台班	4.348	4.862	5.024
	990920010	电焊条恒温箱	台班	4.348	4.862	5.024

4. 塔类固定件及锚固件安装

（1）碳钢塔类固定件

工作内容：施工准备，场内运输、定位划线、组对点焊、焊接、配合检查验收等。　　　　**计量单位：**层

编号				3-2-175	3-2-176	3-2-177	3-2-178	3-2-179
项目				设备直径（mm 以内）				
				2000	2500	3000	3500	4000
		名称	单位	消耗量				
人工	000203000	综合二类工	工日	3.791	4.584	5.115	5.308	6.515
材料	142907002	乙炔气	kg	0.615	0.659	0.820	0.881	1.048
	142909001	氧气	m^3	1.598	1.712	2.131	2.290	2.724
	031301009	低碳钢焊条 J427（综合）	kg	0.721	0.735	0.742	0.761	0.906
	143121001	二硫化钼	kg	0.030	0.038	0.046	0.046	0.053
	031101010	尼龙砂轮片 ϕ150	片	0.304	0.381	0.457	0.495	0.533
	850103006	其他材料费（占材料费）	%	5.000	5.000	5.000	5.000	5.000
机械	990304016	汽车式起重机 16t	台班	0.403	0.403	0.403	0.403	0.403
	990401020	载重汽车 5t	台班	0.016	0.016	0.016	0.025	0.025
	990901020	交流弧焊机 32kV·A	台班	0.403	0.725	1.047	1.208	1.450
	990919040	电焊条烘干箱 $80\times80\times100cm^3$	台班	0.041	0.073	0.105	0.121	0.145
	990920010	电焊条恒温箱	台班	0.041	0.073	0.105	0.121	0.145

工作内容：施工准备，场内运输、定位划线、组对点焊、焊接、配合检查验收等。　　　　**计量单位：**层

编号				3-2-180	3-2-181	3-2-182	3-2-183
项目				设备直径（mm 以内）			
				5000	6000	7000	8000
		名称	单位	消耗量			
人工	000203000	综合二类工	工日	9.120	11.857	15.414	20.039
材料	142907002	乙炔气	kg	1.259	1.493	1.947	2.517
	142909001	氧气	m^3	3.274	3.881	5.061	6.545
	031301009	低碳钢焊条 J427（综合）	kg	1.088	1.294	1.689	2.184
	143121001	二硫化钼	kg	0.061	0.068	0.076	0.084
	031101010	尼龙砂轮片 ϕ150	片	0.578	0.624	0.723	0.822
	850103006	其他材料费（占材料费）	%	5.000	5.000	5.000	5.000
机械	990304016	汽车式起重机 16t	台班	0.483	0.564	0.644	0.725
	990401020	载重汽车 5t	台班	0.032	0.032	0.041	0.048
	990901020	交流弧焊机 32kV·A	台班	1.691	2.013	2.416	3.060
	990919040	电焊条烘干箱 $80\times80\times100cm^3$	台班	0.170	0.202	0.242	0.306
	990920010	电焊条恒温箱	台班	0.170	0.199	0.242	0.306

（2）不锈钢塔类固定件

工作内容：施工准备，场内运输、定位划线、组对点焊、焊接、配合检查验收等。 计量单位：层

编号				3-2-184	3-2-185	3-2-186	3-2-187	3-2-188
项目				设备直径（mm 以内）				
				1200	2000	2500	3000	4000
名称			单位	消耗量				
人工	000203000	综合二类工	工日	3.688	4.612	5.535	6.722	7.011
材料	031301001	不锈钢焊条（综合）	kg	1.621	1.781	2.443	3.059	3.881
	143103001	硝酸	kg	2.008	3.345	4.186	5.018	6.691
	143121001	二硫化钼	kg	0.030	0.030	0.038	0.046	0.053
	031101017	不锈钢专用砂轮片	片	0.358	0.396	0.495	0.594	0.693
	850103006	其他材料费（占材料费）	%	4.000	4.000	4.000	4.000	4.000
机械	990304016	汽车式起重机 16t	台班	0.403	0.403	0.403	0.403	0.403
	990401020	载重汽车 5t	台班	0.016	0.016	0.016	0.016	0.016
	990901020	交流弧焊机 32kV · A	台班	0.785	1.127	1.546	1.933	2.416
	990743010	等离子切割机 400A	台班	0.387	0.387	0.387	0.483	0.580
	991003030	电动空气压缩机 $1m^3/min$	台班	0.387	0.387	0.387	0.483	0.580
	990919040	电焊条烘干箱 $80\times80\times100cm^3$	台班	0.079	0.113	0.154	0.193	0.242
	990920010	电焊条恒温箱	台班	0.079	0.113	0.154	0.193	0.242

工作内容：施工准备，场内运输、定位划线、组对点焊、焊接、配合检查验收等。 计量单位：层

编号				3-2-189	3-2-190	3-2-191	3-2-192
项目				设备直径（mm 以内）			
				5000	6000	7000	8000
名称			单位	消耗量			
人工	000203000	综合二类工	工日	9.603	12.002	18.985	27.058
材料	031301001	不锈钢焊条（综合）	kg	4.669	5.555	7.328	9.170
	143103001	硝酸	kg	8.363	10.036	13.378	16.727
	143121001	二硫化钼	kg	0.061	0.068	0.084	0.105
	031101017	不锈钢专用砂轮片	片	0.746	0.807	1.073	1.336
	850103006	其他材料费（占材料费）	%	4.000	4.000	4.000	4.000
机械	990304016	汽车式起重机 16t	台班	0.403	0.403	0.403	0.604
	990401020	载重汽车 5t	台班	0.016	0.016	0.016	0.025
	990901020	交流弧焊机 32kV · A	台班	2.574	2.722	3.262	4.892
	990743010	等离子切割机 400A	台班	0.669	0.669	0.669	1.003
	991003030	电动空气压缩机 $1m^3/min$	台班	0.669	0.669	0.669	1.003
	990919040	电焊条烘干箱 $80\times80\times100cm^3$	台班	0.218	0.272	0.326	0.489
	990920010	电焊条恒温箱	台班	0.218	0.272	0.326	0.489

（3）碳钢锚固件

工作内容： 施工准备，场内运输、定位划线、组对点焊、焊接、配合检查验收等。 **计量单位：** 见表

编号				3-2-193	3-2-194	3-2-195
项目				钉头及端板	V 型钉$\phi 6$	V 型钉$\phi 8$
单位				100 组	100 个	
名称			单位	消耗量		
人工	000203000	综合二类工	工日	0.469	0.276	0.497
材料	031599001	保温钉及端板	个	（105.000）	（105.000）	（105.000）
	031301009	低碳钢焊条 J427（综合）	kg	1.966	1.168	2.082
	850103006	其他材料费（占材料费）	%	4.000	4.000	4.000
机械	990901020	交流弧焊机 32kV · A	台班	0.413	0.245	0.443
	991201010	轴流通风机 7.5kW	台班	0.041	0.048	0.064
	990919040	电焊条烘干箱 80 × 80 × 100cm^3	台班	0.042	0.025	0.044
	990920010	电焊条恒温箱	台班	0.042	0.025	0.044

工作内容： 施工准备，场内运输、定位划线、组对点焊、焊接、配合检查验收等。 **计量单位：** 见表

编号				3-2-196	3-2-197	3-2-198
项目				Ω 型钉$\phi 6$	Ω 型钉$\phi 8$	Y 型钉头
单位				100 个		1000 个
名称			单位	消耗量		
人工	000203000	综合二类工	工日	0.656	1.310	2.172
材料	031599001	保温钉及端板	个	（105.000）	（105.000）	（1100.000）
	031301009	低碳钢焊条 J427（综合）	kg	2.776	5.466	2.562
	850103006	其他材料费（占材料费）	%	4.000	4.000	4.000
机械	990901020	交流弧焊机 32kV · A	台班	0.582	1.160	0.543
	991201010	轴流通风机 7.5kW	台班	0.048	0.064	0.202
	990919040	电焊条烘干箱 80 × 80 × 100cm^3	台班	0.058	0.116	0.186
	990920010	电焊条恒温箱	台班	0.058	0.116	0.186

（4）不锈钢锚固件

工作内容：施工准备，场内运输、定位划线、组对点焊、焊接、配合检查验收等。 **计量单位：**见表

编号				3-2-199	3-2-200	3-2-201	3-2-202
项目				钉头及端板	V 型钉ϕ6	V 型钉ϕ8	Ω 型钉ϕ6
单位				100 组	100 个		
名称			单位	消耗量			
人工	000203000	综合二类工	工日	0.483	0.283	0.510	0.676
材料	031599001	保温钉及端板	个	（105.000）	（105.000）	（105.000）	（105.000）
	031301001	不锈钢焊条（综合）	kg	1.988	1.202	2.138	2.861
	850103006	其他材料费（占材料费）	%	5.000	5.000	5.000	5.000
机械	990901020	交流弧焊机 32kV · A	台班	0.443	0.244	0.459	1.417
	991201010	轴流通风机 7.5kW	台班	0.041	0.048	0.064	0.048
	990919040	电焊条烘干箱 80×80×100cm^3	台班	0.044	0.025	0.046	0.142
	990920010	电焊条恒温箱	台班	0.044	0.025	0.046	0.142

工作内容：施工准备，场内运输、定位划线、组对点焊、焊接、配合检查验收等。 **计量单位：**见表

编号				3-2-203	3-2-204	3-2-205	3-2-206
项目				Ω 型钉ϕ8	Y 型钉头	不锈钢侧拉环与器壁焊接	不锈钢侧拉环带拉杆与器壁焊接
单位				100 个	1000 个	100 个	
名称			单位	消耗量			
人工	000203000	综合二类工	工日	1.344	2.234	1.014	0.579
材料	031599001	保温钉及端板	个	（105.000）	（1100.000）	（105.000）	（105.000）
	031301001	不锈钢焊条（综合）	kg	5.633	2.401	5.723	1.988
	850103006	其他材料费（占材料费）	%	5.000	5.000	5.000	5.000
机械	990901020	交流弧焊机 32kV · A	台班	1.224	1.990	2.126	0.443
	991201010	轴流通风机 7.5kW	台班	0.064	0.202	0.073	0.041
	990919040	电焊条烘干箱 80×80×100cm^3	台班	0.122	0.199	0.213	0.044
	990920010	电焊条恒温箱	台班	0.122	0.199	0.213	0.044

5. 龟甲网安装

工作内容： 施工准备，场内运输、放样下料、剪裁切割、滚圆、组对安装、调整、焊接、配合检查验收等。

计量单位： m²

编号				3-2-207	3-2-208
项目				碳钢	不锈钢
名称			单位	消耗量	
人工	000203000	综合二类工	工日	1.593	1.765
材料	016121001	碳钢龟甲网	m²	（1.085）	—
	012913019	不锈钢龟甲板	m²	—	（1.085）
	142907002	乙炔气	kg	0.149	0.176
	142909001	氧气	m³	0.388	0.457
	031301009	低碳钢焊条 J427（综合）	kg	0.381	—
	031301001	不锈钢焊条（综合）	kg	—	0.419
	850103006	其他材料费（占材料费）	%	5.000	5.000
机械	990734015	卷板机 20×2500mm	台班	0.016	0.016
	990901020	交流弧焊机 32kV·A	台班	0.564	0.580
	991201010	轴流通风机 7.5kW	台班	0.547	0.672
	990919040	电焊条烘干箱 80×80×100cm³	台班	0.057	0.058
	990920010	电焊条恒温箱	台班	0.057	0.058

6. 塔内衬合金板

工作内容： 施工准备，场内运输、放样下料、剪裁切割、滚圆、组对安装、调整、焊接、配合检查验收等。

计量单位： t

编号				3-2-209	3-2-210
项目				头盖	筒体
名称			单位	消耗量	
人工	000203000	综合二类工	工日	122.566	77.207
材料	012927002	合金钢板	t	（1.120）	（1.080）
	031301004	合金钢焊条	kg	50.987	40.013
	142913002	氮气	m³	20.479	5.114
	850103006	其他材料费（占材料费）	%	5.000	5.000
机械	990401020	载重汽车 5t	台班	0.564	0.403
	990732030	剪板机 20×2000mm	台班	0.081	0.403
	990734015	卷板机 20×2500mm	台班	0.113	0.548
	990901020	交流弧焊机 32kV·A	台班	26.978	16.936
	990743010	等离子切割机 400A	台班	7.224	1.804
	991003050	电动空气压缩机 6m³/min	台班	2.521	2.271
	990919040	电焊条烘干箱 80×80×100cm³	台班	2.698	1.694
	990920010	电焊条恒温箱	台班	2.698	1.694

四、整体塔器安装

1. 碳钢、不锈钢塔（立式容器）

（1）基础标高 10m 以内

工作内容：施工准备，基础处理、垫铁设置、吊装就位、安装找正、垫铁点焊、配合检查验收等。

计量单位：台

编号				3-2-211	3-2-212	3-2-213	3-2-214	3-2-215
项目				设备重量（t 以内）				
				2	5	10	20	40
名称			单位	消耗量				
人工	000203000	综合二类工	工日	6.578	13.656	18.023	24.549	43.202
材料	031507007	镀锌铁丝（综合）	kg	4.566	9.132	12.176	13.698	15.220
	142907002	乙炔气	kg	0.196	0.439	0.553	0.764	1.616
	142909001	氧气	m^3	0.509	1.142	1.438	1.986	4.201
	031509007	平垫铁（综合）	kg	7.085	12.359	14.352	39.389	54.427
	031301009	低碳钢焊条 J427（综合）	kg	0.921	1.393	2.024	3.257	5.418
	031509010	斜垫铁（综合）	kg	10.578	18.538	21.057	58.232	82.652
	143121001	二硫化钼	kg	0.228	0.381	0.457	0.533	0.609
	050105001	道木（综合）	m^3	0.053	0.099	0.152	0.236	0.358
	050401001	木方	m^3	0.038	0.061	0.091	0.114	0.145
	031101010	尼龙砂轮片 $\phi150$	片	0.304	0.457	0.609	0.761	1.218
	850103006	其他材料费（占材料费）	%	3.000	3.000	3.000	3.000	3.000
机械	990302075	履带式起重机 150t	台班	—	—	—	—	1.369
	990304016	汽车式起重机 16t	台班	0.081	0.161	0.242	0.322	0.419
	990304024	汽车式起重机 25t	台班	0.242	0.274	0.202	0.363	0.467
	990304036	汽车式起重机 40t	台班	—	—	0.290	0.443	0.685
	990304052	汽车式起重机 75t	台班	—	—	—	0.387	—
	990401035	载重汽车 10t	台班	0.081	0.161	0.242	—	—
	990403030	平板拖车组 40t	台班	—	—	—	0.347	0.419
	990904030	直流弧焊机 20kV·A	台班	0.403	0.588	0.870	1.394	2.312
	990919040	电焊条烘干箱 $80\times80\times100cm^3$	台班	0.041	0.058	0.087	0.139	0.231
	990920010	电焊条恒温箱	台班	0.041	0.058	0.087	0.139	0.231

工作内容：施工准备，基础处理、垫铁设置、吊装就位、安装找正、垫铁点焊、配合检查验收等。

计量单位：台

编号				3-2-216	3-2-217	3-2-218	3-2-219	3-2-220
项目				设备重量（t 以内）				
				60	80	100	150	200
名称			单位	消耗量				
人工	000203000	综合二类工	工日	57.985	64.688	66.067	85.955	108.886
材料	031507007	镀锌铁丝（综合）	kg	16.742	18.264	21.308	25.113	33.484
	142907002	乙炔气	kg	1.905	2.186	2.397	2.634	7.955
	142909001	氧气	m^3	4.954	5.685	6.233	6.849	20.684
	031509007	平垫铁（综合）	kg	65.659	148.304	204.838	250.841	418.063
	031301009	低碳钢焊条 J427（综合）	kg	7.100	9.535	10.372	11.834	13.013
	031509010	斜垫铁（综合）	kg	96.297	217.539	300.428	367.898	613.161
	143121001	二硫化钼	kg	0.685	0.913	1.979	2.740	3.653
	050105001	道木（综合）	m^3	0.632	0.784	1.134	1.427	1.522
	050401001	木方	m^3	0.190	0.213	0.244	0.289	0.342
	031101010	尼龙砂轮片 $\phi150$	片	1.370	1.826	1.979	2.283	3.044
	031599010	滚杠	kg	33.606	76.130	84.014	96.495	122.194
	011700003	工字钢（综合）	kg	—	—	—	89.237	135.945
	012901015	热轧薄钢板 $\delta3.5$～4.0	kg	—	—	5.403	6.012	6.469
	850103006	其他材料费（占材料费）	%	3.000	3.000	3.000	3.000	3.000
机械	990302075	履带式起重机 150t	台班	1.700	—	—	—	—
	990304016	汽车式起重机 16t	台班	0.483	—	—	—	—
	990304036	汽车式起重机 40t	台班	0.564	—	—	—	—
	990304052	汽车式起重机 75t	台班	0.500	—	—	—	—
	990904030	直流弧焊机 20kV·A	台班	3.020	4.123	4.479	5.111	6.245
	990919040	电焊条烘干箱 $80\times80\times100cm^3$	台班	0.302	0.411	0.448	0.509	0.624
	990920010	电焊条恒温箱	台班	0.302	0.411	0.448	0.509	0.624

工作内容：施工准备，基础处理、垫铁设置、吊装就位、安装找正、垫铁点焊、配合检查验收等。

计量单位：台

编号				3-2-221	3-2-222	3-2-223	3-2-224
项目				设备重量（t 以内）			
				300	400	500	600
名称			单位	消耗量			
人工	000203000	综合二类工	工日	125.645	164.410	178.660	230.272
材料	031507007	镀锌铁丝（综合）	kg	35.006	36.528	57.075	70.012
	011700003	工字钢（综合）	kg	162.983	199.656	244.646	299.895
	012901015	热轧薄钢板 δ3.5～4.0	kg	7.230	8.858	10.852	13.302
	142907002	乙炔气	kg	9.150	11.582	13.724	16.692
	142909001	氧气	m^3	23.789	30.113	35.683	43.400
	031301009	低碳钢焊条 J427（综合）	kg	15.601	18.530	21.460	25.570
	031509007	平垫铁（综合）	kg	511.696	722.417	1008.355	1599.378
	031509010	斜垫铁（综合）	kg	750.498	1060.347	1478.456	2345.752
	143121001	二硫化钼	kg	4.338	5.784	7.230	8.675
	050105001	道木（综合）	m^3	1.617	1.712	1.807	1.903
	050401001	木方	m^3	0.525	0.693	0.951	1.126
	031101010	尼龙砂轮片 ϕ150	片	4.109	4.718	5.708	6.316
	031599010	滚杠	kg	134.012	173.432	256.335	378.948
	850103006	其他材料费（占材料费）	%	3.000	3.000	3.000	3.000
机械	990904030	直流弧焊机 20kV·A	台班	7.313	9.449	10.517	11.503
	990919040	电焊条烘干箱 80×80×100cm³	台班	0.731	0.944	1.052	1.150
	990920010	电焊条恒温箱	台班	0.731	0.944	1.052	1.150

（2）10m＜基础标高≤20m

工作内容：施工准备，基础处理、垫铁设置、吊装就位、安装找正、垫铁点焊、配合检查验收等。

计量单位：台

编号				3-2-225	3-2-226	3-2-227	3-2-228
项目				设备重量（t 以内）			
				2	5	10	20
名称			单位	消耗量			
人工	000203000	综合二类工	工日	7.275	14.722	20.093	29.140
材料	031507007	镀锌铁丝（综合）	kg	4.566	9.132	12.176	13.698
	142907002	乙炔气	kg	0.193	0.439	0.553	0.764
	142909001	氧气	m^3	0.502	1.142	1.438	1.986
	031301009	低碳钢焊条 J427（综合）	kg	0.921	1.393	2.024	3.257
	031509007	平垫铁（综合）	kg	7.085	12.359	14.352	25.189
	031509010	斜垫铁（综合）	kg	10.578	18.538	21.057	36.855
	143121001	二硫化钼	kg	0.228	0.381	0.457	0.533
	050105001	道木（综合）	m^3	0.053	0.099	0.152	0.236
	050401001	木方	m^3	0.038	0.061	0.091	0.114
	031101010	尼龙砂轮片 $\phi150$	片	0.304	0.457	0.609	0.761
	850103006	其他材料费（占材料费）	%	3.000	3.000	3.000	3.000
机械	990304016	汽车式起重机 16t	台班	0.081	0.161	0.242	0.322
	990304024	汽车式起重机 25t	台班	0.242	0.274	0.282	0.564
	990304036	汽车式起重机 40t	台班	0.347	0.435	—	—
	990304052	汽车式起重机 75t	台班	—	—	0.580	—
	990304064	汽车式起重机 100t	台班	—	—	—	0.773
	990401035	载重汽车 10t	台班	0.081	0.161	0.242	—
	990403030	平板拖车组 40t	台班	—	—	—	0.347
	990904030	直流弧焊机 20kV·A	台班	0.403	0.588	0.870	1.394
	990919040	电焊条烘干箱 80×80×100cm^3	台班	0.041	0.058	0.087	0.139
	990920010	电焊条恒温箱	台班	0.041	0.058	0.087	0.139

工作内容：施工准备，基础处理、垫铁设置、吊装就位、安装找正、垫铁点焊、配合检查验收等。

计量单位：台

编　号				3-2-229	3-2-230	3-2-231
项　目				设备重量（t 以内）		
				40	60	80
名　称			单位	消　耗　量		
人工	000203000	综合二类工	工日	62.089	64.268	71.850
材料	031507007	镀锌铁丝（综合）	kg	15.220	16.742	18.264
	142907002	乙炔气	kg	1.616	1.905	2.186
	142909001	氧气	m^3	4.201	4.954	5.685
	031301009	低碳钢焊条 J427（综合）	kg	5.418	7.100	9.535
	031509007	平垫铁（综合）	kg	37.989	65.659	148.304
	031509010	斜垫铁（综合）	kg	55.713	96.297	217.539
	143121001	二硫化钼	kg	0.609	0.685	0.913
	050105001	道木（综合）	m^3	0.358	0.632	0.784
	050401001	木方	m^3	0.145	0.190	0.213
	031101010	尼龙砂轮片 ϕ150	片	1.218	1.370	1.826
	031599010	滚杠	kg	—	33.606	76.130
	850103006	其他材料费（占材料费）	%	3.000	3.000	3.000
机械	990302075	履带式起重机 150t	台班	1.152	—	—
	990304016	汽车式起重机 16t	台班	0.403	—	—
	990304036	汽车式起重机 40t	台班	0.628	—	—
	990403030	平板拖车组 40t	台班	0.419	—	—
	990403040	平板拖车组 60t	台班	—	0.453	—
	990904030	直流弧焊机 20kV·A	台班	2.312	3.081	4.123
	990919040	电焊条烘干箱 80×80×100cm³	台班	0.231	0.312	0.411
	990920010	电焊条恒温箱	台班	0.231	0.312	0.411

2. 塔盘安装

(1) 筛板塔盘

工作内容：施工准备，塔盘部件清点、矫正、编号、吊装就位、组对装配、调整、连接螺栓紧固及点焊、配合检查验收等。

计量单位：层

编号				3-2-232	3-2-233	3-2-234	3-2-235	3-2-236
项目				设备直径（mm 以内）				
				1400	1800	2400	2800	3200
名称			单位	消耗量				
人工	000203000	综合二类工	工日	3.033	3.495	4.328	5.025	5.413
材料	142907002	乙炔气	kg	0.263	0.307	0.369	0.424	0.465
	142909001	氧气	m^3	0.685	0.799	0.959	1.103	1.210
	031301009	低碳钢焊条 J427（综合）	kg	0.761	0.883	1.096	1.263	1.355
	140307001	煤油	kg	0.198	0.228	0.342	0.388	0.396
	140303001	机油（综合）	kg	0.198	0.228	0.274	0.312	0.320
	140505001	铅油（厚漆）	kg	0.122	0.145	0.152	0.160	0.167
	143121001	二硫化钼	kg	0.175	0.190	0.228	0.251	0.282
	023503009	无石棉绳（综合）	kg	1.492	1.522	2.664	3.234	3.425
	850103006	其他材料费（占材料费）	%	5.000	5.000	5.000	5.000	5.000
机械	990304016	汽车式起重机 16t	台班	0.008	0.016	0.016	0.016	0.016
	990401020	载重汽车 5t	台班	0.008	0.016	0.016	0.016	0.016
	990503020	电动单筒慢速卷扬机 30kN	台班	0.025	0.081	0.089	0.129	0.161
	990904030	直流弧焊机 20kV·A	台班	0.403	0.467	0.572	0.669	0.717
	991201010	轴流通风机 7.5kW	台班	0.081	0.121	0.161	0.193	0.225
	990919040	电焊条烘干箱 80×80×100cm^3	台班	0.041	0.047	0.058	0.067	0.072
	990920010	电焊条恒温箱	台班	0.041	0.047	0.058	0.067	0.072

工作内容：施工准备，塔盘部件清点、矫正、编号、吊装就位、组对装配、调整、连接螺栓紧固及点焊、配合检查验收等。

计量单位：层

编号				3-2-237	3-2-238	3-2-239	3-2-240	3-2-241
项目				设备直径（mm 以内）				
				3800	4500	5200	5800	6400
名称			单位	消耗量				
人工	000203000	综合二类工	工日	6.763	8.706	9.575	11.044	12.691
材料	142907002	乙炔气	kg	0.580	0.744	0.825	0.948	1.089
	142909001	氧气	m^3	1.507	1.934	2.146	2.466	2.831
	031301009	低碳钢焊条 J427（综合）	kg	1.667	2.131	2.359	2.709	3.120
	140307001	煤油	kg	0.449	0.533	0.556	0.578	0.609
	140303001	机油（综合）	kg	0.373	0.441	0.479	0.510	0.533
	140505001	铅油（厚漆）	kg	0.213	0.228	0.251	0.274	0.304
	143121001	二硫化钼	kg	0.335	0.396	0.441	0.464	0.647
	023503009	无石棉绳（综合）	kg	4.475	5.175	5.555	5.784	6.088
	850103006	其他材料费（占材料费）	%	5.000	5.000	5.000	5.000	5.000
机械	990304016	汽车式起重机 16t	台班	0.025	0.041	0.048	0.064	0.064
	990401020	载重汽车 5t	台班	0.025	0.041	0.048	0.064	0.064
	990503020	电动单筒慢速卷扬机 30kN	台班	0.177	0.209	0.225	0.242	0.274
	990904030	直流弧焊机 20kV · A	台班	0.805	1.111	1.249	1.433	1.651
	991201010	轴流通风机 7.5kW	台班	0.258	0.274	0.322	0.403	0.443
	990919040	电焊条烘干箱 80 × 80 × 100cm³	台班	0.081	0.111	0.125	0.143	0.165
	990920010	电焊条恒温箱	台班	0.081	0.111	0.125	0.143	0.165

工作内容：施工准备，塔盘部件清点、矫正、编号、吊装就位、组对装配、调整、连接螺栓紧固及点焊、配合检查验收等。　　　　**计量单位：**层

编号				3-2-242	3-2-243	3-2-244	3-2-245
项目				设备直径（mm 以内）			
				8000	9200	10000	10000 以上
名称			单位	消耗量			
人工	000203000	综合二类工	工日	14.402	16.779	19.295	22.190
材料	142907002	乙炔气	kg	1.264	1.440	1.583	1.821
	142909001	氧气	m^3	3.288	3.744	4.116	4.735
	031301009	低碳钢焊条 J427（综合）	kg	3.615	4.109	4.467	5.175
	140307001	煤油	kg	0.685	0.761	0.875	0.989
	140303001	机油（综合）	kg	0.571	0.594	0.632	0.662
	140505001	铅油（厚漆）	kg	0.342	0.358	0.396	0.426
	143121001	二硫化钼	kg	0.685	0.723	0.807	0.852
	023503009	无石棉绳（综合）	kg	6.514	6.849	7.191	7.701
	850103006	其他材料费（占材料费）	%	5.000	5.000	5.000	5.000
机械	990304016	汽车式起重机 16t	台班	0.073	0.081	0.097	0.113
	990401020	载重汽车 5t	台班	0.073	0.081	0.097	0.113
	990503020	电动单筒慢速卷扬机 30kN	台班	0.298	0.314	0.338	0.370
	990904030	直流弧焊机 20kV · A	台班	1.877	2.174	2.368	2.738
	991201010	轴流通风机 7.5kW	台班	0.467	0.499	0.572	0.628
	990919040	电焊条烘干箱 80 × 80 × 100cm^3	台班	0.187	0.218	0.237	0.274
	990920010	电焊条恒温箱	台班	0.187	0.218	0.237	0.274

（2）浮阀塔盘

工作内容：施工准备，塔盘部件清点、矫正、编号、吊装就位、组对装配、调整、连接螺栓紧固及点焊、配合检查验收等。

计量单位：层

编号				3-2-246	3-2-247	3-2-248	3-2-249	3-2-250
项目				设备直径（mm 以内）				
				1400	1800	2400	2800	3200
名称			单位	消耗量				
人工	000203000	综合二类工	工日	3.915	4.501	5.597	6.439	7.349
材料	142907002	乙炔气	kg	0.263	0.307	0.395	0.439	0.483
	142909001	氧气	m^3	0.685	0.799	1.027	1.142	1.256
	031301009	低碳钢焊条 J427（综合）	kg	0.761	0.883	1.073	1.278	1.370
	140307001	煤油	kg	0.198	0.266	0.335	0.365	0.381
	140303001	机油（综合）	kg	0.167	0.205	0.259	0.282	0.304
	140505001	铅油（厚漆）	kg	0.129	0.145	0.183	0.205	0.228
	143121001	二硫化钼	kg	0.152	0.183	0.228	0.251	0.266
	023503009	无石棉绳（综合）	kg	1.674	2.435	3.463	4.186	4.566
	850103006	其他材料费（占材料费）	%	5.000	5.000	5.000	5.000	5.000
机械	990304016	汽车式起重机 16t	台班	0.008	0.016	0.016	0.016	0.016
	990401020	载重汽车 5t	台班	0.008	0.016	0.016	0.016	0.016
	990503020	电动单筒慢速卷扬机 30kN	台班	0.097	0.129	0.137	0.161	0.193
	990904030	直流弧焊机 20kV·A	台班	0.403	0.467	0.572	0.676	0.725
	991201010	轴流通风机 7.5kW	台班	0.089	0.129	0.177	0.209	0.242
	990919040	电焊条烘干箱 80×80×100cm^3	台班	0.041	0.047	0.058	0.068	0.073
	990920010	电焊条恒温箱	台班	0.041	0.042	0.058	0.068	0.073

工作内容：施工准备，塔盘部件清点、矫正、编号、吊装就位、组对装配、调整、连接螺栓紧固及点焊、配合检查验收等。　　　　**计量单位：**层

编　　号				3-2-251	3-2-252	3-2-253	3-2-254	3-2-255
项　　目				设备直径（mm 以内）				
				3800	4500	5200	5800	6400
名　　称			单位	消　耗　量				
人工	000203000	综合二类工	工日	8.533	10.478	12.071	13.800	16.083
材料	142907002	乙炔气	kg	0.597	0.709	0.852	0.983	1.142
	142909001	氧气	m^3	1.552	1.842	2.215	2.557	2.968
	031301009	低碳钢焊条 J427（综合）	kg	1.705	2.017	2.420	2.770	3.196
	140307001	煤油	kg	0.441	0.487	0.556	0.578	0.685
	140303001	机油（综合）	kg	0.358	0.411	0.479	0.502	0.609
	140505001	铅油（厚漆）	kg	0.274	0.320	0.403	0.426	0.457
	143121001	二硫化钼	kg	0.327	0.381	0.434	0.464	0.495
	023503009	无石棉绳（综合）	kg	5.251	6.392	6.773	7.153	7.610
	850103006	其他材料费（占材料费）	%	5.000	5.000	5.000	5.000	5.000
机械	990304016	汽车式起重机 16t	台班	0.025	0.041	0.048	0.057	0.064
	990401020	载重汽车 5t	台班	0.025	0.041	0.048	0.057	0.064
	990503020	电动单筒慢速卷扬机 30kN	台班	0.218	0.266	0.290	0.306	0.314
	990904030	直流弧焊机 20kV · A	台班	0.902	1.111	1.281	1.466	1.691
	991201010	轴流通风机 7.5kW	台班	0.274	0.290	0.347	0.435	0.467
	990919040	电焊条烘干箱 80 × 80 × 100cm^3	台班	0.090	0.111	0.128	0.147	0.170
	990920010	电焊条恒温箱	台班	0.090	0.111	0.128	0.147	0.170

工作内容：施工准备，塔盘部件清点、矫正、编号、吊装就位、组对装配、调整、连接螺栓紧固及点焊、配合检查验收等。

计量单位：层

编号				3-2-256	3-2-257	3-2-258	3-2-259
项目				设备直径（mm 以内）			
				8000	9200	10000	10000 以上
名称			单位	消耗量			
人工	000203000	综合二类工	工日	18.516	21.295	24.485	27.587
材料	142907002	乙炔气	kg	1.332	1.519	1.671	1.839
	142909001	氧气	m^3	3.463	3.950	4.345	4.781
	031301009	低碳钢焊条 J427（综合）	kg	4.087	4.977	5.472	6.096
	140307001	煤油	kg	0.723	0.761	0.913	1.065
	140303001	机油（综合）	kg	0.685	0.700	0.761	0.913
	140505001	铅油（厚漆）	kg	0.495	0.533	0.723	0.837
	143121001	二硫化钼	kg	0.533	0.594	0.654	0.715
	023503009	无石棉绳（综合）	kg	7.991	8.371	9.208	10.167
	850103006	其他材料费（占材料费）	%	5.000	5.000	5.000	5.000
机械	990304016	汽车式起重机 16t	台班	0.073	0.081	0.113	0.145
	990401020	载重汽车 5t	台班	0.073	0.081	0.113	0.145
	990503020	电动单筒慢速卷扬机 30kN	台班	0.331	0.483	0.669	0.928
	990904030	直流弧焊机 20kV · A	台班	2.167	2.239	2.899	3.230
	991201010	轴流通风机 7.5kW	台班	0.499	0.588	0.644	0.733
	990919040	电焊条烘干箱 80 × 80 × 100cm^3	台班	0.217	0.224	0.290	0.323
	990920010	电焊条恒温箱	台班	0.217	0.224	0.290	0.323

（3）泡罩塔盘

工作内容：施工准备，塔盘部件清点、矫正、编号、吊装就位、组对装配、调整、连接螺栓紧固及点焊、配合检查验收等。

计量单位：层

编号				3-2-260	3-2-261	3-2-262	3-2-263	3-2-264
项目				设备直径（mm 以内）				
				1400	1800	2400	2800	3200
名称			单位	消耗量				
人工	000203000	综合二类工	工日	6.226	7.155	8.845	10.168	10.872
材料	142907002	乙炔气	kg	0.351	0.404	0.507	0.577	0.615
	142909001	氧气	m^3	0.913	1.050	1.317	1.500	1.598
	140307001	煤油	kg	0.533	0.685	0.738	0.776	0.799
	031301009	低碳钢焊条 J427（综合）	kg	1.065	1.233	1.499	1.697	1.903
	140303001	机油（综合）	kg	0.167	0.228	0.274	0.312	0.320
	140505001	铅油（厚漆）	kg	0.099	0.114	0.137	0.160	0.167
	143121001	二硫化钼	kg	0.122	0.152	0.205	0.236	0.244
	023503009	无石棉绳（综合）	kg	0.571	0.647	0.738	0.776	0.799
	341101001	水	m^3	0.015	0.023	0.411	0.563	0.731
	850103006	其他材料费（占材料费）	%	5.000	5.000	5.000	5.000	5.000
机械	990304016	汽车式起重机 16t	台班	0.008	0.008	0.016	0.032	0.041
	990401020	载重汽车 5t	台班	0.008	0.008	0.016	0.032	0.041
	990503020	电动单筒慢速卷扬机 30kN	台班	0.113	0.161	0.202	0.218	0.234
	990801010	电动单级离心清水泵 50mm	台班	0.008	0.008	0.008	0.008	0.008
	990904030	直流弧焊机 20kV·A	台班	0.564	0.653	0.798	0.902	0.991
	991201010	轴流通风机 7.5kW	台班	0.081	0.121	0.161	0.193	0.225
	990919040	电焊条烘干箱 80×80×100cm^3	台班	0.057	0.065	0.080	0.090	0.099
	990920010	电焊条恒温箱	台班	0.057	0.065	0.080	0.090	0.099

工作内容：施工准备，塔盘部件清点、矫正、编号、吊装就位、组对装配、调整、连接螺栓紧固及点焊、配合检查验收等。

计量单位：层

编号				3-2-265	3-2-266	3-2-267	3-2-268	3-2-269
项目				设备直径（mm 以内）				
				3800	4500	5200	5800	6400
名称			单位	消耗量				
人工	000203000	综合二类工	工日	13.435	16.365	18.999	21.838	24.025
材料	142907002	乙炔气	kg	0.770	0.936	1.080	1.238	1.361
	142909001	氧气	m^3	2.002	2.434	2.808	3.219	3.539
	140307001	煤油	kg	0.921	1.370	1.560	1.598	1.689
	031301009	低碳钢焊条 J427（综合）	kg	2.306	2.679	3.257	3.775	4.117
	140303001	机油（综合）	kg	0.365	0.426	0.502	0.548	0.609
	140505001	铅油（厚漆）	kg	0.213	0.266	0.327	0.350	0.381
	143121001	二硫化钼	kg	0.289	0.342	0.403	0.457	0.487
	023503009	无石棉绳（综合）	kg	0.951	1.065	1.370	1.674	1.903
	341101001	水	m^3	1.035	1.454	1.933	2.412	2.937
	850103006	其他材料费（占材料费）	%	5.000	5.000	5.000	5.000	5.000
机械	990304016	汽车式起重机 16t	台班	0.048	0.081	0.105	0.137	0.177
	990401020	载重汽车 5t	台班	0.048	0.081	0.105	0.137	0.177
	990503020	电动单筒慢速卷扬机 30kN	台班	0.266	0.282	0.298	0.306	0.387
	990801010	电动单级离心清水泵 50mm	台班	0.008	0.016	0.016	0.025	0.032
	990904030	直流弧焊机 20kV · A	台班	1.224	1.417	1.723	1.981	2.174
	991201010	轴流通风机 7.5kW	台班	0.258	0.274	0.322	0.435	0.467
	990919040	电焊条烘干箱 80 × 80 × 100cm³	台班	0.122	0.142	0.172	0.198	0.218
	990920010	电焊条恒温箱	台班	0.122	0.142	0.172	0.198	0.218

工作内容：施工准备，塔盘部件清点、矫正、编号、吊装就位、组对装配、调整、连接螺栓紧固及点焊、配合检查验收等。

计量单位：层

编号				3-2-270	3-2-271	3-2-272	3-2-273
项目				设备直径（mm 以内）			
				8000	9200	10000	10000 以上
名称			单位	消耗量			
人工	000203000	综合二类工	工日	25.230	29.090	31.994	36.798
材料	142907002	乙炔气	kg	1.499	1.651	1.826	2.062
	142909001	氧气	m^3	3.897	4.292	4.749	5.360
	031301009	低碳钢焊条 J427（综合）	kg	4.581	4.992	5.418	5.844
	140307001	煤油	kg	1.826	1.903	2.131	2.443
	140303001	机油（综合）	kg	0.700	0.761	0.852	0.944
	140505001	铅油（厚漆）	kg	0.426	0.457	0.556	0.654
	143121001	二硫化钼	kg	0.533	0.571	0.708	0.776
	023503009	无石棉绳（综合）	kg	2.435	3.044	3.889	4.718
	341101001	水	m^3	4.589	6.065	7.169	8.470
	850103006	其他材料费（占材料费）	%	5.000	5.000	5.000	5.000
机械	990304016	汽车式起重机 16t	台班	0.250	0.306	0.419	0.492
	990401020	载重汽车 5t	台班	0.250	0.306	0.419	0.492
	990503020	电动单筒慢速卷扬机 30kN	台班	0.451	0.588	0.693	0.733
	990801010	电动单级离心清水泵 50mm	台班	0.057	0.073	0.081	0.089
	990904030	直流弧焊机 20kV·A	台班	2.424	2.641	2.867	3.092
	991201010	轴流通风机 7.5kW	台班	0.499	0.588	0.644	0.733
	990919040	电焊条烘干箱 80×80×100cm³	台班	0.242	0.264	0.287	0.309
	990920010	电焊条恒温箱	台班	0.242	0.264	0.287	0.309

（4）舌型塔盘

工作内容：施工准备，塔盘部件清点、矫正、编号、吊装就位、组对装配、调整、连接螺栓紧固及点焊、配合检查验收等。

计量单位：层

编号				3-2-274	3-2-275	3-2-276	3-2-277	3-2-278
项目				设备直径（mm 以内）				
				1400	1800	2400	2800	3200
名称			单位	消耗量				
人工	000203000	综合二类工	工日	3.460	3.985	4.930	5.667	6.232
材料	142907002	乙炔气	kg	0.263	0.307	0.378	0.434	0.465
	142909001	氧气	m^3	0.685	0.799	0.982	1.128	1.210
	031301009	低碳钢焊条 J427（综合）	kg	0.685	0.791	0.989	1.210	1.385
	140307001	煤油	kg	0.190	0.297	0.342	0.396	0.411
	140303001	机油（综合）	kg	0.160	0.228	0.282	0.320	0.342
	140505001	铅油（厚漆）	kg	0.107	0.152	0.152	0.152	0.152
	143121001	二硫化钼	kg	0.091	0.152	0.228	0.244	0.266
	023503009	无石棉绳（综合）	kg	0.761	1.370	2.428	3.097	3.425
	850103006	其他材料费（占材料费）	%	5.000	5.000	5.000	5.000	5.000
机械	990304016	汽车式起重机 16t	台班	0.008	0.008	0.016	0.016	0.016
	990401020	载重汽车 5t	台班	0.008	0.008	0.016	0.016	0.016
	990503020	电动单筒慢速卷扬机 30kN	台班	0.097	0.105	0.121	0.153	0.186
	990904030	直流弧焊机 20kV · A	台班	0.363	0.419	0.524	0.644	0.653
	991201010	轴流通风机 7.5kW	台班	0.081	0.121	0.161	0.193	0.225
	990919040	电焊条烘干箱 80 × 80 × 100cm³	台班	0.036	0.042	0.053	0.064	0.065
	990920010	电焊条恒温箱	台班	0.036	0.042	0.053	0.064	0.065

工作内容：施工准备，塔盘部件清点、矫正、编号、吊装就位、组对装配、调整、连接螺栓紧固及点焊、配合检查验收等。　　计量单位：层

编号				3-2-279	3-2-280	3-2-281	3-2-282	3-2-283
项目				设备直径（mm 以内）				
				3800	4500	5200	5800	6400
名称			单位	消耗量				
人工	000203000	综合二类工	工日	7.486	9.127	10.589	12.139	14.007
材料	142907002	乙炔气	kg	0.577	0.709	0.817	0.940	1.080
	142909001	氧气	m^3	1.500	1.842	2.123	2.443	2.808
	031301009	低碳钢焊条 J427（综合）	kg	1.522	1.872	2.146	2.466	2.831
	140307001	煤油	kg	0.457	0.502	0.563	0.578	0.609
	140303001	机油（综合）	kg	0.396	0.434	0.502	0.510	0.533
	140505001	铅油（厚漆）	kg	0.152	0.152	0.228	0.228	0.304
	143121001	二硫化钼	kg	0.312	0.358	0.381	0.434	0.457
	023503009	无石棉绳（综合）	kg	3.866	4.947	5.555	5.784	6.088
	850103006	其他材料费（占材料费）	%	5.000	5.000	5.000	5.000	5.000
机械	990304016	汽车式起重机 16t	台班	0.020	0.041	0.048	0.057	0.064
	990401020	载重汽车 5t	台班	0.020	0.041	0.048	0.057	0.064
	990503020	电动单筒慢速卷扬机 30kN	台班	0.218	0.242	0.274	0.282	0.298
	990904030	直流弧焊机 20kV · A	台班	0.805	0.991	1.136	1.305	1.498
	991201010	轴流通风机 7.5kW	台班	0.258	0.274	0.322	0.403	0.443
	990919040	电焊条烘干箱 $80 \times 80 \times 100cm^3$	台班	0.081	0.099	0.114	0.131	0.150
	990920010	电焊条恒温箱	台班	0.081	0.099	0.114	0.131	0.150

工作内容：施工准备，塔盘部件清点、矫正、编号、吊装就位、组对装配、调整、连接螺栓紧固及点焊、配合检查验收等。　**计量单位：**层

编　号				3-2-284	3-2-285	3-2-286	3-2-287
项　目				设备直径（mm 以内）			
				8000	9200	10000	10000 以上
名　称			单位	消　耗　量			
人工	000203000	综合二类工	工日	15.621	18.523	20.377	23.432
材料	142907002	乙炔气	kg	1.165	1.422	1.681	2.002
	142909001	氧气	m^3	3.030	3.698	4.370	5.205
	031301009	低碳钢焊条 J427（综合）	kg	3.059	3.744	4.300	4.893
	140307001	煤油	kg	0.685	0.761	0.852	0.944
	140303001	机油（综合）	kg	0.571	0.609	0.685	0.837
	140505001	铅油（厚漆）	kg	0.342	0.381	0.457	0.533
	143121001	二硫化钼	kg	0.495	0.533	0.624	0.761
	023503009	无石棉绳（综合）	kg	6.545	6.849	8.523	9.208
	850103006	其他材料费（占材料费）	%	5.000	5.000	5.000	5.000
机械	990304016	汽车式起重机 16t	台班	0.073	0.081	0.097	0.113
	990401020	载重汽车 5t	台班	0.073	0.081	0.097	0.113
	990503020	电动单筒慢速卷扬机 30kN	台班	0.370	0.499	0.676	0.821
	990904030	直流弧焊机 20kV · A	台班	1.619	1.981	2.279	2.585
	991201010	轴流通风机 7.5kW	台班	0.467	0.499	0.572	0.628
	990919040	电焊条烘干箱 $80 \times 80 \times 100cm^3$	台班	0.162	0.198	0.228	0.259
	990920010	电焊条恒温箱	台班	0.162	0.198	0.228	0.259

（5）浮动喷射式塔盘

工作内容：施工准备，塔盘部件清点、矫正、编号、吊装就位、组对装配、调整、连接螺栓紧固及点焊、配合检查验收等。

计量单位：层

编号				3-2-288	3-2-289	3-2-290	3-2-291
项目				设备直径（mm 以内）			
				1400	1800	2800	3800
名称			单位	消耗量			
人工	000203000	综合二类工	工日	5.819	7.907	9.548	11.967
材料	142907002	乙炔气	kg	0.439	0.571	0.746	0.975
	142909001	氧气	m^3	1.142	1.484	1.941	2.534
	031301009	低碳钢焊条 J427（综合）	kg	1.218	1.583	1.903	2.374
	140307001	煤油	kg	0.152	0.228	0.381	0.457
	140303001	机油（综合）	kg	0.152	0.228	0.304	0.381
	140505001	铅油（厚漆）	kg	0.152	0.152	0.152	0.152
	143121001	二硫化钼	kg	0.152	0.228	0.304	0.381
	023503009	无石棉绳（综合）	kg	0.761	1.522	3.044	4.566
	850103006	其他材料费（占材料费）	%	5.000	5.000	5.000	5.000
机械	990304016	汽车式起重机 16t	台班	0.008	0.016	0.016	0.016
	990401020	载重汽车 5t	台班	0.008	0.016	0.016	0.016
	990503020	电动单筒慢速卷扬机 30kN	台班	0.081	0.081	0.081	0.161
	990904030	直流弧焊机 20kV·A	台班	0.644	0.838	1.007	1.256
	991201010	轴流通风机 7.5kW	台班	0.081	0.121	0.193	0.258
	990919040	电焊条烘干箱 80×80×100cm³	台班	0.064	0.084	0.101	0.125
	990920010	电焊条恒温箱	台班	0.064	0.084	0.101	0.125

工作内容： 施工准备，塔盘部件清点、矫正、编号、吊装就位、组对装配、调整、连接螺栓紧固及点焊、配合检查验收等。

计量单位： 层

编号				3-2-292	3-2-293	3-2-294	3-2-295
项目				设备直径（mm 以内）			
				4800	6400	8600	10000
名称			单位	消耗量			
人工	000203000	综合二类工	工日	16.296	19.557	24.017	29.608
材料	142907002	乙炔气	kg	1.264	1.519	1.897	2.699
	142909001	氧气	m^3	3.288	3.950	4.931	7.018
	031301009	低碳钢焊条 J427（综合）	kg	3.211	3.851	4.429	4.657
	140307001	煤油	kg	0.533	0.609	0.761	0.913
	140303001	机油（综合）	kg	0.457	0.533	0.609	0.685
	140505001	铅油（厚漆）	kg	0.152	0.228	0.304	0.381
	143121001	二硫化钼	kg	0.457	0.457	0.533	0.609
	023503009	无石棉绳（综合）	kg	5.327	6.088	6.849	7.610
	850103006	其他材料费（占材料费）	%	5.000	5.000	5.000	5.000
机械	990304016	汽车式起重机 16t	台班	0.025	0.032	0.048	0.064
	990401020	载重汽车 5t	台班	0.025	0.032	0.048	0.064
	990503020	电动单筒慢速卷扬机 30kN	台班	0.242	0.242	0.322	0.403
	990904030	直流弧焊机 20kV · A	台班	1.700	2.038	2.344	2.738
	991201010	轴流通风机 7.5kW	台班	0.282	0.443	0.499	0.572
	990919040	电焊条烘干箱 80 × 80 × 100cm³	台班	0.170	0.173	0.235	0.274
	990920010	电焊条恒温箱	台班	0.170	0.173	0.235	0.274

（6）混合型塔盘

工作内容：施工准备，塔盘部件清点、矫正、编号、吊装就位、组对装配、调整、连接螺栓紧固及点焊、配合检查验收等。

计量单位：层

编号				3-2-296	3-2-297	3-2-298	3-2-299
项目				设备直径（mm 以内）			
				1400	1800	2800	3800
名称			单位	消耗量			
人工	000203000	综合二类工	工日	3.922	4.715	5.901	8.555
材料	142907002	乙炔气	kg	0.220	0.263	0.334	0.483
	142909001	氧气	m^3	0.571	0.685	0.868	1.256
	031301009	低碳钢焊条 J427（综合）	kg	0.609	0.731	0.913	1.324
	140307001	煤油	kg	0.152	0.228	0.304	0.381
	140303001	机油（综合）	kg	0.152	0.228	0.304	0.381
	140505001	铅油（厚漆）	kg	0.152	0.152	0.152	0.152
	143121001	二硫化钼	kg	0.152	0.228	0.304	0.381
	023503009	无石棉绳（综合）	kg	1.142	1.522	3.044	4.566
	850103006	其他材料费（占材料费）	%	5.000	5.000	5.000	5.000
机械	990304016	汽车式起重机 16t	台班	0.008	0.016	0.016	0.025
	990401020	载重汽车 5t	台班	0.008	0.016	0.016	0.025
	990503020	电动单筒慢速卷扬机 30kN	台班	0.113	0.177	0.209	0.258
	990904030	直流弧焊机 20kV · A	台班	0.322	0.580	0.725	1.055
	991201010	轴流通风机 7.5kW	台班	0.081	0.121	0.193	0.258
	990919040	电焊条烘干箱 80 × 80 × 100cm^3	台班	0.032	0.058	0.073	0.106
	990920010	电焊条恒温箱	台班	0.032	0.058	0.073	0.106

工作内容：施工准备，塔盘部件清点、矫正、编号、吊装就位、组对装配、调整、连接螺栓紧固及点焊、配合检查验收等。 **计量单位：**层

编号				3-2-300	3-2-301	3-2-302	3-2-303
项目				设备直径（mm 以内）			
				4800	6400	8600	10000
名称			单位	消耗量			
人工	000203000	综合二类工	工日	10.692	13.884	18.171	22.487
材料	142907002	乙炔气	kg	0.606	0.817	1.098	1.379
	142909001	氧气	m^3	1.575	2.123	2.854	3.584
	031301009	低碳钢焊条 J427（综合）	kg	1.659	2.298	3.074	3.835
	140307001	煤油	kg	0.457	0.609	0.761	0.913
	140303001	机油（综合）	kg	0.457	0.457	0.533	0.609
	140505001	铅油（厚漆）	kg	0.152	0.152	0.228	0.304
	143121001	二硫化钼	kg	0.381	0.457	0.457	0.533
	023503009	无石棉绳（综合）	kg	5.327	6.088	6.849	7.610
	850103006	其他材料费（占材料费）	%	5.000	5.000	5.000	5.000
机械	990304016	汽车式起重机 16t	台班	0.025	0.032	0.048	0.064
	990401020	载重汽车 5t	台班	0.025	0.032	0.048	0.064
	990503020	电动单筒慢速卷扬机 30kN	台班	0.282	0.387	0.515	0.564
	990904030	直流弧焊机 20kV·A	台班	1.321	1.458	1.627	2.029
	991201010	轴流通风机 7.5kW	台班	0.282	0.443	0.499	0.572
	990919040	电焊条烘干箱 80×80×100cm³	台班	0.132	0.146	0.163	0.203
	990920010	电焊条恒温箱	台班	0.132	0.146	0.163	0.203

（7）S 型塔盘

工作内容： 施工准备，塔盘部件清点、矫正、编号、吊装就位、组对装配、调整、连接螺栓紧固及点焊、配合检查验收等。

计量单位：层

编号				3-2-304	3-2-305	3-2-306	3-2-307	3-2-308
项目				设备直径（mm 以内）				
				1400	1800	2400	2800	3200
名称			单位	消耗量				
人工	000203000	综合二类工	工日	2.117	2.440	2.936	3.675	3.875
材料	142907002	乙炔气	kg	0.263	0.299	0.363	0.457	0.474
	142909001	氧气	m^3	0.685	0.776	0.943	1.187	1.233
	031301009	低碳钢焊条 J427（综合）	kg	0.685	0.791	0.951	1.149	1.309
	140307001	煤油	kg	0.198	0.228	0.342	0.388	0.403
	140303001	机油（综合）	kg	0.152	0.236	0.274	0.320	0.327
	143121001	二硫化钼	kg	0.175	0.190	0.228	0.251	0.282
	050401001	木方	m^3	0.002	0.002	0.003	0.004	0.004
	850103006	其他材料费（占材料费）	%	1.500	1.500	1.500	1.500	1.500
机械	990304016	汽车式起重机 16t	台班	0.008	0.016	0.016	0.016	0.016
	990401020	载重汽车 5t	台班	0.008	0.016	0.016	0.016	0.016
	990503030	电动单筒慢速卷扬机 50kN	台班	0.161	0.161	0.161	0.161	0.161
	990904030	直流弧焊机 20kV·A	台班	0.242	0.282	0.338	0.427	0.483
	991201010	轴流通风机 7.5kW	台班	0.121	0.161	0.161	0.161	0.161
	990919040	电焊条烘干箱 80×80×100cm^3	台班	0.025	0.028	0.034	0.042	0.048
	990920010	电焊条恒温箱	台班	0.025	0.028	0.034	0.042	0.048

工作内容：施工准备，塔盘部件清点、矫正、编号、吊装就位、组对装配、调整、连接螺栓紧固及点焊、配合检查验收等。

计量单位：层

编号				3-2-309	3-2-310	3-2-311	3-2-312
项目				设备直径（mm 以内）			
				3800	4500	5200	5800
名称			单位	消耗量			
人工	000203000	综合二类工	工日	4.448	5.080	5.831	6.708
材料	142907002	乙炔气	kg	0.544	0.644	0.720	0.861
	142909001	氧气	m^3	1.415	1.673	1.872	2.237
	031301009	低碳钢焊条 J427（综合）	kg	1.469	1.735	2.009	2.382
	140307001	煤油	kg	0.449	0.517	0.540	0.571
	140303001	机油（综合）	kg	0.365	0.434	0.479	0.510
	143121001	二硫化钼	kg	0.335	0.396	0.441	0.464
	050401001	木方	m^3	0.005	0.005	0.006	0.007
	850103006	其他材料费（占材料费）	%	1.500	1.500	1.500	1.500
机械	990304016	汽车式起重机 16t	台班	0.025	0.041	0.048	0.064
	990401020	载重汽车 5t	台班	0.025	0.041	0.048	0.064
	990503030	电动单筒慢速卷扬机 50kN	台班	0.242	0.242	0.282	0.322
	990904030	直流弧焊机 20kV · A	台班	0.515	0.596	0.685	0.805
	991201010	轴流通风机 7.5kW	台班	0.242	0.266	0.306	0.322
	990919040	电焊条烘干箱 $80 \times 80 \times 100cm^3$	台班	0.052	0.059	0.069	0.081
	990920010	电焊条恒温箱	台班	0.052	0.059	0.069	0.081

工作内容：施工准备，塔盘部件清点、矫正、编号、吊装就位、组对装配、调整、连接螺栓紧固及点焊、配合检查验收等。

计量单位：层

编号				3-2-313	3-2-314	3-2-315	3-2-316
项目				设备直径（mm 以内）			
				6400	8000	9000	10000
名称			单位	消耗量			
人工	000203000	综合二类工	工日	7.762	8.776	10.395	11.443
材料	142907002	乙炔气	kg	0.902	0.931	0.966	1.001
	142909001	氧气	m^3	2.345	2.420	2.511	2.603
	031301009	低碳钢焊条 J427（综合）	kg	2.816	2.968	3.333	3.919
	140307001	煤油	kg	0.616	0.670	0.723	0.875
	140303001	机油（综合）	kg	0.533	0.563	0.586	0.654
	143121001	二硫化钼	kg	0.632	0.647	0.715	0.807
	050401001	木方	m^3	0.008	0.009	0.011	0.012
	850103006	其他材料费（占材料费）	%	1.500	1.500	1.500	1.500
机械	990304016	汽车式起重机 16t	台班	0.064	0.073	0.081	0.097
	990401020	载重汽车 5t	台班	0.064	0.073	0.081	0.097
	990503030	电动单筒慢速卷扬机 50kN	台班	0.338	0.348	0.361	0.370
	990904030	直流弧焊机 20kV · A	台班	0.846	0.870	0.902	1.047
	991201010	轴流通风机 7.5kW	台班	0.338	0.348	0.361	0.387
	990919040	电焊条烘干箱 $80 \times 80 \times 100cm^3$	台班	0.085	0.087	0.090	0.105
	990920010	电焊条恒温箱	台班	0.085	0.087	0.090	0.105

3. 设 备 填 料

(1) 乱 堆

工作内容：施工准备，场内运输、挑选、冲洗、运输、填充、配合检查验收等。 **计量单位**：见表

编 号				3-2-317	3-2-318	3-2-319	3-2-320	3-2-321	3-2-322
项 目				瓷质材料	金属材料	塑料	石质材料	木质材料	冷箱珠冷光砂
单 位				t					$10m^3$
名 称			单位	消 耗 量					
人工	000203000	综合二类工	工日	6.165	4.005	6.718	2.315	4.845	3.405
材料	050301001	木材	m^3	0.005	0.003	0.005	0.002	0.005	0.019
	142907002	乙炔气	kg	—	—	—	—	—	0.018
	341101001	水	m^3	2.664	2.664	2.664	2.664	—	—
	142909001	氧气	m^3	—	—	—	—	—	0.046
	012900002	钢板（综合）	kg	—	—	—	—	—	14.687
	850103006	其他材料费（占材料费）	%	5.000	5.000	5.000	5.000	5.000	5.000
机械	990401020	载重汽车 5t	台班	0.139	0.122	0.132	0.132	0.132	0.264
	990501040	电动单筒快速卷扬机 20kN	台班	0.287	0.246	0.369	0.287	0.287	—
	990304004	汽车式起重机 8t	台班	—	—	—	—	—	0.082
	990304024	汽车式起重机 25t	台班	—	—	—	—	—	0.280

(2) 排 列

工作内容：施工准备，场内运输、挑选、冲洗、运输、填充、配合检查验收等。 **计量单位**：t

编 号				3-2-323	3-2-324	3-2-325
项 目				瓷质材料	金属材料	塑料
名 称			单位	消 耗 量		
人工	000203000	综合二类工	工日	11.742	7.628	12.793
材料	050301001	木材	m^3	0.008	0.008	0.008
	341101001	水	m^3	2.664	2.664	2.664
	850103006	其他材料费（占材料费）	%	5.000	5.000	5.000
机械	990401020	载重汽车 5t	台班	0.148	0.132	0.139
	990501040	电动单筒快速卷扬机 20kN	台班	0.369	0.321	0.476

五、热交换器类安装

1. 热交换器安装

（1）基础标高 10m 以内

工作内容：施工准备，基础处理、垫铁设置、吊装就位、安装找正、垫铁点焊、配合检查验收等。

计量单位：台

编号				3-2-326	3-2-327	3-2-328	3-2-329	3-2-330
项目				设备重量（t 以内）				
				2	5	10	20	30
名称			单位	消耗量				
人工	000203000	综合二类工	工日	5.563	10.755	16.979	25.616	33.530
材料	031507007	镀锌铁丝（综合）	kg	4.566	9.132	12.176	13.698	14.459
	142907002	乙炔气	kg	0.070	0.167	0.193	0.334	0.685
	142909001	氧气	m^3	0.183	0.434	0.502	0.868	1.781
	031301009	低碳钢焊条 J427（综合）	kg	0.654	1.256	1.903	2.450	3.196
	031509007	平垫铁（综合）	kg	9.269	10.771	18.479	28.452	31.355
	031509010	斜垫铁（综合）	kg	21.633	25.138	43.117	66.385	73.161
	140113002	黄油	kg	0.038	0.091	0.266	0.533	0.799
	143121001	二硫化钼	kg	0.244	0.434	0.761	1.385	1.758
	050105001	道木（综合）	m^3	0.068	0.091	0.137	0.228	0.304
	031101010	尼龙砂轮片 ϕ150	片	0.122	0.221	0.289	0.411	0.632
	850103006	其他材料费（占材料费）	%	3.000	3.000	3.000	3.000	3.000
机械	990304016	汽车式起重机 16t	台班	0.404	0.515	0.290	—	—
	990304024	汽车式起重机 25t	台班	—	—	0.354	0.354	—
	990304036	汽车式起重机 40t	台班	—	—	—	—	0.387
	990304040	汽车式起重机 50t	台班	—	—	—	0.467	—
	990304052	汽车式起重机 75t	台班	—	—	—	—	0.637
	990401020	载重汽车 5t	台班	0.161	0.242	—	—	—
	990401030	载重汽车 8t	台班	—	—	0.290	—	—
	990403020	平板拖车组 20t	台班	—	—	—	0.347	—
	990403030	平板拖车组 40t	台班	—	—	—	—	0.387
	990904030	直流弧焊机 20kV · A	台班	0.411	0.757	1.160	1.490	2.135
	990919040	电焊条烘干箱 80 × 80 × 100cm^3	台班	0.042	0.075	0.116	0.149	0.214
	990920010	电焊条恒温箱	台班	0.042	0.075	0.116	0.149	0.214

工作内容：施工准备，基础处理、垫铁设置、吊装就位、安装找正、垫铁点焊、配合检查验收等。

计量单位：台

编号				3-2-331	3-2-332	3-2-333	3-2-334
项目				设备重量（t以内）			
				40	50	60	80
名称			单位	消耗量			
人工	000203000	综合二类工	工日	45.242	64.178	72.073	74.766
材料	031507007	镀锌铁丝（综合）	kg	15.220	15.981	16.742	18.264
	142907002	乙炔气	kg	0.852	1.449	1.739	2.037
	142909001	氧气	m^3	2.215	3.767	4.520	5.297
	031301009	低碳钢焊条 J427（综合）	kg	4.307	5.723	5.997	7.062
	031509007	平垫铁（综合）	kg	56.242	65.341	74.978	84.358
	031509010	斜垫铁（综合）	kg	98.416	114.818	131.220	147.622
	140113002	黄油	kg	1.218	1.522	1.826	3.044
	143121001	二硫化钼	kg	2.070	2.359	2.648	3.044
	050105001	道木（综合）	m^3	0.419	0.624	0.845	1.012
	031101010	尼龙砂轮片 $\phi150$	片	0.700	1.065	1.393	1.606
	031599010	滚杠	kg	—	100.817	138.867	228.391
	850103006	其他材料费（占材料费）	%	3.000	3.000	3.000	3.000
机械	990304036	汽车式起重机 40t	台班	—	0.773	0.950	—
	990304040	汽车式起重机 50t	台班	0.451	—	—	1.176
	990304052	汽车式起重机 75t	台班	0.733	—	—	—
	990302075	履带式起重机 150t	台班	—	0.886	—	—
	990305020	叉式起重机 5t	台班	—	—	—	0.588
	990403030	平板拖车组 40t	台班	0.419	—	—	—
	990503030	电动单筒慢速卷扬机 50kN	台班	—	2.496	2.899	3.205
	990503040	电动单筒慢速卷扬机 80kN	台班	—	1.047	1.249	4.003
	990904030	直流弧焊机 20kV·A	台班	2.802	3.382	3.592	4.639
	990919040	电焊条烘干箱 $80 \times 80 \times 100cm^3$	台班	0.281	0.338	0.359	0.464
	990920010	电焊条恒温箱	台班	0.281	0.338	0.359	0.464

（2）10m＜基础标高≤20m

工作内容：施工准备，基础处理、垫铁设置、吊装就位、安装找正、垫铁点焊、配合检查验收等。

计量单位：台

编号				3-2-335	3-2-336	3-2-337	3-2-338	3-2-339
项目				设备重量（t 以内）				
				2	5	10	20	30
名称			单位	消耗量				
人工	000203000	综合二类工	工日	6.328	12.361	19.150	30.491	42.023
材料	031507007	镀锌铁丝（综合）	kg	4.566	9.132	12.176	13.698	14.459
	142907002	乙炔气	kg	0.070	0.167	0.193	0.334	0.685
	142909001	氧气	m^3	0.183	0.434	0.502	0.868	1.781
	031301009	低碳钢焊条 J427（综合）	kg	0.654	1.256	1.903	2.450	3.196
	031509007	平垫铁（综合）	kg	9.269	10.771	18.479	28.452	31.355
	031509010	斜垫铁（综合）	kg	21.633	25.138	43.117	66.385	73.161
	140113002	黄油	kg	0.038	0.091	0.266	0.533	0.799
	143121001	二硫化钼	kg	0.244	0.434	0.761	1.385	1.758
	050105001	道木（综合）	m^3	0.068	0.091	0.137	0.228	0.304
	031101010	尼龙砂轮片 $\phi150$	片	0.122	0.221	0.289	0.411	0.632
	850103006	其他材料费（占材料费）	%	3.000	3.000	3.000	3.000	3.000
机械	990302075	履带式起重机 150t	台班	—	—	—	—	0.676
	990403030	平板拖车组 40t	台班	—	—	—	—	0.387
	990304016	汽车式起重机 16t	台班	0.202	0.242	0.290	—	—
	990304024	汽车式起重机 25t	台班	0.322	—	—	0.354	—
	990904030	直流弧焊机 20kV·A	台班	0.411	0.757	1.160	1.490	2.135
	990919040	电焊条烘干箱 80×80×100cm³	台班	0.042	0.075	0.116	0.149	0.214
	990920010	电焊条恒温箱	台班	0.042	0.075	0.116	0.149	0.214
	990304036	汽车式起重机 40t	台班	—	0.403	—	—	0.387
	990304040	汽车式起重机 50t	台班	—	—	0.435	—	—
	990304052	汽车式起重机 75t	台班	—	—	—	0.596	—
	990401020	载重汽车 5t	台班	0.202	0.274	—	—	—
	990401035	载重汽车 10t	台班	—	—	0.290	—	—
	990403020	平板拖车组 20t	台班	—	—	—	0.347	—

工作内容： 施工准备，基础处理、垫铁设置、吊装就位、安装找正、垫铁点焊、配合检查验收等。

计量单位： 台

编号				3-2-340	3-2-341	3-2-342	3-2-343
项目				设备重量（t以内）			
				40	50	60	80
名称			单位	消耗量			
人工	000203000	综合二类工	工日	50.764	71.540	79.910	83.659
材料	031507007	镀锌铁丝（综合）	kg	15.220	15.981	16.742	18.264
	142907002	乙炔气	kg	0.852	1.449	1.739	2.037
	142909001	氧气	m^3	2.215	3.767	4.520	5.297
	031301009	低碳钢焊条 J427（综合）	kg	4.307	5.723	5.997	7.062
	031509007	平垫铁（综合）	kg	56.242	65.341	74.978	84.358
	031509010	斜垫铁（综合）	kg	98.416	114.818	131.220	147.622
	140113002	黄油	kg	1.218	1.522	1.826	3.044
	143121001	二硫化钼	kg	2.070	2.359	2.648	3.044
	050105001	道木（综合）	m^3	0.419	0.624	0.845	1.012
	031101010	尼龙砂轮片 ϕ150	片	0.700	1.065	1.393	1.606
	031599010	滚杠	kg	—	100.817	138.867	228.391
	850103006	其他材料费（占材料费）	%	3.000	3.000	3.000	3.000
机械	990304016	汽车式起重机 16t	台班	—	0.773	0.950	1.176
	990304040	汽车式起重机 50t	台班	0.451	—	—	—
	990302075	履带式起重机 150t	台班	0.773	—	—	—
	990403030	平板拖车组 40t	台班	0.419	—	—	—
	990503030	电动单筒慢速卷扬机 50kN	台班	—	2.738	3.262	4.478
	990503040	电动单筒慢速卷扬机 80kN	台班	—	1.168	1.619	2.170
	990904030	直流弧焊机 20kV·A	台班	2.802	3.382	3.592	4.639
	990919040	电焊条烘干箱 80×80×100cm^3	台班	0.281	0.338	0.359	0.464
	990920010	电焊条恒温箱	台班	0.281	0.338	0.359	0.464

（3）基础标高 20m 以上

工作内容： 施工准备，基础处理、垫铁设置、吊装就位、安装找正、垫铁点焊、配合检查验收等。

计量单位：台

编 号				3-2-344	3-2-345	3-2-346	3-2-347
项 目				设备重量（t 以内）			
				2	5	10	20
名 称			单位	消 耗 量			
人工	000203000	综合二类工	工日	7.039	12.829	20.156	35.558
材料	031507007	镀锌铁丝（综合）	kg	4.566	9.132	12.176	13.698
	142907002	乙炔气	kg	0.070	0.167	0.193	0.334
	142909001	氧气	m³	0.183	0.434	0.502	0.868
	031301009	低碳钢焊条 J427（综合）	kg	0.654	1.256	1.903	2.450
	031509007	平垫铁（综合）	kg	12.359	13.573	23.284	35.851
	031509010	斜垫铁（综合）	kg	18.543	23.753	40.746	62.416
	140113002	黄油	kg	0.038	0.091	0.266	0.533
	143121001	二硫化钼	kg	0.244	0.434	0.761	1.385
	050105001	道木（综合）	m³	0.068	0.091	0.137	0.228
	031101010	尼龙砂轮片 ϕ150	片	0.122	0.221	0.289	0.411
	850103006	其他材料费（占材料费）	%	3.000	3.000	3.000	3.000
机械	990304016	汽车式起重机 16t	台班	0.202	0.242	0.290	—
	990304036	汽车式起重机 40t	台班	0.331	—	—	—
	990304024	汽车式起重机 25t	台班	—	—	—	0.354
	990304040	汽车式起重机 50t	台班	—	0.370	—	—
	990304052	汽车式起重机 75t	台班	—	—	0.515	—
	990302075	履带式起重机 150t	台班	—	—	—	0.660
	990401020	载重汽车 5t	台班	0.202	0.274	—	—
	990401035	载重汽车 10t	台班	—	—	0.290	—
	990403020	平板拖车组 20t	台班	—	—	—	0.347
	990904030	直流弧焊机 20kV · A	台班	0.411	0.757	1.160	1.490
	990919040	电焊条烘干箱 80 × 80 × 100cm³	台班	0.042	0.075	0.116	0.149
	990920010	电焊条恒温箱	台班	0.042	0.075	0.116	0.149

工作内容：施工准备，基础处理、垫铁设置、吊装就位、安装找正、垫铁点焊、配合检查验收等。

计量单位：台

编号				3-2-348	3-2-349	3-2-350	3-2-351
项目				设备重量（t 以内）			
				30	40	50	60
名称			单位	消耗量			
人工	000203000	综合二类工	工日	48.206	57.651	80.102	86.416
材料	031507007	镀锌铁丝（综合）	kg	14.459	15.220	15.981	16.742
	142907002	乙炔气	kg	0.685	0.852	1.449	1.739
	142909001	氧气	m^3	1.781	2.215	3.767	4.520
	031301009	低碳钢焊条 J427（综合）	kg	3.196	4.307	5.723	5.997
	031509007	平垫铁（综合）	kg	39.505	56.242	65.128	74.978
	031509010	斜垫铁（综合）	kg	69.139	98.416	114.818	131.220
	140113002	黄油	kg	0.799	1.218	1.522	1.826
	143121001	二硫化钼	kg	1.758	2.070	2.359	2.648
	050105001	道木（综合）	m^3	0.304	0.419	0.624	0.845
	031101010	尼龙砂轮片 ϕ150	片	0.632	0.700	1.065	1.393
	031599010	滚杠	kg	—	—	100.817	138.867
	850103006	其他材料费（占材料费）	%	3.000	3.000	3.000	3.000
机械	990304016	汽车式起重机 16t	台班	—	0.451	0.854	1.031
	990304036	汽车式起重机 40t	台班	0.387	—	—	—
	990302075	履带式起重机 150t	台班	0.717	—	—	—
	990403030	平板拖车组 40t	台班	0.387	0.419	—	—
	990503030	电动单筒慢速卷扬机 50kN	台班	—	—	3.624	4.107
	990503040	电动单筒慢速卷扬机 80kN	台班	—	—	2.457	2.738
	990904030	直流弧焊机 20kV · A	台班	2.135	2.802	3.382	3.592
	990919040	电焊条烘干箱 80 × 80 × 100cm^3	台班	0.214	0.281	0.338	0.359
	990920010	电焊条恒温箱	台班	0.214	0.281	0.338	0.359

2. 热交换器类设备地面抽芯检查

工作内容：施工准备，各相关部位螺栓拆卸、地面上抽芯检查、回装把紧、配合检查验收等。

计量单位：台

编号				3-2-352	3-2-353	3-2-354	3-2-355	3-2-356
项目				设备重量（t以内）				
				2	5	10	20	30
名称			单位	消耗量				
人工	000203000	综合二类工	工日	6.067	11.498	18.124	29.063	34.930
材料	142907002	乙炔气	kg	0.158	0.316	0.509	0.746	0.852
	142909001	氧气	m^3	0.411	0.822	1.324	1.941	2.215
	031301009	低碳钢焊条 J427（综合）	kg	0.167	0.297	0.479	0.791	0.921
	020115001	耐油橡胶板	kg	0.761	1.415	2.176	2.641	3.866
	143121001	二硫化钼	kg	0.342	0.434	0.715	1.035	1.408
	050105001	道木（综合）	m^3	0.030	0.076	0.099	0.137	0.167
	850103006	其他材料费（占材料费）	%	3.000	3.000	3.000	3.000	3.000
机械	990304016	汽车式起重机 16t	台班	0.171	0.233	0.314	—	—
	990304024	汽车式起重机 25t	台班	—	—	—	0.342	—
	990304036	汽车式起重机 40t	台班	—	—	—	—	0.383
	990503030	电动单筒慢速卷扬机 50kN	台班	0.457	1.066	1.123	1.768	2.058
	990904030	直流弧焊机 20kV·A	台班	0.113	0.202	0.322	0.532	0.725
	990919040	电焊条烘干箱 $80\times80\times100cm^3$	台班	0.011	0.020	0.032	0.053	0.073
	990920010	电焊条恒温箱	台班	0.011	0.020	0.032	0.053	0.073

工作内容：施工准备，各相关部位螺栓拆卸、地面上抽芯检查、回装把紧、配合检查验收等。

计量单位：台

编号				3-2-357	3-2-358	3-2-359	3-2-360
项目				设备重量（t以内）			
				40	50	60	80
名称			单位	消耗量			
人工	000203000	综合二类工	工日	36.617	38.948	40.989	44.781
材料	142907002	乙炔气	kg	1.124	1.256	1.414	1.545
	142909001	氧气	m^3	2.922	3.265	3.676	4.018
	031301009	低碳钢焊条 J427（综合）	kg	0.989	1.027	1.233	1.476
	020115001	耐油橡胶板	kg	5.167	5.806	6.666	8.554
	143121001	二硫化钼	kg	1.659	1.903	2.260	2.382
	050105001	道木（综合）	m^3	0.221	0.244	0.266	0.312
	850103006	其他材料费（占材料费）	%	3.000	3.000	3.000	3.000
机械	990304024	汽车式起重机 25t	台班	—	—	—	0.338
	990304040	汽车式起重机 50t	台班	0.438	0.534	—	—
	990304052	汽车式起重机 75t	台班	—	—	0.397	0.338
	990503030	电动单筒慢速卷扬机 50kN	台班	2.377	2.652	2.928	3.608
	990904030	直流弧焊机 20kV·A	台班	0.773	0.805	0.966	1.160
	990919040	电焊条烘干箱 $80\times80\times100cm^3$	台班	0.077	0.081	0.097	0.116
	990920010	电焊条恒温箱	台班	0.077	0.081	0.097	0.116

六、空气冷却器安装

1. 管束（翅片）安装

工作内容：施工准备，管束水压试验、空气吹扫、吊装就位、找正找平、紧固固定螺栓、配合检查验收等。

计量单位：片

编号				3-2-361	3-2-362	3-2-363	3-2-364	3-2-365
项目				设备重量（t 以内）				
				3	5	7	9	11
名称			单位	消耗量				
人工	000203000	综合二类工	工日	21.011	24.844	27.251	30.973	34.515
材料	142907002	乙炔气	kg	0.105	0.132	0.149	0.158	0.176
	142909001	氧气	m^3	0.274	0.342	0.388	0.411	0.457
	031301009	低碳钢焊条 J427（综合）	kg	0.274	0.335	0.540	0.560	0.680
	031509007	平垫铁（综合）	kg	6.400	8.600	9.700	10.130	12.990
	140307001	煤油	kg	1.903	2.435	2.968	3.501	4.033
	140303001	机油（综合）	kg	0.381	0.419	0.441	0.517	0.563
	143121001	二硫化钼	kg	0.038	0.076	0.190	0.228	0.342
	020115006	耐油无石棉橡胶板 中压	kg	3.805	4.186	4.414	4.947	5.479
	202100002	盲板（综合）	kg	3.166	3.288	3.531	4.018	4.262
	050105001	道木（综合）	m^3	0.023	0.038	0.053	0.068	0.084
	031101009	尼龙砂轮片 $\phi100$	片	0.426	0.647	0.875	1.103	1.294
	341101001	水	m^3	2.039	2.770	3.531	4.992	6.849
	850103006	其他材料费（占材料费）	%	3.000	3.000	3.000	3.000	3.000
机械	990304016	汽车式起重机 16t	台班	0.171	0.233	0.240	0.253	0.260
	990304036	汽车式起重机 40t	台班	0.240	0.342	0.349	0.445	0.493
	990401020	载重汽车 5t	台班	0.171	0.233	—	—	—
	990401035	载重汽车 10t	台班	—	—	0.240	0.253	—
	990401045	载重汽车 15t	台班	—	—	—	—	0.260
	990801020	电动单级离心清水泵 100mm	台班	0.041	0.057	0.073	0.097	0.145
	990813045	试压泵 60MPa	台班	0.403	0.483	0.564	0.644	0.725
	990904030	直流弧焊机 20kV·A	台班	0.209	0.250	0.266	0.274	0.322
	991003060	电动空气压缩机 $9m^3/min$	台班	0.483	0.669	0.805	1.200	1.651
	990919040	电焊条烘干箱 $80\times80\times100cm^3$	台班	0.021	0.025	0.026	0.027	0.032
	990920010	电焊条恒温箱	台班	0.021	0.025	0.026	0.027	0.032

工作内容：施工准备，管束水压试验、空气吹扫、吊装就位、找正找平、紧固固定螺栓、配合检查验收等。

计量单位：片

编号				3-2-366	3-2-367	3-2-368	3-2-369
项目				设备重量（t 以内）			
				15	20	25	30
名称			单位	消耗量			
人工	000203000	综合二类工	工日	42.085	53.867	65.652	77.437
材料	142907002	乙炔气	kg	0.184	0.236	0.288	0.339
	142909001	氧气	m^3	0.479	0.614	0.749	0.881
	031301009	低碳钢焊条 J427（综合）	kg	0.780	0.960	1.190	1.540
	031509007	平垫铁（综合）	kg	15.640	20.020	48.810	28.730
	140307001	煤油	kg	4.726	6.049	7.373	8.695
	140303001	机油（综合）	kg	0.616	0.789	0.962	1.134
	143121001	二硫化钼	kg	0.464	0.594	0.724	0.854
	020115006	耐油无石棉橡胶板 中压	kg	7.534	9.643	11.753	13.862
	202100002	盲板（综合）	kg	6.332	8.105	9.877	11.650
	050105001	道木（综合）	m^3	0.114	0.146	0.178	0.210
	031101009	尼龙砂轮片 ϕ100	片	1.903	2.435	2.968	3.501
	341101001	水	m^3	9.132	11.689	14.246	16.803
	850103006	其他材料费（占材料费）	%	3.000	3.000	3.000	3.000
机械	990304016	汽车式起重机 16t	台班	0.267	0.342	0.417	0.492
	990304036	汽车式起重机 40t	台班	0.733	—	—	—
	990304052	汽车式起重机 75t	台班	—	0.527	—	—
	990304076	汽车式起重机 125t	台班	—	—	0.325	0.382
	990401045	载重汽车 15t	台班	0.267	0.342	0.417	0.492
	990801020	电动单级离心清水泵 100mm	台班	0.170	0.217	0.264	0.311
	990813045	试压泵 60MPa	台班	0.805	1.031	1.256	1.482
	990904030	直流弧焊机 20kV·A	台班	0.370	0.475	0.578	0.682
	991003060	电动空气压缩机 $9m^3/min$	台班	2.199	2.814	3.430	4.045
	990919040	电焊条烘干箱 $80\times80\times100cm^3$	台班	0.037	0.047	0.058	0.068
	990920010	电焊条恒温箱	台班	0.037	0.047	0.058	0.068

2. 空冷器构架及风机安装

工作内容：施工准备，构架检查验收、吊装、组对、螺栓连接（焊接）、配合检查验收等。**计量单位：**见表

编　　号				3-2-370	3-2-371	3-2-372	3-2-373	3-2-374	3-2-375
项　　目				空冷器构架安装	风机安装：单台设备重量（t 以内）				
					1	2	3	5	7
单　　位				t	台				
名　　称			单位	消　耗　量					
人工	000203000	综合二类工	工日	2.748	11.189	18.800	26.195	38.762	47.163
材料	031507007	镀锌铁丝（综合）	kg	—	0.609	0.761	1.096	1.721	2.334
	031301009	低碳钢焊条 J427（综合）	kg	0.913	0.213	0.259	0.365	0.574	0.778
	031509007	平垫铁（综合）	kg	34.245	26.882	45.051	64.655	101.508	137.714
	140307001	煤油	kg	—	2.359	3.196	4.475	7.026	9.531
	140303001	机油（综合）	kg	—	0.913	1.370	2.100	3.297	4.474
	140901003	黄油钙基脂	kg	—	0.639	0.959	1.469	2.306	3.128
	020112004	无石棉橡胶板 低压 δ0.8～6	kg	—	0.457	0.654	0.944	1.482	2.010
	142907002	乙炔气	kg	0.351	—	—	—	—	—
	142909001	氧气	m^3	0.913	—	—	—	—	—
	050105001	道木（综合）	m^3	0.015	—	—	—	—	—
	850103006	其他材料费（占材料费）	%	3.000	3.000	3.000	3.000	3.000	3.000
机械	990304016	汽车式起重机 16t	台班	0.171	0.193	0.225	0.258	0.404	0.549
	990304036	汽车式起重机 40t	台班	0.397	0.081	0.113	0.193	0.303	0.411
	990401020	载重汽车 5t	台班	—	0.193	0.225	0.258	0.404	0.549
	990401030	载重汽车 8t	台班	0.103	—	—	—	—	—
	990904030	直流弧焊机 20kV·A	台班	0.322	0.161	0.242	0.338	0.531	0.721
	990919040	电焊条烘干箱 80×80×100cm³	台班	0.032	0.016	0.025	0.034	0.053	0.072
	990920010	电焊条恒温箱	台班	0.032	0.016	0.025	0.034	0.053	0.072

七、整体反应器类安装

1. 基础标高 10m 以内

工作内容： 施工准备，基础处理、垫铁设置、吊装就位、安装找正、垫铁点焊、配合检查验收等。

计量单位：台

编号				3-2-376	3-2-377	3-2-378	3-2-379	3-2-380	3-2-381
项目				设备重量（t 以内）					
				2	5	10	20	30	40
名称			单位	消耗量					
人工	000203000	综合二类工	工日	7.679	13.028	21.915	31.821	42.044	50.165
材料	031507007	镀锌铁丝（综合）	kg	4.566	9.132	12.176	13.698	14.459	15.220
	142907002	乙炔气	kg	0.507	0.673	0.983	1.276	1.914	2.107
	142909001	氧气	m^3	1.317	1.751	2.557	3.317	4.977	5.479
	031301009	低碳钢焊条 J427（综合）	kg	0.921	1.149	1.697	3.288	4.855	5.571
	031509007	平垫铁（综合）	kg	7.876	12.420	17.982	40.166	58.369	94.265
	031509010	斜垫铁（综合）	kg	11.818	18.629	26.970	60.256	87.553	141.394
	143121001	二硫化钼	kg	0.228	0.388	0.495	0.533	0.609	0.761
	050105001	道木（综合）	m^3	0.053	0.091	0.114	0.190	0.221	0.335
	050401001	木方	m^3	0.023	0.038	0.046	0.061	0.061	0.068
	031101010	尼龙砂轮片 $\phi150$	片	0.837	0.913	0.989	1.065	1.218	1.370
	850103006	其他材料费（占材料费）	%	1.500	1.500	1.500	1.500	1.500	1.500
机械	990304016	汽车式起重机 16t	台班	0.350	0.376	0.520	—	—	—
	990304024	汽车式起重机 25t	台班	0.259	0.306	—	0.686	—	—
	990304036	汽车式起重机 40t	台班	—	—	0.398	—	0.346	—
	990304040	汽车式起重机 50t	台班	—	—	—	—	0.387	0.776
	990304052	汽车式起重机 75t	台班	—	—	—	0.486	—	—
	990304076	汽车式起重机 125t	台班	—	—	—	—	0.493	0.509
	990305020	叉式起重机 5t	台班	0.218	0.247	0.320	0.391	0.397	0.410
	990401035	载重汽车 10t	台班	0.161	0.161	0.242	—	—	—
	990403020	平板拖车组 20t	台班	—	—	—	0.347	—	—
	990403030	平板拖车组 40t	台班	—	—	—	—	0.387	0.419
	990904030	直流弧焊机 20kV·A	台班	0.395	0.508	0.741	1.417	2.078	2.384
	990919040	电焊条烘干箱 80×80×100cm^3	台班	0.040	0.051	0.074	0.142	0.208	0.238
	990920010	电焊条恒温箱	台班	0.040	0.051	0.074	0.142	0.208	0.238

工作内容：施工准备，基础处理、垫铁设置、吊装就位、安装找正、垫铁点焊、配合检查验收等。

计量单位：台

编号				3-2-382	3-2-383	3-2-384	3-2-385	3-2-386	3-2-387
项目				设备重量（t以内）					
				50	60	80	100	150	200
名称			单位	消耗量					
人工	000203000	综合二类工	工日	62.145	76.146	80.592	95.282	125.372	161.901
材料	031507007	镀锌铁丝（综合）	kg	15.981	16.742	18.264	21.308	25.113	33.484
	142907002	乙炔气	kg	2.344	2.704	3.021	3.249	3.688	4.039
	142909001	氧气	m^3	6.096	7.032	7.854	8.447	9.589	10.502
	031301009	低碳钢焊条 J427（综合）	kg	6.446	7.115	8.127	8.995	10.852	12.480
	031509007	平垫铁（综合）	kg	150.259	166.956	175.913	196.612	238.977	280.946
	031509010	斜垫铁（综合）	kg	225.393	250.437	263.884	294.918	358.469	421.419
	143121001	二硫化钼	kg	0.913	1.119	1.172	1.218	1.370	1.674
	050105001	道木（综合）	m^3	0.533	0.715	0.845	1.012	1.309	1.598
	050401001	木方	m^3	0.068	0.084	0.099	0.107	0.137	0.160
	031101010	尼龙砂轮片 ϕ150	片	1.522	1.674	1.826	2.435	2.664	3.196
	850103006	其他材料费（占材料费）	%	1.500	1.500	1.500	1.500	1.500	1.500
机械	990302075	履带式起重机 150t	台班	0.560	0.598	0.789	—	—	—
	990304052	汽车式起重机 75t	台班	0.862	0.920	1.007	—	—	—
	990305020	叉式起重机 5t	台班	0.451	0.475	0.525	0.619	0.657	0.775
	990403040	平板拖车组 60t	台班	0.419	0.508	—	—	—	—
	990904030	直流弧焊机 20kV·A	台班	2.754	3.036	3.463	5.476	5.819	6.040
	990919040	电焊条烘干箱 80×80×100cm³	台班	0.276	0.303	0.347	0.548	0.582	0.604
	990920010	电焊条恒温箱	台班	0.276	0.303	0.347	0.548	0.582	0.604

2. 10m＜基础标高≤20m

工作内容： 施工准备，基础处理、垫铁设置、吊装就位、安装找正、垫铁点焊、配合检查验收等。

计量单位：台

编号				3-2-388	3-2-389	3-2-390	3-2-391	3-2-392
项目				设备重量（t以内）				
				2	5	10	20	30
名称			单位	消耗量				
人工	000203000	综合二类工	工日	10.072	17.090	28.561	41.485	54.797
材料	031507007	镀锌铁丝（综合）	kg	4.566	9.132	12.176	13.698	14.459
	142907002	乙炔气	kg	0.507	0.673	0.983	1.276	1.914
	142909001	氧气	m^3	1.317	1.751	2.557	3.317	4.977
	031301009	低碳钢焊条 J427（综合）	kg	0.921	1.149	1.697	3.288	4.855
	031509007	平垫铁（综合）	kg	7.876	12.420	17.982	40.166	58.369
	031509010	斜垫铁（综合）	kg	11.818	18.629	26.970	60.256	87.553
	143121001	二硫化钼	kg	0.228	0.388	0.495	0.533	0.609
	050105001	道木（综合）	m^3	0.053	0.091	0.114	0.190	0.221
	050401001	木方	m^3	0.023	0.038	0.046	0.061	0.061
	031101010	尼龙砂轮片 ϕ150	片	0.837	0.913	0.989	1.065	1.218
	850103006	其他材料费（占材料费）	%	1.500	1.500	1.500	1.500	1.500
机械	990302075	履带式起重机 150t	台班	—	—	—	—	0.630
	990304016	汽车式起重机 16t	台班	0.397	0.427	0.589	—	—
	990304036	汽车式起重机 40t	台班	0.388	—	—	0.347	0.442
	990304040	汽车式起重机 50t	台班	—	0.381	—	—	0.387
	990304052	汽车式起重机 75t	台班	—	—	0.495	—	—
	990304024	汽车式起重机 25t	台班	—	—	—	0.419	—
	990304076	汽车式起重机 125t	台班	—	—	—	0.609	—
	990305020	叉式起重机 5t	台班	0.218	0.247	0.320	0.391	0.397
	990401035	载重汽车 10t	台班	0.161	0.161	0.242	—	—
	990403030	平板拖车组 40t	台班	—	—	—	0.347	0.387
	990904030	直流弧焊机 20kV·A	台班	0.395	0.508	0.741	1.417	2.078
	990919040	电焊条烘干箱 80×80×100cm^3	台班	0.040	0.051	0.074	0.142	0.208
	990920010	电焊条恒温箱	台班	0.040	0.051	0.074	0.142	0.208

工作内容：施工准备，基础处理、垫铁设置、吊装就位、安装找正、垫铁点焊、配合检查验收等。

计量单位：台

编　　号				3-2-393	3-2-394	3-2-395	3-2-396
项　　目				设备重量（t 以内）			
				40	50	60	80
名　　称			单位	消　耗　量			
人工	000203000	综合二类工	工日	65.593	73.454	81.963	88.961
材料	031507007	镀锌铁丝（综合）	kg	15.220	15.981	16.742	18.264
	142907002	乙炔气	kg	2.107	2.344	2.704	3.021
	142909001	氧气	m^3	5.479	6.096	7.032	7.854
	031301009	低碳钢焊条 J427（综合）	kg	5.571	6.446	7.115	8.127
	031509007	平垫铁（综合）	kg	94.265	150.259	166.956	175.913
	031509010	斜垫铁（综合）	kg	141.394	225.393	250.437	263.884
	143121001	二硫化钼	kg	0.761	0.913	1.126	1.172
	050105001	道木（综合）	m^3	0.335	0.533	0.700	0.845
	050401001	木方	m^3	0.068	0.068	0.084	0.099
	031101010	尼龙砂轮片 $\phi150$	片	1.370	1.522	1.674	1.705
	850103006	其他材料费（占材料费）	%	1.500	1.500	1.500	1.500
机械	990302075	履带式起重机 150t	台班	0.704	0.838	1.079	—
	990304040	汽车式起重机 50t	台班	0.911	—	—	—
	990304052	汽车式起重机 75t	台班	—	0.483	0.508	0.644
	990305020	叉式起重机 5t	台班	0.410	0.451	0.475	0.525
	990403030	平板拖车组 40t	台班	0.419	—	—	—
	990403040	平板拖车组 60t	台班	—	0.419	0.508	0.508
	990904030	直流弧焊机 20kV·A	台班	2.384	2.754	3.036	3.463
	990919040	电焊条烘干箱 $80\times80\times100cm^3$	台班	0.238	0.276	0.303	0.347
	990920010	电焊条恒温箱	台班	0.238	0.276	0.303	0.347

八、电解槽、除雾器安装

1. 立式隔膜电解槽

（1）钢框架底座、玻璃钢盖

工作内容： 施工准备，绝缘子安装、阴极板、阳极板清点、组对、底框槽架、槽盖、滴流管及其他附件安装、找正、固定及组装夹具的制作安装拆除、气密试验密封充氮、配合检查验收等。

计量单位：台

编号				3-2-397	3-2-398	3-2-399	3-2-400	3-2-401
项目				设备重量（t 以内）				
				2	3	5	7	10
名称			单位	消耗量				
人工	000203000	综合二类工	工日	7.673	11.001	15.290	19.557	25.961
材料	012300001	型钢（综合）	kg	12.945	14.391	16.004	17.937	19.657
	142907002	乙炔气	kg	0.176	0.199	0.263	0.351	0.439
	142909001	氧气	m^3	0.457	0.517	0.685	0.913	1.142
	031301009	低碳钢焊条 J427（综合）	kg	0.761	0.913	1.142	1.598	2.283
	203107001	钢垫板（综合）	kg	13.051	14.497	16.110	17.899	19.687
	140303001	机油（综合）	kg	1.218	1.598	2.283	2.664	3.044
	020101001	橡胶板（综合）	kg	8.561	9.992	11.415	12.838	14.269
	020323001	乙丙烯橡胶黑带	kg	4.262	5.023	5.555	6.164	7.077
	020709001	橡胶塞	kg	3.044	4.566	6.088	7.610	9.132
	142903001	氮气	m^3	3.044	4.566	7.610	10.654	12.937
	142315001	凡士林	kg	0.381	0.381	0.381	0.609	0.761
	143123001	硅酸钠（水玻璃）	kg	0.312	0.342	0.381	0.419	0.464
	020901004	聚氯乙烯薄膜	kg	3.805	7.610	11.415	15.220	19.025
	021301009	塑料带 20mm × 40m	卷	4.262	5.023	5.555	6.164	7.077
	023503005	普通无石棉布	kg	0.533	0.533	0.609	0.685	0.761
	050105001	道木（综合）	m^3	0.008	0.008	0.015	0.023	0.030
	340207001	密封垫	m^2	0.099	0.107	0.114	0.122	0.145
	850103006	其他材料费（占材料费）	%	3.000	3.000	3.000	3.000	3.000
机械	990304016	汽车式起重机 16t	台班	0.266	0.387	0.508	0.628	0.765
	990401045	载重汽车 15t	台班	0.105	0.145	0.186	0.225	0.282
	990904030	直流弧焊机 20kV · A	台班	0.242	0.322	0.403	0.564	0.805
	990919040	电焊条烘干箱 80 × 80 × 100cm³	台班	0.025	0.032	0.041	0.057	0.081
	990920010	电焊条恒温箱	台班	0.025	0.032	0.041	0.057	0.081

（2）混凝土槽底、盖

工作内容：施工准备，绝缘子安装、阴极板、阳极板清点、组对、底框槽架、槽盖、滴流管及其他附件安装、找正、固定及组装夹具的制作安装拆除、气密试验密封充氮、配合检查验收等。

计量单位：台

编　号				3-2-402	3-2-403	3-2-404	3-2-405	3-2-406
项　目				设备重量（t 以内）				
				2	3	5	7	10
名　称			单位	消　耗　量				
人工	000203000	综合二类工	工日	6.135	8.803	12.229	15.648	20.762
材料	012300001	型钢（综合）	kg	7.770	8.637	9.604	10.761	11.841
	142907002	乙炔气	kg	0.176	0.176	0.263	0.263	0.439
	142909001	氧气	m^3	0.457	0.457	0.685	0.685	1.142
	031301009	低碳钢焊条 J427（综合）	kg	0.761	0.913	1.142	1.598	2.283
	031509007	平垫铁（综合）	kg	13.051	14.497	16.049	16.110	19.687
	203107001	钢垫板（综合）	kg	13.051	14.497	16.049	16.110	19.687
	140303001	机油（综合）	kg	1.218	1.598	2.283	2.664	3.044
	020101001	橡胶板（综合）	kg	8.561	9.992	11.415	12.838	14.269
	020709001	橡胶塞	kg	3.044	3.805	4.566	6.088	9.132
	142903001	氮气	m^3	1.903	2.055	2.283	2.664	3.044
	142315001	凡士林	kg	0.381	0.381	0.381	0.609	0.761
	143123001	硅酸钠（水玻璃）	kg	0.312	0.342	0.381	0.419	0.464
	020901004	聚氯乙烯薄膜	kg	3.805	7.610	11.415	15.220	19.025
	050105001	道木（综合）	m^3	0.008	0.008	0.015	0.023	0.030
	340207001	密封垫	m^2	6.088	9.132	12.176	15.220	18.264
	850103006	其他材料费（占材料费）	%	3.000	3.000	3.000	3.000	3.000
机械	990304016	汽车式起重机 16t	台班	0.266	0.387	0.508	0.628	0.765
	990401045	载重汽车 15t	台班	0.105	0.145	0.186	0.225	0.282
	990904030	直流弧焊机 20kV·A	台班	0.242	0.322	0.403	0.564	0.805
	990919040	电焊条烘干箱 $80 \times 80 \times 100cm^3$	台班	0.025	0.032	0.041	0.057	0.081
	990920010	电焊条恒温箱	台班	0.025	0.032	0.041	0.057	0.081

2. 箱式玻璃钢电除雾器

工作内容： 施工准备，金属构架地面组对安装、找正、紧固螺栓、固定焊接、玻璃钢本体废气出口、漏斗地面组对、外构架与本体连接、固定找正、内集酸板、栅板及其他内件安装、找正，配合玻璃钢接缝积层施工、气密试验、系统调试、配合检查验收等。

计量单位：t

编号				3-2-407	3-2-408
项目				壳体金属结构	玻璃钢本体
名称			单位	消耗量	
人工	000203000	综合二类工	工日	5.466	20.998
材料	142907002	乙炔气	kg	0.413	1.765
	142909001	氧气	m^3	1.073	4.589
	031301009	低碳钢焊条 J427（综合）	kg	1.318	2.909
	203107001	钢垫板（综合）	kg	1.705	—
	050105001	道木（综合）	m^3	0.008	0.008
	031505004	镀锌钢丝网 $\phi2.5\times67\times67$～$\phi3\times50\times50$	m^2	—	3.988
	012300001	型钢（综合）	kg	—	35.440
	020112007	无石棉橡胶板 高压 $\delta1$～6	kg	—	0.228
	022709004	毛毡 5	m^2	—	1.111
	290901022	铜接线端子 DT-16mm²	个	—	5.068
	050500002	胶合板 $\delta3$	m^2	—	0.533
	850103006	其他材料费（占材料费）	%	3.000	3.000
机械	990304012	汽车式起重机 12t	台班	0.048	0.282
	990304036	汽车式起重机 40t	台班	0.177	1.079
	990401045	载重汽车 15t	台班	0.025	0.014
	990901020	交流弧焊机 32kV·A	台班	0.975	1.716
	990919040	电焊条烘干箱 $80\times80\times100cm^3$	台班	0.010	0.171
	990920010	电焊条恒温箱	台班	0.010	0.171
	991003060	电动空气压缩机 $9m^3/min$	台班	—	0.186

3. 电除雾器

工作内容：施工准备，壳体安装、沉淀板、电晕板、上下分布板、内框架绝缘箱安装、找正、焊接内框架梁、焊缝严密性试验、配合检查验收等。 **计量单位：**t

编号				3-2-409
项目				壳体金属结构
名称			单位	消耗量
人工	000203000	综合二类工	工日	21.942
材料	031303001	铅焊丝	kg	14.383
	142907002	乙炔气	kg	3.618
	142909001	氧气	m^3	9.406
	031301009	低碳钢焊条 J427（综合）	kg	1.621
	203107001	钢垫板（综合）	kg	0.913
	140307001	煤油	kg	0.335
	142903001	氢气	m^3	16.871
	020112007	无石棉橡胶板 高压 δ1～6	kg	0.381
	290901022	铜接线端子 DT-16mm²	个	1.507
	050105001	道木（综合）	m^3	0.015
	850103006	其他材料费（占材料费）	%	3.000
机械	990304016	汽车式起重机 16t	台班	0.580
	990304036	汽车式起重机 40t	台班	0.032
	990401020	载重汽车 5t	台班	0.209
	990403030	平板拖车组 40t	台班	0.016
	990901020	交流弧焊机 32kV·A	台班	0.991
	991003060	电动空气压缩机 9m³/min	台班	0.073
	990919040	电焊条烘干箱 80×80×100cm³	台班	0.099
	990920010	电焊条恒温箱	台班	0.099

4. 污水处理设备

工作内容：设备及附件的清洗、安装、调试和电机安装等。 计量单位：台

编号				3-2-410	3-2-411	3-2-412	3-2-413
项目				曝气机叶轮直径（mm）		调节堰板（mm）	
				ϕ1500	ϕ1930	3000	4500
名称			单位	消耗量			
人工	000203000	综合二类工	工日	16.566	22.212	6.618	7.997
材料	031509010	斜垫铁（综合）	kg	23.614	24.641	—	—
	031509007	平垫铁（综合）	kg	45.203	47.167	—	—
	031301009	低碳钢焊条 J427（综合）	kg	1.705	1.910	1.301	1.309
	050105001	道木（综合）	m^3	0.023	0.023	0.008	0.008
	050301004	木板（综合）	m^3	0.046	0.053	—	—
	031507007	镀锌铁丝（综合）	kg	1.218	1.522	2.283	2.283
	140901003	黄油钙基脂	kg	1.065	1.370	1.903	2.283
	140303001	机油（综合）	kg	1.522	2.131	—	—
	140307001	煤油	kg	2.055	2.283	4.566	5.327
	140301003	汽油 92#	kg	5.175	8.447	—	—
	133519002	橡胶盘根 低压	kg	0.723	0.837	—	—
	142909001	氧气	m^3	—	—	2.283	2.306
	142907002	乙炔气	kg	—	—	0.878	0.887
	850103006	其他材料费（占材料费）	%	5.000	5.000	5.000	5.000
机械	990904030	直流弧焊机 20kV·A	台班	1.063	1.120	0.612	0.621
	990304016	汽车式起重机 16t	台班	0.271	0.361	0.129	0.218
	990401030	载重汽车 8t	台班	0.322	0.483	0.331	0.411
	990919040	电焊条烘干箱 80×80×100cm³	台班	0.106	0.112	0.061	0.062
	990920010	电焊条恒温箱	台班	0.106	0.112	0.061	0.062

工作内容：设备及附件的清洗、安装、调试和电机安装等。 **计量单位**：台

编号				3-2-414	3-2-415	3-2-416
项目				刮沫机	刮泥机 8.5t	刮泥机 24t
					ϕ20m	ϕ37m
名称			单位	消耗量		
人工	000203000	综合二类工	工日	51.852	157.889	228.126
材料	031509010	斜垫铁（综合）	kg	14.101	15.760	20.174
	031509007	平垫铁（综合）	kg	27.921	39.427	43.955
	031301009	低碳钢焊条 J427（综合）	kg	2.877	38.050	38.050
	050105001	道木（综合）	m^3	0.008	0.236	0.236
	050301004	木板（综合）	m^3	0.008	—	—
	031507007	镀锌铁丝（综合）	kg	1.370	3.805	9.132
	140901003	黄油钙基脂	kg	1.142	2.055	3.653
	140303001	机油（综合）	kg	1.142	2.587	7.306
	140307001	煤油	kg	2.283	9.132	18.264
	140301003	汽油 92#	kg	0.761	3.044	4.566
	020112007	无石棉橡胶板 高压 δ1～6	kg	—	3.044	9.132
	012901015	热轧薄钢板 δ3.5～4.0	kg	—	1.903	4.566
	142909001	氧气	m^3	—	5.936	5.959
	142907002	乙炔气	kg	—	2.283	2.292
	850103006	其他材料费（占材料费）	%	5.000	5.000	5.000
机械	990904030	直流弧焊机 20kV·A	台班	1.780	16.106	16.115
	990304016	汽车式起重机 16t	台班	0.483	1.082	2.255
	990302015	履带式起重机 15t	台班	—	7.208	12.563
	990401020	载重汽车 5t	台班	—	1.611	1.619
	990401030	载重汽车 8t	台班	0.805	1.611	1.611
	990919040	电焊条烘干箱 80×80×100cm^3	台班	0.170	1.611	1.611
	990920010	电焊条恒温箱	台班	0.170	1.611	1.611

九、设备压力试验与设备清洗、钝化、脱脂

1. 设备水压试验（设计压力 2.5MPa 以内）

（1）容器、反应器类设备

工作内容：施工准备、临时输水管线、阀门、盲板及压力表安装与拆除、充水升压、稳压检查、消漏、记录、放水、压缩空气吹扫、配合检查验收等。 **计量单位：**见表

编号				3-2-417	3-2-418	3-2-419
项目				水压试验基础（准备）工作		水压试验
				20m³ 以内	20m³ 以上	设备容积
单位				台		m³
名称			单位	消耗量		
人工	000203000	综合二类工	工日	4.050	4.860	0.041
材料	170201014	无缝钢管 $D57\times3.5$	m	3.044	—	—
	142907002	乙炔气	kg	0.316	0.474	0.002
	142909001	氧气	m³	0.822	1.233	0.005
	031301009	低碳钢焊条 J427（综合）	kg	0.601	0.902	0.003
	020112007	无石棉橡胶板 高压 $\delta1\sim6$	kg	1.370	2.055	0.015
	200001015	平焊法兰 $PN1.6$ $DN50$	副	0.076	—	—
	183125002	压制弯头 $90°R=1.5D$ $DN50$	个	0.076	—	—
	202100002	盲板（综合）	kg	3.805	6.088	0.076
	190301003	法兰闸阀 Z41H-16 $DN50$	个	0.038	—	—
	170201027	无缝钢管 $D108\times4$	m	—	3.044	—
	200001019	平焊法兰 $PN1.6$ $DN100$	副	—	0.076	—
	183125003	压制弯头 $90°R=1.5D$ $DN100$	个	—	0.076	—
	190301004	法兰闸阀 Z41H-16 $DN100$	个	—	0.038	—
	341101001	水	m³	—	—	0.776
	850103006	其他材料费（占材料费）	%	2.000	2.000	2.000
机械	990801010	电动单级离心清水泵 50mm	台班	0.081	—	0.001
	990813045	试压泵 60MPa	台班	0.564	0.725	0.004
	990901020	交流弧焊机 32kV·A	台班	0.560	0.960	0.003
	991003060	电动空气压缩机 9m³/min	台班	0.041	0.064	0.001
	990801020	电动单级离心清水泵 100mm	台班	—	0.081	0.001

（2）热交换器类设备

工作内容：施工准备、临时输水管线、阀门、盲板及压力表安装与拆除、充水升压、稳压检查、消漏、记录、放水、压缩空气吹扫、配合检查验收等。　　**计量单位：**见表

编　号				3-2-420	3-2-421	3-2-422
项　目				水压试验基础（准备）工作		水压试验
				20m³ 以内	20m³ 以上	设备容积
单　位				台		m³
名　称			单位	消　耗　量		
人工	000203000	综合二类工	工日	4.135	4.219	0.070
材料	170201016	无缝钢管 $D57 \times 4$	m	3.044	—	—
	142907002	乙炔气	kg	0.316	0.379	0.002
	142909001	氧气	m³	0.822	0.986	0.005
	031301009	低碳钢焊条 J427（综合）	kg	0.601	0.902	0.003
	020112006	无石棉橡胶板 中压 δ0.8～6	kg	2.740	3.288	0.061
	200003002	对焊法兰 *PN*4.0 *DN*50	副	0.076	—	—
	183125002	压制弯头 90°$R = 1.5D$ *DN*50	个	0.076	—	—
	202100002	盲板（综合）	kg	4.566	5.479	0.099
	190301005	法兰闸阀 Z41H-40 *DN*50	个	0.038	—	—
	170201030	无缝钢管 $D108 \times 6$	m	—	3.044	—
	200003003	对焊法兰 *PN*4.0 *DN*100	副	—	0.076	—
	183125003	压制弯头 90°$R = 1.5D$ *DN*100	个	—	0.076	—
	190301006	法兰闸阀 Z41H-40 *DN*100	个	—	0.038	—
	341101001	水	m³	—	—	1.087
	850103006	其他材料费（占材料费）	%	2.000	2.000	—
机械	990801010	电动单级离心清水泵 50mm	台班	0.097	—	0.001
	990813045	试压泵 60MPa	台班	0.676	0.725	0.005
	990901020	交流弧焊机 32kV·A	台班	0.805	1.208	0.002
	991003060	电动空气压缩机 9m³/min	台班	0.041	0.064	0.001
	990304016	汽车式起重机 16t	台班	0.081	0.081	0.007
	990801020	电动单级离心清水泵 100mm	台班	—	0.097	0.001

（3）塔类设备

工作内容： 施工准备、临时输水管线、阀门、盲板及压力表安装与拆除、充水升压、稳压检查、消漏、记录、放水、压缩空气吹扫、配合检查验收等。 **计量单位：** 见表

编号				3-2-423	3-2-424	3-2-425
项目				水压试验基础（准备）工作		水压试验
				$20m^3$ 以内	$20m^3$ 以上	设备容积
单位				台		m^3
名称			单位	消耗量		
人工	000203000	综合二类工	工日	9.650	9.843	0.048
材料	170201016	无缝钢管 $D57\times4$	m	3.044	—	—
	142907002	乙炔气	kg	0.316	0.474	0.002
	142909001	氧气	m^3	0.822	1.233	0.005
	031301009	低碳钢焊条 J427（综合）	kg	0.601	0.902	0.003
	020112006	无石棉橡胶板 中压 $\delta0.8\sim6$	kg	3.425	4.109	0.030
	200003002	对焊法兰 $PN4.0$ $DN50$	副	0.076	—	—
	183125002	压制弯头 $90°R=1.5D$ $DN50$	个	0.076	—	—
	202100002	盲板（综合）	kg	7.610	9.132	0.076
	190301005	法兰闸阀 Z41H-40 $DN50$	个	0.038	—	—
	170201030	无缝钢管 $D108\times6$	m	—	3.044	—
	200003003	对焊法兰 $PN4.0$ $DN100$	副	—	0.076	—
	183125003	压制弯头 $90°R=1.5D$ $DN100$	个	—	0.076	—
	190301006	法兰闸阀 Z41H-40 $DN100$	个	—	0.038	—
	341101001	水	m^3	—	—	0.776
	850103006	其他材料费（占材料费）	%	2.000	2.000	—
机械	990801010	电动单级离心清水泵 50mm	台班	0.081	—	0.001
	990813045	试压泵 60MPa	台班	0.621	0.725	0.004
	990901020	交流弧焊机 32kV·A	台班	0.805	1.208	0.002
	991003060	电动空气压缩机 $9m^3/min$	台班	0.048	0.064	0.001
	990801020	电动单级离心清水泵 100mm	台班	—	0.081	0.001

2. 设备气密性试验

（1）容器、反应器类设备

工作内容：施工准备、盲板和压力表安装拆除、充气升压、稳压检查、消漏、记录、放空清理、配合检查验收等。

计量单位：台

编号				3-2-426	3-2-427	3-2-428	3-2-429	3-2-430
项目				设计压力 1MPa 以内（容积 m³ 以内）				
				10	20	40	60	100
名称			单位	消耗量				
人工	000203000	综合二类工	工日	1.640	2.462	3.510	4.798	5.632
材料	142907002	乙炔气	kg	0.176	0.263	0.378	0.501	0.580
	142909001	氧气	m^3	0.457	0.685	0.982	1.301	1.507
	031301009	低碳钢焊条 J427（综合）	kg	0.304	0.457	0.654	0.868	1.005
	212909001	肥皂	条	1.522	1.522	1.522	2.283	2.283
	020112007	无石棉橡胶板 高压 δ1～6	kg	1.324	1.552	2.488	2.527	3.196
	202100002	盲板（综合）	kg	2.709	3.843	6.529	11.133	16.400
	092705004	碎布	kg	0.381	0.381	0.381	0.533	0.533
	850103006	其他材料费（占材料费）	%	4.000	4.000	4.000	4.000	4.000
机械	990901020	交流弧焊机 32kV·A	台班	0.161	0.242	0.347	0.459	0.532
	991003050	电动空气压缩机 $6m^3/min$	台班	0.081	0.105	0.137	—	—
	991003060	电动空气压缩机 $9m^3/min$	台班	—	—	—	0.145	0.234

工作内容：施工准备、盲板和压力表安装拆除、充气升压、稳压检查、消漏、记录、放空清理、配合检查验收等。

计量单位：台

编号				3-2-431	3-2-432	3-2-433	3-2-434
项目				设计压力 1MPa 以内（容积 m³ 以内）			
				200	300	400	500
名称			单位	消耗量			
人工	000203000	综合二类工	工日	7.108	8.665	10.272	11.809
材料	142907002	乙炔气	kg	0.729	0.869	1.001	1.142
	142909001	氧气	m^3	1.895	2.260	2.603	2.968
	031301009	低碳钢焊条 J427（综合）	kg	1.263	1.507	1.735	1.979
	212909001	肥皂	条	3.044	3.805	3.805	4.566
	020112007	无石棉橡胶板 高压 δ1～6	kg	4.589	5.053	6.666	8.158
	202100002	盲板（综合）	kg	22.389	26.764	37.205	58.095
	092705004	碎布	kg	0.761	1.142	1.142	1.522
	850103006	其他材料费（占材料费）	%	4.000	4.000	4.000	4.000
机械	990901020	交流弧焊机 32kV·A	台班	0.669	0.798	0.918	1.047
	991003070	电动空气压缩机 $10m^3/min$	台班	0.347	0.524	—	—
	991003080	电动空气压缩机 $20m^3/min$	台班	—	—	0.499	0.621

工作内容： 施工准备、盲板和压力表安装拆除、充气升压、稳压检查、消漏、记录、放空清理、配合检查验收等。

计量单位：台

编号				3-2-435	3-2-436	3-2-437	3-2-438	3-2-439
项目				设计压力 2.5MPa 以内（容积 m^3 以内）				
				10	20	40	60	100
名称			单位	消耗量				
人工	000203000	综合二类工	工日	1.930	2.895	4.109	5.390	6.246
材料	142907002	乙炔气	kg	0.184	0.272	0.395	0.518	0.588
	142909001	氧气	m^3	0.479	0.708	1.027	1.347	1.530
	031301009	低碳钢焊条 J427（综合）	kg	0.320	0.472	0.685	0.898	1.020
	212909001	肥皂	条	1.522	1.522	1.522	2.283	2.283
	020112006	无石棉橡胶板 中压 δ0.8～6	kg	1.484	1.766	2.854	3.440	4.482
	202100002	盲板（综合）	kg	4.711	6.978	12.252	20.874	32.495
	092705004	碎布	kg	0.381	0.381	0.381	0.533	0.533
	850103006	其他材料费（占材料费）	%	4.000	4.000	4.000	4.000	4.000
机械	990901020	交流弧焊机 32kV·A	台班	0.170	0.250	0.363	0.476	0.540
	991003050	电动空气压缩机 $6m^3/min$	台班	0.177	0.242	0.347	—	—
	991003060	电动空气压缩机 $9m^3/min$	台班	—	—	—	0.347	0.580

工作内容： 施工准备、盲板和压力表安装拆除、充气升压、稳压检查、消漏、记录、放空清理、配合检查验收等。

计量单位：台

编号				3-2-440	3-2-441	3-2-442	3-2-443
项目				设计压力 2.5MPa 以内（容积 m^3 以内）			
				200	300	400	500
名称			单位	消耗量			
人工	000203000	综合二类工	工日	7.720	9.285	10.808	12.160
材料	142907002	乙炔气	kg	0.729	0.869	1.019	1.159
	142909001	氧气	m^3	1.895	2.260	2.648	3.014
	031301009	低碳钢焊条 J427（综合）	kg	1.263	1.507	1.766	2.009
	212909001	肥皂	条	3.044	3.805	3.805	4.566
	020112006	无石棉橡胶板 中压 δ0.8～6	kg	6.354	7.313	9.961	13.196
	202100002	盲板（综合）	kg	44.404	53.856	73.596	115.200
	092705004	碎布	kg	0.761	1.142	1.142	1.522
	850103006	其他材料费（占材料费）	%	4.000	4.000	4.000	4.000
机械	990901020	交流弧焊机 32kV·A	台班	0.669	0.798	0.934	1.063
	991003070	电动空气压缩机 $10m^3/min$	台班	0.878	1.313	—	—
	991003080	电动空气压缩机 $20m^3/min$	台班	—	—	1.233	1.539

工作内容：施工准备、盲板和压力表安装拆除、充气升压、稳压检查、消漏、记录、放空清理、配合检查验收等。

计量单位：台

编号				3-2-444	3-2-445	3-2-446	3-2-447	3-2-448
项目				设计压力 4MPa 以内（容积 m^3 以内）				
				10	20	40	60	100
名称			单位	消耗量				
人工	000203000	综合二类工	工日	2.033	3.047	4.343	5.667	6.410
材料	142907002	乙炔气	kg	0.193	0.290	0.413	0.536	0.606
	142909001	氧气	m^3	0.502	0.753	1.073	1.393	1.575
	031301009	低碳钢焊条 J427（综合）	kg	0.335	0.502	0.715	0.928	1.050
	212909001	肥皂	条	1.522	1.522	1.522	2.283	2.283
	020112006	无石棉橡胶板 中压 δ0.8～6	kg	1.819	2.732	4.269	4.711	5.312
	202100002	盲板（综合）	kg	7.260	11.133	22.107	36.300	44.458
	092705004	碎布	kg	1.142	1.142	1.142	1.294	1.294
	850103006	其他材料费（占材料费）	%	4.000	4.000	4.000	4.000	4.000
机械	990901020	交流弧焊机 32kV·A	台班	0.177	0.266	0.379	0.492	0.556
	991003050	电动空气压缩机 $6m^3/min$	台班	0.282	0.403	0.556	—	—
	991003060	电动空气压缩机 $9m^3/min$	台班	—	—	—	0.556	0.934

工作内容：施工准备、盲板和压力表安装拆除、充气升压、稳压检查、消漏、记录、放空清理、配合检查验收等。

计量单位：台

编号				3-2-449	3-2-450	3-2-451	3-2-452
项目				设计压力 4MPa 以内（容积 m^3 以内）			
				200	300	400	500
名称			单位	消耗量			
人工	000203000	综合二类工	工日	7.942	9.451	11.691	12.470
材料	142907002	乙炔气	kg	0.746	0.887	1.027	1.168
	142909001	氧气	m^3	1.941	2.306	2.671	3.036
	031301009	低碳钢焊条 J427（综合）	kg	1.294	1.537	1.781	2.024
	212909001	肥皂	条	3.044	3.805	3.805	4.566
	020112006	无石棉橡胶板 中压 δ0.8～6	kg	7.351	8.074	10.228	14.246
	202100002	盲板（综合）	kg	62.881	76.701	106.403	152.413
	092705004	碎布	kg	1.552	1.842	2.146	2.420
	850103006	其他材料费（占材料费）	%	4.000	4.000	4.000	4.000
机械	990901020	交流弧焊机 32kV·A	台班	0.685	0.814	0.943	1.071
	991003070	电动空气压缩机 $10m^3/min$	台班	1.401	2.094	—	—
	991003080	电动空气压缩机 $20m^3/min$	台班	—	—	1.973	2.464

工作内容：施工准备、盲板和压力表安装拆除、充气升压、稳压检查、消漏、记录、放空清理、配合检查验收等。

计量单位：台

编号				3-2-453	3-2-454	3-2-455	3-2-456	3-2-457
项目				设计压力 10MPa 以内（容积 m³ 以内）				
				10	20	40	60	100
名称			单位	消耗量				
人工	000203000	综合二类工	工日	2.130	3.170	4.480	5.798	6.562
材料	142907002	乙炔气	kg	0.202	0.299	0.421	0.544	0.615
	142909001	氧气	m³	0.525	0.776	1.096	1.415	1.598
	031301009	低碳钢焊条 J427（综合）	kg	0.350	0.517	0.731	0.944	1.065
	212909001	肥皂	条	1.522	1.522	1.522	2.283	2.283
	020112006	无石棉橡胶板 中压 δ0.8～6	kg	1.918	2.390	3.965	4.284	5.213
	202100002	盲板（综合）	kg	12.199	18.097	23.393	40.257	57.045
	092705004	碎布	kg	0.381	0.381	0.381	0.533	0.533
	850103006	其他材料费（占材料费）	%	4.000	4.000	4.000	4.000	4.000
机械	990901020	交流弧焊机 32kV·A	台班	0.186	0.274	0.387	0.499	0.564
	991003070	电动空气压缩机 10m³/min	台班	0.081	0.113	0.177	0.209	0.298
	991003080	电动空气压缩机 20m³/min	台班	0.019	0.027	0.039	0.050	0.057

工作内容：施工准备、盲板和压力表安装拆除、充气升压、稳压检查、消漏、记录、放空清理、配合检查验收等。

计量单位：台

编号				3-2-458	3-2-459	3-2-460	3-2-461
项目				设计压力 10MPa 以内（容积 m³ 以内）			
				200	300	400	500
名称			单位	消耗量			
人工	000203000	综合二类工	工日	8.094	9.624	11.051	12.656
材料	142907002	乙炔气	kg	0.764	0.904	1.045	1.185
	142909001	氧气	m³	1.986	2.351	2.717	3.082
	031301009	低碳钢焊条 J427（综合）	kg	1.324	1.568	1.811	2.055
	212909001	肥皂	条	3.044	3.805	3.805	4.566
	020112006	无石棉橡胶板 中压 δ0.8～6	kg	7.557	7.914	11.362	15.319
	202100002	盲板（综合）	kg	82.104	96.274	127.262	188.005
	092705004	碎布	kg	0.761	1.142	1.142	1.522
	850103006	其他材料费（占材料费）	%	4.000	4.000	4.000	4.000
机械	990901020	交流弧焊机 32kV·A	台班	0.701	0.830	0.959	1.088
	991003070	电动空气压缩机 10m³/min	台班	0.368	0.496	0.628	0.789
	991003080	电动空气压缩机 20m³/min	台班	0.070	0.083	1.826	1.838

（2）热交换器类设备

工作内容：施工准备、盲板和压力表安装拆除、充气升压、稳压检查、消漏、记录、放空清理、配合检查验收等。

计量单位：台

编　号				3-2-462	3-2-463	3-2-464	3-2-465
项　目				设计压力 1MPa 以内（容积 m^3 以内）			
				5	10	15	20
名　称			单位	消　耗　量			
人工	000203000	综合二类工	工日	1.744	2.012	2.523	3.054
材料	142907002	乙炔气	kg	0.105	0.149	0.193	0.237
	142909001	氧气	m^3	0.274	0.388	0.502	0.616
	031301009	低碳钢焊条 J427（综合）	kg	0.183	0.266	0.335	0.411
	212909001	肥皂	条	1.522	1.522	1.522	1.522
	020112007	无石棉橡胶板 高压 δ1～6	kg	1.857	2.747	2.976	3.782
	202100002	盲板（综合）	kg	2.861	4.208	4.695	6.803
	092705004	碎布	kg	0.381	0.381	0.381	0.381
	850103006	其他材料费（占材料费）	%	4.000	4.000	4.000	4.000
机械	990901020	交流弧焊机 32kV·A	台班	0.097	0.137	0.177	0.218
	991003050	电动空气压缩机 $6m^3/min$	台班	0.081	0.081	0.081	0.097

工作内容：施工准备、盲板和压力表安装拆除、充气升压、稳压检查、消漏、记录、放空清理、配合检查验收等。

计量单位：台

编　号				3-2-466	3-2-467	3-2-468	3-2-469
项　目				设计压力 1MPa 以内（容积 m^3 以内）			
				30	40	60	100
名　称			单位	消　耗　量			
人工	000203000	综合二类工	工日	3.770	4.460	5.867	6.700
材料	142907002	乙炔气	kg	0.290	0.342	0.457	0.518
	142909001	氧气	m^3	0.753	0.890	1.187	1.347
	031301009	低碳钢焊条 J427（综合）	kg	0.510	0.594	0.791	0.898
	212909001	肥皂	条	1.522	1.522	2.283	2.283
	020112007	无石棉橡胶板 高压 δ1～6	kg	4.505	6.004	6.742	7.732
	202100002	盲板（综合）	kg	10.312	13.766	18.142	23.766
	092705004	碎布	kg	0.381	0.381	0.533	0.533
	850103006	其他材料费（占材料费）	%	4.000	4.000	4.000	4.000
机械	990901020	交流弧焊机 32kV·A	台班	0.266	0.314	0.419	0.476
	991003050	电动空气压缩机 $6m^3/min$	台班	0.113	—	—	—
	991003060	电动空气压缩机 $9m^3/min$	台班	—	0.137	0.145	0.234

工作内容：施工准备、盲板和压力表安装拆除、充气升压、稳压检查、消漏、记录、放空清理、配合检查验收等。

计量单位：台

编号				3-2-470	3-2-471	3-2-472	3-2-473
项目				设计压力 2.5MPa 以内（容积 m^3 以内）			
				5	10	15	20
名称			单位	消耗量			
人工	000203000	综合二类工	工日	1.958	2.164	2.709	3.247
材料	142907002	乙炔气	kg	0.140	0.158	0.193	0.228
	142909001	氧气	m^3	0.365	0.411	0.502	0.594
	031301009	低碳钢焊条 J427（综合）	kg	0.244	0.274	0.335	0.403
	212909001	肥皂	条	1.522	1.522	1.522	1.522
	020112007	无石棉橡胶板 高压 δ1～6	kg	2.055	2.740	3.478	4.627
	202100002	盲板（综合）	kg	5.099	7.861	8.645	12.792
	092705004	碎布	kg	0.381	0.381	0.381	0.381
	850103006	其他材料费（占材料费）	%	4.000	4.000	4.000	4.000
机械	990901020	交流弧焊机 32kV · A	台班	0.129	0.145	0.177	0.209
	991003050	电动空气压缩机 $6m^3/min$	台班	0.177	0.177	0.202	0.202

工作内容：施工准备、盲板和压力表安装拆除、充气升压、稳压检查、消漏、记录、放空清理、配合检查验收等。

计量单位：台

编号				3-2-474	3-2-475	3-2-476	3-2-477
项目				设计压力 2.5MPa 以内（容积 m^3 以内）			
				30	40	60	100
名称			单位	消耗量			
人工	000203000	综合二类工	工日	3.819	4.743	6.156	7.045
材料	142907002	乙炔气	kg	0.290	0.351	0.457	0.527
	142909001	氧气	m^3	0.753	0.913	1.187	1.370
	031301009	低碳钢焊条 J427（综合）	kg	0.510	0.616	0.799	0.913
	212909001	肥皂	条	1.522	1.522	2.283	2.283
	020112007	无石棉橡胶板 高压 δ1～6	kg	5.472	7.138	7.564	9.642
	202100002	盲板（综合）	kg	17.990	26.224	35.097	51.398
	092705004	碎布	kg	0.381	0.381	0.533	0.533
	850103006	其他材料费（占材料费）	%	4.000	4.000	4.000	4.000
机械	990901020	交流弧焊机 32kV · A	台班	0.266	0.322	0.419	0.483
	991003050	电动空气压缩机 $6m^3/min$	台班	0.282	0.338	—	—
	991003060	电动空气压缩机 $9m^3/min$	台班	—	—	0.363	0.580

工作内容：施工准备、盲板和压力表安装拆除、充气升压、稳压检查、消漏、记录、放空清理、配合检查验收等。

计量单位：台

	编 号			3-2-478	3-2-479	3-2-480	3-2-481
	项 目			设计压力 4MPa 以内（容积 m^3 以内）			
				5	10	15	20
	名 称		单位	消 耗 量			
人工	000203000	综合二类工	工日	2.096	2.310	2.889	3.460
材料	142907002	乙炔气	kg	0.149	0.176	0.220	0.255
	142909001	氧气	m^3	0.388	0.457	0.571	0.662
	031301009	低碳钢焊条 J427（综合）	kg	0.251	0.304	0.373	0.449
	212909001	肥皂	条	1.522	1.522	1.522	1.522
	020112006	无石棉橡胶板 中压 δ0.8～6	kg	2.595	4.186	4.520	5.152
	202100002	盲板（综合）	kg	8.021	13.371	13.980	24.428
	092705004	碎布	kg	0.381	0.381	0.381	0.381
	850103006	其他材料费（占材料费）	%	4.000	4.000	4.000	4.000
机械	990901020	交流弧焊机 32kV·A	台班	0.129	0.161	0.193	0.234
	991003050	电动空气压缩机 $6m^3/min$	台班	0.282	0.282	0.282	0.322

工作内容：施工准备、盲板和压力表安装拆除、充气升压、稳压检查、消漏、记录、放空清理、配合检查验收等。

计量单位：台

	编 号			3-2-482	3-2-483	3-2-484	3-2-485
	项 目			设计压力 4MPa 以内（容积 m^3 以内）			
				30	40	60	100
	名 称		单位	消 耗 量			
人工	000203000	综合二类工	工日	4.199	4.916	6.431	7.287
材料	142907002	乙炔气	kg	0.316	0.360	0.474	0.536
	142909001	氧气	m^3	0.822	0.936	1.233	1.393
	031301009	低碳钢焊条 J427（综合）	kg	0.548	0.632	0.822	0.936
	212909001	肥皂	条	1.522	1.522	2.283	2.283
	020112006	无石棉橡胶板 中压 δ0.8～6	kg	5.350	7.937	9.056	11.141
	202100002	盲板（综合）	kg	30.524	43.849	57.631	78.992
	092705004	碎布	kg	0.381	0.381	0.533	0.533
	850103006	其他材料费（占材料费）	%	4.000	4.000	4.000	4.000
机械	990901020	交流弧焊机 32kV·A	台班	0.290	0.331	0.403	0.492
	991003050	电动空气压缩机 $6m^3/min$	台班	0.419	0.548	—	—
	991003060	电动空气压缩机 $9m^3/min$	台班	—	—	0.556	0.934

工作内容：施工准备、盲板和压力表安装拆除、充气升压、稳压检查、消漏、记录、放空清理、配合检查验收等。

计量单位：台

编号				3-2-486	3-2-487	3-2-488	3-2-489
项目				设计压力 10MPa 以内（容积 m^3 以内）			
				5	10	15	20
名称			单位	消耗量			
人工	000203000	综合二类工	工日	2.164	2.440	3.027	3.633
材料	142907002	乙炔气	kg	0.140	0.176	0.220	0.281
	142909001	氧气	m^3	0.365	0.457	0.571	0.731
	031301009	低碳钢焊条 J427（综合）	kg	0.244	0.304	0.373	0.457
	212909001	肥皂	条	1.522	1.522	1.522	1.522
	020112006	无石棉橡胶板 中压 δ0.8～6	kg	2.527	3.729	4.049	5.091
	202100002	盲板（综合）	kg	13.272	20.608	22.594	29.527
	092705004	碎布	kg	0.381	0.381	0.381	0.381
	850103006	其他材料费（占材料费）	%	4.000	4.000	4.000	4.000
机械	990901020	交流弧焊机 32kV·A	台班	0.129	0.161	0.193	0.258
	991003050	电动空气压缩机 6m^3/min	台班	0.177	0.225	0.338	0.451
	991003070	电动空气压缩机 10m^3/min	台班	0.081	0.081	0.081	0.105

工作内容：施工准备、盲板和压力表安装拆除、充气升压、稳压检查、消漏、记录、放空清理、配合检查验收等。

计量单位：台

编号				3-2-490	3-2-491	3-2-492	3-2-493
项目				设计压力 10MPa 以内（容积 m^3 以内）			
				30	40	60	100
名称			单位	消耗量			
人工	000203000	综合二类工	工日	4.378	5.150	6.659	7.527
材料	142907002	乙炔气	kg	0.328	0.378	0.492	0.553
	142909001	氧气	m^3	0.852	0.982	1.278	1.438
	031301009	低碳钢焊条 J427（综合）	kg	0.556	0.654	0.852	0.959
	212909001	肥皂	条	1.522	1.522	2.283	2.283
	020112006	无石棉橡胶板 中压 δ0.8～6	kg	6.111	8.173	9.665	11.126
	202100002	盲板（综合）	kg	38.743	51.223	69.411	91.297
	092705004	碎布	kg	0.381	0.381	0.533	0.533
	850103006	其他材料费（占材料费）	%	4.000	4.000	4.000	4.000
机械	990901020	交流弧焊机 32kV·A	台班	0.274	0.347	0.451	0.508
	991003050	电动空气压缩机 6m^3/min	台班	0.676	0.838	—	—
	991003060	电动空气压缩机 9m^3/min	台班	—	—	0.894	1.490
	991003070	电动空气压缩机 10m^3/min	台班	0.129	0.177	0.225	0.298

工作内容： 施工准备、盲板和压力表安装拆除、充气升压、稳压检查、消漏、记录、放空清理、配合检查验收等。

计量单位： 台

编号				3-2-494	3-2-495	3-2-496	3-2-497
项目				设计压力 22MPa 以内（容积 m^3 以内）			
				5	10	20	40
名称			单位	消耗量			
人工	000203000	综合二类工	工日	2.261	3.240	4.854	6.880
材料	142907002	乙炔气	kg	0.211	0.316	0.492	0.702
	142909001	氧气	m^3	0.548	0.822	1.278	1.826
	031301009	低碳钢焊条 J427（综合）	kg	0.373	0.556	0.852	1.218
	203109001	高压不锈钢垫	kg	1.225	1.324	1.636	2.047
	212909001	肥皂	条	1.522	1.522	1.522	1.522
	202100002	盲板（综合）	kg	14.680	16.438	18.645	25.410
	203101002	透镜垫	kg	6.925	7.618	8.538	14.307
	092705004	碎布	kg	0.381	0.381	0.381	0.381
	850103006	其他材料费（占材料费）	%	4.000	4.000	4.000	4.000
机械	990901020	交流弧焊机 32kV·A	台班	0.193	0.290	0.451	0.644
	991003050	电动空气压缩机 $6m^3/min$	台班	0.403	0.564	1.120	2.239
	991003070	电动空气压缩机 $10m^3/min$	台班	0.081	0.113	0.225	0.451

工作内容： 施工准备、盲板和压力表安装拆除、充气升压、稳压检查、消漏、记录、放空清理、配合检查验收等。

计量单位： 台

编号				3-2-498	3-2-499	3-2-500	3-2-501
项目				设计压力 22MPa 以内（容积 m^3 以内）			
				60	100	150	200
名称			单位	消耗量			
人工	000203000	综合二类工	工日	8.893	10.106	10.637	12.188
材料	142907002	乙炔气	kg	0.896	1.036	1.071	1.229
	142909001	氧气	m^3	2.329	2.694	2.785	3.196
	031301009	低碳钢焊条 J427（综合）	kg	1.552	1.811	1.857	2.131
	203109001	高压不锈钢垫	kg	2.557	2.785	3.067	3.881
	212909001	肥皂	条	2.283	2.283	3.044	3.044
	202100002	盲板（综合）	kg	34.527	36.733	43.316	50.454
	203101002	透镜垫	kg	19.413	21.696	25.577	31.064
	092705004	碎布	kg	0.533	0.533	0.761	0.761
	850103006	其他材料费（占材料费）	%	4.000	4.000	4.000	4.000
机械	990901020	交流弧焊机 32kV·A	台班	0.821	0.950	0.982	1.127
	991003050	电动空气压缩机 $6m^3/min$	台班	2.086	3.495	—	—
	991003060	电动空气压缩机 $9m^3/min$	台班	0.145	0.234	—	—
	991003070	电动空气压缩机 $10m^3/min$	台班	0.580	0.749	5.034	6.700

（3）塔类设备

工作内容： 施工准备、盲板和压力表安装拆除、充气升压、稳压检查、消漏、记录、放空清理、配合检查验收等。

计量单位：台

编号				3-2-502	3-2-503	3-2-504	3-2-505	3-2-506	3-2-507
项目				设计压力 1MPa 以内（容积 m^3 以内）					
				5	10	30	50	100	200
名称			单位	消耗量					
人工	000203000	综合二类工	工日	2.392	3.372	4.337	4.916	7.135	9.196
材料	142907002	乙炔气	kg	0.176	0.263	0.378	0.492	0.580	0.720
	142909001	氧气	m^3	0.457	0.685	0.982	1.278	1.507	1.872
	031301009	低碳钢焊条 J427（综合）	kg	0.304	0.457	0.654	0.883	1.005	1.248
	212909001	肥皂	条	1.522	1.522	1.522	2.283	2.283	3.044
	020112007	无石棉橡胶板 高压 δ1～6	kg	4.254	6.689	7.542	7.854	9.436	10.296
	202100002	盲板（综合）	kg	7.328	10.007	12.237	15.273	23.583	43.126
	092705004	碎布	kg	0.381	0.381	0.381	0.533	0.533	0.761
	850103006	其他材料费（占材料费）	%	4.000	4.000	4.000	4.000	4.000	4.000
机械	990901020	交流弧焊机 32kV·A	台班	0.161	0.242	0.347	0.467	0.532	0.660
	991003050	电动空气压缩机 $6m^3/min$	台班	0.081	0.105	0.137	—	—	—
	991003060	电动空气压缩机 $9m^3/min$	台班	—	—	—	0.145	0.234	—
	991003070	电动空气压缩机 $10m^3/min$	台班	—	—	—	—	—	0.347

工作内容： 施工准备、盲板和压力表安装拆除、充气升压、稳压检查、消漏、记录、放空清理、配合检查验收等。

计量单位：台

编号				3-2-508	3-2-509	3-2-510	3-2-511	3-2-512	3-2-513
项目				设计压力 1MPa 以内（容积 m^3 以内）					
				300	400	500	600	800	1000
名称			单位	消耗量					
人工	000203000	综合二类工	工日	10.817	12.463	13.759	16.145	17.620	20.943
材料	142907002	乙炔气	kg	0.861	1.001	1.142	1.203	1.422	1.642
	142909001	氧气	m^3	2.237	2.603	2.968	3.128	3.698	4.269
	031301009	低碳钢焊条 J427（综合）	kg	1.301	1.492	1.735	2.085	2.466	2.846
	212909001	肥皂	条	3.805	3.805	4.566	4.566	6.088	7.610
	020112007	无石棉橡胶板 高压 δ1～6	kg	13.150	13.706	15.471	15.311	16.004	17.237
	202100002	盲板（综合）	kg	46.626	49.922	53.270	55.583	58.886	62.394
	092705004	碎布	kg	1.142	1.142	1.522	1.522	1.903	2.283
	850103006	其他材料费（占材料费）	%	4.000	4.000	4.000	4.000	4.000	4.000
机械	990901020	交流弧焊机 32kV·A	台班	0.789	0.918	1.047	1.104	1.305	1.506
	991003070	电动空气压缩机 $10m^3/min$	台班	0.524	—	—	—	—	—
	991003080	电动空气压缩机 $20m^3/min$	台班	—	0.499	0.621	0.693	0.765	0.950

工作内容： 施工准备、盲板和压力表安装拆除、充气升压、稳压检查、消漏、记录、放空清理、配合检查验收等。

计量单位： 台

编号				3-2-514	3-2-515	3-2-516	3-2-517	3-2-518
项目				设计压力 1MPa 以内（容积 m^3 以内）				
				1200	1400	1600	1800	2000
名称			单位	消耗量				
人工	000203000	综合二类工	工日	21.402	22.797	25.119	28.649	31.640
材料	142907002	乙炔气	kg	1.782	1.853	2.072	2.388	2.731
	142909001	氧气	m^3	4.634	4.817	5.388	6.210	7.100
	031301009	低碳钢焊条 J427（综合）	kg	3.090	3.211	3.592	4.140	4.733
	212909001	肥皂	条	9.132	9.132	10.654	10.654	10.654
	020112007	无石棉橡胶板 高压 δ1～6	kg	19.413	21.080	22.716	23.880	26.468
	202100002	盲板（综合）	kg	66.945	73.619	81.830	91.739	103.298
	092705004	碎布	kg	2.664	2.664	3.044	3.044	3.044
	850103006	其他材料费（占材料费）	%	4.000	4.000	4.000	4.000	4.000
机械	990901020	交流弧焊机 32kV·A	台班	1.635	1.700	1.901	2.190	2.505
	991003090	电动空气压缩机 40m^3/min	台班	0.709	0.733	0.814	0.943	1.047

工作内容： 施工准备、盲板和压力表安装拆除、充气升压、稳压检查、消漏、记录、放空清理、配合检查验收等。

计量单位： 台

编号				3-2-519	3-2-520	3-2-521	3-2-522	3-2-523	3-2-524
项目				设计压力 2.5MPa 以内（容积 m^3 以内）					
				5	10	30	50	100	200
名称			单位	消耗量					
人工	000203000	综合二类工	工日	2.413	3.675	5.252	6.893	7.838	9.741
材料	142907002	乙炔气	kg	0.176	0.272	0.386	0.518	0.588	0.729
	142909001	氧气	m^3	0.457	0.708	1.005	1.347	1.530	1.895
	031301009	低碳钢焊条 J427（综合）	kg	0.312	0.472	0.677	0.898	1.020	1.263
	212909001	肥皂	条	1.522	1.522	1.522	2.283	2.283	3.044
	020112006	无石棉橡胶板 中压 δ0.8～6	kg	4.612	7.678	8.112	8.683	10.829	14.512
	202100002	盲板（综合）	kg	12.808	17.640	22.746	29.040	46.999	82.416
	092705004	碎布	kg	0.381	0.381	0.381	0.533	0.533	0.761
	850103006	其他材料费（占材料费）	%	4.000	4.000	4.000	4.000	4.000	4.000
机械	990901020	交流弧焊机 32kV·A	台班	0.161	0.250	0.354	0.476	0.540	0.669
	991003050	电动空气压缩机 6m^3/min	台班	0.202	0.202	0.322	—	—	—
	991003060	电动空气压缩机 9m^3/min	台班	—	—	—	0.363	0.580	—
	991003070	电动空气压缩机 10m^3/min	台班	—	—	—	—	—	0.862

工作内容： 施工准备、盲板和压力表安装拆除、充气升压、稳压检查、消漏、记录、放空清理、配合检查验收等。

计量单位： 台

编号				3-2-525	3-2-526	3-2-527	3-2-528	3-2-529	3-2-530
项目				设计压力 2.5MPa 以内（容积 m^3 以内）					
				300	400	500	600	800	1000
名称			单位	消耗量					
人工	000203000	综合二类工	工日	11.630	13.546	15.435	16.365	19.227	22.093
材料	142907002	乙炔气	kg	0.869	1.019	1.159	1.229	1.440	1.651
	142909001	氧气	m^3	2.260	2.648	3.014	3.196	3.744	4.292
	031301009	低碳钢焊条 J427（综合）	kg	1.385	1.766	2.009	2.131	2.496	2.869
	212909001	肥皂	条	3.805	3.805	4.566	4.566	6.088	7.610
	020112006	无石棉橡胶板 中压 δ0.8～6	kg	15.037	16.712	16.986	14.710	15.585	16.712
	202100002	盲板（综合）	kg	88.558	95.407	101.829	106.449	112.887	120.040
	092705004	碎布	kg	1.142	1.142	1.522	1.522	1.903	2.283
	850103006	其他材料费（占材料费）	%	4.000	4.000	4.000	4.000	4.000	4.000
机械	990901020	交流弧焊机 32kV·A	台班	0.798	0.934	1.063	1.127	1.321	1.522
	991003070	电动空气压缩机 $10m^3/min$	台班	1.305	—	—	—	—	—
	991003080	电动空气压缩机 $20m^3/min$	台班	—	1.249	1.546	1.732	1.909	2.376

工作内容： 施工准备、盲板和压力表安装拆除、充气升压、稳压检查、消漏、记录、放空清理、配合检查验收等。

计量单位： 台

编号				3-2-531	3-2-532	3-2-533	3-2-534	3-2-535
项目				设计压力 2.5MPa 以内（容积 m^3 以内）				
				1200	1400	1600	1800	2000
名称			单位	消耗量				
人工	000203000	综合二类工	工日	23.955	24.692	27.768	31.786	36.722
材料	142907002	乙炔气	kg	1.791	1.862	2.072	2.529	2.748
	142909001	氧气	m^3	4.657	4.840	5.388	6.575	7.146
	031301009	低碳钢焊条 J427（综合）	kg	3.044	3.196	3.425	4.109	4.718
	212909001	肥皂	条	9.132	9.132	10.654	10.654	10.654
	020112006	无石棉橡胶板 中压 δ0.8～6	kg	19.794	20.197	22.046	24.405	27.617
	202100002	盲板（综合）	kg	130.481	142.048	155.701	170.236	186.826
	092705004	碎布	kg	2.664	2.664	3.044	3.044	3.044
	850103006	其他材料费（占材料费）	%	4.000	4.000	4.000	4.000	4.000
机械	990901020	交流弧焊机 32kV·A	台班	1.643	1.707	1.901	2.319	2.521
	991003090	电动空气压缩机 $40m^3/min$	台班	1.651	1.828	2.029	2.352	2.618

工作内容：施工准备、盲板和压力表安装拆除、充气升压、稳压检查、消漏、记录、放空清理、配合检查验收等。

计量单位：台

编号				3-2-536	3-2-537	3-2-538	3-2-539	3-2-540	3-2-541
项目				设计压力 4MPa 以内（容积 m^3 以内）					
				5	10	30	50	100	200
名称			单位	消耗量					
人工	000203000	综合二类工	工日	2.550	3.840	5.480	7.128	8.094	10.010
材料	142907002	乙炔气	kg	0.184	0.281	0.404	0.527	0.597	0.738
	142909001	氧气	m^3	0.479	0.731	1.050	1.370	1.552	1.918
	031301009	低碳钢焊条 J427（综合）	kg	0.327	0.495	0.700	0.913	1.043	1.286
	212909001	肥皂	条	1.522	1.522	1.522	2.283	2.283	3.044
	020112006	无石棉橡胶板 中压 δ0.8～6	kg	7.100	8.759	9.124	9.421	11.971	15.471
	202100002	盲板（综合）	kg	24.200	27.320	31.924	36.566	65.499	104.683
	092705004	碎布	kg	0.381	0.381	0.381	0.533	0.533	0.761
	850103006	其他材料费（占材料费）	%	4.000	4.000	4.000	4.000	4.000	4.000
机械	990901020	交流弧焊机 32kV · A	台班	0.170	0.258	0.370	0.483	0.548	0.676
	991003050	电动空气压缩机 $6m^3/min$	台班	0.322	0.403	0.548	—	—	—
	991003060	电动空气压缩机 $9m^3/min$	台班	—	—	—	0.580	0.934	—
	991003070	电动空气压缩机 $10m^3/min$	台班	—	—	—	—	—	1.385

工作内容：施工准备、盲板和压力表安装拆除、充气升压、稳压检查、消漏、记录、放空清理、配合检查验收等。

计量单位：台

编号				3-2-542	3-2-543	3-2-544	3-2-545	3-2-546	3-2-547
项目				设计压力 4MPa 以内（容积 m^3 以内）					
				300	400	500	600	800	1000
名称			单位	消耗量					
人工	000203000	综合二类工	工日	11.934	13.843	15.753	16.718	19.584	22.480
材料	142907002	乙炔气	kg	0.887	1.027	1.168	1.238	1.449	1.668
	142909001	氧气	m^3	2.306	2.671	3.036	3.219	3.767	4.338
	031301009	低碳钢焊条 J427（综合）	kg	1.530	1.773	2.017	2.154	2.519	2.892
	212909001	肥皂	条	3.805	3.805	4.566	4.566	6.088	7.610
	020112006	无石棉橡胶板 中压 δ0.8～6	kg	16.597	17.617	18.728	20.334	21.780	23.469
	202100002	盲板（综合）	kg	121.052	128.130	130.717	142.025	146.394	153.730
	092705004	碎布	kg	1.142	1.142	1.522	1.522	1.903	2.283
	850103006	其他材料费（占材料费）	%	4.000	4.000	4.000	4.000	4.000	4.000
机械	990901020	交流弧焊机 32kV · A	台班	0.805	0.934	1.063	1.136	1.329	1.530
	991003070	电动空气压缩机 $10m^3/min$	台班	2.094	—	—	—	—	—
	991003080	电动空气压缩机 $20m^3/min$	台班	—	1.997	2.480	2.770	3.060	3.801

工作内容：施工准备、盲板和压力表安装拆除、充气升压、稳压检查、消漏、记录、放空清理、配合检查验收等。 计量单位：台

编号				3-2-548	3-2-549	3-2-550	3-2-551	3-2-552
项目				设计压力 4MPa 以内（容积 m^3 以内）				
				1200	1400	1600	1800	2000
名称			单位	消耗量				
人工	000203000	综合二类工	工日	24.383	25.520	28.243	32.441	37.301
材料	142907002	乙炔气	kg	1.809	1.897	2.107	2.669	2.766
	142909001	氧气	m^3	4.703	4.931	5.479	6.940	7.191
	031301009	低碳钢焊条 J427（综合）	kg	3.135	3.288	3.653	4.627	4.794
	212909001	肥皂	条	9.132	9.132	10.654	10.654	10.654
	020112006	无石棉橡胶板 中压 δ0.8～6	kg	25.669	27.685	30.288	33.636	37.259
	202100002	盲板（综合）	kg	172.671	196.688	219.777	240.324	260.376
	092705004	碎布	kg	2.664	2.664	3.044	3.044	3.044
	850103006	其他材料费（占材料费）	%	4.000	4.000	4.000	4.000	4.000
机械	990901020	交流弧焊机 32kV·A	台班	1.659	1.739	1.933	2.448	2.537
	991003090	电动空气压缩机 40m^3/min	台班	2.674	2.931	3.253	3.769	4.188

3. 设备清洗、钝化

（1）水 冲 洗

工作内容：施工准备、冲洗、检查、放水、封闭、记录整理、配合检查验收等。 计量单位：台

编号				3-2-553	3-2-554	3-2-555	3-2-556	3-2-557
项目				容器类设备容积（m^3 以内）				
				5	10	20	30	40
名称			单位	消耗量				
人工	000203000	综合二类工	工日	0.132	0.200	0.290	0.325	0.380
材料	341101001	水	m^3	1.621	2.854	4.756	5.708	6.659
机械	990801010	电动单级离心清水泵 50mm	台班	0.016	0.032	0.048	0.057	0.064

工作内容：施工准备、冲洗、检查、放水、封闭、记录整理、配合检查验收等。 计量单位：台

编号				3-2-558	3-2-559	3-2-560	3-2-561
项目				容器类设备容积（m^3 以内）			
				50	60	80	100
名称			单位	消耗量			
人工	000203000	综合二类工	工日	0.407	0.462	0.586	0.725
材料	341101001	水	m^3	7.610	8.561	11.415	14.269
机械	990801010	电动单级离心清水泵 50mm	台班	0.081	0.089	0.121	0.153

工作内容：施工准备、冲洗、检查、放水、封闭、记录整理、配合检查验收等。 **计量单位**：台

编号				3-2-562	3-2-563	3-2-564	3-2-565
项目				热交换器类设备容积（m³ 以内）			
				5	10	20	30
名称			单位	消耗量			
人工	000203000	综合二类工	工日	0.275	0.317	0.477	0.586
材料	341101001	水	m^3	3.805	5.228	8.567	10.945
机械	990801010	电动单级离心清水泵 50mm	台班	0.041	0.057	0.089	0.113

工作内容：施工准备、冲洗、检查、放水、封闭、记录整理、配合检查验收等。 **计量单位**：台

编号				3-2-566	3-2-567	3-2-568	3-2-569
项目				热交换器类设备容积（m³ 以内）			
				40	50	60	80
名称			单位	消耗量			
人工	000203000	综合二类工	工日	0.628	0.807	0.848	1.110
材料	341101001	水	m^3	13.318	15.692	17.123	21.879
机械	990801010	电动单级离心清水泵 50mm	台班	0.137	0.170	0.186	0.234

（2）压缩空气吹扫

工作内容：施工准备、空气加压、检查、记录、吹洗、配合检查验收等。 **计量单位**：台

编号				3-2-570	3-2-571	3-2-572	3-2-573	3-2-574
项目				容器类设备容积（m³ 以内）				
				5	10	20	30	40
名称			单位	消耗量				
人工	000203000	综合二类工	工日	0.090	0.111	0.145	0.173	0.187
机械	991003050	电动空气压缩机 6m³/min	台班	0.016	0.025	0.048	0.057	0.064

工作内容：施工准备、空气加压、检查、记录、吹洗、配合检查验收等。 **计量单位**：台

编号				3-2-575	3-2-576	3-2-577	3-2-578
项目				容器类设备容积（m³ 以内）			
				50	60	80	100
名称			单位	消耗量			
人工	000203000	综合二类工	工日	0.207	0.228	0.284	0.337
机械	991003050	电动空气压缩机 6m³/min	台班	0.073	0.089	0.121	0.145

工作内容：施工准备、空气加压、检查、记录、吹洗、配合检查验收等。 **计量单位：**台

编号				3-2-579	3-2-580	3-2-581	3-2-582	3-2-583
项目				热交换器类设备容积（m^3 以内）				
				5	10	20	30	40
名称			单位	消耗量				
人工	000203000	综合二类工	工日	0.166	0.187	0.255	0.304	0.359
机械	991003050	电动空气压缩机 $6m^3/min$	台班	0.048	0.064	0.097	0.121	0.153

工作内容：施工准备、空气加压、检查、记录、吹洗、配合检查验收等。 **计量单位：**台

编号				3-2-584	3-2-585	3-2-586	3-2-587
项目				热交换器类设备容积（m^3 以内）			
				50	60	80	100
名称			单位	消耗量			
人工	000203000	综合二类工	工日	0.400	0.435	0.524	0.628
机械	991003050	电动空气压缩机 $6m^3/min$	台班	0.177	0.193	0.242	0.290

工作内容：施工准备、空气加压、检查、记录、吹洗、配合检查验收等。 **计量单位：**台

编号				3-2-588	3-2-589	3-2-590	3-2-591	3-2-592	3-2-593
项目				塔器类设备容积（m^3 以内）					
				5	10	20	30	40	50
名称			单位	消耗量					
人工	000203000	综合二类工	工日	0.138	0.166	0.243	0.275	0.317	0.359
机械	991003060	电动空气压缩机 $9m^3/min$	台班	0.041	0.048	0.089	0.113	0.129	0.153

工作内容：施工准备、空气加压、检查、记录、吹洗、配合检查验收等。 **计量单位：**台

编号				3-2-594	3-2-595	3-2-596	3-2-597	3-2-598	3-2-599
项目				塔器类设备容积（m^3 以内）					
				60	80	100	150	200	300
名称			单位	消耗量					
人工	000203000	综合二类工	工日	0.393	0.468	0.510	0.552	0.565	0.649
机械	991003060	电动空气压缩机 $9m^3/min$	台班	0.170	0.209	—	—	—	—
	991003080	电动空气压缩机 $20m^3/min$	台班	—	—	0.234	0.250	0.266	0.314

工作内容：施工准备、空气加压、检查、记录、吹洗、配合检查验收等。　　　　计量单位：台

编　号				3-2-600	3-2-601	3-2-602	3-2-603	3-2-604
项　目				塔器类设备容积（m^3 以内）				
				400	500	600	800	1000
名　称			单位	消　耗　量				
人工	000203000	综合二类工	工日	0.702	0.758	0.793	0.854	0.951
机械	991003080	电动空气压缩机 $20m^3/min$	台班	0.331	0.363	0.379	0.451	0.459

工作内容：施工准备、空气加压、检查、记录、吹洗、配合检查验收等。　　　　计量单位：台

编　号				3-2-605
项　目				设备气体吹扫措施用消耗量摊销
名　称			单位	消　耗　量
人工	000203000	综合二类工	工日	1.020
材料	170201014	无缝钢管 $D57\times3.5$	m	1.370
	370801001	钢轨鱼尾板 24～50kg/m	kg	0.023
	031301009	低碳钢焊条 J427（综合）	kg	0.076
	020112006	无石棉橡胶板 中压 δ0.8～6	kg	0.639
	200101002	钢板平焊法兰 *PN*1.6 *DN*50	片	0.107
	200000006	法兰 *DN*150	片	0.023
	183125002	压制弯头 $90°R=1.5D$ *DN*50	个	0.137
	190901002	法兰止回阀 H44T-10 *DN*50	个	0.076
	190101001	法兰截止阀 *DN*50	个	0.304
	010300001	钢丝（综合）	kg	0.761
	031101009	尼龙砂轮片 $\phi100$	片	0.023
	031101004	砂轮片 $\phi200$	片	0.008
	031101016	薄砂轮片 $500\times25\times4$	片	0.008
	850103006	其他材料费（占材料费）	%	5.000
机械	990747040	管子切断机 325mm	台班	0.008
	990813035	试压泵 30MPa	台班	0.008
	990901020	交流弧焊机 32kV·A	台班	0.081

（3）蒸汽吹扫

工作内容：施工准备、吹洗、检查、记录、配合检查验收等。 计量单位：台

编号				3-2-606	3-2-607	3-2-608	3-2-609	3-2-610
项目				容器类设备容积（m^3 以内）				
				5	10	20	30	40
名称			单位	消耗量				
人工	000203000	综合二类工	工日	0.111	0.138	0.179	0.200	0.214
材料	341113001	蒸汽	t	0.061	0.076	0.099	0.107	0.114
	850103006	其他材料费（占材料费）	%	5.000	5.000	5.000	5.000	5.000

工作内容：施工准备、吹洗、检查、记录、配合检查验收等。 计量单位：台

编号				3-2-611	3-2-612	3-2-613	3-2-614
项目				容器类设备容积（m^3 以内）			
				50	60	80	100
名称			单位	消耗量			
人工	000203000	综合二类工	工日	0.243	0.255	0.317	0.372
材料	341113001	蒸汽	t	0.129	0.137	0.167	0.198
	850103006	其他材料费（占材料费）	%	5.000	5.000	5.000	5.000

工作内容：施工准备、吹洗、检查、记录、配合检查验收等。 计量单位：台

编号				3-2-615	3-2-616	3-2-617	3-2-618	3-2-619
项目				热交换器类设备容积（m^3 以内）				
				5	10	20	30	40
名称			单位	消耗量				
人工	000203000	综合二类工	工日	0.138	0.173	0.255	0.304	0.359
材料	341113001	蒸汽	t	0.076	0.091	0.137	0.160	0.190
	850103006	其他材料费（占材料费）	%	5.000	5.000	5.000	5.000	5.000

工作内容：施工准备、吹洗、检查、记录、配合检查验收等。 计量单位：台

编号				3-2-620	3-2-621	3-2-622	3-2-623
项目				热交换器类设备容积（m^3 以内）			
				50	60	80	100
名称			单位	消耗量			
人工	000203000	综合二类工	工日	0.400	0.435	0.524	0.628
材料	341113001	蒸汽	t	0.213	0.228	0.282	0.335
	850103006	其他材料费（占材料费）	%	5.000	5.000	5.000	5.000

工作内容：施工准备、吹洗、检查、记录、配合检查验收等。 **计量单位：**台

编号				3-2-624
项目				蒸气吹扫系统措施用消耗量摊销
名称			单位	消耗量
人工	000203000	综合二类工	工日	8.349
材料	031303005	碳钢焊丝	kg	0.464
	142907002	乙炔气	kg	1.206
	142911001	氩气	m^3	1.299
	142909001	氧气	m^3	3.135
	031301009	低碳钢焊条 J427（综合）	kg	7.602
	020112006	无石棉橡胶板 中压 δ0.8～6	kg	0.251
	340101003	铈钨棒	g	2.598
	031101009	尼龙砂轮片 ϕ100	片	1.050
	031101004	砂轮片 ϕ200	片	0.023
	850103006	其他材料费（占材料费）	%	5.000
机械	990304016	汽车式起重机 16t	台班	0.081
	990401020	载重汽车 5t	台班	0.081
	990509030	电动葫芦单速 5t	台班	0.250
	990718050	普通车床 660×2000mm	台班	0.258
	990901020	交流弧焊机 32kV·A	台班	1.136
	990912010	氩弧焊机 500A	台班	0.588
	991003050	电动空气压缩机 6m^3/min	台班	0.016

（4）设备酸洗、钝化

工作内容：施工准备、箱（槽）制作安装、酸洗用泵的检修和安装等。 **计量单位：**台

编号				3-2-625	3-2-626	3-2-627	3-2-628
项目				碳钢、低合金钢设备容积（m^3 以内）			
				1	2	3	4
名称			单位	消耗量			
人工	000203000	综合二类工	工日	1.331	1.778	3.895	4.357
材料	143185001	亚硝酸钠	kg	46.193	92.385	138.578	184.771
	143343001	乌洛托品	kg	3.577	7.153	10.730	14.307
	143115001	氨水	kg	10.654	21.308	31.962	42.616
	143101002	盐酸 31%合成	kg	35.767	71.534	107.301	143.068
	341101001	水	m^3	12.633	25.265	37.898	50.530
	850103006	其他材料费（占材料费）	%	5.000	5.000	5.000	5.000
机械	990807020	耐腐蚀泵 50mm	台班	0.282	0.451	0.596	0.749
	991003060	电动空气压缩机 9m^3/min	台班	0.145	0.145	0.145	0.145

工作内容：施工准备、箱（槽）制作安装、酸洗用泵的检修和安装等。 计量单位：台

编号				3-2-629	3-2-630	3-2-631	3-2-632
项目				碳钢、低合金钢设备容积（m^3以内）			
				5	6	8	10
名称			单位	消耗量			
人工	000203000	综合二类工	工日	4.977	5.445	6.033	6.625
材料	143185001	亚硝酸钠	kg	230.964	277.019	369.542	461.927
	143343001	乌洛托品	kg	17.884	21.460	28.614	35.767
	143115001	氨水	kg	53.270	63.924	85.232	106.540
	143101002	盐酸 31%合成	kg	178.835	214.602	286.136	357.670
	341101001	水	m^3	63.163	75.796	101.061	114.607
	850103006	其他材料费（占材料费）	%	5.000	5.000	5.000	5.000
机械	990807020	耐腐蚀泵 50mm	台班	0.798	0.894	1.095	1.297
	991003060	电动空气压缩机 $9m^3/min$	台班	0.145	0.202	0.202	0.202

工作内容：施工准备、箱（槽）制作安装、酸洗用泵的检修和安装等。 计量单位：台

编号				3-2-633	3-2-634	3-2-635	3-2-636
项目				不锈耐酸钢（覆层、衬里）容积（m^3以内）			
				1	2	3	4
名称			单位	消耗量			
人工	000203000	综合二类工	工日	1.193	1.579	3.385	3.846
材料	143103001	硝酸	kg	88.809	177.617	266.426	355.235
	143157001	氢氟酸 45%	kg	17.731	35.463	53.194	70.925
	143175001	重铬酸钾 98%	kg	7.077	14.155	21.232	28.309
	341101001	水	m^3	8.447	16.894	25.341	33.788
	850103006	其他材料费（占材料费）	%	5.000	5.000	5.000	5.000
机械	990807020	耐腐蚀泵 50mm	台班	0.209	0.347	0.419	0.572
	991003060	电动空气压缩机 $9m^3/min$	台班	0.145	0.145	0.145	0.145

工作内容：施工准备、箱（槽）制作安装、酸洗用泵的检修和安装等。 计量单位：台

编号				3-2-637	3-2-638	3-2-639	3-2-640
项目				不锈耐酸钢（覆层、衬里）容积（m^3 以内）			
				5	6	8	10
名称			单位	消耗量			
人工	000203000	综合二类工	工日	4.281	4.646	5.039	5.445
材料	143103001	硝酸	kg	444.044	532.852	710.470	888.087
	143157001	氢氟酸 45%	kg	88.657	106.388	141.850	177.313
	143175001	重铬酸钾 98%	kg	35.387	42.464	56.618	70.773
	341101001	水	m^3	42.236	50.683	67.577	84.471
	850103006	其他材料费（占材料费）	%	5.000	5.000	5.000	5.000
机械	990807020	耐腐蚀泵 50mm	台班	0.596	0.621	0.757	0.886
	991003060	电动空气压缩机 $9m^3/min$	台班	0.145	0.202	0.202	0.202

工作内容：施工准备、箱（槽）制作安装、酸洗用泵的检修和安装等。 计量单位：台

编号				3-2-641	3-2-642	3-2-643
项目				酸洗措施用消耗量摊销设备容积（m^3 以内）		
				1	5	10
名称			单位	消耗量		
人工	000203000	综合二类工	工日	1.814	2.661	3.626
材料	012901015	热轧薄钢板 $\delta 3.5 \sim 4.0$	kg	11.666	30.691	47.715
	170201014	无缝钢管 $D57 \times 3.5$	m	0.662	0.662	0.662
	031505019	金属滤网	m^2	0.228	0.731	1.142
	200101002	钢板平焊法兰 *PN*1.6 *DN*50	片	0.228	0.228	0.228
	183125002	压制弯头 $90°R = 1.5D$ *DN*50	个	0.282	0.282	0.282
	190901006	止回阀（不锈钢密封圈）*PN*1.6 *DN*50	个	0.152	0.152	0.152
	190100007	截止阀（不锈钢密封圈）*PN*1.6 *DN*50	个	0.609	0.609	0.609
	264199008	温度计插座	个	0.023	0.023	0.023
	552509001	磁力启动器 QC-30A	个	0.023	0.023	0.023
	551309003	铁壳开关 3P 30A	个	0.023	0.023	0.023
	262111001	防水按钮 LN-10S 3P	个	0.023	0.023	0.023
	280008003	电缆 $3 \times 6 + 1 \times 4$	m	0.510	0.510	0.510
	850103006	其他材料费（占材料费）	%	5.000	5.000	5.000

（5）设备焊缝酸洗、钝化

工作内容：施工准备、箱（槽）制作安装、酸洗用泵的检修和安装等。 **计量单位：**10m

编号				3-2-644	3-2-645
项目				不锈钢焊缝	铝材焊缝（焊后）酸洗
名称			单位	消耗量	
人工	000203000	综合二类工	工日	0.228	0.207
材料	143101002	盐酸 31%合成	kg	0.662	—
	143103001	硝酸	kg	0.289	0.677
	092705004	碎布	kg	0.076	0.076
	341101001	水	m^3	0.129	0.129
	143175001	重铬酸钾 98%	kg	—	0.274
机械	991003050	电动空气压缩机 $6m^3/min$	台班	0.008	0.008

4. 设备脱脂

（1）容器类设备

工作内容：施工准备、脱水、脱脂、排放脱脂剂、吹干、清除残液、检查、涂密封剂、封闭标记等。 **计量单位：**$10m^2$

编号				3-2-646	3-2-647	3-2-648	3-2-649	3-2-650
项目				二氯乙烷脱脂设备直径（mm 以内）				
				600	900	1200	1500	1500 以上
名称			单位	消耗量				
人工	000203000	综合二类工	工日	1.930	1.538	1.392	1.158	0.931
材料	142917001	二氯乙烷	kg	18.036	17.275	16.057	14.763	13.165
	020901004	聚氯乙烯薄膜	kg	0.761	0.609	0.457	0.381	0.304
	022703001	白布	m^2	0.457	0.381	0.304	0.228	0.152
	850103006	其他材料费（占材料费）	%	5.000	5.000	5.000	5.000	5.000
机械	991005010	无油空气压缩机 $9m^3/min$	台班	0.097	0.081	0.064	0.048	0.032

工作内容：施工准备、脱水、脱脂、排放脱脂剂、吹干、清除残液、检查、涂密封剂、封闭标记等。 **计量单位：**$10m^2$

编号				3-2-651	3-2-652	3-2-653	3-2-654	3-2-655
项目				三氯乙烯脱脂设备直径（mm 以内）				
				600	900	1200	1500	1500 以上
名称			单位	消耗量				
人工	000203000	综合二类工	工日	1.930	1.538	1.392	1.158	0.931
材料	143163001	三氯乙烯	kg	21.232	20.319	19.329	17.351	15.448
	020901004	聚氯乙烯薄膜	kg	0.761	0.609	0.457	0.381	0.304
	022703001	白布	m^2	0.457	0.381	0.304	0.228	0.152
	850103006	其他材料费（占材料费）	%	5.000	5.000	5.000	5.000	5.000
机械	991005010	无油空气压缩机 $9m^3/min$	台班	0.097	0.081	0.064	0.048	0.032

工作内容：施工准备、脱水、脱脂、排放脱脂剂、吹干、清除残液、检查、涂密封剂、封闭标记等。 计量单位：10m²

编号				3-2-656	3-2-657	3-2-658	3-2-659	3-2-660
项目				四氯化碳脱脂设备直径（mm 以内）				
				600	900	1200	1500	1500 以上
名称			单位	消耗量				
人工	000203000	综合二类工	工日	1.930	1.538	1.392	1.158	0.931
材料	143167001	四氯化碳	kg	23.363	22.297	21.232	19.101	16.970
	020901004	聚氯乙烯薄膜	kg	0.761	0.609	0.457	0.381	0.304
	022703001	白布	m²	0.457	0.381	0.304	0.228	0.152
	850103006	其他材料费（占材料费）	%	5.000	5.000	5.000	5.000	5.000
机械	991005010	无油空气压缩机 9m³/min	台班	0.097	0.081	0.064	0.048	0.032

工作内容：施工准备、脱水、脱脂、排放脱脂剂、吹干、清除残液、检查、涂密封剂、封闭标记等。 计量单位：10m²

编号				3-2-661	3-2-662	3-2-663	3-2-664	3-2-665
项目				工业酒精脱脂设备直径（mm 以内）				
				600	900	1200	1500	1500 以上
名称			单位	消耗量				
人工	000203000	综合二类工	工日	1.930	1.538	1.392	1.158	0.931
材料	020901004	聚氯乙烯薄膜	kg	0.761	0.609	0.457	0.381	0.304
	022703001	白布	m²	0.457	0.381	0.304	0.228	0.152
	143303002	酒精 工业用 99.5%	kg	13.622	13.013	12.404	11.187	9.893
	850103006	其他材料费（占材料费）	%	5.000	5.000	5.000	5.000	5.000
机械	991005010	无油空气压缩机 9m³/min	台班	0.097	0.081	0.064	0.048	0.032

（2）塔类设备

工作内容：施工准备、脱水、脱脂、排放脱脂剂、吹干、清除残液、检查、涂密封剂、封闭标记等。 计量单位：10m²

编号				3-2-666	3-2-667	3-2-668	3-2-669	3-2-670
项目				二氯乙烷脱脂设备直径（mm 以内）				
				600	900	1200	1500	1500 以上
名称			单位	消耗量				
人工	000203000	综合二类工	工日	2.345	1.930	1.585	1.240	1.103
材料	142917001	二氯乙烷	kg	22.069	21.080	20.090	18.036	16.057
	020901004	聚氯乙烯薄膜	kg	0.761	0.609	0.457	0.381	0.304
	022703001	白布	m²	0.457	0.381	0.304	0.228	0.152
	850103006	其他材料费（占材料费）	%	5.000	5.000	5.000	5.000	5.000
机械	991005010	无油空气压缩机 9m³/min	台班	0.097	0.081	0.064	0.048	0.032

工作内容：施工准备、脱水、脱脂、排放脱脂剂、吹干、清除残液、检查、涂密封剂、封闭标记等。

计量单位：10m²

编号				3-2-671	3-2-672	3-2-673	3-2-674	3-2-675
项目				三氯乙烯脱脂设备直径（mm 以内）				
				600	900	1200	1500	1500 以上
名称			单位	消耗量				
人工	000203000	综合二类工	工日	2.345	1.930	1.585	1.240	1.103
材料	020901004	聚氯乙烯薄膜	kg	0.761	0.609	0.457	0.381	0.304
	022703001	白布	m²	0.457	0.381	0.304	0.228	0.152
	143163001	三氯乙烯	kg	27.092	25.874	24.352	22.221	19.710
	850103006	其他材料费（占材料费）	%	5.000	5.000	5.000	5.000	5.000
机械	991005010	无油空气压缩机 9m³/min	台班	0.097	0.081	0.064	0.048	0.032

工作内容：施工准备、脱水、脱脂、排放脱脂剂、吹干、清除残液、检查、涂密封剂、封闭标记等。

计量单位：10m²

编号				3-2-676	3-2-677	3-2-678	3-2-679	3-2-680
项目				四氯化碳脱脂设备直径（mm 以内）				
				600	900	1200	1500	1500 以上
名称			单位	消耗量				
人工	000203000	综合二类工	工日	2.345	1.930	1.585	1.240	1.103
材料	143167001	四氯化碳	kg	29.831	28.461	27.092	24.352	21.689
	020901004	聚氯乙烯薄膜	kg	0.761	0.609	0.457	0.381	0.304
	022703001	白布	m²	0.457	0.381	0.304	0.228	0.152
	850103006	其他材料费（占材料费）	%	5.000	5.000	5.000	5.000	5.000
机械	991005010	无油空气压缩机 9m³/min	台班	0.097	0.081	0.064	0.048	0.032

工作内容：施工准备、脱水、脱脂、排放脱脂剂、吹干、清除残液、检查、涂密封剂、封闭标记等。

计量单位：10m²

编号				3-2-681	3-2-682	3-2-683	3-2-684	3-2-685
项目				工业酒精脱脂设备直径*DN*（mm 以内）				
				600	900	1200	1500	1500 以上
名称			单位	消耗量				
人工	000203000	综合二类工	工日	2.345	1.930	1.585	1.240	1.103
材料	020901004	聚氯乙烯薄膜	kg	0.761	0.609	0.457	0.381	0.304
	022703001	白布	m²	0.457	0.381	0.304	0.228	0.152
	143303002	酒精 工业用 99.5%	kg	17.655	16.894	16.057	14.459	12.861
	850103006	其他材料费（占材料费）	%	5.000	5.000	5.000	5.000	5.000
机械	991005010	无油空气压缩机 9m³/min	台班	0.097	0.081	0.064	0.048	0.032

（3）换热器类设备

工作内容：施工准备、脱水、脱脂、排放脱脂剂、吹干、清除残液、检查、涂密封剂、封闭标记等。

计量单位：10m²

编号				3-2-686	3-2-687	3-2-688	3-2-689	3-2-690	3-2-691
项目				二氯乙烷脱脂设备直径（mm 以内）					
				300	600	900	1200	1500	1500 以上
名称			单位	消耗量					
人工	000203000	综合二类工	工日	3.240	2.854	2.544	2.316	2.082	1.855
材料	142917001	二氯乙烷	kg	31.505	30.136	28.766	27.396	24.352	21.917
	022703001	白布	m^2	0.533	0.457	0.381	0.304	0.228	0.152
	020901004	聚氯乙烯薄膜	kg	0.913	0.761	0.609	0.457	0.381	0.304
	850103006	其他材料费（占材料费）	%	5.000	5.000	5.000	5.000	5.000	5.000
机械	991005010	无油空气压缩机 $9m^3/min$	台班	0.113	0.097	0.081	0.064	0.048	0.032
	990801010	电动单级离心清水泵 50mm	台班	0.113	0.097	0.081	0.064	0.048	0.032

工作内容：施工准备、脱水、脱脂、排放脱脂剂、吹干、清除残液、检查、涂密封剂、封闭标记等。

计量单位：10m²

编号				3-2-692	3-2-693	3-2-694	3-2-695	3-2-696	3-2-697
项目				三氯乙烯脱脂设备直径（mm 以内）					
				300	600	900	1200	1500	1500 以上
名称			单位	消耗量					
人工	000203000	综合二类工	工日	3.240	2.854	2.544	2.316	2.082	1.855
材料	022703001	白布	m^2	0.533	0.457	0.381	0.304	0.228	0.152
	020901004	聚氯乙烯薄膜	kg	0.913	0.761	0.609	0.457	0.381	0.304
	143163001	三氯乙烯	kg	37.061	35.387	33.788	32.190	28.994	25.722
	850103006	其他材料费（占材料费）	%	5.000	5.000	5.000	5.000	5.000	5.000
机械	991005010	无油空气压缩机 $9m^3/min$	台班	0.113	0.097	0.081	0.064	0.048	0.032
	990801010	电动单级离心清水泵 50mm	台班	0.113	0.097	0.081	0.064	0.048	0.032

工作内容：施工准备、脱水、脱脂、排放脱脂剂、吹干、清除残液、检查、涂密封剂、封闭标记等。

计量单位：10m²

编号				3-2-698	3-2-699	3-2-700	3-2-701	3-2-702	3-2-703
项目				四氯化碳脱脂设备直径（mm 以内）					
				300	600	900	1200	1500	1500 以上
名称			单位	消耗量					
人工	000203000	综合二类工	工日	3.240	2.854	2.544	2.316	2.082	1.855
材料	143167001	四氯化碳	kg	40.029	38.887	37.137	35.387	31.886	28.309
	020901004	聚氯乙烯薄膜	kg	0.913	0.761	0.609	0.457	0.381	0.304
	022703001	白布	m²	0.533	0.457	0.381	0.304	0.228	0.152
	850103006	其他材料费（占材料费）	%	5.000	5.000	5.000	5.000	5.000	5.000
机械	990801010	电动单级离心清水泵 50mm	台班	0.113	0.097	0.081	0.064	0.048	0.032
	991005010	无油空气压缩机 9m³/min	台班	0.113	0.097	0.081	0.064	0.048	0.032

工作内容：施工准备、脱水、脱脂、排放脱脂剂、吹干、清除残液、检查、涂密封剂、封闭标记等。

计量单位：10m²

编号				3-2-704	3-2-705	3-2-706	3-2-707	3-2-708	3-2-709
项目				工业酒精脱脂设备直径（mm 以内）					
				300	600	900	1200	1500	1500 以上
名称			单位	消耗量					
人工	000203000	综合二类工	工日	3.240	2.854	2.544	2.316	2.082	1.855
材料	020901004	聚氯乙烯薄膜	kg	0.913	0.761	0.609	0.457	0.381	0.304
	022703001	白布	m²	0.533	0.457	0.381	0.304	0.228	0.152
	143303002	酒精 工业用 99.5%	kg	23.743	22.754	21.765	20.699	18.645	16.590
	850103006	其他材料费（占材料费）	%	5.000	5.000	5.000	5.000	5.000	5.000
机械	990801010	电动单级离心清水泵 50mm	台班	0.113	0.097	0.081	0.064	0.048	0.032
	991005010	无油空气压缩机 9m³/min	台班	0.113	0.097	0.081	0.064	0.048	0.032

工作内容： 施工准备、脱水、脱脂、排放脱脂剂、吹干、清除残液、检查、涂密封剂、封闭标记等。

计量单位：t

编号				3-2-710	3-2-711	3-2-712	3-2-713	3-2-714
项目				钢制结构脱脂				
				二氯乙烷	三氯乙烯	四氯化碳	工业酒精	措施消耗量摊销
名称			单位	消耗量				
人工	000203000	综合二类工	工日	4.729	4.729	4.729	4.729	0.834
材料	012900015	钢板 δ4～10	kg	—	—	—	—	23.591
	170201014	无缝钢管 $D57 \times 3.5$	m	—	—	—	—	3.653
	142907002	乙炔气	kg	—	—	—	—	0.181
	142909001	氧气	m^3	—	—	—	—	0.472
	031301009	低碳钢焊条 J427（综合）	kg	—	—	—	—	0.624
	020112006	无石棉橡胶板 中压 δ0.8～6	kg	—	—	—	—	0.487
	200001011	平焊法兰 *PN*0.6 *DN*25	副	—	—	—	—	0.023
	200001012	平焊法兰 *PN*0.6 *DN*50	副	—	—	—	—	0.129
	183125002	压制弯头 90°$R = 1.5D$ *DN*50	个	—	—	—	—	0.251
	190101003	法兰截止阀 J41H-6 *DN*25	个	—	—	—	—	0.152
	190101005	法兰截止阀 J41H-6 *DN*50	个	—	—	—	—	0.152
	552509001	磁力启动器 QC-30A	个	—	—	—	—	0.023
	551309003	铁壳开关 3P 30A	个	—	—	—	—	0.023
	262111001	防水按钮 LN-10S 3P	个	—	—	—	—	0.023
	280008003	电缆 $3 \times 6 + 1 \times 4$	m	—	—	—	—	1.522
	031101010	尼龙砂轮片 $\phi150$	片	—	—	—	—	0.152
	031101004	砂轮片 $\phi200$	片	—	—	—	—	0.015
	190901005	止回阀 H41H-6 *DN*25	个	—	—	—	—	0.076
	142917001	二氯乙烷	kg	138.502	—	—	—	—
	020901004	聚氯乙烯薄膜	kg	0.685	0.685	0.685	0.685	—
	022703001	白布	m^2	1.065	1.065	1.065	1.065	—
	143163001	三氯乙烯	kg	—	163.615	—	—	—
	143167001	四氯化碳	kg	—	—	175.791	—	—
	143303002	酒精 工业用 99.5%	kg	—	—	—	87.515	—
	850103006	其他材料费（占材料费）	%	5.000	5.000	5.000	5.000	5.000
机械	991005010	无油空气压缩机 $9m^3/min$	台班	0.186	0.186	0.186	0.186	—
	990304016	汽车式起重机 16t	台班	—	—	—	—	0.016
	990401030	载重汽车 8t	台班	—	—	—	—	0.016
	990718040	普通车床 $630 \times 2000mm$	台班	—	—	—	—	0.008
	990732030	剪板机 $20 \times 2000mm$	台班	—	—	—	—	0.008
	990747040	管子切断机 325mm	台班	—	—	—	—	0.008
	990901020	交流弧焊机 32kV·A	台班	—	—	—	—	0.250

十、设备制作、安装辅助项目

1. 吊耳制作、安装

工作内容：施工准备、放料、号料、切料、组对、焊接等。 计量单位：个

编号				3-2-715	3-2-716	3-2-717	3-2-718	3-2-719
项目				载荷（t 以内）				
				30	50	100	150	200
名称			单位	消耗量				
人工	000203000	综合二类工	工日	2.109	6.784	9.038	14.208	18.414
材料	012903013	热轧中厚钢板 δ10～20	kg	29.474	83.109	166.347	291.235	646.827
	142907002	乙炔气	kg	1.358	2.505	3.878	5.251	6.628
	142909001	氧气	m^3	3.532	6.513	10.084	13.652	17.232
	031301009	低碳钢焊条 J427（综合）	kg	1.674	4.284	8.683	16.019	28.461
	012903029	热轧中厚钢板 δ40～70	kg	12.389	21.384	40.333	81.336	—
	850103006	其他材料费（占材料费）	%	5.000	5.000	5.000	5.000	5.000
机械	990304016	汽车式起重机 16t	台班	0.016	0.025	0.073	0.097	0.129
	990727020	立式钻床 35mm	台班	0.032	0.032	0.032	0.032	0.032
	990732030	剪板机 20 × 2000mm	台班	0.008	0.008	0.032	0.057	0.089
	990734040	卷板机 40 × 3500mm	台班	0.008	0.008	0.008	0.016	0.016
	990901020	交流弧焊机 32kV · A	台班	0.588	1.417	2.706	4.840	8.368
	990919040	电焊条烘干箱 80 × 80 × 100cm³	台班	0.058	0.142	0.270	0.484	0.837
	990920010	电焊条恒温箱	台班	0.058	0.142	0.270	0.484	0.837

工作内容：施工准备、放料、号料、切料、组对、焊接等。　　计量单位：个

编号				3-2-720	3-2-721	3-2-722	3-2-723
项目				载荷（t 以内）			
				250	300	400	400 以上
名称			单位	消耗量			
人工	000203000	综合二类工	工日	21.618	27.546	35.275	41.017
材料	012903013	热轧中厚钢板 δ10～20	kg	806.964	1008.477	1407.576	1777.993
	142907002	乙炔气	kg	8.003	9.378	10.115	10.777
	142909001	氧气	m^3	20.807	24.382	26.300	28.021
	031301009	低碳钢焊条 J427（综合）	kg	36.315	46.391	66.154	85.346
	850103006	其他材料费（占材料费）	%	5.000	5.000	5.000	5.000
机械	990304016	汽车式起重机 16t	台班	0.161	0.186	0.209	0.242
	990727020	立式钻床 35mm	台班	0.032	0.041	0.048	0.057
	990732030	剪板机 20 × 2000mm	台班	0.121	0.170	0.202	0.225
	990734040	卷板机 40 × 3500mm	台班	0.025	0.025	0.025	0.025
	990901020	交流弧焊机 32kV · A	台班	10.389	12.917	17.951	22.581
	990919040	电焊条烘干箱 80 × 80 × 100cm^3	台班	1.039	1.292	1.795	2.258
	990920010	电焊条恒温箱	台班	1.039	1.292	1.795	2.258

2. 设备胎具制作、安装与加固件

（1）设备胎具制作

工作内容：样板制作、号料、切割、坡口、修口打磨、组对、焊接、压制调试、整修、更换胎具等。　　计量单位：见表

编号				3-2-724	3-2-725	3-2-726	3-2-727	3-2-728
项目				有折边锥形封头压制胎具设备直径（mm 以内）				筒体卷弧胎具 筒体直径（mm 以内）
				600	1000	1600	2000	2000～8000
单位				个				t
名称			单位	消耗量				
人工	000203000	综合二类工	工日	0.255	0.620	0.993	1.579	0.123
材料	012900015	钢板 δ4～10	kg	14.231	23.112	33.142	44.260	10.654
	142907002	乙炔气	kg	0.021	0.076	0.155	0.248	0.063
	142909001	氧气	m^3	0.055	0.196	0.402	0.646	0.164
	031301009	低碳钢焊条 J427（综合）	kg	0.167	0.447	0.872	1.294	0.101
	050401001	木方	m^3	0.008	0.008	0.008	0.008	—
	031101004	砂轮片 ϕ200	片	0.051	0.165	0.365	0.571	—
	031101011	尼龙砂轮片 ϕ180	片	0.053	0.167	0.365	0.571	—

续前

编号				3-2-724	3-2-725	3-2-726	3-2-727	3-2-728
项目				有折边锥形封头压制胎具设备直径（mm 以内）				筒体卷弧胎具 筒体直径（mm 以内）
				600	1000	1600	2000	2000～8000
单位				个				t
名称			单位	消耗量				
材料	011900002	槽钢（综合）	kg	—	—	—	—	3.044
	031101009	尼龙砂轮片 φ100	片	—	—	—	—	0.038
	850103006	其他材料费（占材料费）	%	3.000	3.000	3.000	3.000	3.000
机械	990734015	卷板机 20×2500mm	台班	—	—	—	—	0.008
	990308020	桥式起重机 15t	台班	0.010	0.033	0.071	0.105	0.010
	990503030	电动单筒慢速卷扬机 50kN	台班	0.025	0.031	0.072	0.077	—
	990732035	剪板机 20×2500mm	台班	0.008	0.008	0.008	0.008	—
	990901020	交流弧焊机 32kV·A	台班	0.023	0.062	0.120	0.178	0.032
	990744010	半自动切割机 100mm	台班	0.008	0.008	0.007	0.010	—
	990763050	液压机 2000kN	台班	0.044	0.054	0.122	0.130	—
	991006030	工业锅炉 4t/h	台班	0.052	0.063	0.143	0.153	—
	990919040	电焊条烘干箱 80×80×100cm^3	台班	0.003	0.006	0.012	0.018	0.003
	990920010	电焊条恒温箱	台班	0.003	0.006	0.012	0.018	0.003

工作内容：样板制作、号料、切割、坡口、修口打磨、组对、焊接、压制调试、整修、更换胎具等。

计量单位：台

编号				3-2-729	3-2-730	3-2-731	3-2-732
项目				浮头式换热器试压胎具设备直径（mm 以内）			
				300～600	700～1000	1100～1600	1700～2000
名称			单位	消耗量			
人工	000203000	综合二类工	工日	0.462	1.020	1.807	3.033
材料	012900015	钢板 δ4～10	kg	0.352	0.180	0.287	0.358
	012903016	热轧中厚钢板 δ20～40	kg	10.165	—	—	—
	142907002	乙炔气	kg	0.010	0.017	0.027	0.033
	142909001	氧气	m^3	0.025	0.043	0.071	0.087
	031301009	低碳钢焊条 J427（综合）	kg	0.058	0.096	0.156	0.197
	140103001	清油	kg	0.009	0.012	0.018	0.023
	040915003	黑铅粉	kg	0.008	0.004	0.005	0.005
	031101009	尼龙砂轮片 φ100	片	0.012	0.021	0.032	0.040
	031101010	尼龙砂轮片 φ150	片	0.115	0.245	0.532	0.709

续前

编　号				3-2-729	3-2-730	3-2-731	3-2-732
项　目				浮头式换热器试压胎具设备直径（mm 以内）			
				300～600	700～1000	1100～1600	1700～2000
名　称			单位	消　耗　量			
材料	012903013	热轧中厚钢板 δ10～20	kg	—	0.489	0.914	1.469
	012903029	热轧中厚钢板 δ40～70	kg	—	21.863	41.610	55.664
	850103006	其他材料费（占材料费）	%	3.000	3.000	3.000	3.000
机械	990309030	门式起重机 20t	台班	0.007	0.009	0.013	0.015
	990308020	桥式起重机 15t	台班	0.021	0.041	0.073	0.097
	990718060	普通车床 1000 × 5000mm	台班	0.048	—	—	—
	990727030	立式钻床 50mm	台班	0.014	0.022	0.031	0.041
	990734015	卷板机 20 × 2500mm	台班	0.008	0.008	0.008	0.008
	990901020	交流弧焊机 32kV · A	台班	0.019	0.030	0.041	0.052
	990743010	等离子切割机 400A	台班	0.077	0.178	0.347	0.463
	990744010	半自动切割机 100mm	台班	0.008	0.008	0.008	0.008
	991003030	电动空气压缩机 $1m^3/min$	台班	0.077	0.178	0.347	0.463
	990919040	电焊条烘干箱 $80 \times 80 \times 100cm^3$	台班	0.002	0.003	0.004	0.005
	990920010	电焊条恒温箱	台班	0.002	0.003	0.004	0.005
	990727010	立式钻床 25mm	台班	—	0.084	0.125	0.168

（2）设备胎具组装

工作内容：制作、安装、拆除等。　　**计量单位：**台

编　号				3-2-733	3-2-734	3-2-735	3-2-736	3-2-737
项　目				设备分段组对胎具设备重量（t 以内）				
				50	100	200	300	400
名　称			单位	消　耗　量				
人工	000203000	综合二类工	工日	9.375	14.063	24.610	41.837	62.759
材料	011900002	槽钢（综合）	kg	28.568	49.678	87.667	149.034	238.452
	012900015	钢板 δ4～10	kg	20.699	36.224	63.924	108.671	173.873
	170201062	无缝钢管 $D57$～219	kg	19.040	33.119	58.445	99.356	158.973
	142907002	乙炔气	kg	2.239	4.180	7.941	13.499	21.599
	142909001	氧气	m^3	5.822	10.867	20.647	35.097	56.157
	031301009	低碳钢焊条 J427（综合）	kg	1.941	3.379	5.959	10.129	16.202
	850103006	其他材料费（占材料费）	%	3.000	3.000	3.000	3.000	3.000
机械	990304016	汽车式起重机 16t	台班	0.064	0.113	0.202	0.338	0.532
	990401020	载重汽车 5t	台班	0.064	0.105	0.186	0.322	0.515
	990901020	交流弧焊机 32kV · A	台班	1.031	1.788	3.157	5.363	8.577
	990919040	电焊条烘干箱 $80 \times 80 \times 100cm^3$	台班	0.103	0.179	0.315	0.537	0.858
	990920010	电焊条恒温箱	台班	0.103	0.179	0.315	0.537	0.858

工作内容：制作、安装、拆除等。 计量单位：台

编号				3-2-738	3-2-739	3-2-740	3-2-741
项目				设备分段组对胎具设备重量（t以内）		设备分片组装胎具设备重量（t以内）	
				500	600	100	200
名称			单位	消耗量			
人工	000203000	综合二类工	工日	94.131	131.783	112.123	208.460
材料	011900002	槽钢（综合）	kg	357.685	500.753	508.112	920.810
	170200002	无缝钢管（综合）	kg	—	—	508.165	807.999
	170201062	无缝钢管 $D57\sim219$	kg	238.452	333.835	337.633	611.844
	142907002	乙炔气	kg	32.398	45.360	73.521	133.968
	142909001	氧气	m^3	84.236	117.935	191.156	348.317
	031301009	低碳钢焊条 J427（综合）	kg	24.299	34.024	37.540	66.694
	012900015	钢板 $\delta4\sim10$	kg	260.810	365.135	—	—
	850103006	其他材料费（占材料费）	%	3.000	3.000	5.000	5.000
机械	990304016	汽车式起重机 16t	台班	0.789	1.095	1.466	2.545
	990401020	载重汽车 5t	台班	0.773	1.079	1.224	2.126
	990901020	交流弧焊机 32kV·A	台班	12.861	18.007	15.889	28.234
	990919040	电焊条烘干箱 $80\times80\times100cm^3$	台班	1.286	1.801	1.589	2.824
	990920010	电焊条恒温箱	台班	1.286	1.801	1.589	2.824

工作内容：制作、安装、拆除等。 计量单位：台

编号				3-2-742	3-2-743	3-2-744	3-2-745
项目				设备分片组装胎具设备重量（t以内）			
				300	400	500	600
名称			单位	消耗量			
人工	000203000	综合二类工	工日	332.542	456.625	580.708	704.792
材料	011900002	槽钢（综合）	kg	1632.398	2518.750	3230.978	4009.534
	170200002	无缝钢管（综合）	kg	1288.951	1769.903	2250.855	2731.807
	170201062	无缝钢管 $D57\sim219$	kg	1088.268	1679.169	2153.980	2673.020
	142907002	乙炔气	kg	209.342	281.468	350.344	415.954
	142909001	氧气	m^3	544.290	731.816	910.894	1081.480
	031301009	低碳钢焊条 J427（综合）	kg	115.976	175.144	219.997	267.065
	850103006	其他材料费（占材料费）	%	5.000	5.000	5.000	5.000
机械	990304016	汽车式起重机 16t	台班	4.365	6.499	8.311	10.244
	990401020	载重汽车 5t	台班	3.640	5.412	6.926	8.536
	990901020	交流弧焊机 32kV·A	台班	49.092	74.137	93.127	113.050
	990919040	电焊条烘干箱 $80\times80\times100cm^3$	台班	4.909	7.414	9.316	11.305
	990920010	电焊条恒温箱	台班	4.909	7.414	9.316	11.305

（3）设备组对及吊装加固件

工作内容：施工准备、加固件制作、安装与拆除、配合检查验收等。　　　　**计量单位：**t

编号				3-2-746	3-2-747
项目				设备组对加固件	设备吊装加固件
名称			单位	消耗量	
人工	000203000	综合二类工	工日	11.768	13.139
材料	010900002	圆钢（综合）	kg	10.426	24.656
	142907002	乙炔气	kg	3.732	3.337
	142909001	氧气	m^3	9.703	8.675
	031301009	低碳钢焊条 J427（综合）	kg	16.590	20.889
	850103006	其他材料费（占材料费）	%	5.000	5.000
机械	990304016	汽车式起重机 16t	台班	0.161	0.161
	990302025	履带式起重机 25t	台班	0.145	0.113
	990304028	汽车式起重机 30t	台班	0.121	0.121
	990401020	载重汽车 5t	台班	0.097	0.347
	990901020	交流弧焊机 32kV·A	台班	3.125	3.962
	990919040	电焊条烘干箱 80×80×100cm³	台班	0.313	0.396
	990920010	电焊条恒温箱	台班	0.313	0.396

3. 临时支撑架制作、安装、拆除

工作内容：施工准备、场内运输、制作、安装、拆除等。　　　　**计量单位：**t

编号				3-2-748	3-2-749
项目				临时支撑架制作、安装、拆除	尾部铰链及裙部加强板制作、安装、拆除
名称			单位	消耗量	
人工	000203000	综合二类工	工日	16.007	18.516
材料	142907002	乙炔气	kg	5.620	4.917
	142909001	氧气	m^3	14.611	12.785
	031301009	低碳钢焊条 J427（综合）	kg	15.418	48.034
机械	990302015	履带式起重机 15t	台班	0.161	—
	990304016	汽车式起重机 16t	台班	0.057	0.081
	990401015	载重汽车 4t	台班	0.057	0.081
	990901020	交流弧焊机 32kV·A	台班	4.510	6.354
	990919040	电焊条烘干箱 80×80×100cm³	台班	0.451	0.636
	990920010	电焊条恒温箱	台班	0.451	0.636
	990728020	摇臂钻床 50mm	台班	—	0.081
	990732030	剪板机 20×2000mm	台班	—	0.145

十一、补 充 项 目

1. 催化剂装填

工作内容：施工准备、场内运输、挑选、冲洗、运输、填充、配合检查验收。 **计量单位：**t

编号				3-2-750	3-2-751	3-2-752
项目				加氢裂化装置	连续重整装置	吸附剂、分子筛
名称			单位	消耗量		
人工	000203000	综合二类工	工日	2.505	4.215	1.524
材料	010501010	钢丝绳 ϕ12.5	m	3.160	4.160	3.160
	050401001	木方	m^3	0.010	0.010	0.010
	021915004	防静电绳	m	0.400	0.300	0.300
	172703002	夹布胶管（耐油）ϕ50	m	1.120	1.500	1.120
	173128001	帆布管	m	1.500	1.000	1.100
	850103005	其他材料费	元	7.100	7.180	6.310
机械	990304024	汽车式起重机 25t	台班	—	0.084	0.040
	990304040	汽车式起重机 50t	台班	0.045	—	—
	990305010	叉式起重机 3t	台班	0.056	0.112	0.056
	990401035	载重汽车 10t	台班	0.020	0.020	0.020
	990501040	电动单筒快速卷扬机 20kN	台班	0.200	0.200	0.200
	990808040	真空泵 2400m^3/h	台班	0.080	0.150	—
	991201020	轴流通风机 30kW	台班	0.270	0.270	0.270
	990808030	真空泵 720m^3/h	台班	—	—	0.070

第三章

金属储罐制作安装

说　明

一、本章内容包括拱顶罐、浮顶罐、内浮顶罐的预制安装、储罐附件安装、储罐水压试验及储罐胎具预制、安装、拆除等工作。其中空气泡沫产生器安装、喷淋冷却管线、泡沫管线及反射板预制安装仅适用储罐、球罐本体附属工程。本章按地上储罐编制，不适用于地下、半地下或洞内储罐施工。

二、每个项目除标注的工作内容外，均包括施工准备、场内运输以及现场清理工作。

三、本章不包括以下工作内容：

1. 除锈、刷油、防腐、保温及衬里工程。
2. 罐体外防雷接地。
3. 无损探伤。
4. 钢板卷材的开卷平直。
5. 储罐基础工程。
6. 平台、梯子、栏杆、扶手的制作安装。
7. 机加工件、锻件的外委加工费用。
8. 储罐壁板的复验，包括化学成分、力学性能及焊接工艺评定。
9. 预热、后热及热处理。
10. 阴极保护工程。
11. 储罐标定费用。
12. 罐本体以外各类系统的安装。
13. 现场组装平台铺设与拆除、卷材场外成品运输等辅助项目。
14. 水压试验排水管线的安装拆除。

四、储罐预制安装项目是按一个工地同时建造同系列两座以上（含两座）储罐考虑，如果只建造一座时，人工、机械乘以系数 1.25。

五、整体充水试压是按同容量的两座以上（含两座）储罐连续交替试压考虑，如只有一座储罐单独试压时，人工、水、机械均乘以系数 1.3；水压试验用水为未计价材料。

六、内浮顶储罐与拱顶储罐的水压试验同列为一个项目，但内浮顶储罐水压试验中的人工、机械应乘以系数 1.1。

七、浮顶罐船舱胎具制作中 150000m^3 储罐按照 100000m^3 储罐的单座项目乘以系数 1.38。

八、储罐附件均按成品合格件供货考虑，如附件到货不带孔颈或加强板时，在计算主材费时应单列孔颈和加强板的费用。

九、储罐附件如为自制，仍按外购件价格计算费用。

十、本章储罐施工方法已做了综合考虑，如采用不同的施工方法时，消耗量不得调整。

十一、储罐预制安装的主要材料损耗率按下表计算：

储罐预制安装的主要材料损耗率表

主要材料及名称	供应条件	损耗率（%）
平板	设计选用的规格钢板	4
	非设计选用的规格钢板	按实际情况确定
毛边钢板		按实际情况确定
型钢	设计选用的规格钢板	5

续前

主要材料及名称	供应条件	损耗率（%）
钢管	设计选用的规格钢板	3.5
卷板	卷筒钢板	按钢板卷材开卷平直项目执行
不锈钢钢板	设计选用的规格钢板	6.5
	非设计选用的规格钢板	按实际情况确定

十二、储罐胎具未包括在罐主体预制安装项目内，按规定摊销量分别列项进入消耗量。胎具均能重复使用，每套胎具的预制项目按一个工地同一时期安装同结构、同容量的台数一次摊入，并规定胎具的周转次数，即：如同一工地建造的同结构、同容量的台数在周转使用次数范围以内，按配置一套计算，批量超过周转使用次数范围时，可增加计算一套。胎具的周转使用次数详见下表：

胎具的周转使用次数表

序号	胎具项目	适用储罐容（m^3）	周转使用次数
1	立式储罐壁板卷弧胎具制作	100～150000	一个工地一套
2	拱顶、内浮顶储罐顶板预制胎具制作	100～20000	一个工地一套
3	拱顶、内浮顶储罐顶板组装胎具制作	100～100000	10
4	拱顶、内浮顶储罐顶板组装胎具安装、拆除	100～100000	每座罐计算一次
5	拱顶、内浮顶储罐钢制浮盘组装胎具制作	100～10000	10
6	拱顶、内浮顶储罐钢制浮盘组装胎具安装、拆除	100～10000	每座罐计算一次
7	浮顶储罐内脚手架正装胎具制作	3000～150000	10
8	浮顶储罐内脚手架正装胎具安装、拆除	3000～150000	每座罐计算一次
9	浮顶储罐外脚手架正装胎具安装、拆除	50000～150000	每座罐计算一次
10	浮顶储罐船舱预制胎具制作	3000～150000	10

十三、储罐板幅调整说明：

储罐底板中幅板、壁板现场排版图尺寸与规定的排版图尺寸有差异时，才允许进行板幅调整。

1. 底板板幅调整见下表：

底板板幅调整表

序号	罐容积（m^3）	每块中幅板（m）		
		长	宽	周长
1	5000	6.4	1.6	16
2	30000	12	1.8	27.6
3	50000 对接	12.5	2.2	29.4
4	100000 对接	14.78	2.98	35.52
5	150000 对接	13.78	2.78	33.12

每块中幅板周长不足或超过上表时，执行底板板幅调整相应项目，如周长减少，人工、材料、机械

增加，如周长增加，人工、材料、机械减少。罐底边缘板板幅变化不予调整。

2. 壁板板幅调整见下表：

壁板板幅调整表

序号	储罐容量（m^3）	每块板长 × 宽（m）	每座罐节数	平均每节张数
1	5000	6.4 × 1.6	8	11
2	30000	11.8 × 1.8	9	13
3	50000	11.8 × 2.45	8	16
4	100000	12.57 × 2.45	9	20
5	150000	14.65 × 2.4	10	20

如壁板节数和张数不足或超过上表时，执行壁板板幅调整相应项目。节数、张数增加，人工、材料、机械增加。节数、张数减少，人工、材料、机械减少。

十四、罐体手段用料制作摊销项目是按内脚手架正装的施工方法考虑的，不得调整。

十五、除已列出手段用料制作摊销项目以外的胎具、工卡具手段用料已按摊销量分别计入底板、壁板、浮船预制安装项目中，不得另计。

十六、50000m^3 以上（含 50000m^3）内浮顶钢制浮盘组装胎具制作、安装、拆除，发生时按实际价格计取，10000m^3～50000m^3 内浮顶钢制浮盘组装胎具制作、安装、拆除套用 10000m^3 的项目。

十七、储罐搅拌器安装，按照整体到货考虑，散件到货组装，人工、材料、机械乘以系数 1.5。

十八、储罐胎具摊销次数及材料摊销量按定额规定，不允许调整。

工程量计算规则

一、罐本体制作安装

1. 应区分不同构造形式和储罐容量，按设计排板图（如无设计排板图时，可按经过批准的制作下料排板图）所示几何尺寸计算金属重量，以“t”为计量单位。

2. 罐本体的金属重量包括罐底板、罐壁板、罐顶板（浮顶、网壳顶）、包边角钢、加强圈、抗风圈以及罐体上垫板、补强板等总重量，50000m^3（含 50000m^3）以上不包括加强圈、抗风圈。

3. 罐本体按构造部位的几何尺寸的实际面积展开计算，但不扣除罐体上所有开孔所占面积。

4. 罐本体消耗量均不包括附件、加热器、胎具和压力试验等的工作内容，以上各项均另列项目计算。

二、附件安装，应区分不同种类、规格、型号，按设计图示数量分别以“个”“套”“台”“t”“10m”等为计量单位。

三、加热器制作安装

1. 排管式加热器，按设计图示数量以“10 个”为计量单位。

2. 盘管式加热器，按设计盘管的中心线长度以“10m”为计量单位。

3. 加热器联接管，按设计图示数量以“10 个”为计量单位。

4. 加热器支座制作，按不同构造按设计图示数量分别以“10 个”为计量单位。

四、储罐水压试验，应区分不同的容量以“座”为计量单位。已包括储罐至试压泵临时水管线敷设、拆除及材料摊销量，不包括水源地至试压泵前水箱的临时管线铺设、拆除。

五、胎具制作应区分储罐不同构造，不同施工方法和不同规格，分别以“座、套”为计量单位。

一、金属立式储罐主体预制、安装

1. 搭接式拱顶罐预制、安装

工作内容： 散板堆放、放样号料、切割、坡口、卷弧、煨制、吊装、组对焊接、打磨、试漏等。

计量单位： t

编号				3-3-1	3-3-2	3-3-3	3-3-4	3-3-5
项目				储罐容量（m^3 以内）				
				100	200	300	400	500
名称			单位	消耗量				
人工	000203000	综合二类工	工日	6.025	5.341	5.200	4.941	4.807
材料	031301009	低碳钢焊条 J427（综合）	kg	13.960	12.950	12.530	12.160	12.020
	142909001	氧气	m^3	3.660	3.520	3.430	3.250	3.150
	142907002	乙炔气	kg	1.408	1.354	1.319	1.250	1.212
	031101010	尼龙砂轮片 $\phi150$	片	3.490	3.630	3.780	3.930	4.090
	050401001	木方	m^3	0.010	0.010	0.010	0.010	0.010
	140307001	煤油	kg	1.390	1.380	1.370	1.350	1.340
	143117001	白垩	kg	1.120	1.110	1.100	1.080	1.070
	850103006	其他材料费（占材料费）	%	8.000	8.000	8.000	8.000	8.000
机械	990901020	交流弧焊机 32kV · A	台班	5.209	4.922	4.635	4.296	3.962
	990919050	电焊条烘干箱 75 × 105 × 135cm³	台班	0.521	0.493	0.464	0.430	0.396
	990920010	电焊条恒温箱	台班	0.521	0.493	0.464	0.430	0.396
	990744010	半自动切割机 100mm	台班	0.638	0.628	0.495	0.486	0.164
	990732035	剪板机 20 × 2500mm	台班	0.162	0.105	0.086	0.067	0.029
	990734025	卷板机 30 × 2000mm	台班	0.048	0.048	0.048	0.048	0.048
	990304016	汽车式起重机 16t	台班	1.285	1.095	1.057	0.933	0.809
	990401035	载重汽车 10t	台班	0.343	0.286	0.248	0.228	0.228
	990808010	真空泵 204m³/h	台班	0.067	0.067	0.067	0.067	0.057
	991003050	电动空气压缩机 6m³/min	台班	0.590	0.581	0.571	0.562	0.552

工作内容：散板堆放、放样号料、切割、坡口、卷弧、煨制、吊装、组对焊接、打磨、试漏等。

计量单位：t

编号				3-3-6	3-3-7	3-3-8	3-3-9	3-3-10
项目				储罐容量（m^3 以内）				
				700	1000	2000	3000	5000
名称			单位	消耗量				
人工	000203000	综合二类工	工日	4.745	4.637	3.864	3.457	2.955
材料	031301009	低碳钢焊条 J427（综合）	kg	11.873	12.775	13.648	13.881	14.783
	142909001	氧气	m^3	3.040	2.860	2.410	2.090	1.660
	142907002	乙炔气	kg	1.169	1.100	0.927	0.804	0.638
	031101010	尼龙砂轮片 $\phi150$	片	4.284	4.284	3.820	3.820	3.715
	050401001	木方	m^3	0.014	0.014	0.014	0.014	0.012
	140307001	煤油	kg	1.340	1.197	1.074	0.893	0.817
	143117001	白垩	kg	1.074	0.979	0.855	0.713	0.656
	022305004	碳精棒 $\phi8$～12	根	—	11.590	10.260	9.405	8.265
	850103006	其他材料费（占材料费）	%	8.000	8.000	8.000	8.000	8.000
机械	990901020	交流弧焊机 32kV · A	台班	3.925	3.894	3.608	3.363	2.654
	990919050	电焊条烘干箱 75 × 105 × 135cm^3	台班	0.393	0.389	0.361	0.337	0.265
	990920010	电焊条恒温箱	台班	0.393	0.389	0.361	0.337	0.265
	990744010	半自动切割机 100mm	台班	0.164	0.162	0.164	0.129	0.129
	990732035	剪板机 20 × 2500mm	台班	0.021	0.019	0.007	0.007	0.007
	990734025	卷板机 30 × 2000mm	台班	0.048	0.038	0.038	0.038	0.029
	990304016	汽车式起重机 16t	台班	0.777	0.647	0.578	0.538	0.396
	990401035	载重汽车 10t	台班	0.228	0.219	0.219	0.219	0.209
	990808010	真空泵 204m^3/h	台班	0.057	0.057	0.054	0.050	0.043
	991003050	电动空气压缩机 6m^3/min	台班	0.533	0.524	0.495	0.447	0.400

2. 对接式拱顶罐预制、安装

工作内容： 散板堆放、放样号料、切割、坡口、卷弧、煨制、吊装、组对焊接、打磨、试漏等。

计量单位：t

编号				3-3-11	3-3-12	3-3-13	3-3-14	3-3-15
项目				储罐容量（m^3 以内）				
				100	200	300	400	500
名称			单位	消耗量				
人工	000203000	综合二类工	工日	7.324	6.645	6.322	6.007	5.844
材料	031301009	低碳钢焊条 J427（综合）	kg	20.260	19.670	18.860	17.800	15.580
	142909001	氧气	m^3	4.660	4.840	5.040	5.240	5.450
	142907002	乙炔气	kg	1.792	1.862	1.938	2.015	2.096
	031101010	尼龙砂轮片 ϕ150	片	3.490	3.630	3.780	3.930	4.090
	050401001	木方	m^3	0.010	0.010	0.010	0.010	0.010
	140307001	煤油	kg	1.390	1.380	1.370	1.350	1.340
	143117001	白垩	kg	1.120	1.110	1.100	1.080	1.070
	850103006	其他材料费（占材料费）	%	8.000	8.000	8.000	8.000	8.000
机械	990901020	交流弧焊机 32kV · A	台班	5.209	4.922	4.635	4.296	3.962
	990919050	电焊条烘干箱 75 × 105 × 135cm^3	台班	0.521	0.493	0.464	0.430	0.396
	990920010	电焊条恒温箱	台班	0.521	0.493	0.464	0.430	0.396
	990744010	半自动切割机 100mm	台班	0.638	0.628	0.495	0.486	0.164
	990732035	剪板机 20 × 2500mm	台班	0.162	0.105	0.086	0.067	0.029
	990734025	卷板机 30 × 2000mm	台班	0.048	0.048	0.048	0.048	0.048
	990304016	汽车式起重机 16t	台班	1.285	1.095	1.057	0.933	0.809
	990401035	载重汽车 10t	台班	0.343	0.286	0.248	0.228	0.228
	990808010	真空泵 204m^3/h	台班	0.067	0.067	0.067	0.067	0.057
	991003050	电动空气压缩机 6m^3/min	台班	0.590	0.581	0.571	0.562	0.552
	991201020	轴流通风机 30kW	台班	0.571	0.552	0.533	0.505	0.476

工作内容：散板堆放、放样号料、切割、坡口、卷弧、煨制、吊装、组对焊接、打磨、试漏等。

计量单位：t

编号				3-3-16	3-3-17	3-3-18	3-3-19	3-3-20
项目				储罐容量（m^3 以内）				
				700	1000	2000	3000	5000
名称			单位	消耗量				
人工	000203000	综合二类工	工日	5.609	5.595	4.673	4.131	3.560
材料	031301009	低碳钢焊条 J427（综合）	kg	15.580	15.620	16.856	16.755	16.625
	142909001	氧气	m^3	5.449	5.449	5.188	5.106	4.990
	142907002	乙炔气	kg	2.096	2.096	1.995	1.964	1.919
	031101010	尼龙砂轮片 $\phi150$	片	4.284	4.284	3.820	3.820	3.715
	050401001	木方	m^3	0.014	0.014	0.014	0.014	0.012
	140307001	煤油	kg	1.340	1.197	1.074	0.893	0.817
	143117001	白垩	kg	1.070	0.979	0.855	0.713	0.656
	022305004	碳精棒 $\phi8\sim12$	根	—	11.590	10.260	9.405	8.265
	850103006	其他材料费（占材料费）	%	8.000	8.000	8.000	8.000	8.000
机械	990901020	交流弧焊机 32kV · A	台班	3.925	3.894	3.608	3.363	2.654
	990919050	电焊条烘干箱 75 × 105 × 135cm^3	台班	0.393	0.389	0.361	0.337	0.265
	990920010	电焊条恒温箱	台班	0.393	0.389	0.361	0.337	0.265
	990744010	半自动切割机 100mm	台班	0.164	0.162	0.164	0.129	0.129
	990732035	剪板机 20 × 2500mm	台班	0.021	0.019	0.007	0.007	0.007
	990734025	卷板机 30 × 2000mm	台班	0.048	0.038	0.038	0.038	0.029
	990304016	汽车式起重机 16t	台班	0.777	0.647	0.578	0.538	0.396
	990401035	载重汽车 10t	台班	0.228	0.219	0.219	0.219	0.209
	990808010	真空泵 204m^3/h	台班	0.057	0.057	0.054	0.050	0.043
	991003050	电动空气压缩机 6m^3/min	台班	0.533	0.524	0.495	0.447	0.400
	991201020	轴流通风机 30kW	台班	0.428	0.409	0.381	0.352	0.305

工作内容： 散板堆放、放样号料、切割、坡口、卷弧、煨制、吊装、组对焊接、打磨、试漏等。

计量单位：t

编号				3-3-21	3-3-22	3-3-23	3-3-24
项目				储罐容量（m^3 以内）			
				10000	20000	30000	50000
名称			单位	消耗量			
人工	000203000	综合二类工	工日	3.040	2.503	2.332	1.874
材料	031301009	低碳钢焊条 J427（综合）	kg	18.494	16.813	15.904	10.406
	142909001	氧气	m^3	4.586	4.040	4.580	3.819
	142907002	乙炔气	kg	1.764	1.554	1.762	1.469
	031101010	尼龙砂轮片 $\phi150$	片	3.700	3.500	3.400	3.200
	050401001	木方	m^3	0.012	0.013	0.014	0.008
	140307001	煤油	kg	0.551	0.432	0.388	0.350
	143117001	白垩	kg	0.447	0.400	0.380	0.250
	022305004	碳精棒 $\phi8\sim12$	根	7.125	5.807	5.764	5.244
	142919001	二氧化碳气体	m^3	—	—	—	0.682
	031303006	碳钢 CO_2 焊丝	kg	—	—	—	1.287
	031303007	碳钢埋弧焊丝	kg	—	—	—	1.133
	031305007	埋弧焊剂	kg	—	—	—	0.567
	031303014	碎焊丝 H08A	kg	—	—	—	0.378
	850103006	其他材料费（占材料费）	%	8.000	8.000	8.000	8.000
机械	990901020	交流弧焊机 32kV·A	台班	2.499	2.304	2.294	2.206
	990919050	电焊条烘干箱 $75\times105\times135cm^3$	台班	0.250	0.231	0.230	0.253
	990920010	电焊条恒温箱	台班	0.250	0.231	0.230	0.253
	990744010	半自动切割机 100mm	台班	0.129	0.129	0.121	0.119
	990732035	剪板机 20×2500mm	台班	0.007	0.007	0.007	0.007
	990734025	卷板机 30×2000mm	台班	0.019	0.019	0.019	0.019
	990304016	汽车式起重机 16t	台班	0.345	0.276	0.238	—
	990304024	汽车式起重机 25t	台班	—	0.048	0.057	0.259
	990401035	载重汽车 10t	台班	0.209	0.209	0.190	0.148
	990808010	真空泵 $204m^3/h$	台班	0.036	0.324	0.267	0.239
	991003050	电动空气压缩机 $6m^3/min$	台班	0.333	0.248	0.238	0.228
	991201020	轴流通风机 30kW	台班	0.286	0.190	0.190	0.190
	990904050	直流弧焊机 40kV·A	台班	—	—	—	0.326
	990734040	卷板机 40×3500mm	台班	—	—	—	0.002
	990403025	平板拖车组 30t	台班	—	—	—	0.119
	990913010	二氧化碳气体保护焊机 250A	台班	—	—	—	0.175
	990915050	角缝自动焊机 SM501H90	台班	—	—	—	0.481

3. 双盘式浮顶罐预制、安装

工作内容：散板堆放、放样号料、切割、坡口、煨制、吊装、组对焊接、打磨、试漏等。 **计量单位：**t

编号				3-3-25	3-3-26	3-3-27	3-3-28
项目				储罐容量（m^3 以内）			
				5000	10000	20000	30000
名称			单位	消耗量			
人工	000203000	综合二类工	工日	5.367	4.996	4.232	4.102
材料	031301009	低碳钢焊条 J427（综合）	kg	25.802	25.667	25.522	25.180
	142909001	氧气	m^3	5.994	5.612	5.512	5.466
	142907002	乙炔气	kg	2.305	2.158	2.120	2.102
	031101010	尼龙砂轮片 ϕ150	片	4.400	4.220	4.010	3.810
	050401001	木方	m^3	0.013	0.013	0.010	0.010
	022305004	碳精棒 ϕ8～12	根	6.574	5.824	5.605	5.420
	140307001	煤油	kg	0.168	0.159	0.110	0.071
	143117001	白垩	kg	0.335	0.285	0.219	0.142
	850103006	其他材料费（占材料费）	%	8.000	8.000	8.000	8.000
机械	990734025	卷板机 30×2000mm	台班	0.019	0.019	0.019	0.019
	990901020	交流弧焊机 32kV·A	台班	4.567	4.448	4.075	3.772
	990919050	电焊条烘干箱 75×105×135cm^3	台班	0.457	0.445	0.407	0.377
	990920010	电焊条恒温箱	台班	0.457	0.445	0.407	0.377
	990744010	半自动切割机 100mm	台班	0.209	0.200	0.171	0.162
	990304016	汽车式起重机 16t	台班	0.395	0.382	0.359	0.340
	990401035	载重汽车 10t	台班	0.228	0.209	0.190	0.171
	990808010	真空泵 204m^3/h	台班	0.018	0.017	0.015	0.015
	991003050	电动空气压缩机 6m^3/min	台班	0.095	0.086	0.076	0.067
	990732035	剪板机 20×2500mm	台班	0.038	0.033	0.029	0.029

工作内容：散板堆放、放样号料、切割、坡口、煨制、吊装、组对焊接、打磨、试漏等。 **计量单位：**t

编号				3-3-29	3-3-30	3-3-31	3-3-32	3-3-33	3-3-34
项目				储罐容量（m^3以内）					
				50000			100000		
				罐底	罐壁	浮顶	罐底	罐壁	浮顶
		名称	单位	消耗量					
人工	000203000	综合二类工	工日	2.509	2.523	7.910	2.090	2.880	7.214
材料	142919001	二氧化碳气体	m^3	0.483	—	—	0.477	—	—
	031303006	碳钢CO_2焊丝	kg	0.910	—	—	0.900	—	—
	031301009	低碳钢焊条 J427（综合）	kg	0.764	0.780	18.896	0.635	0.690	12.303
	031303007	碳钢埋弧焊丝	kg	5.603	2.004	—	3.923	2.024	—
	031305007	埋弧焊剂	kg	2.802	1.002	—	1.962	1.012	—
	031303014	碎焊丝 H08A	kg	1.125	—	—	3.250	—	—
	142909001	氧气	m^3	7.510	5.935	3.551	5.929	6.421	3.071
	142907002	乙炔气	kg	2.888	2.283	1.366	2.280	2.470	1.181
	031101011	尼龙砂轮片 $\phi180$	片	5.676	4.485	2.684	3.154	3.416	1.633
	050401001	木方	m^3	—	0.016	—	—	0.019	—
	022305004	碳精棒 $\phi8\sim12$	根	—	5.567	—	—	4.382	—
	031303003	合金钢焊丝	kg	—	1.862	—	—	2.104	—
	140307001	煤油	kg	—	—	0.211	—	—	0.158
	143117001	白垩	kg	—	—	0.421	—	—	0.306
	850103006	其他材料费（占材料费）	%	8.000	8.000	8.000	8.000	8.000	8.000
机械	990734035	卷板机 30×3000mm	台班	—	0.035	—	—	0.030	—
	990734040	卷板机 40×3500mm	台班	—	0.019	—	—	0.010	—
	990302040	履带式起重机 50t	台班	—	0.312	—	—	0.305	—
	990915060	立缝自动焊机 VB-AcII3	台班	—	0.295	—	—	0.313	—
	990915040	横向自动焊机 MISA60	台班	—	0.666	—	—	0.695	—
	990915050	角缝自动焊机 SM501H90	台班	—	0.174	—	—	0.177	—
	990734055	卷板机 70×3000mm	台班	—	—	—	—	0.006	—
	990901020	交流弧焊机 32kV·A	台班	0.461	0.397	3.052	0.505	0.406	3.657
	990919050	电焊条烘干箱 75×105×135cm^3	台班	0.046	0.104	0.306	0.050	0.131	0.365
	990923010	焊剂烘干箱 60×50×75cm	台班	0.081	0.082	—	0.069	0.095	—
	990920010	电焊条恒温箱	台班	0.127	0.186	0.306	0.119	0.226	0.365
	990744010	半自动切割机 100mm	台班	0.150	0.107	0.094	0.115	0.113	0.080
	990304016	汽车式起重机 16t	台班	0.040	0.030	0.026	0.027	0.027	0.019
	990304024	汽车式起重机 25t	台班	0.338	0.292	0.027	0.198	0.226	0.019
	990401035	载重汽车 10t	台班	0.124	0.107	0.069	0.095	0.084	0.048
	990808010	真空泵 204m^3/h	台班	0.018	—	0.017	0.015	—	0.017
	990913010	二氧化碳气体保护焊机 250A	台班	0.430	—	—	0.436	—	—
	991003050	电动空气压缩机 6m^3/min	台班	—	0.095	0.089	—	0.108	0.081
	990732035	剪板机 20×2500mm	台班	—	—	0.124	—	—	0.113

工作内容：散板堆放、放样号料、切割、坡口、煨制、吊装、组对焊接、打磨、试漏等。 **计量单位：**t

编号				3-3-35	3-3-36	3-3-37
项目				储罐容量（m^3以内）		
				150000		
				罐底	罐壁	浮顶
名称			单位	消耗量		
人工	000203000	综合二类工	工日	2.100	2.890	6.616
材料	031301009	低碳钢焊条 J427（综合）	kg	0.530	0.690	10.675
	031303007	碳钢埋弧焊丝	kg	3.255	1.958	—
	031305007	埋弧焊剂	kg	1.628	0.979	—
	031303003	合金钢焊丝	kg	—	2.027	—
	142909001	氧气	m^3	5.554	6.002	2.624
	142907002	乙炔气	kg	2.136	2.308	1.009
	031101011	尼龙砂轮片 ϕ180	片	2.746	2.968	1.298
	050401001	木方	m^3	—	0.019	—
	022305004	碳精棒 ϕ8～12	根	—	4.108	—
	140307001	煤油	kg	—	—	0.140
	143117001	白垩	kg	—	—	0.273
	142919001	二氧化碳气体	m^3	0.342	—	—
	031303006	碳钢 CO_2 焊丝	kg	0.645	—	—
	031303014	碎焊丝 H08A	kg	3.004	—	—
	850103006	其他材料费（占材料费）	%	8.000	8.000	8.000
机械	990901020	交流弧焊机 32kV · A	台班	0.395	0.465	2.613
	990919050	电焊条烘干箱 75 × 105 × 135cm^3	台班	0.039	0.109	0.262
	990923010	焊剂烘干箱 60 × 50 × 75cm	台班	0.069	0.096	—
	990920010	电焊条恒温箱	台班	0.108	0.206	0.262
	990744010	半自动切割机 100mm	台班	0.101	0.099	0.064
	990734035	卷板机 30 × 3000mm	台班	—	0.023	—
	990734055	卷板机 70 × 3000mm	台班	—	0.019	—
	990304016	汽车式起重机 16t	台班	0.023	0.023	0.014
	990304024	汽车式起重机 25t	台班	0.142	0.023	0.014
	990302040	履带式起重机 50t	台班	—	0.320	—
	990401035	载重汽车 10t	台班	0.067	0.064	0.042
	991003050	电动空气压缩机 6m^3/min	台班	—	0.108	0.074
	990915060	立缝自动焊机 VB-AcII3	台班	—	0.415	—
	990915040	横向自动焊机 MISA60	台班	—	0.877	—
	990915050	角缝自动焊机 SM501H90	台班	—	0.208	—
	990732035	剪板机 20 × 2500mm	台班	—	—	0.088
	990808010	真空泵 204m^3/h	台班	0.015	—	0.014
	990786010	数控火焰切割机	台班	0.083	0.074	—
	990913010	二氧化碳气体保护焊机 250A	台班	0.464	—	—

4. 单盘式浮顶罐预制、安装

工作内容： 散板堆放、放样号料、切割、坡口、卷弧、煨制、吊装、组对焊接、打磨、试漏等。

计量单位： t

编　号				3-3-38	3-3-39	3-3-40	3-3-41	3-3-42
项　目				储罐容量（m^3 以内）				
				3000	5000	10000	20000	30000
	名　称		单位	消　耗　量				
人工	000203000	综合二类工	工日	5.894	5.367	4.915	4.232	3.990
材料	031301009	低碳钢焊条 J427（综合）	kg	25.579	25.375	25.004	24.686	24.380
	142909001	氧气	m^3	5.797	5.748	5.284	5.284	5.227
	142907002	乙炔气	kg	2.230	2.211	2.032	2.032	2.010
	031101010	尼龙砂轮片 ϕ150	片	4.181	4.095	3.812	3.710	3.519
	050401001	木方	m^3	0.020	0.010	0.010	0.010	0.010
	140307001	煤油	kg	0.600	0.550	0.500	0.400	0.350
	143117001	白垩	kg	0.570	0.523	0.475	0.380	0.333
	022305004	碳精棒 ϕ8～12	根	6.574	6.574	5.824	5.605	5.320
	850103006	其他材料费（占材料费）	%	8.000	8.000	8.000	8.000	8.000
机械	990304016	汽车式起重机 16t	台班	0.396	0.365	0.343	—	—
	990304024	汽车式起重机 25t	台班	—	—	—	0.293	0.277
	990901020	交流弧焊机 32kV·A	台班	4.341	3.701	3.481	3.221	2.970
	990919050	电焊条烘干箱 75×105×135cm³	台班	0.434	0.370	0.349	0.322	0.298
	990920010	电焊条恒温箱	台班	0.434	0.370	0.349	0.322	0.298
	990744010	半自动切割机 100mm	台班	0.228	0.209	0.190	0.171	0.162
	990732035	剪板机 20×2500mm	台班	0.038	0.038	0.029	0.029	0.029
	990734035	卷板机 30×3000mm	台班	0.029	0.019	0.019	0.019	0.019
	990727010	立式钻床 25mm	台班	0.057	0.048	0.038	0.029	0.029
	990401035	载重汽车 10t	台班	0.238	0.219	0.200	0.181	0.171
	991003050	电动空气压缩机 6m³/min	台班	0.086	0.076	0.076	0.067	0.067
	990808010	真空泵 204m³/h	台班	0.019	0.019	0.019	0.019	0.019

工作内容：散板堆放、放样号料、切割、坡口、卷弧、煨制、吊装、组对焊接、打磨、试漏等。

计量单位：t

编号				3-3-43	3-3-44	3-3-45	3-3-46	3-3-47	3-3-48
项目				储罐容量（m^3 以内）					
				50000			100000		
				罐底	罐壁	浮顶	罐底	罐壁	浮顶
名称			单位	消耗量					
人工	000203000	综合二类工	工日	3.362	4.347	4.344	2.171	4.425	3.688
材料	031301009	低碳钢焊条 J427（综合）	kg	0.753	0.820	17.680	1.293	0.252	13.139
	142909001	氧气	m^3	5.819	5.017	2.507	4.006	4.545	2.269
	142907002	乙炔气	kg	2.238	1.930	0.964	1.541	1.748	0.873
	050401001	木方	m^3	—	0.014	—	—	0.011	—
	140307001	煤油	kg	—	—	0.132	—	—	0.098
	143117001	白垩	kg	—	—	0.149	—	—	0.197
	022305004	碳精棒 ϕ8～12	根	—	9.811	—	—	8.846	—
	031303006	碳钢 CO_2 焊丝	kg	5.313	—	—	3.697	—	—
	031303007	碳钢埋弧焊丝	kg	4.671	4.814	—	4.435	4.505	—
	031305007	埋弧焊剂	kg	2.336	2.407	—	2.218	2.253	—
	031303014	碎焊丝 H08A	kg	1.558	—	—	1.477	—	—
	142919001	二氧化碳气体	m^3	2.815	—	—	1.954	—	—
	031101011	尼龙砂轮片 ϕ180	片	5.443	5.083	1.172	3.554	5.031	1.006
	031303003	合金钢焊丝	kg	—	1.908	—	—	2.001	—
	850103006	其他材料费（占材料费）	%	8.000	8.000	8.000	8.000	8.000	8.000
机械	990403025	平板拖车组 30t	台班	—	—	—	0.036	0.049	0.020
	990734055	卷板机 70 × 3000mm	台班	—	—	—	—	0.010	—
	990302040	履带式起重机 50t	台班	—	—	—	—	0.305	—
	990901020	交流弧焊机 32kV · A	台班	0.293	0.211	1.812	0.136	0.155	1.430
	990919050	电焊条烘干箱 75 × 105 × 135cm^3	台班	0.030	0.064	0.151	0.013	0.057	0.093
	990920010	电焊条恒温箱	台班	0.163	0.199	0.151	0.120	0.228	0.093
	990744010	半自动切割机 100mm	台班	0.198	0.171	0.086	0.024	0.095	0.119
	990732035	剪板机 20 × 2500mm	台班	—	—	0.159	—	—	0.088
	990734035	卷板机 30 × 3000mm	台班	—	0.018	—	—	0.006	—
	990727010	立式钻床 25mm	台班	—	—	0.107	—	—	—
	990304024	汽车式起重机 25t	台班	0.338	0.292	0.145	0.079	0.107	0.045
	990401035	载重汽车 10t	台班	0.124	0.107	0.054	—	—	—
	991003050	电动空气压缩机 6m^3/min	台班	—	0.100	0.075	—	0.080	0.050
	990808010	真空泵 204m^3/h	台班	0.010	0.010	0.010	0.010	0.010	0.010
	990923010	焊剂烘干箱 60 × 50 × 75cm	台班	0.133	0.134	—	0.107	0.171	—
	990786010	数控火焰切割机	台班	0.015	0.010	—	0.060	0.060	—
	990913010	二氧化碳气体保护焊机 250A	台班	0.412	—	—	0.177	—	—
	990904050	直流弧焊机 40kV · A	台班	—	0.430	—	—	0.414	—
	990734040	卷板机 40 × 3500mm	台班	—	0.043	—	—	0.010	—
	990915060	立缝自动焊机 VB-AcII3	台班	—	0.262	—	—	0.243	—
	990915040	横向自动焊机 MISA60	台班	—	0.720	—	—	0.793	—
	990915050	角缝自动焊机 SM501H90	台班	—	0.140	—	—	0.140	—

5. 内浮顶罐预制、安装

工作内容： 散板堆放、放样号料、切割、坡口、卷弧、煨制、吊装、组对焊接、打磨、试漏等。

计量单位： t

编号				3-3-49	3-3-50	3-3-51	3-3-52	3-3-53
项目				储罐容量（m^3以内）				
				500	700	1000	2000	3000
名称			单位	消耗量				
人工	000203000	综合二类工	工日	6.463	6.377	5.943	5.115	4.366
材料	031301009	低碳钢焊条 J427（综合）	kg	16.975	16.975	17.121	17.266	17.353
	142909001	氧气	m^3	5.750	5.750	5.610	5.500	5.410
	142907002	乙炔气	kg	2.212	2.212	2.158	2.115	2.081
	031101010	尼龙砂轮片 ϕ150	片	4.200	4.100	3.900	3.800	3.700
	050401001	木方	m^3	0.020	0.020	0.020	0.020	0.020
	140307001	煤油	kg	1.160	1.020	0.900	0.760	0.620
	143117001	白垩	kg	0.920	0.820	0.720	0.610	0.500
	022305004	碳精棒 ϕ8～12	根	—	15.280	14.430	12.590	10.720
	850103006	其他材料费（占材料费）	%	8.000	8.000	8.000	8.000	8.000
机械	990734015	卷板机 20×2500mm	台班	0.048	0.048	—	—	—
	990901020	交流弧焊机 32kV·A	台班	4.748	4.696	4.403	4.045	3.634
	990919050	电焊条烘干箱 75×105×135cm^3	台班	0.475	0.470	0.440	0.405	0.363
	990920010	电焊条恒温箱	台班	0.475	0.470	0.440	0.405	0.363
	990744010	半自动切割机 100mm	台班	0.248	0.248	0.248	0.248	0.219
	990732035	剪板机 20×2500mm	台班	0.057	0.038	0.029	0.019	0.019
	990734035	卷板机 30×3000mm	台班	—	—	0.038	0.038	0.038
	990727010	立式钻床 25mm	台班	0.029	0.029	0.029	0.029	0.029
	990304016	汽车式起重机 16t	台班	0.809	0.771	0.659	0.609	0.574
	990401035	载重汽车 10t	台班	0.238	0.238	0.246	0.246	0.246
	991003050	电动空气压缩机 6m^3/min	台班	0.581	0.571	0.562	0.505	0.466
	991201020	轴流通风机 30kW	台班	—	—	0.476	0.438	0.390
	990808010	真空泵 204m^3/h	台班	0.048	0.048	0.048	0.048	0.048

工作内容：散板堆放、放样号料、切割、坡口、卷弧、煨制、吊装、组对焊接、打磨、试漏等。

计量单位：t

编号				3-3-54	3-3-55	3-3-56	3-3-57
项目				储罐容量（m^3以内）			
				5000	10000	20000	30000
名称			单位	消耗量			
人工	000203000	综合二类工	工日	3.679	3.375	3.337	3.137
材料	031301009	低碳钢焊条 J427（综合）	kg	19.206	19.449	19.878	20.628
	142909001	氧气	m^3	5.320	5.900	5.416	4.603
	142907002	乙炔气	kg	2.046	2.269	2.083	1.770
	031101010	尼龙砂轮片 ϕ150	片	3.540	3.320	3.200	3.060
	050401001	木方	m^3	0.020	0.020	0.020	0.020
	140307001	煤油	kg	0.510	0.420	0.380	0.380
	143117001	白垩	kg	0.410	0.390	0.333	0.333
	022305004	碳精棒 ϕ8～12	根	8.350	7.933	5.869	5.869
	850103006	其他材料费（占材料费）	%	8.000	8.000	8.000	8.000
机械	990901020	交流弧焊机 32kV·A	台班	3.168	3.020	2.780	2.663
	990919050	电焊条烘干箱 75×105×135cm^3	台班	0.317	0.302	0.278	0.267
	990920010	电焊条恒温箱	台班	0.317	0.302	0.278	0.267
	990744010	半自动切割机 100mm	台班	0.181	0.143	0.114	0.094
	990732035	剪板机 20×2500mm	台班	0.010	0.010	0.010	0.010
	990734035	卷板机 30×3000mm	台班	0.029	0.019	0.015	0.012
	990727010	立式钻床 25mm	台班	0.029	0.019	0.010	0.007
	990304016	汽车式起重机 16t	台班	0.431	0.368	0.238	0.138
	990401035	载重汽车 10t	台班	0.246	0.246	0.248	0.224
	991003050	电动空气压缩机 6m^3/min	台班	0.428	0.352	0.258	0.220
	991201020	轴流通风机 30kW	台班	0.343	0.286	0.276	0.219
	990808010	真空泵 204m^3/h	台班	0.048	0.048	0.048	0.048

6. 不锈钢罐预制、安装

工作内容：放样号料、切割、坡口、压头卷弧、角钢圈煨制、组对安装、焊接、焊缝处理、试漏、罐配件安装等。

计量单位：t

编号				3-3-58	3-3-59	3-3-60	3-3-61	3-3-62
项目				储罐容量（m^3 以内）				
				200	300	500	700	1000
		名称	单位	消耗量				
人工	000203000	综合二类工	工日	9.068	8.772	7.785	7.721	7.565
材料	031301001	不锈钢焊条（综合）	kg	17.091	16.442	15.957	15.636	15.811
	031303018	不锈钢氩弧焊丝（综合）	kg	0.020	0.020	0.020	0.020	0.019
	142909001	氧气	m^3	0.550	0.490	0.440	0.400	0.360
	142907002	乙炔气	kg	0.212	0.188	0.169	0.154	0.138
	142911001	氩气	m^3	0.050	0.050	0.050	0.050	0.050
	020115001	耐油橡胶板	kg	0.280	0.260	0.250	0.220	0.190
	143103001	硝酸	kg	0.980	0.880	0.790	0.710	0.640
	143157001	氢氟酸 45%	kg	0.110	0.100	0.090	0.080	0.070
	143169002	酸洗膏	kg	1.810	1.460	1.460	1.320	1.190
	133521001	飞溅净	kg	2.000	1.800	1.600	1.440	1.300
	031101009	尼龙砂轮片 ϕ100	片	10.800	10.160	8.290	8.040	7.890
	050105001	道木（综合）	m^3	0.030	0.020	0.020	0.020	0.020
	140307001	煤油	kg	1.260	1.340	1.550	1.550	1.850
	143117001	白垩	kg	1.010	1.120	1.250	1.250	1.470
	022305004	碳精棒 ϕ8～12	根	10.303	9.273	7.882	7.015	6.313
	850103006	其他材料费（占材料费）	%	3.000	3.000	3.000	3.000	3.000
机械	990912010	氩弧焊机 500A	台班	0.027	0.027	0.027	0.027	0.027
	990902020	硅整流弧焊机 20kV · A	台班	4.278	4.465	4.205	3.609	3.248
	990920010	电焊条恒温箱	台班	0.428	0.447	0.420	0.361	0.325
	990919050	电焊条烘干箱 75 × 105 × 135cm^3	台班	0.428	0.447	0.420	0.361	0.325
	990743010	等离子切割机 400A	台班	0.942	0.847	0.724	0.647	0.562
	990734015	卷板机 20 × 2500mm	台班	0.076	0.067	0.057	0.524	0.419
	990304016	汽车式起重机 16t	台班	0.883	0.807	0.731	0.659	0.438
	990401020	载重汽车 5t	台班	0.114	0.105	0.095	0.086	0.067
	991003050	电动空气压缩机 6m^3/min	台班	0.952	0.885	0.762	0.676	0.581
	990808010	真空泵 204m^3/h	台班	0.010	0.010	0.010	0.010	0.010

工作内容： 放样号料、切割、坡口、压头卷弧、角钢圈煨制、组对安装、焊接、焊缝处理、试漏、罐配件安装等。

计量单位：t

编号				3-3-63	3-3-64	3-3-65	3-3-66	3-3-67
项目				储罐容量（m³ 以内）				
				2000	3000	5000	10000	20000
名称			单位	消耗量				
人工	000203000	综合二类工	工日	6.340	5.587	4.723	4.332	3.924
材料	031301001	不锈钢焊条（综合）	kg	16.245	16.713	17.741	20.101	20.280
	031303018	不锈钢氩弧焊丝（综合）	kg	0.020	0.020	0.020	0.020	0.020
	142909001	氧气	m³	0.320	0.290	0.260	0.230	0.190
	142907002	乙炔气	kg	0.123	0.112	0.100	0.088	0.073
	142911001	氩气	m³	0.050	0.050	0.050	0.050	0.040
	020115001	耐油橡胶板	kg	0.180	0.160	0.150	0.150	0.150
	143103001	硝酸	kg	0.580	0.520	0.470	0.400	0.380
	143157001	氢氟酸 45%	kg	0.070	0.050	0.050	0.050	0.040
	143169002	酸洗膏	kg	1.070	0.960	0.770	0.680	0.590
	133521001	飞溅净	kg	1.170	1.050	0.950	0.100	0.080
	031101009	尼龙砂轮片 ϕ100	片	6.240	6.340	6.790	6.150	5.800
	050105001	道木（综合）	m³	0.010	0.010	0.010	0.010	0.010
	140307001	煤油	kg	1.080	1.240	0.960	0.860	0.800
	143117001	白垩	kg	0.830	0.960	0.770	0.720	0.680
	022305004	碳精棒 ϕ8～12	根	5.682	5.113	4.091	3.770	3.010
	850103006	其他材料费（占材料费）	%	3.000	3.000	3.000	3.000	3.000
机械	990734015	卷板机 20×2500mm	台班	0.333	0.305	0.276	0.219	0.200
	990734025	卷板机 30×2000mm	台班	—	—	—	0.029	0.019
	990304016	汽车式起重机 16t	台班	0.388	0.312	0.248	0.238	0.219
	990304024	汽车式起重机 25t	台班	—	—	—	0.019	0.014
	990401020	载重汽车 5t	台班	0.057	0.038	0.038	0.038	0.038
	990403020	平板拖车组 20t	台班	—	—	—	0.019	0.019
	990912010	氩弧焊机 500A	台班	0.027	0.027	0.027	0.024	0.019
	990902020	硅整流弧焊机 20kV·A	台班	2.768	2.487	2.135	3.732	3.361
	990920010	电焊条恒温箱	台班	0.277	0.249	0.213	0.374	0.336
	990919050	电焊条烘干箱 75×105×135cm³	台班	0.277	0.249	0.213	0.374	0.336
	990743010	等离子切割机 400A	台班	0.505	0.438	0.390	0.381	0.381
	991003050	电动空气压缩机 6m³/min	台班	0.524	0.466	0.400	0.381	0.381
	990808010	真空泵 204m³/h	台班	0.010	0.010	0.010	0.010	0.010

7. 储罐底板板幅调整

工作内容：施工准备、散板堆放、放样号料、吊装、切割、组对、焊接、检查验收等。　　**计量单位：**10t

编号				3-3-68	3-3-69	3-3-70	3-3-71	3-3-72
项目				预制				
				每块中幅板周长每增减 1m、储罐容量（m^3 以内）				
				5000	30000	50000	100000	150000
名称			单位	消耗量				
人工	000203000	综合二类工	工日	0.420	0.341	0.309	0.237	0.207
材料	142909001	氧气	m^3	3.540	2.770	2.030	1.710	1.380
	142907002	乙炔气	kg	1.362	1.065	0.781	0.658	0.531
	031101011	尼龙砂轮片 $\phi180$	片	0.973	0.850	0.650	0.540	0.450
	850103006	其他材料费（占材料费）	%	5.000	5.000	5.000	5.000	5.000
机械	990744010	半自动切割机 100mm	台班	0.024	0.011	—	—	—
	990786010	数控火焰切割机	台班	—	—	0.026	0.024	0.021
	990304016	汽车式起重机 16t	台班	0.012	—	—	—	—
	990304024	汽车式起重机 25t	台班	—	0.014	—	—	—
	990302040	履带式起重机 50t	台班	—	—	0.017	0.014	0.010

工作内容：施工准备、散板堆放、放样号料、吊装、切割、组对、焊接、检查验收等。　　**计量单位：**10t

编号				3-3-73	3-3-74	3-3-75	3-3-76	3-3-77
项目				安装				
				每块中幅板周长每增减 1m、储罐容量（m^3 以内）				
				5000	30000	50000	100000	150000
名称			单位	消耗量				
人工	000203000	综合二类工	工日	0.565	0.480	0.420	0.352	0.297
材料	142909001	氧气	m^3	0.180	0.060	—	—	—
	142907002	乙炔气	kg	0.069	0.023	—	—	—
	031101011	尼龙砂轮片 $\phi180$	片	1.243	1.020	0.610	0.580	0.480
	031301009	低碳钢焊条 J427（综合）	kg	4.296	2.398	1.150	0.970	0.800
	142919001	二氧化碳气体	m^3	—	—	0.550	0.735	0.816
	031303006	碳钢 CO_2 焊丝	kg	—	—	1.038	1.387	1.540
	031303007	碳钢埋弧焊丝	kg	—	—	1.700	1.439	2.040
	031303014	碎焊丝 H08A	kg	—	—	0.600	0.450	0.280
	031305007	埋弧焊剂	kg	—	—	0.850	0.720	1.020
	022305004	碳精棒 $\phi8\sim12$	根	—	—	0.830	0.680	0.560
	850103006	其他材料费（占材料费）	%	5.000	5.000	5.000	5.000	5.000
机械	990304016	汽车式起重机 16t	台班	0.026	—	—	—	—
	990304024	汽车式起重机 25t	台班	—	0.024	—	—	—
	990302040	履带式起重机 50t	台班	—	—	0.007	0.005	0.004
	990901020	交流弧焊机 32kV·A	台班	0.489	0.362	0.282	0.190	0.190
	990919050	电焊条烘干箱 75×105×135cm^3	台班	0.004	0.002	0.002	0.002	0.002
	990920010	电焊条恒温箱	台班	0.004	0.002	0.060	0.050	0.040
	991003050	电动空气压缩机 6m^3/min	台班	0.079	0.058	0.043	0.037	0.019
	990913010	二氧化碳气体保护焊机 250A	台班	—	—	0.052	0.044	0.038
	990923010	焊剂烘干箱 60×50×75cm	台班	—	—	0.057	0.048	0.038

8. 储罐壁板板幅调整

工作内容：施工准备、散板堆放、放样号料、吊装、调整、切割、焊接、检查验收等。 **计量单位：**座

编号				3-3-78	3-3-79	3-3-80	3-3-81	3-3-82
项目				预制				
				每增减 1 节、储罐容量（m^3 以内）				
				5000	30000	50000	100000	150000
名称			单位	消耗量				
人工	000203000	综合二类工	工日	14.798	29.808	44.645	76.039	89.123
材料	031301009	低碳钢焊条 J427（综合）	kg	11.400	16.136	22.664	37.952	43.831
	142909001	氧气	m^3	37.528	81.056	130.760	235.144	271.600
	142907002	乙炔气	kg	14.434	31.175	50.292	90.440	104.462
	031101011	尼龙砂轮片 ϕ180	片	20.136	32.824	50.464	105.472	121.600
	850103006	其他材料费（占材料费）	%	5.000	5.000	5.000	5.000	5.000
机械	990744010	半自动切割机 100mm	台班	1.485	2.216	—	—	—
	990734015	卷板机 20×2500mm	台班	1.514	2.460	—	—	—
	990734035	卷板机 30×3000mm	台班	—	—	4.501	5.826	7.426
	990901020	交流弧焊机 32kV·A	台班	1.561	3.472	5.224	6.839	8.271
	990919050	电焊条烘干箱 75×105×135cm^3	台班	0.156	0.347	0.522	0.684	0.827
	990920010	电焊条恒温箱	台班	0.156	0.347	0.522	0.684	0.827
	990304016	汽车式起重机 16t	台班	1.768	2.688	3.237	4.547	—
	990302040	履带式起重机 50t	台班	—	—	—	—	5.423
	990786010	数控火焰切割机	台班	—	—	2.612	3.420	4.919

工作内容：施工准备、散板堆放、放样号料、吊装、调整、切割、焊接、检查验收等。 **计量单位：**座

编号				3-3-83	3-3-84	3-3-85	3-3-86	3-3-87
项目				安装				
				每增减 1 节、储罐容量（m^3 以内）				
				5000	30000	50000	100000	150000
名称			单位	消耗量				
人工	000203000	综合二类工	工日	13.884	43.234	79.363	99.622	117.776
材料	031301009	低碳钢焊条 J427（综合）	kg	33.501	37.410	41.512	44.320	53.136
	142909001	氧气	m^3	9.672	16.632	22.160	36.264	43.478
	142907002	乙炔气	kg	3.720	6.397	8.523	13.948	16.722
	031101011	尼龙砂轮片 ϕ180	片	26.000	57.815	85.352	117.624	140.800
	022305004	碳精棒 ϕ8～12	根	12.104	45.368	90.480	241.280	289.504
	031303007	碳钢埋弧焊丝	kg	—	—	120.832	160.896	187.520
	031305007	埋弧焊剂	kg	—	—	60.416	80.848	93.760
	850103006	其他材料费（占材料费）	%	5.000	5.000	5.000	5.000	5.000
机械	990110060	轮胎式装载机 $3m^3$	台班	—	—	—	—	0.952
	990901020	交流弧焊机 32kV · A	台班	12.186	12.138	13.090	13.328	15.232
	990919050	电焊条烘干箱 75 × 105 × 135cm^3	台班	1.219	1.285	1.309	1.333	1.523
	990920010	电焊条恒温箱	台班	1.219	1.285	5.688	9.063	11.668
	990304016	汽车式起重机 16t	台班	0.533	—	—	—	—
	990304024	汽车式起重机 25t	台班	—	1.142	—	—	—
	990302040	履带式起重机 50t	台班	—	—	3.389	7.304	8.718
	990401035	载重汽车 10t	台班	0.228	0.457	—	—	—
	990403025	平板拖车组 30t	台班	—	—	0.571	0.762	0.762
	990915040	横向自动焊机 MISA60	台班	—	—	9.139	15.232	27.418
	990923010	焊剂烘干箱 60 × 50 × 75cm	台班	—	—	4.379	7.730	10.145
	991003050	电动空气压缩机 $6m^3$/min	台班	—	—	3.320	15.217	18.157

工作内容：施工准备、散板堆放、放样号料、吊装、调整、切割、焊接、检查验收等。 **计量单位：**座

编号				3-3-88	3-3-89	3-3-90	3-3-91	3-3-92
项目				预制				
				平均每节增减 1 张、储罐容量（m^3 以内）				
				5000	30000	50000	100000	150000
名称			单位	消耗量				
人工	000203000	综合二类工	工日	2.482	4.373	7.900	11.597	13.908
材料	031301009	低碳钢焊条 J427（综合）	kg	0.763	0.979	2.888	4.984	5.836
	142909001	氧气	m^3	10.360	19.184	27.344	44.272	51.862
	142907002	乙炔气	kg	3.985	7.378	10.517	17.028	19.947
	031101011	尼龙砂轮片 ϕ180	片	7.251	9.072	7.320	10.768	12.640
	850103006	其他材料费（占材料费）	%	5.000	5.000	5.000	5.000	5.000
机械	990744010	半自动切割机 100mm	台班	1.131	1.810	—	—	—
	990734035	卷板机 30×3000mm	台班	0.152	0.228	—	—	—
	990734055	卷板机 70×3000mm	台班	—	—	—	0.343	0.476
	990901020	交流弧焊机 32kV·A	台班	0.079	0.114	0.822	0.959	1.142
	990919050	电焊条烘干箱 75×105×135cm^3	台班	0.008	0.012	0.082	0.096	0.114
	990786010	数控火焰切割机	台班	—	—	0.822	0.959	1.530
	990920010	电焊条恒温箱	台班	0.008	0.012	0.082	0.096	0.114
	990734040	卷板机 40×3500mm	台班	—	—	0.228	—	—
	990302040	履带式起重机 50t	台班	—	—	0.754	1.097	1.295
	990110060	轮胎式装载机 3m^3	台班	0.152	0.190	0.228	0.343	—

工作内容：施工准备、散板堆放、放样号料、吊装、调整、切割、焊接、检查验收等。 **计量单位：**座

	编 号			3-3-93	3-3-94	3-3-95	3-3-96	3-3-97
	项 目			安装				
				平均每节增减 1 张、储罐容量（m^3 以内）				
				5000	30000	50000	100000	150000
	名 称		单位	消 耗 量				
人工	000203000	综合二类工	工日	13.720	15.709	20.350	34.690	40.674
材料	031301009	低碳钢焊条 J427（综合）	kg	16.826	27.645	14.440	5.592	6.472
	142909001	氧气	m^3	1.448	1.796	2.288	3.152	3.693
	142907002	乙炔气	kg	0.557	0.691	0.880	1.212	1.420
	031101011	尼龙砂轮片 ϕ180	片	6.400	7.488	8.008	8.144	9.600
	022305004	碳精棒 ϕ8～12	根	1.120	1.680	1.872	6.296	7.384
	031303003	合金钢焊丝	kg	—	—	105.427	121.618	147.206
	142919001	二氧化碳气体	m^3	—	—	55.876	64.458	78.019
	850103006	其他材料费（占材料费）	%	5.000	5.000	5.000	5.000	5.000
机械	990304016	汽车式起重机 16t	台班	1.219	—	—	—	—
	990734015	卷板机 20×2500mm	台班	—	1.523	—	—	—
	990734040	卷板机 40×3500mm	台班	1.219	—	—	—	—
	990304024	汽车式起重机 25t	台班	—	1.645	—	—	—
	990302040	履带式起重机 50t	台班	—	—	2.361	3.739	4.417
	990401035	载重汽车 10t	台班	0.137	0.175	—	—	—
	990403025	平板拖车组 30t	台班	—	—	0.190	0.286	0.762
	990901020	交流弧焊机 32kV·A	台班	11.576	19.535	6.413	7.159	9.139
	990919050	电焊条烘干箱 75×105×135cm^3	台班	1.158	1.954	0.641	0.716	0.914
	990920010	电焊条恒温箱	台班	1.158	1.954	1.167	2.179	2.642
	990915060	立缝自动焊机 VB-AcII3	台班	—	—	1.051	2.925	3.456
	990923010	焊剂烘干箱 60×50×75cm	台班	—	—	0.526	1.463	1.728
	991003050	电动空气压缩机 6m^3/min	台班	—	—	0.640	1.478	1.935

二、金属立式储罐附件安装

1. 立式拱顶罐附件

（1）人孔、透光孔、排污孔

工作内容：预制、开孔、检查清理、安装、焊接等。　　　　**计量单位：**个

编号				3-3-98	3-3-99	3-3-100	3-3-101
项目				人孔	透光孔		排污孔
				ϕ600	ϕ500	ϕ700	H700 × 800
名称			单位	消耗量			
人工	000203000	综合二类工	工日	0.593	0.705	0.816	0.927
材料	330721001	人孔	个	（1.000）	—	—	—
	330725001	透光孔	个	—	（1.000）	（1.000）	—
	330733001	排污孔	个	—	—	—	（1.000）
	031301009	低碳钢焊条 J427（综合）	kg	5.000	1.700	2.000	3.000
	142909001	氧气	m^3	0.471	0.252	0.843	0.291
	142907002	乙炔气	kg	0.181	0.097	0.324	0.112
	031101010	尼龙砂轮片 ϕ150	片	0.480	0.120	0.150	0.200
	020112006	无石棉橡胶板 中压 δ0.8～6	kg	1.500	1.500	1.500	0.500
	850103006	其他材料费（占材料费）	%	3.000	3.000	3.000	3.000
机械	990901020	交流弧焊机 32kV · A	台班	0.762	0.381	0.524	0.666
	990919050	电焊条烘干箱 75 × 105 × 135cm³	台班	0.076	0.038	0.052	0.067
	990920010	电焊条恒温箱	台班	0.076	0.038	0.052	0.067
	990304016	汽车式起重机 16t	台班	0.095	0.048	0.067	0.086

（2）接 合 管

工作内容：开孔、检查清理、安装、焊接等。　　　　**计量单位：**个

编号				3-3-102	3-3-103	3-3-104	3-3-105
项目				罐顶接合管直径（mm）以内			
				50	80	100	150
名称			单位	消耗量			
人工	000203000	综合二类工	工日	0.112	0.153	0.190	0.240
材料	173123002	罐顶接合管	个	（1.000）	（1.000）	（1.000）	（1.000）
	031301009	低碳钢焊条 J427（综合）	kg	0.300	0.500	0.800	1.000
	142909001	氧气	m^3	0.123	0.123	0.183	0.291
	142907002	乙炔气	kg	0.047	0.047	0.070	0.112
	031101010	尼龙砂轮片 ϕ150	片	0.110	0.110	0.120	0.130
	850103006	其他材料费（占材料费）	%	3.000	3.000	3.000	3.000
机械	990901020	交流弧焊机 32kV · A	台班	0.095	0.190	0.248	0.286
	990919050	电焊条烘干箱 75 × 105 × 135cm³	台班	0.010	0.019	0.025	0.029
	990920010	电焊条恒温箱	台班	0.010	0.019	0.025	0.029

工作内容：开孔、检查清理、安装、焊接等。　　**计量单位**：个

编号				3-3-106	3-3-107	3-3-108	3-3-109
项目				罐顶接合管直径（mm）以内		罐壁接合管直径（mm）以内	
				200	250	50	80
名称			单位	消耗量			
人工	000203000	综合二类工	工日	0.294	0.371	0.130	0.223
材料	173123002	罐顶接合管	个	（1.000）	（1.000）	—	—
	173123001	罐壁接合管	个	—	—	（1.000）	（1.000）
	031301009	低碳钢焊条 J427（综合）	kg	1.400	1.800	1.161	1.929
	142909001	氧气	m^3	0.411	0.423	0.123	0.123
	142907002	乙炔气	kg	0.158	0.163	0.047	0.047
	031101010	尼龙砂轮片 $\phi150$	片	0.200	0.300	0.100	0.110
	850103006	其他材料费（占材料费）	%	3.000	3.000	3.000	3.000
机械	990901020	交流弧焊机 32kV·A	台班	0.381	0.476	0.173	0.200
	990919050	电焊条烘干箱 75×105×135cm^3	台班	0.038	0.048	0.014	0.019
	990920010	电焊条恒温箱	台班	0.038	0.048	0.014	0.019

工作内容：开孔、检查清理、安装、焊接等。　　**计量单位**：个

编号				3-3-110	3-3-111	3-3-112	3-3-113
项目				罐壁接合管直径（mm）以内			
				100	150	200	250
名称			单位	消耗量			
人工	000203000	综合二类工	工日	0.279	0.352	0.427	0.464
材料	173123001	罐壁接合管	个	（1.000）	（1.000）	（1.000）	（1.000）
	031301009	低碳钢焊条 J427（综合）	kg	2.347	3.890	4.845	6.810
	142909001	氧气	m^3	0.183	0.291	0.411	0.552
	142907002	乙炔气	kg	0.070	0.112	0.158	0.212
	031101010	尼龙砂轮片 $\phi150$	片	0.120	0.130	0.140	0.150
	850103006	其他材料费（占材料费）	%	3.000	3.000	3.000	3.000
机械	990901020	交流弧焊机 32kV·A	台班	0.286	0.391	0.496	0.691
	990919050	电焊条烘干箱 75×105×135cm^3	台班	0.029	0.038	0.048	0.057
	990920010	电焊条恒温箱	台班	0.029	0.038	0.048	0.057

工作内容：开孔、检查清理、安装、焊接等。 **计量单位：**个

编号				3-3-114	3-3-115	3-3-116
项目				罐壁接合管直径（mm）以内		
				300	350	400
名称			单位	消耗量		
人工	000203000	综合二类工	工日	0.490	0.512	0.541
材料	173123001	罐壁接合管	个	（1.000）	（1.000）	（1.000）
	031301009	低碳钢焊条 J427（综合）	kg	7.891	8.567	9.748
	142909001	氧气	m^3	0.702	0.841	0.899
	142907002	乙炔气	kg	0.270	0.323	0.346
	031101010	尼龙砂轮片 $\phi150$	片	0.160	0.170	0.190
	850103006	其他材料费（占材料费）	%	3.000	3.000	3.000
机械	990901020	交流弧焊机 32kV·A	台班	0.791	0.859	0.987
	990919050	电焊条烘干箱 75×105×135cm³	台班	0.057	0.062	0.065
	990920010	电焊条恒温箱	台班	0.057	0.062	0.065

（3）进出油管

工作内容：补强圈预制、开孔、安装、焊接等。 **计量单位：**个

编号				3-3-117	3-3-118	3-3-119	3-3-120	3-3-121
项目				进出油管直径（mm）以内				
				500	600	700	800	900
名称			单位	消耗量				
人工	000203000	综合二类工	工日	3.197	3.834	4.752	5.523	6.628
材料	173137001	进出油管	个	（1.000）	（1.000）	（1.000）	（1.000）	（1.000）
	031301009	低碳钢焊条 J427（综合）	kg	20.770	24.920	30.900	59.870	69.830
	142909001	氧气	m^3	10.166	12.201	14.638	17.565	21.078
	142907002	乙炔气	kg	3.910	4.693	5.630	6.756	8.107
	031101010	尼龙砂轮片 $\phi150$	片	2.917	3.327	3.992	4.791	5.749
	050401001	木方	m^3	—	—	0.095	0.095	0.095
	850103006	其他材料费（占材料费）	%	3.000	3.000	3.000	3.000	3.000
机械	990901020	交流弧焊机 32kV·A	台班	3.332	3.998	4.931	9.111	10.596
	990919050	电焊条烘干箱 75×105×135cm³	台班	0.333	0.400	0.493	0.912	1.059
	990920010	电焊条恒温箱	台班	0.333	0.400	0.493	0.912	1.059
	990734025	卷板机 30×2000mm	台班	0.190	0.190	0.228	0.295	0.343
	990304024	汽车式起重机 25t	台班	0.145	0.152	0.152	0.183	0.219
	990401035	载重汽车 10t	台班	—	—	0.152	0.183	0.219

（4）防 火 器

工作内容： 检查清理、安装等。 **计量单位：** 个

编 号				3-3-122	3-3-123	3-3-124	3-3-125	3-3-126
项 目				管直径（mm 以内）				
				80	100	150	200	250
名 称			单位	消 耗 量				
人工	000203000	综合二类工	工日	0.112	0.149	0.186	0.223	0.297
材料	181700001	防火器	个	（1.000）	（1.000）	（1.000）	（1.000）	（1.000）
	020112006	无石棉橡胶板 中压 δ0.8～6	kg	0.150	0.150	0.250	0.350	0.500
	850103006	其他材料费（占材料费）	%	3.000	3.000	3.000	3.000	3.000

（5）空气泡沫产生器

工作内容： 检查定位、开孔、安装、焊接、质量自检等。 **计量单位：** 个

编 号				3-3-127	3-3-128	3-3-129	3-3-130
项 目				空气泡沫产生器			
				PC-4	PC-8	PC-16	PC-24
名 称			单位	消 耗 量			
人工	000203000	综合二类工	工日	0.713	0.832	1.025	1.217
材料	231101002	空气泡沫产生器	个	（1.000）	（1.000）	（1.000）	（1.000）
	012900015	钢板 δ4～10	kg	1.045	1.615	3.610	5.415
	012101003	角钢 63 以内	kg	1.330	3.040	3.420	3.895
	010901007	圆钢 ϕ8～14	kg	0.475	0.950	0.950	1.425
	011300002	扁钢（综合）	kg	0.475	0.475	0.475	0.475
	031301009	低碳钢焊条 J427（综合）	kg	0.762	0.844	1.037	1.247
	142909001	氧气	m^3	0.117	0.117	0.117	0.117
	142907002	乙炔气	kg	0.045	0.045	0.045	0.045
	850103006	其他材料费（占材料费）	%	3.000	3.000	3.000	3.000
机械	990901020	交流弧焊机 32kV·A	台班	0.228	0.228	0.267	0.305
	990919050	电焊条烘干箱 75×105×135cm³	台班	0.023	0.023	0.026	0.031
	990920010	电焊条恒温箱	台班	0.023	0.023	0.026	0.031
	990718010	普通车床 400×1000mm	台班	0.381	0.609	0.609	0.609

（6）呼吸阀、安全阀、通气阀

工作内容：检查、安装等。 **计量单位：**个

编号				3-3-131	3-3-132	3-3-133	3-3-134	3-3-135
项目				管直径（mm 以内）				
				80	100	150	200	250
名称			单位	消耗量				
人工	000203000	综合二类工	工日	0.119	0.149	0.178	0.237	0.297
材料	191199001	呼吸阀、安全阀、通气阀	个	（1.000）	（1.000）	（1.000）	（1.000）	（1.000）
	020112006	无石棉橡胶板 中压 δ0.8～6	kg	0.143	0.143	0.238	0.333	0.475
	850103006	其他材料费（占材料费）	%	3.000	3.000	3.000	3.000	3.000

（7）量 油 帽

工作内容：划线定位、安装就位、找正、固定、严密性试验等。 **计量单位：**套

编号				3-3-136	3-3-137
项目				量油帽（孔）	
				*DN*100	*DN*150
名称			单位	消耗量	
人工	000203000	综合二类工	工日	0.059	0.090
材料	330727001	量油帽孔	个	（1.000）	（1.000）
	020112006	无石棉橡胶板 中压 δ0.8～6	kg	0.238	0.238
	850103006	其他材料费（占材料费）	%	3.000	3.000

（8）蒸汽盘管预制、安装

工作内容：预制、安装、焊接、试漏等。 **计量单位：**10m

编号				3-3-138
项目				蒸气盘管
名称			单位	消耗量
人工	000203000	综合二类工	工日	1.021
材料	170200005	无缝钢管（综合）	m	（10.300）
	012903013	热轧中厚钢板 δ10～20	kg	37.900
	031301009	低碳钢焊条 J427（综合）	kg	0.570
	142909001	氧气	m^3	0.174
	142907002	乙炔气	kg	0.067
	850103006	其他材料费（占材料费）	%	3.000
机械	990901020	交流弧焊机 32kV·A	台班	0.426
	990919050	电焊条烘干箱 75×105×135cm^3	台班	0.043
	990920010	电焊条恒温箱	台班	0.043
	991204010	鼓风机 8m^3/min	台班	0.114

（9）排管加热器预制、安装

工作内容：预制、安装、焊接、试漏等。　　　　**计量单位：**10个

编号				3-3-139	3-3-140	3-3-141	3-3-142
项目				排管长度（m以内）			
				2	2.5	3	4
名称			单位	消耗量			
人工	000203000	综合二类工	工日	5.642	6.237	6.831	7.276
材料	170200003	无缝钢管（综合）	kg	（530.304）	（640.784）	（751.264）	（972.224）
	012903013	热轧中厚钢板 δ10～20	kg	37.900	37.900	37.900	37.900
	031301009	低碳钢焊条 J427（综合）	kg	6.270	6.270	6.270	6.270
	142909001	氧气	m^3	16.676	16.676	16.676	16.676
	142907002	乙炔气	kg	6.414	6.414	6.414	6.414
	031101009	尼龙砂轮片 ϕ100	片	7.600	7.600	7.600	7.600
	850103006	其他材料费（占材料费）	%	5.000	5.000	5.000	5.000
机械	990901020	交流弧焊机 32kV·A	台班	4.189	4.189	4.189	4.189
	990919050	电焊条烘干箱 75×105×135cm³	台班	0.419	0.419	0.419	0.419
	990920010	电焊条恒温箱	台班	0.419	0.419	0.419	0.419
	990813045	试压泵 60MPa	台班	0.350	0.315	0.283	0.255

工作内容：预制、安装、焊接、试漏等。　　　　**计量单位：**10个

编号				3-3-143	3-3-144	3-3-145
项目				排管长度（m以内）		
				5	6	12
名称			单位	消耗量		
人工	000203000	综合二类工	工日	7.721	8.613	10.690
材料	170200003	无缝钢管（综合）	kg	（1193.184）	（1414.144）	（2739.204）
	012903013	热轧中厚钢板 δ10～20	kg	37.900	37.900	37.900
	031301009	低碳钢焊条 J427（综合）	kg	6.270	6.270	7.025
	142909001	氧气	m^3	16.676	16.676	20.010
	142907002	乙炔气	kg	6.414	6.414	7.696
	031101009	尼龙砂轮片 ϕ100	片	7.600	7.600	9.500
	850103006	其他材料费（占材料费）	%	5.000	5.000	5.000
机械	990901020	交流弧焊机 32kV·A	台班	4.189	4.189	5.255
	990919050	电焊条烘干箱 75×105×135cm³	台班	0.419	0.419	0.526
	990920010	电焊条恒温箱	台班	0.419	0.419	0.526
	990813045	试压泵 60MPa	台班	0.200	0.200	0.200
	990304016	汽车式起重机 16t	台班	—	—	0.381
	990401035	载重汽车 10t	台班	—	—	0.381

（10）加热器支座预制、安装

工作内容：号料、切割、煨弯、组装、焊接等。 **计量单位：**10 个

编号				3-3-146	3-3-147	3-3-148	3-3-149	3-3-150	3-3-151
项目				双柱			单柱	单柱单管式（高）	
				四管式	八管式	十二管式	双管式	471～650	170～470
名称			单位	消耗量					
人工	000203000	综合二类工	工日	1.693	2.376	3.266	0.802	0.653	0.580
材料	170200003	无缝钢管（综合）	kg	（57.772）	（52.924）	（53.227）	（43.329）	（39.188）	（29.290）
	012900015	钢板 δ4～10	kg	—	—	—	10.171	10.171	10.171
	010901009	圆钢 ϕ15～24	kg	14.440	25.650	38.580	12.830	4.240	4.240
	031301009	低碳钢焊条 J427（综合）	kg	3.667	6.270	9.415	3.145	4.700	4.700
	142909001	氧气	m^3	0.447	0.773	1.151	0.346	0.211	0.182
	142907002	乙炔气	kg	0.172	0.297	0.443	0.133	0.081	0.070
	011300002	扁钢（综合）	kg	31.991	52.581	82.421	24.371	—	—
	012101004	角钢 63 以外	kg	—	48.445	94.607	—	—	—
	850103006	其他材料费（占材料费）	%	3.000	3.000	3.000	3.000	3.000	3.000
机械	990901020	交流弧焊机 32kV·A	台班	1.142	2.018	2.056	0.609	0.952	0.666
	990919050	电焊条烘干箱 75×105×135cm^3	台班	0.114	0.202	0.206	0.061	0.095	0.067
	990920010	电焊条恒温箱	台班	0.114	0.202	0.206	0.061	0.095	0.067

（11）加热器连接管预制、安装

工作内容：号料、切割、焊接、套丝扣、上零件、安装、试漏等。 **计量单位：**10 个

编号				3-3-152	3-3-153	3-3-154	3-3-155
项目				主管长度（mm）			
				730	1260	1790	2320
名称			单位	消耗量			
人工	000203000	综合二类工	工日	4.203	5.406	6.638	7.839
材料	170200003	无缝钢管（综合）	kg	（26.462）	（35.200）	（38.582）	（46.965）
	012903021	热轧中厚钢板 δ10	kg	（19.700）	（19.700）	（19.700）	（19.700）
	031301009	低碳钢焊条 J427（综合）	kg	6.000	6.580	7.260	9.020
	142909001	氧气	m^3	5.619	6.945	8.000	9.949
	142907002	乙炔气	kg	2.161	2.671	3.077	3.827
	850103006	其他材料费（占材料费）	%	3.000	3.000	3.000	3.000
机械	990901020	交流弧焊机 32kV·A	台班	3.998	4.760	5.636	6.093
	990919050	电焊条烘干箱 75×105×135cm^3	台班	0.400	0.476	0.564	0.609
	990920010	电焊条恒温箱	台班	0.400	0.476	0.564	0.609

2. 浮顶罐附件

（1）人　孔

工作内容：预制、开孔、检查清理、安装、焊接等。　　**计量单位：**个

编　号				3-3-156	3-3-157	3-3-158	3-3-159
项　目				浮船人孔	船舱人孔	试验人孔盖板	带芯铰链人孔
				*DN*600	*DN*500		*DN*600
名　称			单位	消　耗　量			
人工	000203000	综合二类工	工日	0.529	0.470	0.585	0.631
材料	330721002	浮船人孔	个	（1.000）	—	—	—
	330721003	单盘顶人孔	个	—	（1.000）	—	—
	330721016	试验人孔盖板	个	—	—	（1.000）	—
	330721004	带芯绞链人孔	个	—	—	—	（1.000）
	031301009	低碳钢焊条 J427（综合）	kg	3.864	2.005	1.866	5.338
	142909001	氧气	m^3	1.114	0.447	0.564	0.447
	142907002	乙炔气	kg	0.428	0.172	0.217	0.172
	031101010	尼龙砂轮片 ϕ150	片	0.190	0.190	0.190	0.380
	020112006	无石棉橡胶板 中压 δ0.8～6	kg	1.000	1.000	1.000	1.000
	850103006	其他材料费（占材料费）	%	3.000	3.000	3.000	3.000
机械	990901020	交流弧焊机 32kV · A	台班	0.578	0.480	0.578	0.655
	990919050	电焊条烘干箱 75 × 105 × 135cm^3	台班	0.058	0.048	0.058	0.065
	990920010	电焊条恒温箱	台班	0.058	0.048	0.058	0.065
	990304016	汽车式起重机 16t	台班	0.076	0.019	0.010	0.076

（2）清扫孔、通气孔

工作内容：加强板、孔颈放样、号料、切割、卷弧、组装、焊接、记录等。　　　　**计量单位：**个

编号				3-3-160	3-3-161	3-3-162	3-3-163
项目				清扫孔 H500 × 700			通气孔
				储罐容量（m^3 以内）			圆型
				20000	30000	50000	*DN*500
编号			单位	消耗量			
人工	000203000	综合二类工	工日	4.447	5.000	5.344	0.743
材料	330729001	清扫孔	个	（1.000）	（1.000）	（1.000）	—
	330723001	通气孔	个	—	—	—	（1.000）
	031301009	低碳钢焊条 J427（综合）	kg	19.950	27.550	33.060	4.500
	142909001	氧气	m^3	17.400	18.000	19.800	0.400
	142907002	乙炔气	kg	6.692	6.923	7.615	0.154
	031101010	尼龙砂轮片 ϕ150	片	2.600	3.010	5.400	0.600
	020112006	无石棉橡胶板 中压 δ0.8～6	kg	—	—	—	1.200
	031505020	金属丝网	kg	—	—	—	0.700
	850103006	其他材料费（占材料费）	%	3.000	3.000	3.000	3.000
机械	990901020	交流弧焊机 32kV · A	台班	2.392	3.145	5.331	0.762
	990919050	电焊条烘干箱 75 × 105 × 135cm³	台班	0.239	0.314	0.533	0.076
	990920010	电焊条恒温箱	台班	0.239	0.314	0.533	0.076
	990734035	卷板机 30 × 3000mm	台班	0.095	0.095	0.095	—
	990304016	汽车式起重机 16t	台班	0.255	0.381	0.381	—
	991003050	电动空气压缩机 6m³/min	台班	0.095	0.095	0.095	—
	991204010	鼓风机 8m³/min	台班	0.190	0.190	0.190	—

（3）透 气 阀

工作内容：开孔、预制、安装、检查清理等。　　　　**计量单位：**个

编 号				3-3-164	3-3-165	3-3-166
项 目				自动透气阀	边缘透气阀	盘边透气阀
				*DN*300		*DN*150
名 称			单位	消 耗 量		
人工	000203000	综合二类工	工日	0.698	1.083	0.668
材料	194102001	自动透气阀	个	（1.000）	—	—
	194113001	边缘透气阀	个	—	（1.000）	—
	194102002	盘边透气阀	个	—	—	（1.000）
	031301009	低碳钢焊条 J427（综合）	kg	2.850	1.180	0.590
	142909001	氧气	m^3	0.590	0.390	0.200
	142907002	乙炔气	kg	0.227	0.150	0.077
	020112006	无石棉橡胶板 中压 δ0.8～6	kg	1.000	0.700	0.700
	850103006	其他材料费（占材料费）	%	3.000	3.000	3.000
机械	990901020	交流弧焊机 32kV·A	台班	0.419	0.800	0.343
	990919050	电焊条烘干箱 75×105×135cm^3	台班	0.042	0.080	0.035
	990920010	电焊条恒温箱	台班	0.042	0.080	0.035

（4）浮船及单盘支柱、紧急排水管、预留口预制、安装

工作内容：预制、开孔、安装、焊接等。　　　　**计量单位：**个

编 号				3-3-167	3-3-168	3-3-169
项 目				浮船及单盘支柱	紧急排水管	预留口
名 称			单位	消 耗 量		
人工	000203000	综合二类工	工日	0.639	0.891	0.593
材料	340931001	浮船及单盘支柱	个	（1.000）	—	—
	173117002	紧急排水管	个	—	（1.000）	—
	224145001	预留口	个	—	—	（1.000）
	031301009	低碳钢焊条 J427（综合）	kg	2.565	1.000	1.425
	142909001	氧气	m^3	0.591	1.176	0.591
	142907002	乙炔气	kg	0.227	0.452	0.227
	850103006	其他材料费（占材料费）	%	3.000	3.000	3.000
机械	990901020	交流弧焊机 32kV·A	台班	0.533	0.476	0.238
	990919050	电焊条烘干箱 75×105×135cm^3	台班	0.054	0.048	0.024
	990920010	电焊条恒温箱	台班	0.054	0.048	0.024
	990718010	普通车床 400×1000mm	台班	0.010	—	—
	990728020	摇臂钻床 50mm	台班	0.010	—	—

（5）导向管、量油管预制、安装

工作内容： 划线定位、安装就位、找正、焊接、固定、严密性试验等。 **计量单位：** 套

编号				3-3-170	3-3-171	3-3-172
项目				导向管、量油管		
				*DN*150	*DN*200	*DN*250
名称			单位	消耗量		
人工	000203000	综合二类工	工日	6.497	7.800	9.746
材料	173137002	导向管、量油管	个	（1.000）	（1.000）	（1.000）
	031301009	低碳钢焊条 J427（综合）	kg	8.075	9.690	12.113
	142909001	氧气	m^3	4.400	5.250	6.560
	142907002	乙炔气	kg	1.692	2.019	2.523
	031101010	尼龙砂轮片 $\phi150$	片	3.000	3.200	3.500
	850103006	其他材料费（占材料费）	%	3.000	3.000	3.000
机械	990901020	交流弧焊机 32kV·A	台班	3.808	4.760	6.664
	990919050	电焊条烘干箱 75×105×135cm³	台班	0.381	0.476	0.666
	990920010	电焊条恒温箱	台班	0.381	0.476	0.666
	990732035	剪板机 20×2500mm	台班	0.045	0.045	0.045
	990734025	卷板机 30×2000mm	台班	0.095	0.095	0.095
	990727030	立式钻床 50mm	台班	0.152	0.152	0.168
	990304016	汽车式起重机 16t	台班	0.324	0.495	0.505

（6）搅拌器、搅拌器孔预制、安装

工作内容： 开孔、预制、安装、焊接、严密性试验等。 **计量单位：** 台

编号				3-3-173	3-3-174
项目				搅拌器	搅拌器孔
名称			单位	消耗量	
人工	000203000	综合二类工	工日	0.941	4.200
材料	860201005	储罐搅拌器	个	（1.000）	—
	330723002	搅拌器孔	个	—	（1.000）
	031301009	低碳钢焊条 J427（综合）	kg	—	37.440
	142909001	氧气	m^3	—	11.140
	142907002	乙炔气	kg	—	4.285
	031101010	尼龙砂轮片 $\phi150$	片	—	2.600
	850103006	其他材料费（占材料费）	%	—	3.000
机械	990304016	汽车式起重机 16t	台班	0.162	0.133
	990401035	载重汽车 10t	台班	0.162	—
	990901020	交流弧焊机 32kV·A	台班	—	5.741
	990919050	电焊条烘干箱 75×105×135cm³	台班	—	0.574
	990920010	电焊条恒温箱	台班	—	0.574
	990734025	卷板机 30×2000mm	台班	—	0.038

（7）中央排水管

工作内容：号料、切割、组合、焊接、组装等。　　　　计量单位：t

编号				3-3-175
项目				中央排水管
名称			单位	消耗量
人工	000203000	综合二类工	工日	18.282
材料	173117001	中央排水管	个	（1.000）
	031301009	低碳钢焊条 J427（综合）	kg	42.240
	142909001	氧气	m^3	14.050
	142907002	乙炔气	kg	5.404
	031101010	尼龙砂轮片 ϕ150	片	1.500
	850103006	其他材料费（占材料费）	%	3.000
机械	990901020	交流弧焊机 32kV·A	台班	8.035
	990919050	电焊条烘干箱 75×105×135cm^3	台班	0.803
	990920010	电焊条恒温箱	台班	0.803
	990304016	汽车式起重机 16t	台班	0.396
	990813045	试压泵 60MPa	台班	0.305

（8）加强圈、抗风圈预制、安装

工作内容：施工准备、放样、号料、切割、滚弧、堆放、拼装、焊接、检查清理等。　　　　计量单位：t

编号				3-3-176	3-3-177	3-3-178	3-3-179	3-3-180	3-3-181
项目				加强圈					
				预制			安装		
				储罐容量（m^3以内）					
				50000	100000	150000	50000	100000	150000
名称			单位	消耗量					
人工	000203000	综合二类工	工日	6.151	4.517	4.426	3.822	3.611	2.153
材料	031301009	低碳钢焊条 J427（综合）	kg	41.810	19.855	19.747	35.426	31.841	25.671
	142909001	氧气	m^3	24.750	16.140	15.960	3.300	2.760	2.460
	142907002	乙炔气	kg	9.519	6.208	6.138	1.269	1.062	0.946
	031101011	尼龙砂轮片 ϕ180	片	1.197	0.798	0.746	0.874	1.026	1.491
	850103006	其他材料费（占材料费）	%	5.000	5.000	5.000	5.000	5.000	5.000
机械	990901020	交流弧焊机 32kV·A	台班	6.603	3.237	2.970	7.349	6.451	5.284
	990919050	电焊条烘干箱 75×105×135cm^3	台班	0.660	0.324	0.298	0.735	0.645	0.528
	990920010	电焊条恒温箱	台班	0.660	0.324	0.298	0.735	0.645	0.528
	990744010	半自动切割机 100mm	台班	1.257	1.211	1.142	—	—	—
	990734025	卷板机 30×2000mm	台班	0.290	0.307	0.318	—	—	—
	990304024	汽车式起重机 25t	台班	0.231	0.226	0.902	0.239	0.234	0.250
	990401035	载重汽车 10t	台班	0.057	0.038	—	—	—	—

工作内容：施工准备、放样、号料、切割、滚弧、堆放、拼装、焊接、检查清理等。 计量单位：t

编号				3-3-182	3-3-183	3-3-184	3-3-185	3-3-186	3-3-187
项目				抗风圈					
				预制			安装		
				储罐容量（m^3以内）					
				50000	100000	150000	50000	100000	150000
名称			单位	消耗量					
人工	000203000	综合二类工	工日	3.020	2.750	2.569	2.474	1.786	1.707
材料	031301009	低碳钢焊条 J427（综合）	kg	7.629	21.888	16.094	14.611	13.671	10.864
	142909001	氧气	m^3	8.310	7.830	6.990	2.490	2.370	2.370
	142907002	乙炔气	kg	3.196	3.012	2.688	0.958	0.912	0.912
	031101011	尼龙砂轮片 ϕ180	片	0.760	0.684	0.820	0.646	0.798	0.987
	850103006	其他材料费（占材料费）	%	5.000	5.000	5.000	5.000	5.000	5.000
机械	990401035	载重汽车 10t	台班	0.171	0.114	—	—	—	—
	990901020	交流弧焊机 32kV·A	台班	1.158	3.230	3.750	2.910	2.513	4.182
	990919050	电焊条烘干箱 75×105×135cm^3	台班	0.115	0.322	0.375	0.292	0.251	0.418
	990920010	电焊条恒温箱	台班	0.115	0.322	0.375	0.292	0.251	0.418
	990744010	半自动切割机 100mm	台班	0.236	0.640	1.142	—	—	—
	990734025	卷板机 30×2000mm	台班	0.061	0.026	0.031	—	—	—
	990304024	汽车式起重机 25t	台班	0.055	0.155	0.238	0.121	0.098	0.228
	990727010	立式钻床 25mm	台班	0.625	0.390	0.390	—	—	—

（9）浮梯及轨道、沉降角钢、接地角钢预制、安装

工作内容：施工准备、划线、号料、切割、组对、焊接、吊装等。 计量单位：t

编号				3-3-188	3-3-189
项目				浮梯及轨道	沉降角钢、接地角钢
名称			单位	消耗量	
人工	000203000	综合二类工	工日	14.647	22.541
材料	031301009	低碳钢焊条 J427（综合）	kg	20.482	65.104
	142909001	氧气	m^3	10.346	26.040
	142907002	乙炔气	kg	3.979	10.015
	031101010	尼龙砂轮片 ϕ150	片	2.385	—
	850103006	其他材料费（占材料费）	%	3.000	3.000
机械	990901020	交流弧焊机 32kV·A	台班	4.639	20.251
	990919050	电焊条烘干箱 75×105×135cm^3	台班	0.464	2.025
	990920010	电焊条恒温箱	台班	0.464	2.025
	990737040	折方机 4×2000mm	台班	0.392	—
	990732020	剪板机 13×3000mm	台班	0.602	—
	990732030	剪板机 20×2000mm	台班	2.874	—
	990727010	立式钻床 25mm	台班	0.602	—

（10）一、二次密封装置

工作内容：施工准备、划线、钻孔、打磨棱角、托板安装、填料、粘接接头、紧螺丝、限位装置安装、调整检查、验收等。

计量单位：10m

编　号				3-3-190	3-3-191
项　目				一次密封	二次密封
名　称			单位	消 耗 量	
人工	000203000	综合二类工	工日	2.301	2.784
材料	031301009	低碳钢焊条 J427（综合）	kg	0.400	—
	142909001	氧气	m^3	0.300	0.060
	142907002	乙炔气	kg	0.115	0.023
	031101011	尼龙砂轮片 ϕ180	片	0.200	0.100
	850103006	其他材料费（占材料费）	%	3.000	3.000
机械	990901020	交流弧焊机 32kV·A	台班	0.076	—
	990919050	电焊条烘干箱 75×105×135cm³	台班	0.007	—
	990920010	电焊条恒温箱	台班	0.007	—
	990728020	摇臂钻床 50mm	台班	0.295	—
	990737040	折方机 4×2000mm	台班	0.286	—
	990304024	汽车式起重机 25t	台班	0.086	0.076
	990401035	载重汽车 10t	台班	0.095	0.095

（11）旋转喷射器预制、安装

工作内容：施工准备、放样、号料、切割、组装、焊接、检查清理等。

计量单位：t

编　号				3-3-192	3-3-193
项　目				预制	安装
名　称			单位	消 耗 量	
人工	000203000	综合二类工	工日	0.787	3.534
材料	031301009	低碳钢焊条 J427（综合）	kg	1.425	13.165
	142909001	氧气	m^3	1.500	3.750
	142907002	乙炔气	kg	0.577	1.442
	031101010	尼龙砂轮片 ϕ150	片	2.000	4.000
	850103006	其他材料费（占材料费）	%	3.000	3.000
机械	990304024	汽车式起重机 25t	台班	0.143	—
	990509030	电动葫芦单速 5t	台班	0.276	0.562
	990732020	剪板机 13×3000mm	台班	0.476	—
	990744010	半自动切割机 100mm	台班	0.143	0.476
	990901020	交流弧焊机 32kV·A	台班	0.472	3.808
	990919050	电焊条烘干箱 75×105×135cm³	台班	0.048	0.381
	990920010	电焊条恒温箱	台班	0.048	0.381

（12）刮蜡机构

工作内容：施工准备、检查清理、安装、焊接、验收等。 **计量单位：**t

编号				3-3-194
项目				刮蜡机构
名称			单位	消耗量
人工	000203000	综合二类工	工日	10.395
材料	031301009	低碳钢焊条 J427（综合）	kg	8.450
	850103006	其他材料费（占材料费）	%	3.000
机械	990901020	交流弧焊机 32kV·A	台班	2.275
	990919050	电焊条烘干箱 75×105×135cm³	台班	0.227
	990920010	电焊条恒温箱	台班	0.227
	990304016	汽车式起重机 16t	台班	0.010
	990401035	载重汽车 10t	台班	0.010

（13）消防挡板预制、安装

工作内容：施工准备、放样、号料、切割、堆放、组装、焊接、检查清理等。 **计量单位：**t

编号				3-3-195	3-3-196
项目				预制	安装
名称			单位	消耗量	
人工	000203000	综合二类工	工日	25.243	3.957
材料	142909001	氧气	m³	4.560	—
	142907002	乙炔气	kg	1.754	—
	031101010	尼龙砂轮片 ϕ150	片	2.290	1.270
	031301009	低碳钢焊条 J427（综合）	kg	—	17.560
	850103006	其他材料费（占材料费）	%	3.000	3.000
机械	990744010	半自动切割机 100mm	台班	0.952	—
	990734025	卷板机 30×2000mm	台班	0.722	—
	990732020	剪板机 13×3000mm	台班	0.238	—
	990304016	汽车式起重机 16t	台班	0.143	0.238
	990401035	载重汽车 10t	台班	0.200	0.190
	990901020	交流弧焊机 32kV·A	台班	—	2.723
	990919050	电焊条烘干箱 75×105×135cm³	台班	—	0.273
	990920010	电焊条恒温箱	台班	—	0.273

（14）集水坑预制、安装

工作内容：施工准备、号料、切割、卷弧、安装、组对、焊接、试漏等。 **计量单位：**个

编号				3-3-197	3-3-198	3-3-199	3-3-200
项目				单盘集水坑		双盘集水坑	
				预制	安装	预制	安装
	编号		单位	消耗量			
人工	000203000	综合二类工	工日	1.950	2.821	2.134	4.306
材料	031301009	低碳钢焊条 J427（综合）	kg	7.714	5.666	7.714	5.686
	142909001	氧气	m^3	4.950	6.900	4.950	6.900
	142907002	乙炔气	kg	1.904	2.654	1.904	2.654
	031101010	尼龙砂轮片 ϕ150	片	2.000	2.000	2.000	3.000
	850103006	其他材料费（占材料费）	%	2.000	2.000	2.000	2.000
机械	990901020	交流弧焊机 32kV·A	台班	1.190	1.904	1.190	2.856
	990919050	电焊条烘干箱 75×105×135cm^3	台班	0.119	0.190	0.119	0.286
	990920010	电焊条恒温箱	台班	0.119	0.190	0.119	0.286
	990734025	卷板机 30×2000mm	台班	0.190	—	0.190	—
	990110060	轮胎式装载机 3m^3	台班	0.119	—	0.119	—
	990304016	汽车式起重机 16t	台班	0.228	0.119	0.228	0.119

（15）喷淋冷却管线

工作内容：成品件倒运、支架预制、整体构件组装、验收等。 **计量单位：**t

编号				3-3-201	3-3-202
项目				支架预制	管线安装
	名称		单位	消耗量	
人工	000203000	综合二类工	工日	2.351	3.816
材料	031301009	低碳钢焊条 J427（综合）	kg	10.510	9.710
	142909001	氧气	m^3	4.110	2.940
	142907002	乙炔气	kg	1.581	1.131
	031101010	尼龙砂轮片 ϕ150	片	3.000	4.000
	031101014	尼龙砂轮片 ϕ500×25×4	片	4.210	—
	850103006	其他材料费（占材料费）	%	3.000	3.000
机械	990901020	交流弧焊机 32kV·A	台班	1.878	1.340
	990919050	电焊条烘干箱 75×105×135cm^3	台班	0.188	0.134
	990920010	电焊条恒温箱	台班	0.188	0.134
	990785040	砂轮切割机 ϕ500	台班	0.286	—
	990732020	剪板机 13×3000mm	台班	0.286	—
	990110060	轮胎式装载机 3m^3	台班	0.286	0.476
	990401035	载重汽车 10t	台班	0.190	—
	990727030	立式钻床 50mm	台班	0.286	—
	990304024	汽车式起重机 25t	台班	—	1.340

（16）泡沫消防管线反射板预制、安装

工作内容：倒运、划料、下料、预制、安装、焊接、验收等。 **计量单位：**套

编号				3-3-203	3-3-204
项目				预制	安装
名称			单位	消耗量	
人工	000203000	综合二类工	工日	18.560	12.807
材料	031301009	低碳钢焊条 J427（综合）	kg	60.078	66.079
	142909001	氧气	m^3	6.280	7.110
	142907002	乙炔气	kg	2.415	2.735
	031101010	尼龙砂轮片 $\phi150$	片	3.500	2.000
	850103006	其他材料费（占材料费）	%	2.000	2.000
机械	990901020	交流弧焊机 32kV·A	台班	20.944	11.424
	990919050	电焊条烘干箱 75×105×135cm^3	台班	2.094	1.142
	990920010	电焊条恒温箱	台班	2.094	1.142
	990732020	剪板机 13×3000mm	台班	0.476	—
	990110060	轮胎式装载机 3m^3	台班	0.476	0.476
	990304024	汽车式起重机 25t	台班	—	7.616

三、金属立式储罐水压试验

1. 拱顶罐、内浮顶罐水压试验

工作内容：临时输水管线、阀门、盲板安装与拆除、充水、正负压试验、观察、检查、记录整理等。 **计量单位：**座

编号				3-3-205	3-3-206	3-3-207	3-3-208
项目				储罐容量（m^3 以内）			
				100	200	300	400
名称			单位	消耗量			
人工	000203000	综合二类工	工日	3.408	3.808	4.009	4.160

续前

编号				3-3-205	3-3-206	3-3-207	3-3-208
项目				储罐容量（m^3以内）			
				100	200	300	400
名称			单位	消耗量			
材料	341101002	水	m^3	（67.000）	（133.000）	（200.000）	（267.000）
	031301009	低碳钢焊条 J427（综合）	kg	4.275	4.275	4.275	4.275
	142909001	氧气	m^3	1.050	1.050	1.050	1.100
	142907002	乙炔气	kg	0.404	0.404	0.404	0.423
	170101017	焊接钢管 *DN*100	m	—	—	—	6.000
	190101020	法兰截止阀 J41T-16 *DN*100	个	—	—	0.050	0.050
	200101007	碳钢平焊法兰 *DN*100	副	—	—	0.100	0.100
	183125003	压制弯头 90°$R=1.5D$ *DN*100	个	—	—	0.100	0.100
	202100002	盲板（综合）	kg	0.798	0.798	3.135	3.135
	020112007	无石棉橡胶板 高压 δ1～6	kg	0.076	0.076	0.285	0.285
	020101001	橡胶板（综合）	kg	0.200	0.200	0.762	0.762
	170101009	焊接钢管 *DN*50	m	6.000	6.000	6.000	—
	190101015	法兰截止阀 J41T-16 *DN*50	个	0.050	0.050	—	—
	200101006	碳钢平焊法兰 *DN*50	副	0.100	0.100	—	—
	183125002	压制弯头 90°$R=1.5D$ *DN*50	个	0.100	0.100	—	—
	850103006	其他材料费（占材料费）	%	1.000	1.000	1.000	1.000
机械	990801010	电动单级离心清水泵 50mm	台班	0.200	0.409	—	—
	990901020	交流弧焊机 32kV·A	台班	0.476	0.476	0.476	0.476
	990919050	电焊条烘干箱 $75\times105\times135cm^3$	台班	0.048	0.048	0.048	0.048
	990920010	电焊条恒温箱	台班	0.048	0.048	0.048	0.048
	990304016	汽车式起重机 16t	台班	0.064	0.064	0.064	0.064
	990801020	电动单级离心清水泵 100mm	台班	—	—	0.305	0.409
	991003050	电动空气压缩机 $6m^3$/min	台班	0.509	0.509	0.509	0.509

工作内容：临时输水管线、阀门、盲板安装与拆除、充水、正负压试验、观察、检查、记录整理等。

计量单位：座

编号				3-3-209	3-3-210	3-3-211	3-3-212
项目				储罐容量（m^3 以内）			
				500	700	1000	2000
名称			单位	消耗量			
人工	000203000	综合二类工	工日	4.561	4.961	7.417	10.224
材料	341101002	水	m^3	（333.000）	（467.000）	（670.000）	（1330.000）
	031301009	低碳钢焊条 J427（综合）	kg	4.275	4.275	4.750	4.750
	142909001	氧气	m^3	1.100	1.100	1.250	1.250
	142907002	乙炔气	kg	0.423	0.423	0.481	0.481
	170101017	焊接钢管 *DN*100	m	6.000	6.000	6.000	—
	190101020	法兰截止阀 J41T-16 *DN*100	个	0.050	0.050	0.050	—
	200101007	碳钢平焊法兰 *DN*100	副	0.100	0.100	0.100	—
	183125003	压制弯头 90°$R=1.5D$ *DN*100	个	0.100	0.100	0.100	—
	202100002	盲板（综合）	kg	3.135	3.135	3.135	5.510
	020112007	无石棉橡胶板 高压 δ1～6	kg	0.285	0.285	0.287	0.666
	020101001	橡胶板（综合）	kg	0.762	0.762	0.764	0.764
	170101024	焊接钢管 *DN*150	m	—	—	—	6.000
	190101022	法兰截止阀 J41T-16 *DN*150	个	—	—	—	0.050
	200101008	碳钢平焊法兰 *DN*150	副	—	—	—	0.100
	183125004	压制弯头 90°$R=1.5D$ *DN*150	个	—	—	—	0.100
	850103006	其他材料费（占材料费）	%	1.000	1.000	1.000	1.000
机械	990801030	电动单级离心清水泵 150mm	台班	—	—	—	1.495
	990901020	交流弧焊机 32kV·A	台班	0.476	0.476	0.476	0.476
	990919050	电焊条烘干箱 75×105×135cm^3	台班	0.048	0.048	0.048	0.048
	990920010	电焊条恒温箱	台班	0.048	0.048	0.048	0.048
	990304016	汽车式起重机 16t	台班	0.064	0.064	0.064	0.064
	990801020	电动单级离心清水泵 100mm	台班	0.514	0.714	1.695	—
	991003050	电动空气压缩机 6m^3/min	台班	0.509	0.509	0.509	0.815

工作内容：临时输水管线、阀门、盲板安装与拆除、充水、正负压试验、观察、检查、记录整理等。

计量单位：座

编　号				3-3-213	3-3-214	3-3-215
项　目				储罐容量（m^3 以内）		
				3000	5000	10000
	名　称		单位	消　耗　量		
人工	000203000	综合二类工	工日	13.431	15.235	22.250
材料	341101002	水	m^3	（2000.000）	（3330.000）	（6700.000）
	031301009	低碳钢焊条 J427（综合）	kg	4.750	5.225	5.700
	142909001	氧气	m^3	1.300	2.000	2.400
	142907002	乙炔气	kg	0.500	0.769	0.923
	202100002	盲板（综合）	kg	5.510	5.510	5.510
	020112007	无石棉橡胶板 高压 $\delta1\sim6$	kg	0.666	0.666	0.666
	020101001	橡胶板（综合）	kg	0.764	0.764	0.764
	170101024	焊接钢管 *DN*150	m	6.000	6.000	6.000
	190101022	法兰截止阀 J41T-16 *DN*150	个	0.050	0.050	0.050
	200101008	碳钢平焊法兰 *DN*150	副	0.100	0.100	0.100
	183125004	压制弯头 $90°R=1.5D$ *DN*150	个	0.100	0.100	0.100
	850103006	其他材料费（占材料费）	%	1.000	1.000	1.000
机械	990801030	电动单级离心清水泵 150mm	台班	2.237	3.770	6.521
	990901020	交流弧焊机 32kV · A	台班	0.476	0.571	0.762
	990919050	电焊条烘干箱 $75\times105\times135cm^3$	台班	0.048	0.057	0.076
	990920010	电焊条恒温箱	台班	0.048	0.057	0.076
	990304016	汽车式起重机 16t	台班	0.064	0.064	0.064
	991003050	电动空气压缩机 $6m^3/min$	台班	0.815	1.528	2.037

工作内容：临时输水管线、阀门、盲板安装与拆除、充水、正负压试验、观察、检查、记录整理等。

计量单位：座

编号				3-3-216	3-3-217	3-3-218
项目				储罐容量（m³以内）		
				20000	30000	50000
名称			单位	消耗量		
人工	000203000	综合二类工	工日	38.582	50.991	70.225
材料	341101002	水	m³	（14000.000）	（20000.000）	（35000.000）
	031301009	低碳钢焊条 J427（综合）	kg	11.400	11.400	11.400
	142909001	氧气	m³	2.700	3.000	3.400
	142907002	乙炔气	kg	1.038	1.154	1.308
	170101028	焊接钢管 *DN*200	m	6.000	6.000	6.000
	190101002	法兰截止阀 *DN*200	个	—	0.100	0.100
	200001022	平焊法兰 *PN*1.6 *DN*200	副	—	0.200	0.200
	183125015	压制弯头 *DN*200	个	—	0.200	0.200
	202100002	盲板（综合）	kg	7.505	7.505	7.505
	020112007	无石棉橡胶板 高压 δ1～6	kg	0.799	0.959	1.151
	020101001	橡胶板（综合）	kg	0.917	1.100	1.320
	190101022	法兰截止阀 J41T-16 *DN*150	个	0.050	—	—
	200101008	碳钢平焊法兰 *DN*150	副	0.100	—	—
	183125004	压制弯头 90°R＝1.5D *DN*150	个	0.100	—	—
	850103006	其他材料费（占材料费）	%	1.000	1.000	1.000
机械	990901020	交流弧焊机 32kV·A	台班	1.428	1.428	1.428
	990919050	电焊条烘干箱 75×105×135cm³	台班	0.076	0.143	0.143
	990920010	电焊条恒温箱	台班	0.076	0.143	0.143
	990304016	汽车式起重机 16t	台班	0.064	0.064	0.064
	990801030	电动单级离心清水泵 150mm	台班	7.549	—	—
	990801050	电动单级离心清水泵 250mm	台班	—	9.796	15.308
	991003050	电动空气压缩机 6m³/min	台班	3.056	3.668	4.584

2. 浮顶罐升降试验

工作内容：临时输水管线、阀门、盲板安装与拆除、充水、浮顶升压、船舱严密、基础沉降试验、整理记录等。

计量单位：座

编　号				3-3-219	3-3-220	3-3-221	3-3-222
项　目				储罐容量（m^3 以内）			
				3000	5000	10000	20000
名　称			单位	消　耗　量			
人工	000203000	综合二类工	工日	12.621	14.293	20.789	24.130
材料	341101002	水	m^3	（1800.000）	（3000.000）	（6000.000）	（12000.000）
	031301009	低碳钢焊条 J427（综合）	kg	5.300	5.500	6.000	6.500
	142909001	氧气	m^3	1.505	1.505	3.000	3.000
	142907002	乙炔气	kg	0.579	0.579	1.154	1.154
	170101024	焊接钢管 *DN*150	m	6.000	6.000	6.000	—
	190101022	法兰截止阀 J41T-16 *DN*150	个	0.050	0.050	0.050	0.050
	200101008	碳钢平焊法兰 *DN*150	副	0.100	0.100	0.100	0.100
	183125004	压制弯头 90°$R=1.5D$ *DN*150	个	0.100	0.100	0.100	0.100
	202100002	盲板（综合）	kg	5.800	5.800	5.800	5.800
	020112007	无石棉橡胶板 高压 δ1～6	kg	10.100	10.100	15.000	15.000
	170101028	焊接钢管 *DN*200	m	—	—	—	6.000
	850103006	其他材料费（占材料费）	%	3.000	3.000	3.000	3.000
机械	990901020	交流弧焊机 32kV·A	台班	1.047	1.047	1.142	1.142
	990919050	电焊条烘干箱 75×105×135cm^3	台班	0.105	0.105	0.114	0.114
	990920010	电焊条恒温箱	台班	0.105	0.105	0.114	0.114
	990304016	汽车式起重机 16t	台班	0.095	0.095	0.095	0.095
	990801030	电动单级离心清水泵 150mm	台班	2.037	3.361	6.826	13.547

工作内容：临时输水管线、阀门、盲板安装与拆除、充水、浮顶升压、船舱严密、基础沉降试验、整理记录等。

计量单位：座

编号				3-3-223	3-3-224	3-3-225	3-3-226
项目				储罐容量（m^3 以内）			
				30000	50000	100000	150000
名称			单位	消耗量			
人工	000203000	综合二类工	工日	30.070	38.422	48.656	65.043
材料	341101002	水	m^3	（18000.000）	（30000.000）	（60000.000）	（90000.000）
	031301009	低碳钢焊条 J427（综合）	kg	7.000	9.000	11.300	13.200
	142909001	氧气	m^3	3.000	4.000	6.000	6.600
	142907002	乙炔气	kg	1.154	1.538	2.308	2.538
	170101028	焊接钢管 *DN*200	m	6.000	6.000	6.000	6.000
	190101022	法兰截止阀 J41T-16 *DN*150	个	0.050	0.050	—	—
	200101008	碳钢平焊法兰 *DN*150	副	0.100	0.100	—	—
	183125004	压制弯头 90°$R = 1.5D$ *DN*150	个	0.100	0.100	—	—
	202100002	盲板（综合）	kg	5.800	7.200	13.066	15.026
	020112007	无石棉橡胶板 高压 δ1～6	kg	15.000	20.000	33.000	40.000
	190101002	法兰截止阀 *DN*200	个	—	—	0.050	—
	200001022	平焊法兰 *PN*1.6 *DN*200	副	—	—	0.100	—
	183125015	压制弯头 *DN*200	个	—	—	0.100	—
	190101009	法兰截止阀 J41H-16 *DN*250	个	—	—	—	0.200
	200001023	平焊法兰 *PN*1.6 *DN*250	副	—	—	—	0.110
	183125016	压制弯头 *DN*250	个	—	—	—	0.110
	850103006	其他材料费（占材料费）	%	3.000	3.000	3.000	3.000
机械	990901020	交流弧焊机 32kV·A	台班	1.238	1.428	1.618	1.828
	990919050	电焊条烘干箱 75×105×135cm^3	台班	0.124	0.143	0.162	0.183
	990920010	电焊条恒温箱	台班	0.124	0.143	0.162	0.183
	990304016	汽车式起重机 16t	台班	0.095	0.114	0.143	0.200
	990801030	电动单级离心清水泵 150mm	台班	20.373	—	—	—
	990801040	电动单级离心清水泵 200mm	台班	—	31.057	55.356	66.224

3. 浮顶排水系统严密性试验

工作内容：施工准备、注水、管线严密性试验、修补、二次试验、验收等。 **计量单位：**座

编号				3-3-227	3-3-228	3-3-229	3-3-230
项目				储罐容量（m^3 以内）			
				3000	5000	10000	20000
名称			单位	消耗量			
人工	000203000	综合二类工	工日	3.230	3.397	4.603	4.825
材料	341101001	水	m^3	0.580	0.776	1.119	1.511
	031301009	低碳钢焊条 J427（综合）	kg	1.910	1.910	3.820	3.820
	142909001	氧气	m^3	0.519	0.576	1.278	1.406
	142907002	乙炔气	kg	0.200	0.222	0.492	0.541
	031101010	尼龙砂轮片 ϕ150	片	1.900	2.375	2.850	3.800
	170201017	无缝钢管 $D57\times6$	m	5.000	5.000	5.000	5.000
	190101015	法兰截止阀 J41T-16 *DN*50	个	0.100	0.100	0.100	0.100
	194117002	针型阀 J13H-16P *DN*15	个	0.200	0.200	0.200	0.200
	200101006	碳钢平焊法兰 *DN*50	副	0.100	0.100	0.100	0.100
	860113005	压力表 0～1.6MPa	块	0.200	0.200	0.200	0.200
	850103006	其他材料费（占材料费）	%	2.000	2.000	2.000	2.000
机械	990901020	交流弧焊机 32kV · A	台班	0.228	0.228	0.457	0.457
	990919050	电焊条烘干箱 $75\times105\times135cm^3$	台班	0.023	0.023	0.045	0.045
	990920010	电焊条恒温箱	台班	0.023	0.023	0.045	0.045
	990813020	试压泵 6MPa	台班	1.599	1.704	2.018	2.163

工作内容：施工准备、注水、管线严密性试验、修补、二次试验、验收等。 计量单位：座

编号				3-3-231	3-3-232	3-3-233	3-3-234
项目				储罐容量（m^3 以内）			
				30000	50000	100000	150000
名称			单位	消耗量			
人工	000203000	综合二类工	工日	4.956	5.050	6.831	7.573
材料	341101001	水	m^3	1.716	6.294	11.938	13.878
	031301009	低碳钢焊条 J427（综合）	kg	3.820	5.730	5.730	5.730
	142909001	氧气	m^3	1.547	2.552	2.807	3.088
	142907002	乙炔气	kg	0.595	0.982	1.080	1.188
	031101010	尼龙砂轮片 $\phi150$	片	4.750	5.700	6.175	6.650
	170201017	无缝钢管 $D57\times6$	m	5.000	5.000	5.000	5.000
	190101015	法兰截止阀 J41T-16 *DN*50	个	0.100	0.100	0.100	0.100
	200101006	碳钢平焊法兰 *DN*50	副	0.100	0.100	0.100	0.100
	194117002	针型阀 J13H-16P *DN*15	个	0.200	0.200	0.200	0.200
	860113005	压力表 0～1.6MPa	块	0.200	0.200	0.200	0.200
	850103006	其他材料费（占材料费）	%	2.000	2.000	2.000	2.000
机械	990901020	交流弧焊机 32kV·A	台班	0.457	0.685	0.685	0.685
	990919050	电焊条烘干箱 $75\times105\times135cm^3$	台班	0.045	0.045	0.069	0.069
	990920010	电焊条恒温箱	台班	0.045	0.045	0.069	0.069
	990813020	试压泵 6MPa	台班	2.224	2.285	3.427	3.656

4. 储罐加热器、加热盘管试压及吹扫

工作内容：施工准备、注水、管线严密性试验、修补、二次试验、吹扫、验收等。　　**计量单位：**座

编号				3-3-235	3-3-236	3-3-237	3-3-238
项目				储罐容量（m^3 以内）			
				3000	5000	10000	20000
名称			单位	消耗量			
人工	000203000	综合二类工	工日	4.813	5.173	5.550	5.943
材料	341101001	水	m^3	0.490	0.640	0.930	1.250
	031301009	低碳钢焊条 J427（综合）	kg	1.740	2.288	3.292	4.436
	142909001	氧气	m^3	0.519	0.571	0.628	0.690
	142907002	乙炔气	kg	0.200	0.220	0.242	0.265
	031101010	尼龙砂轮片 $\phi150$	片	2.000	3.000	3.500	4.000
	170201017	无缝钢管 $D57\times6$	m	5.000	5.000	5.000	5.000
	190101015	法兰截止阀 J41T-16 *DN*50	个	0.100	0.100	0.100	0.100
	194117002	针型阀 J13H-16P *DN*15	个	0.200	0.200	0.200	0.200
	200101006	碳钢平焊法兰 *DN*50	副	0.100	0.100	0.100	0.100
	860113010	压力表 0～4.0MPa	块	0.200	0.200	0.200	0.200
	850103006	其他材料费（占材料费）	%	3.000	3.000	3.000	3.000
机械	990901020	交流弧焊机 32kV·A	台班	0.457	0.502	0.603	0.724
	990919050	电焊条烘干箱 $75\times105\times135cm^3$	台班	0.045	0.050	0.061	0.073
	990920010	电焊条恒温箱	台班	0.045	0.050	0.061	0.073
	990813020	试压泵 6MPa	台班	1.523	1.599	1.752	1.828
	991003050	电动空气压缩机 $6m^3/min$	台班	0.381	0.403	0.419	0.434

工作内容：施工准备、注水、管线严密性试验、修补、二次试验、吹扫、验收等。 计量单位：座

编号				3-3-239	3-3-240	3-3-241	3-3-242
项目				储罐容量（m^3 以内）			
				30000	50000	100000	150000
名称			单位	消耗量			
人工	000203000	综合二类工	工日	6.647	6.915	8.886	11.853
材料	341101001	水	m^3	3.630	4.740	6.320	7.340
	031301009	低碳钢焊条 J427（综合）	kg	5.035	6.570	8.760	10.182
	142909001	氧气	m^3	0.759	0.835	0.919	1.111
	142907002	乙炔气	kg	0.292	0.321	0.353	0.427
	031101010	尼龙砂轮片 ϕ150	片	4.500	4.700	5.500	6.500
	170201017	无缝钢管 $D57\times6$	m	5.000	5.000	5.000	5.000
	190101015	法兰截止阀 J41T-16 DN50	个	0.100	0.100	0.100	0.100
	194117002	针型阀 J13H-16P DN15	个	0.200	0.200	0.200	0.200
	200101006	碳钢平焊法兰 DN50	副	0.100	0.100	0.100	0.100
	860113010	压力表 0～4.0MPa	块	0.200	0.200	0.200	0.200
	850103006	其他材料费（占材料费）	%	3.000	3.000	3.000	3.000
机械	990901020	交流弧焊机 32kV · A	台班	0.796	0.916	1.145	1.373
	990919050	电焊条烘干箱 $75\times105\times135cm^3$	台班	0.080	0.092	0.114	0.137
	990920010	电焊条恒温箱	台班	0.080	0.092	0.114	0.137
	990813020	试压泵 6MPa	台班	1.918	2.247	2.666	3.427
	991003050	电动空气压缩机 $6m^3/min$	台班	0.457	0.647	0.800	1.028

四、立式储罐胎具制作、安装与拆除

1. 立式储罐壁板卷弧胎具制作

工作内容：号料、切割、卷弧、组装、焊接等。　　　　计量单位：套

编号				3-3-243	3-3-244	3-3-245	3-3-246	3-3-247
项目				储罐容量（m^3 以内）				
				10000	30000	50000	100000	150000
名称			单位	消耗量				
人工	000203000	综合二类工	工日	7.343	8.230	12.220	17.225	18.331
材料	031301009	低碳钢焊条 J427（综合）	kg	13.984	14.440	27.968	38.000	42.750
	142909001	氧气	m^3	11.523	13.198	23.057	29.973	34.585
	142907002	乙炔气	kg	4.432	5.076	8.868	11.528	13.302
	012900015	钢板 δ4～10	kg	340.480	461.320	680.960	885.248	1021.440
	170201062	无缝钢管 D57～219	kg	60.800	91.960	184.756	240.183	277.134
	012101003	角钢 63 以内	kg	83.600	111.720	84.360	109.668	126.540
	011900002	槽钢（综合）	kg	308.560	521.360	617.120	802.256	925.680
	010901010	圆钢 ϕ25～32	kg	34.200	64.600	106.400	138.320	159.600
	850103006	其他材料费（占材料费）	%	3.000	3.000	3.000	3.000	3.000
机械	990901020	交流弧焊机 32kV · A	台班	3.358	3.519	6.718	7.616	9.139
	990919050	电焊条烘干箱 75 × 105 × 135cm^3	台班	0.336	0.352	0.672	0.762	0.914
	990920010	电焊条恒温箱	台班	0.336	0.352	0.672	0.762	0.914
	990734015	卷板机 20 × 2500mm	台班	0.428	0.476	0.476	0.714	0.762
	990304016	汽车式起重机 16t	台班	0.190	0.255	0.255	0.286	0.381
	990401030	载重汽车 8t	台班	0.076	0.095	0.143	0.190	0.209

2. 拱顶、内浮顶罐顶板预制胎具制作

工作内容：号料、切割、卷弧、组装、焊接等。　　　　计量单位：套

编号				3-3-248	3-3-249	3-3-250	3-3-251	3-3-252
项目				储罐容量（m^3 以内）				
				1000	3000	5000	10000	20000
名称			单位	消耗量				
人工	000203000	综合二类工	工日	1.915	3.022	3.400	5.204	8.114
材料	031301009	低碳钢焊条 J427（综合）	kg	3.297	5.187	5.909	8.645	12.968
	142909001	氧气	m^3	1.445	2.303	3.183	5.096	7.644
	142907002	乙炔气	kg	0.556	0.886	1.224	1.960	2.940
	012101003	角钢 63 以内	kg	74.900	130.200	147.000	241.500	419.300
	011900002	槽钢（综合）	kg	93.765	146.965	184.205	286.615	429.923
	050105001	道木（综合）	m^3	0.570	0.760	0.855	1.235	1.425
	850103006	其他材料费（占材料费）	%	3.000	3.000	3.000	3.000	3.000
机械	990901020	交流弧焊机 32kV · A	台班	0.716	1.135	1.211	2.216	4.570
	990919050	电焊条烘干箱 75 × 105 × 135cm^3	台班	0.071	0.113	0.121	0.221	0.457
	990920010	电焊条恒温箱	台班	0.071	0.113	0.121	0.221	0.457
	990734015	卷板机 20 × 2500mm	台班	0.228	0.228	0.228	0.305	0.381
	990304016	汽车式起重机 16t	台班	0.126	0.126	0.159	0.190	0.255
	990401030	载重汽车 8t	台班	0.015	0.023	0.023	0.031	0.045

3. 拱顶、内浮顶罐顶板组装胎具制作

工作内容：号料、切割、卷弧、钻孔、车制、组装、焊接等。　　**计量单位**：座

编号				3-3-253	3-3-254	3-3-255	3-3-256
项目				储罐容量（m^3 以内）			
				1000	3000	5000	10000
名称			单位	消耗量			
人工	000203000	综合二类工	工日	10.357	14.181	16.891	22.310
材料	031301009	低碳钢焊条 J427（综合）	kg	5.700	8.550	11.400	13.250
	142909001	氧气	m^3	11.109	17.788	20.018	26.676
	142907002	乙炔气	kg	4.273	6.842	7.699	10.260
	012900015	钢板 δ4～10	kg	34.200	50.160	64.600	83.600
	170201062	无缝钢管 *D*57～219	kg	80.560	88.160	99.560	123.880
	200101008	碳钢平焊法兰 *DN*150	副	2.000	4.000	4.000	4.000
	012101003	角钢 63 以内	kg	164.920	246.240	345.040	500.080
	011900002	槽钢（综合）	kg	801.800	1246.400	1743.440	3306.760
	850103006	其他材料费（占材料费）	%	3.000	3.000	3.000	3.000
机械	990901020	交流弧焊机 32kV · A	台班	1.599	2.132	2.818	3.656
	990919050	电焊条烘干箱 75 × 105 × 135cm^3	台班	0.159	0.213	0.282	0.365
	990920010	电焊条恒温箱	台班	0.159	0.213	0.282	0.365
	990734015	卷板机 20 × 2500mm	台班	0.476	0.952	1.428	1.904
	990304016	汽车式起重机 16t	台班	0.317	0.507	0.731	1.333
	990401030	载重汽车 8t	台班	0.061	0.076	0.107	0.152
	990727020	立式钻床 35mm	台班	0.476	0.476	0.952	1.428

工作内容：号料、切割、卷弧、钻孔、车制、组装、焊接等。 计量单位：座

编号				3-3-257	3-3-258	3-3-259
项目				储罐容量（m^3以内）		
				20000	30000	50000
名称			单位	消耗量		
人工	000203000	综合二类工	工日	29.253	35.193	49.002
材料	031301009	低碳钢焊条 J427（综合）	kg	24.610	29.700	38.000
	142909001	氧气	m^3	33.345	40.014	46.816
	142907002	乙炔气	kg	12.825	15.390	18.006
	012900015	钢板 δ4～10	kg	186.960	228.000	281.200
	170201062	无缝钢管 *D*57～219	kg	912.000	1185.600	1824.000
	200101008	碳钢平焊法兰 *DN*150	副	6.000	8.000	10.000
	012101003	角钢 63 以内	kg	536.000	592.800	912.000
	011900002	槽钢（综合）	kg	3712.000	3985.600	4704.000
	850103006	其他材料费（占材料费）	%	3.000	3.000	3.000
机械	990901020	交流弧焊机 32kV·A	台班	4.570	5.331	6.854
	990919050	电焊条烘干箱 75×105×135cm³	台班	0.457	0.533	0.685
	990920010	电焊条恒温箱	台班	0.457	0.533	0.685
	990734015	卷板机 20×2500mm	台班	2.856	3.808	4.760
	990304016	汽车式起重机 16t	台班	1.380	1.428	1.618
	990401030	载重汽车 8t	台班	0.286	0.990	1.238
	990727020	立式钻床 35mm	台班	1.428	1.904	2.856

4. 拱顶、内浮顶罐顶板组装胎具安装、拆除

工作内容：组装、点焊、紧螺栓、切割、拆除、材料堆放等。　　　　计量单位：座

编号				3-3-260	3-3-261	3-3-262	3-3-263
项目				储罐容量（m^3以内）			
				1000	3000	5000	10000
名称			单位	消耗量			
人工	000203000	综合二类工	工日	7.071	10.758	13.219	15.064
材料	031301009	低碳钢焊条 J427（综合）	kg	3.000	4.000	5.000	8.000
	142909001	氧气	m^3	3.334	5.557	6.669	10.001
	142907002	乙炔气	kg	1.282	2.137	2.565	3.847
	850103006	其他材料费（占材料费）	%	3.000	3.000	3.000	3.000
机械	990901020	交流弧焊机 32kV·A	台班	0.793	1.577	1.577	2.368
	990919050	电焊条烘干箱 75×105×135cm^3	台班	0.080	0.158	0.158	0.237
	990920010	电焊条恒温箱	台班	0.080	0.158	0.158	0.237
	990304016	汽车式起重机 16t	台班	0.762	1.371	1.415	1.523

工作内容：组装、点焊、紧螺栓、切割、拆除、材料堆放等。　　　　计量单位：座

编号				3-3-264	3-3-265	3-3-266
项目				储罐容量（m^3以内）		
				20000	30000	50000
名称			单位	消耗量		
人工	000203000	综合二类工	工日	19.980	22.496	25.540
材料	031301009	低碳钢焊条 J427（综合）	kg	10.000	15.000	20.000
	142909001	氧气	m^3	15.810	24.453	37.620
	142907002	乙炔气	kg	6.081	9.405	14.469
	850103006	其他材料费（占材料费）	%	3.000	3.000	3.000
机械	990901020	交流弧焊机 32kV·A	台班	3.046	3.960	6.093
	990919050	电焊条烘干箱 75×105×135cm^3	台班	0.305	0.396	0.609
	990920010	电焊条恒温箱	台班	0.305	0.396	0.609
	990304016	汽车式起重机 16t	台班	1.828	2.316	2.437

5. 内浮顶钢制浮盘组装胎具制作

工作内容：号料、切割、钻孔、组装、焊接等。　　**计量单位：**座

编号				3-3-267	3-3-268	3-3-269	3-3-270
项目				储罐容量（m^3以内）			
				300	700	1000	2000
名称			单位	消耗量			
人工	000203000	综合二类工	工日	3.705	6.385	9.206	12.096
材料	031301009	低碳钢焊条 J427（综合）	kg	3.088	5.054	8.845	11.628
	142909001	氧气	m^3	5.737	9.927	14.840	22.259
	142907002	乙炔气	kg	2.207	3.818	5.708	8.561
	012903013	热轧中厚钢板 δ10～20	kg	42.750	83.600	131.100	188.100
	170201062	无缝钢管 D57～219	kg	176.700	375.250	610.850	900.600
	012101003	角钢 63 以内	kg	379.000	621.000	946.200	1423.100
	010901010	圆钢 ϕ25～32	kg	14.000	25.000	39.000	58.000
	182527001	管扣	个	13.000	24.000	40.000	57.000
	850103006	其他材料费（占材料费）	%	3.000	3.000	3.000	3.000
机械	990901020	交流弧焊机 32kV · A	台班	1.000	1.733	2.216	2.849
	990919050	电焊条烘干箱 75 × 105 × 135cm^3	台班	0.100	0.174	0.221	0.284
	990920010	电焊条恒温箱	台班	0.100	0.174	0.221	0.284
	990304016	汽车式起重机 16t	台班	0.137	0.183	0.228	0.320
	990727020	立式钻床 35mm	台班	0.286	0.571	0.952	1.238

工作内容：号料、切割、钻孔、组装、焊接等。 **计量单位**：座

编号				3-3-271	3-3-272	3-3-273
项目				储罐容量（m^3 以内）		
				3000	5000	10000
名称			单位	消耗量		
人工	000203000	综合二类工	工日	16.260	22.682	31.925
材料	031301009	低碳钢焊条 J427（综合）	kg	17.338	25.698	37.791
	142909001	氧气	m^3	31.749	45.458	62.358
	142907002	乙炔气	kg	12.211	17.484	23.984
	012903013	热轧中厚钢板 δ10～20	kg	272.650	399.000	653.600
	170201062	无缝钢管 D57～219	kg	1374.650	2135.600	2994.400
	012101003	角钢 63 以内	kg	2041.550	3195.800	5240.200
	010901010	圆钢 φ25～32	kg	85.000	124.000	203.000
	182527001	管扣	个	92.000	144.000	162.000
	850103006	其他材料费（占材料费）	%	3.000	3.000	3.000
机械	990901020	交流弧焊机 32kV·A	台班	3.831	5.705	8.104
	990919050	电焊条烘干箱 75×105×135cm^3	台班	0.383	0.570	0.810
	990920010	电焊条恒温箱	台班	0.383	0.570	0.810
	990304016	汽车式起重机 16t	台班	0.419	0.571	0.762
	990727020	立式钻床 35mm	台班	1.809	2.570	3.998

6. 内浮顶钢制浮盘组装胎具安装、拆除

工作内容：就位、焊接、切割、拆除、焊疤打磨、材料堆放等。 **计量单位**：座

编号				3-3-274	3-3-275	3-3-276	3-3-277
项目				储罐容量（m^3 以内）			
				300	700	1000	2000
名称			单位	消耗量			
人工	000203000	综合二类工	工日	2.198	4.083	6.014	8.444
材料	031301009	低碳钢焊条 J427（综合）	kg	1.539	2.964	3.772	5.890
	142909001	氧气	m^3	1.910	3.449	4.694	7.715
	142907002	乙炔气	kg	0.735	1.327	1.805	2.967
	031101010	尼龙砂轮片 φ150	片	0.500	0.700	1.000	1.500
	850103006	其他材料费（占材料费）	%	3.000	3.000	3.000	3.000
机械	990901020	交流弧焊机 32kV·A	台班	0.396	0.762	0.975	1.523
	990919050	电焊条烘干箱 75×105×135cm^3	台班	0.039	0.076	0.098	0.152
	990920010	电焊条恒温箱	台班	0.039	0.076	0.098	0.152
	990304016	汽车式起重机 16t	台班	0.343	0.419	0.476	0.552

工作内容：就位、焊接、切割、拆除、焊疤打磨、材料堆放等。 **计量单位：**座

编号				3-3-278	3-3-279	3-3-280
项目				储罐容量（m^3以内）		
				3000	5000	10000
名称			单位	消耗量		
人工	000203000	综合二类工	工日	11.085	15.866	22.348
材料	031301009	低碳钢焊条 J427（综合）	kg	8.132	10.659	17.499
	142909001	氧气	m^3	10.679	14.592	22.125
	142907002	乙炔气	kg	4.107	5.612	8.510
	031101010	尼龙砂轮片 ϕ150	片	2.000	2.500	3.500
	850103006	其他材料费（占材料费）	%	3.000	3.000	3.000
机械	990901020	交流弧焊机 32kV·A	台班	1.980	2.849	4.341
	990919050	电焊条烘干箱 75×105×135cm³	台班	0.198	0.284	0.434
	990920010	电焊条恒温箱	台班	0.198	0.284	0.434
	990304016	汽车式起重机 16t	台班	0.666	0.762	0.952

7. 浮顶罐内脚手架正装胎具制作

工作内容：工卡具、涨圈、三脚架、跳板、壁挂小车、浮顶临时架台等、放样、号料、切割、卷弧、折边、钻孔、组装、焊接等。 **计量单位：**座

编号				3-3-281	3-3-282	3-3-283	3-3-284
项目				储罐容量（m^3以内）			
				3000	5000	10000	20000
名称			单位	消耗量			
人工	000203000	综合二类工	工日	219.393	302.918	333.914	457.050
材料	031301009	低碳钢焊条 J427（综合）	kg	237.530	315.920	409.110	581.240
	142909001	氧气	m^3	286.730	381.359	493.854	701.756
	142907002	乙炔气	kg	110.281	146.677	189.944	269.906
	012901015	热轧薄钢板 δ3.5～4.0	kg	5720.140	7607.781	9852.070	13999.789
	012900015	钢板 δ4～10	kg	765.653	1018.324	1318.733	1873.913
	012903013	热轧中厚钢板 δ10～20	kg	5134.760	6829.227	8843.845	12624.104
	012911002	花纹钢板（综合）	kg	310.774	413.326	535.259	760.599

续前

编号				3-3-281	3-3-282	3-3-283	3-3-284
项目				储罐容量（m³ 以内）			
				3000	5000	10000	20000
名称			单位	消耗量			
材料	012300001	型钢（综合）	kg	13951.000	18555.000	24029.000	34145.000
	170201062	无缝钢管 D57～219	kg	2008.000	2671.000	3459.000	4916.000
	010901010	圆钢 ϕ25～32	kg	864.966	1150.403	1490.246	2116.961
	010901005	圆钢 ϕ37 以外	kg	392.787	522.405	676.514	961.324
	050401001	木方	m^3	2.356	3.135	4.057	5.767
	030119001	键 10×32	个	1.900	2.850	3.800	4.750
	031599009	钢球 ϕ6	个	36.100	48.450	62.700	89.300
	031507007	镀锌铁丝（综合）	kg	655.082	871.255	1128.277	1603.277
	030507001	脚轮 ZP80 ϕ80	个	6.000	8.000	11.000	16.000
	031503001	推力轴承 8306	个	2.000	2.000	2.000	3.000
	030117004	销轴 A8×45	个	14.000	18.000	23.000	33.000
	030117002	开口销 3×12	个	13.300	17.100	21.850	31.350
	850103006	其他材料费（占材料费）	%	3.000	3.000	3.000	3.000
机械	990901020	交流弧焊机 32kV·A	台班	35.900	47.752	61.842	87.879
	990919050	电焊条烘干箱 75×105×135cm³	台班	3.589	4.779	6.188	8.787
	990920010	电焊条恒温箱	台班	3.589	4.779	6.188	8.787
	990734015	卷板机 20×2500mm	台班	5.008	6.656	8.618	12.230
	990732035	剪板机 20×2500mm	台班	4.712	6.264	8.111	11.510
	990737040	折方机 4×2000mm	台班	10.777	14.334	18.560	26.374
	990718010	普通车床 400×1000mm	台班	21.553	28.681	37.121	52.748
	990727010	立式钻床 25mm	台班	11.431	15.194	19.680	27.966
	990746010	弓锯床 250mm	台班	0.632	0.845	1.089	1.546
	990304024	汽车式起重机 25t	台班	3.770	5.011	6.489	9.208
	990401035	载重汽车 10t	台班	0.314	0.457	0.619	0.762

工作内容：工卡具、涨圈、三脚架、跳板、壁挂小车、浮顶临时架台等、放样、号料、切割、卷弧、折边、钻孔、组装、焊接等。 计量单位：座

编号				3-3-285	3-3-286	3-3-287	3-3-288
项目				储罐容量（m^3 以内）			
				30000	50000	100000	150000
名称			单位	消耗量			
人工	000203000	综合二类工	工日	501.188	681.863	757.403	985.394
材料	031301009	低碳钢焊条 J427（综合）	kg	660.400	861.160	955.700	1226.300
	142909001	氧气	m^3	797.193	1039.538	1215.480	1581.360
	142907002	乙炔气	kg	306.613	399.822	467.492	608.215
	012901015	热轧薄钢板 δ3.5～4.0	kg	15903.760	20738.500	24248.440	31547.600
	012900015	钢板 δ4～10	kg	2128.760	2775.900	3323.470	4323.000
	012903013	热轧中厚钢板 δ10～20	kg	14276.230	18616.200	21766.900	28319.200
	012911002	花纹钢板（综合）	kg	864.035	1126.700	1317.390	1690.400
	012300001	型钢（综合）	kg	38789.000	48051.000	56134.000	72027.600
	170201062	无缝钢管 D57～219	kg	5584.000	7282.000	13571.000	13920.000
	010901010	圆钢 ϕ25～32	kg	2404.868	3135.950	4017.510	5512.050
	010901005	圆钢 ϕ37 以外	kg	1092.063	1424.050	1452.050	1495.010
	050401001	木方	m^3	6.555	8.550	10.000	13.000
	030119001	键 10 × 32	个	6.650	7.600	14.000	19.000
	031599009	钢球 ϕ6	个	102.600	133.000	249.000	336.000
	031507007	镀锌铁丝（综合）	kg	1821.321	2375.000	2774.500	3560.000
	030507001	脚轮 ZP80 ϕ80	个	19.000	24.000	26.000	34.000
	031503001	推力轴承 8306	个	3.000	4.000	7.000	9.000
	030117004	销轴 A8 × 45	个	37.000	48.000	50.000	66.000
	030117002	开口销 3 × 12	个	35.150	45.600	86.000	115.000
	850103006	其他材料费（占材料费）	%	3.000	3.000	3.000	3.000
机械	990901020	交流弧焊机 32kV·A	台班	99.836	130.186	142.924	185.431
	990919050	电焊条烘干箱 75 × 105 × 135cm^3	台班	9.986	13.023	14.299	18.545
	990920010	电焊条恒温箱	台班	9.986	13.023	14.299	18.545
	990734015	卷板机 20 × 2500mm	台班	13.071	14.489	17.118	20.611
	990732035	剪板机 20 × 2500mm	台班	24.470	31.911	37.699	45.391
	990737040	折方机 4 × 2000mm	台班	29.962	39.070	45.696	53.312
	990718010	普通车床 400 × 1000mm	台班	59.922	78.140	60.928	76.160
	990727010	立式钻床 25mm	台班	31.774	41.431	45.696	53.312
	990746010	弓锯床 250mm	台班	1.752	2.285	3.046	3.808
	990304024	汽车式起重机 25t	台班	10.457	13.633	15.232	17.517
	990401035	载重汽车 10t	台班	1.047	1.361	1.523	1.952
	990744010	半自动切割机 100mm	台班	—	—	65.688	91.392

8. 浮顶罐内脚手架正装胎具安装、拆除

工作内容： 活动吊架、涨圈、逼杠、浮顶临时架台、临时限位装置、挂梯等安装拆除、材料堆放等。

计量单位： 座

编号				3-3-289	3-3-290	3-3-291	3-3-292
项目				储罐容量（m^3以内）			
				3000	5000	10000	20000
名称			单位	消耗量			
人工	000203000	综合二类工	工日	84.642	112.606	145.860	207.290
材料	031301009	低碳钢焊条 J427（综合）	kg	62.140	82.640	107.020	152.070
	142909001	氧气	m^3	99.114	131.821	170.688	242.583
	142907002	乙炔气	kg	38.121	50.700	65.649	93.301
	031101011	尼龙砂轮片 ϕ180	片	8.511	10.003	12.501	17.503
	850103006	其他材料费（占材料费）	%	3.000	3.000	3.000	3.000
机械	990901020	交流弧焊机 32kV·A	台班	18.324	24.393	31.581	44.876
	990919050	电焊条烘干箱 75×105×135cm^3	台班	1.833	2.440	3.158	4.487
	990920010	电焊条恒温箱	台班	1.833	2.440	3.158	4.487
	990304016	汽车式起重机 16t	台班	0.635	0.826	1.142	1.523

工作内容： 活动吊架、涨圈、逼杠、浮顶临时架台、临时限位装置、挂梯等安装拆除、材料堆放等。

计量单位： 座

编号				3-3-293	3-3-294	3-3-295	3-3-296
项目				储罐容量（m^3以内）			
				30000	50000	100000	150000
名称			单位	消耗量			
人工	000203000	综合二类工	工日	235.466	304.760	361.771	489.940
材料	031301009	低碳钢焊条 J427（综合）	kg	172.750	225.270	321.010	401.262
	142909001	氧气	m^3	275.575	359.347	506.590	653.793
	142907002	乙炔气	kg	105.990	138.210	194.842	251.459
	031101011	尼龙砂轮片 ϕ180	片	19.504	31.500	42.000	48.825
	850103006	其他材料费（占材料费）	%	3.000	3.000	3.000	3.000
机械	990901020	交流弧焊机 32kV·A	台班	50.982	66.473	115.763	144.704
	990919050	电焊条烘干箱 75×105×135cm^3	台班	5.098	6.647	11.576	14.470
	990920010	电焊条恒温箱	台班	5.098	6.647	11.576	14.470
	990304016	汽车式起重机 16t	台班	1.904	2.138	2.780	3.919

9. 浮顶罐外脚手架安装、拆除

工作内容：施工准备、安装、拆除、材料堆放等。 计量单位：座

编号				3-3-297	3-3-298	3-3-299
项目				储罐容量（m^3以内）		
				50000	100000	150000
	名称		单位	消耗量		
人工	000203000	综合二类工	工日	237.210	288.663	384.884
材料	170200003	无缝钢管（综合）	kg	(3667.650)	(5668.750)	(6814.050)
	330199007	钢跳板 300×3000×2mm	块	469.000	613.000	711.000
	350203002	扣件	个	504.800	774.700	962.400
	050401001	木方	m^3	0.342	0.451	0.520
	031507007	镀锌铁丝（综合）	kg	101.385	132.408	153.576
	850103006	其他材料费（占材料费）	%	3.000	3.000	3.000
机械	990110060	轮胎式装载机 $3m^3$	台班	10.282	13.709	17.136
	990304024	汽车式起重机 25t	台班	3.618	4.341	5.065
	990401035	载重汽车 10t	台班	3.618	4.341	5.065

10. 浮顶罐船舱胎具制作

工作内容：号料、切割、组装、焊接等。 计量单位：座

编号				3-3-300	3-3-301	3-3-302	3-3-303
项目				储罐容量（m^3以内）			
				3000	5000	10000	20000
	名称		单位	消耗量			
人工	000203000	综合二类工	工日	3.916	4.291	4.789	9.585
材料	031301009	低碳钢焊条 J427（综合）	kg	4.460	5.930	7.680	15.840
	142909001	氧气	m^3	2.490	3.300	4.290	8.670
	142907002	乙炔气	kg	0.958	1.269	1.650	3.335
	012903013	热轧中厚钢板 δ10～20	kg	65.030	86.490	112.000	187.000
	012101003	角钢 63 以内	kg	105.670	140.540	182.000	347.000
	011900002	槽钢（综合）	kg	162.570	216.200	280.000	707.000
	050401001	木方	m^3	0.410	0.540	0.700	0.960
	850103006	其他材料费（占材料费）	%	3.000	3.000	3.000	3.000
机械	990901020	交流弧焊机 32kV·A	台班	1.311	1.746	2.261	4.902
	990919050	电焊条烘干箱 75×105×135cm^3	台班	0.131	0.175	0.226	0.490
	990920010	电焊条恒温箱	台班	0.131	0.175	0.226	0.490
	990734015	卷板机 20×2500mm	台班	0.276	0.371	0.476	0.476
	990304016	汽车式起重机 16t	台班	0.340	0.459	0.602	0.655
	990401035	载重汽车 10t	台班	0.019	0.019	0.029	0.029

工作内容：号料、切割、组装、焊接等。　　　　计量单位：座

编　号				3-3-304	3-3-305	3-3-306
项　目				储罐容量（m^3 以内）		
				30000	50000	100000
名　称			单位	消　耗　量		
人工	000203000	综合二类工	工日	9.585	10.639	12.659
材料	031301009	低碳钢焊条 J427（综合）	kg	15.840	16.960	21.160
	142909001	氧气	m^3	8.670	9.750	11.670
	142907002	乙炔气	kg	3.335	3.750	4.488
	012903013	热轧中厚钢板 δ10～20	kg	162.000	174.000	187.000
	012101003	角钢 63 以内	kg	347.000	474.000	515.000
	011900002	槽钢（综合）	kg	707.000	802.000	1023.000
	050401001	木方	m^3	1.100	1.100	1.100
	850103006	其他材料费（占材料费）	%	3.000	3.000	3.000
机械	990901020	交流弧焊机 32kV·A	台班	4.902	5.354	6.439
	990919050	电焊条烘干箱 75×105×135cm^3	台班	0.490	0.536	0.644
	990920010	电焊条恒温箱	台班	0.490	0.536	0.644
	990734015	卷板机 20×2500mm	台班	0.476	0.952	0.952
	990304016	汽车式起重机 16t	台班	0.731	1.078	1.333
	990401035	载重汽车 10t	台班	0.029	0.048	0.057

11. 拱顶、内浮顶油罐顶板组装胎具制作

工作内容：号料、切割、卷弧、钻孔、组装、焊接等。 计量单位：座

编号				3-3-307	3-3-308	3-3-309	3-3-310
项目				胎具制作（适用于桅杆倒装）			
				储罐容量（m^3 以内）			
				200	400	700	1000
名称			单位	消耗量			
人工	000203000	综合二类工	工日	11.500	13.950	16.000	18.250
材料	031301009	低碳钢焊条 J427（综合）	kg	9.000	12.000	12.500	12.900
	050105001	道木（综合）	m^3	0.400	0.600	0.800	0.850
	142909001	氧气	m^3	11.697	14.040	18.720	20.940
	142907002	乙炔气	kg	4.499	5.400	7.200	8.054
	012900015	钢板 δ4～10	kg	114.000	208.000	215.000	45.000
	170201063	无缝钢管 D76～325	kg	224.000	217.000	210.000	173.000
	012101003	角钢 63 以内	kg	50.000	75.000	110.000	427.000
	011900002	槽钢（综合）	kg	371.000	593.000	888.000	1055.000
	200000010	法兰 PN1.6 DN150	副	2.000	4.000	4.000	2.000
	010501010	钢丝绳 ϕ12.5	m	10.000	12.000	14.000	—
	030321004	双滑轮组 ϕ150	个	6.000	8.000	9.000	—
	031599021	卡头	个	12.000	24.000	24.000	—
	850103006	其他材料费（占材料费）	%	5.000	5.000	5.000	5.000
机械	990401030	载重汽车 8t	台班	0.018	0.024	0.030	0.048
	990901020	交流弧焊机 32kV · A	台班	1.500	1.620	1.800	1.920
	990919040	电焊条烘干箱 80 × 80 × 100cm³	台班	0.186	0.204	0.222	0.240
	990920010	电焊条恒温箱	台班	0.186	0.204	0.222	0.240
	990734015	卷板机 20 × 2500mm	台班	0.300	0.600	0.600	0.300
	990727020	立式钻床 35mm	台班	0.300	0.600	0.600	0.300
	990304004	汽车式起重机 8t	台班	0.150	0.210	0.300	0.510
	990509020	单速电动葫芦 3t	台班	0.600	0.900	1.200	0.300

工作内容：号料、切割、卷弧、钻孔、组装、焊接等。　　　　**计量单位：**座

编号				3-3-311	3-3-312	3-3-313
项目				胎具制作（适用于桅杆倒装）		
				储罐容量（m^3 以内）		
				3000	5000	10000
名称			单位	消耗量		
人工	000203000	综合二类工	工日	24.850	30.500	39.000
材料	031301009	低碳钢焊条 J427（综合）	kg	13.100	13.600	15.800
	050105001	道木（综合）	m^3	1.100	1.300	2.400
	142909001	氧气	m^3	22.506	22.899	29.610
	850103006	其他材料费（占材料费）	%	5.000	5.000	5.000
	012900015	钢板 δ4～10	kg	66.000	85.000	110.000
	170201063	无缝钢管 D76～325	kg	183.000	198.000	248.000
	012101003	角钢 63 以内	kg	534.000	649.000	853.000
	011900002	槽钢（综合）	kg	1640.000	2294.000	4351.000
	200000010	法兰 PN1.6 DN150	副	4.000	4.000	4.000
	142907002	乙炔气	kg	8.656	8.807	11.388
机械	990401030	载重汽车 8t	台班	0.060	0.084	0.120
	990901020	交流弧焊机 32kV·A	台班	2.100	2.400	3.000
	990919040	电焊条烘干箱 80×80×100cm^3	台班	0.264	0.300	0.378
	990920010	电焊条恒温箱	台班	0.264	0.300	0.378
	990734015	卷板机 20×2500mm	台班	0.600	0.900	1.200
	990727020	立式钻床 35mm	台班	0.300	0.600	0.900
	990304004	汽车式起重机 8t	台班	0.720	1.020	1.350
	990509020	单速电动葫芦 3t	台班	0.600	0.600	1.200

12. 拱顶、内浮顶油罐顶板组装胎具安装、拆除

工作内容：组装、电焊、紧螺栓、切割、拆除、清理现场、材料堆放等。 **计量单位：**座

编号				3-3-314	3-3-315	3-3-316	3-3-317
项目				胎具安装、拆除（适用于桅杆倒装）			
				储罐容量（m³ 以内）			
				200	400	700	1000
名称			单位	消耗量			
人工	000203000	综合二类工	工日	5.166	7.766	9.316	12.140
材料	031301009	低碳钢焊条 J427（综合）	kg	1.000	1.500	2.000	3.000
	142909001	氧气	m³	2.343	3.509	4.684	3.509
	142907002	乙炔气	kg	0.901	1.350	1.802	1.350
	850103006	其他材料费（占材料费）	%	5.000	5.000	5.000	5.000
机械	990503030	电动单筒慢速卷扬机 50kN	台班	1.200	1.200	1.200	—
	990901020	交流弧焊机 32kV · A	台班	0.312	0.624	0.930	0.624
	990919040	电焊条烘干箱 80 × 80 × 100cm³	台班	0.042	0.078	0.114	0.078
	990920010	电焊条恒温箱	台班	0.042	0.078	0.114	0.078
	990304004	汽车式起重机 8t	台班	0.090	0.120	0.150	0.240
	990509020	单速电动葫芦 3t	台班	—	—	—	0.600

工作内容：组装、电焊、紧螺栓、切割、拆除、清理现场、材料堆放等。 **计量单位：**座

编号				3-3-318	3-3-319	3-3-320
项目				胎具安装、拆除（适用于桅杆倒装）		
				储罐容量（m³ 以内）		
				3000	5000	10000
名称			单位	消耗量		
人工	000203000	综合二类工	工日	18.476	22.700	25.866
材料	031301009	低碳钢焊条 J427（综合）	kg	4.000	5.000	8.000
	142909001	氧气	m³	5.849	7.020	10.529
	142907002	乙炔气	kg	2.250	2.700	4.050
	850103006	其他材料费（占材料费）	%	5.000	5.000	5.000
机械	990901020	交流弧焊机 32kV · A	台班	1.242	1.242	1.866
	990919040	电焊条烘干箱 80 × 80 × 100cm³	台班	0.156	0.156	0.234
	990920010	电焊条恒温箱	台班	0.156	0.156	0.234
	990304004	汽车式起重机 8t	台班	0.300	0.390	0.480
	990509020	单速电动葫芦 3t	台班	1.800	1.800	1.800

13. 拱顶、内浮顶油罐桅杆倒装吊具制作

工作内容：号料、切割、卷弧、钻孔、焊接、一次组合等。　　　　计量单位：座

编　号				3-3-321	3-3-322	3-3-323	3-3-324	3-3-325	3-3-326
项　目				储罐容量（m^3 以内）					
				400	700	1000	3000	5000	10000
		名　称	单位	消　耗　量					
人工	000203000	综合二类工	工日	17.646	23.910	26.370	36.900	50.626	67.910
材料	031301009	低碳钢焊条 J427（综合）	kg	7.730	11.250	11.740	16.850	24.930	29.980
	142909001	氧气	m^3	22.539	33.389	34.443	46.641	62.999	80.640
	142907002	乙炔气	kg	8.669	12.842	13.247	17.939	24.230	31.015
	012900015	钢板 δ4～10	kg	168.000	264.000	226.000	395.000	925.000	1535.000
	011901003	槽钢 18#以外	kg	—	—	—	—	—	4322.000
	170201063	无缝钢管 D76～325	kg	670.000	873.000	1325.000	2090.000	3468.000	5870.000
	012101002	角钢 50×5 以外	kg	198.000	238.000	289.000	389.000	480.000	670.000
	011901002	槽钢 18#以内	kg	687.000	962.000	1165.000	2044.000	2998.000	80.000
	010501010	钢丝绳 ϕ12.5	m	21.000	24.000	41.000	101.000	198.000	605.000
	031599021	卡头	个	16.000	16.000	24.000	32.000	56.000	96.000
	012903014	热轧中厚钢板 δ12～20	kg	78.000	116.000	215.000	374.000	746.000	1281.000
	012101001	角钢 50×5 以内	kg	281.000	440.000	—	—	—	—
	031599028	套环	个	16.000	16.000	24.000	32.000	56.000	96.000
	350215001	卸扣	个	8.000	8.000	12.000	16.000	28.000	48.000
	850103006	其他材料费（占材料费）	%	5.000	5.000	5.000	5.000	5.000	5.000
机械	990401030	载重汽车 8t	台班	0.060	0.072	0.090	0.150	0.240	0.330
	990901020	交流弧焊机 32kV·A	台班	1.818	2.676	2.952	5.550	5.970	7.986
	990919040	电焊条烘干箱 80×80×100cm³	台班	0.228	0.336	0.372	0.696	0.744	0.996
	990920010	电焊条恒温箱	台班	0.228	0.336	0.372	0.696	0.744	0.996
	990734015	卷板机 20×2500mm	台班	0.600	0.600	0.720	1.320	1.560	2.040
	990727020	立式钻床 35mm	台班	0.300	0.300	0.480	0.480	0.600	0.720
	990304004	汽车式起重机 8t	台班	0.240	0.300	0.360	0.510	0.600	0.750
	990509020	单速电动葫芦 3t	台班	0.600	0.600	0.720	1.320	1.560	2.040

14. 拱顶、内浮顶油罐桅杆倒装吊具安装、拆除

工作内容： 组装、点焊、紧螺栓、切割、穿钢丝绳、立中心柱、拆除、材料堆放等。 **计量单位：** 座

编号				3-3-327	3-3-328	3-3-329	3-3-330	3-3-331	3-3-332
项目				储罐容量（m^3以内）					
				400	700	1000	3000	5000	10000
名称			单位	消耗量					
人工	000203000	综合二类工	工日	10.586	13.150	15.660	17.720	23.930	35.266
材料	031301009	低碳钢焊条 J427（综合）	kg	4.100	5.640	6.220	7.830	11.370	17.430
	142909001	氧气	m^3	4.299	5.241	5.928	8.721	11.799	15.390
	142907002	乙炔气	kg	1.653	2.016	2.280	3.354	4.538	5.919
	031101010	尼龙砂轮片 ϕ150	片	1.000	1.000	1.000	2.000	2.800	4.200
	850103006	其他材料费（占材料费）	%	5.000	5.000	5.000	5.000	5.000	5.000
机械	990901020	交流弧焊机 32kV·A	台班	0.810	1.116	1.164	1.512	2.070	2.988
	990919040	电焊条烘干箱 80×80×100cm³	台班	0.102	0.138	0.144	0.192	0.258	0.372
	990920010	电焊条恒温箱	台班	0.102	0.138	0.144	0.192	0.258	0.372
	990304004	汽车式起重机 8t	台班	0.228	0.270	0.330	0.510	0.600	0.840

15. 拱顶、内浮顶油罐临时加固件制作

工作内容： 号料、切割、钻孔、焊接、组装等。 **计量单位：** 座

编号				3-3-333	3-3-334	3-3-335	3-3-336	3-3-337
项目				储罐容量（m^3以内）				
				500	1000	3000	5000	10000
名称			单位	消耗量				
人工	000203000	综合二类工	工日	8.650	13.400	14.700	16.150	19.400
材料	012900015	钢板 δ4～10	kg	85.000	110.000	167.000	200.000	232.000
	012101001	角钢 50×5 以内	kg	140.000	162.000	407.000	479.000	548.000
	010901004	圆钢 ϕ37 以内	kg	165.000	246.000	400.000	468.000	548.000
	011301006	扁钢 40×4	kg	38.000	53.000	81.000	95.000	110.000
	031301009	低碳钢焊条 J427（综合）	kg	2.000	3.000	4.500	6.000	8.000
	142909001	氧气	m^3	9.360	14.040	18.720	23.400	28.080
	142907002	乙炔气	kg	3.600	5.400	7.200	9.000	10.800
	850103006	其他材料费（占材料费）	%	5.000	5.000	5.000	5.000	5.000
机械	990901020	交流弧焊机 32kV·A	台班	0.600	0.900	0.960	1.080	1.200
	990919040	电焊条烘干箱 80×80×100cm³	台班	0.078	0.186	0.228	0.240	0.288
	990920010	电焊条恒温箱	台班	0.078	0.186	0.228	0.240	0.288
	990727020	立式钻床 35mm	台班	0.300	0.300	0.600	0.600	0.600
	990304004	汽车式起重机 8t	台班	0.210	0.240	0.300	0.330	0.360
	990401030	载重汽车 8t	台班	0.018	0.018	0.030	0.030	0.036

16. 拱顶、内浮顶油罐临时加固件安装、拆除

工作内容：就位、点焊、切割、拆除、焊疤打磨、材料堆放等。 **计量单位**：座

编号				3-3-338	3-3-339	3-3-340	3-3-341	3-3-342
项目				储罐容量（m^3 以内）				
				500	1000	3000	5000	10000
名称			单位	消耗量				
人工	000203000	综合二类工	工日	5.160	6.840	12.450	13.630	16.560
材料	031301009	低碳钢焊条 J427（综合）	kg	3.420	4.540	8.850	10.250	13.500
	142909001	氧气	m^3	5.832	7.659	15.051	16.422	18.630
	142907002	乙炔气	kg	2.243	2.946	5.789	6.316	7.165
	850103006	其他材料费（占材料费）	%	5.000	5.000	5.000	5.000	5.000
	031101010	尼龙砂轮片 ϕ150	片	1.000	1.300	2.700	3.501	4.509
机械	990901020	交流弧焊机 32kV·A	台班	0.888	0.900	1.020	1.200	1.320
	990919040	电焊条烘干箱 80×80×100cm^3	台班	0.114	0.150	0.276	0.318	0.408
	990920010	电焊条恒温箱	台班	0.114	0.150	0.276	0.318	0.408
	990304004	汽车式起重机 8t	台班	0.048	0.048	0.054	0.066	0.084

第四章

球形罐组对安装

说　明

一、本章内容包括 0.1MPa ≤ 设计压力 ≤ 4MPa 的碳钢、合金钢球形罐组对安装、球形罐的试验。

二、水压试验包括临时水管线的安装、拆除及材料摊销量。

三、本章不包括以下工作内容：

1. 球壳板制作和预组装。
2. 支柱制作。
3. 梯子、平台、栏杆的制作安装。
4. 喷淋、消防装置的制作安装。
5. 防火设施。
6. 防雷接地。
7. 无损探伤检测。
8. 防腐、保温和脱脂。
9. 锻件、机加工件、外购件的制作或加工。
10. 预热、后热和热处理。
11. 现场组装平台的铺设与拆除。
12. 压力容器监检费。

四、球形罐焊接是按照不对称 X 形坡口取定的。球罐的人孔、接管开孔焊接安装是按照制造厂焊接完毕考虑的，如在现场焊接另行计算。

五、本章球形罐组对安装项目是按碳钢和普通合金钢取定的，高强合金钢球罐则在项目含量的基础上按下表规定系数调整：

系数表

项目名称	综合工日	电焊条	尼龙砂轮片	弧焊机	焊条烘干箱	空气压缩机
高强合金钢	1.15	1	1.7	1.15		

注：1. 综合工日数等于弧焊机台班数。
2. 电焊条消耗量不变，单价按实换算。

六、水压试验是按一台单独进行计算的，如同时试压超过一台时，项目乘以系数 0.85。水压试验用水为未计价材料。

七、球罐组装胎具及球罐焊接防护棚的钢材用量已将回收值从项目内扣除。

八、当球罐焊接使用低合金钢焊条时，可以按实际焊材的规格进行替换，消耗量不变。

工程量计算规则

一、球形罐组对安装，应区分其材质、容量、规格尺寸、球板厚度和重量，按设计图示尺寸，以“t”为计量单位。球形罐组装的重量包括球壳板、支柱、拉杆及接管的短管、加强板的全部重量，不扣除人孔、接管孔洞面积所占重量。

二、组装胎具制作、安装与拆除，按球罐的不同容积以“台”为计量单位。

三、水压试验，按球罐不同容积以“台”为计量单位。

四、气密性试验，按球罐不同容积和设计压力以“台”为计量单位。

五、焊接防护棚制作、安装、拆除，按球罐容积和防护棚形式（金属防风棚和防火篷布防风棚）以“台”为计量单位。

一、球形罐组装

1. 容量：50m³

工作内容：球板检查、基础验收、铲麻面、设置垫铁、立柱拉杆组对安装、球皮坡口除污、组装就位、调整、点焊固定、焊接、打磨、材料回收等。

计量单位：t

编号				3-4-1	3-4-2	3-4-3	3-4-4
项目				厚度（mm 以内）			
				16	20	24	28
名称			单位	消耗量			
人工	000203000	综合二类工	工日	9.118	8.787	8.234	7.954
材料	031301009	低碳钢焊条 J427（综合）	kg	26.475	28.401	30.419	32.594
	142909001	氧气	m³	2.516	2.340	2.165	2.031
	142907002	乙炔气	kg	0.968	0.900	0.833	0.781
	031101010	尼龙砂轮片 ϕ150	片	30.843	25.071	21.132	18.438
	022305004	碳精棒 ϕ8～12	根	26.306	21.314	17.914	15.429
	203107001	钢垫板（综合）	kg	27.230	22.320	18.930	16.450
	850103006	其他材料费（占材料费）	%	5.000	5.000	5.000	5.000
机械	990901020	交流弧焊机 32kV · A	台班	6.625	6.347	5.822	5.626
	990919040	电焊条烘干箱 80 × 80 × 100cm³	台班	0.663	0.634	0.583	0.563
	990920010	电焊条恒温箱	台班	0.663	0.634	0.583	0.563
	990304016	汽车式起重机 16t	台班	0.229	0.216	0.198	0.185
	990401030	载重汽车 8t	台班	0.041	0.041	0.032	0.032
	991201010	轴流通风机 7.5kW	台班	0.334	0.334	0.327	0.327
	991003050	电动空气压缩机 6m³/min	台班	0.479	0.521	0.505	0.520

2. 容量：120m³

工作内容： 球板检查、基础验收、铲麻面、设置垫铁、立柱拉杆组对安装、球皮坡口除污、组装就位、调整、点焊固定、焊接、打磨、材料回收等。

计量单位： t

编　号				3-4-5	3-4-6	3-4-7	3-4-8
项　目				厚度（mm 以内）			
				16	20	24	28
名　称			单位	消　耗　量			
人工	000203000	综合二类工	工日	8.726	8.471	7.999	7.717
材料	031301009	低碳钢焊条 J427（综合）	kg	25.589	27.832	30.117	32.535
	142909001	氧气	m^3	2.484	2.309	2.175	1.998
	142907002	乙炔气	kg	0.955	0.888	0.837	0.768
	031101010	尼龙砂轮片 ϕ150	片	29.811	24.568	20.922	18.404
	022305004	碳精棒 ϕ8～12	根	25.426	20.886	17.736	15.401
	203107001	钢垫板（综合）	kg	24.470	20.100	17.070	14.840
	850103006	其他材料费（占材料费）	%	5.000	5.000	5.000	5.000
机械	990901020	交流弧焊机 32kV · A	台班	6.403	6.218	5.764	5.617
	990919040	电焊条烘干箱 80 × 80 × 100cm³	台班	0.640	0.623	0.576	0.562
	990920010	电焊条恒温箱	台班	0.640	0.623	0.576	0.562
	990304016	汽车式起重机 16t	台班	0.232	0.228	0.223	0.205
	990401030	载重汽车 8t	台班	0.049	0.049	0.041	0.041
	991201010	轴流通风机 7.5kW	台班	0.252	0.252	0.252	0.252
	991003050	电动空气压缩机 6m³/min	台班	0.494	0.537	0.522	0.537

工作内容：球板检查、基础验收、铲麻面、设置垫铁、立柱拉杆组对安装、球皮坡口除污、组装就位、调整、点焊固定、焊接、打磨、材料回收等。　　**计量单位：**t

编　号				3-4-9	3-4-10	3-4-11
项　目				厚度（mm 以内）		
				32	36	40
名　称			单位	消　耗　量		
人工	000203000	综合二类工	工日	7.428	7.271	7.205
材料	031301009	低碳钢焊条 J427（综合）	kg	35.059	37.643	40.287
	142909001	氧气	m^3	1.865	1.731	1.630
	142907002	乙炔气	kg	0.717	0.666	0.627
	031101010	尼龙砂轮片 ϕ150	片	16.362	14.732	13.423
	022305004	碳精棒 ϕ8～12	根	13.605	12.177	11.021
	203107001	钢垫板（综合）	kg	13.090	11.720	10.610
	850103006	其他材料费（占材料费）	%	5.000	5.000	5.000
机械	990901020	交流弧焊机 32kV · A	台班	5.529	5.667	5.843
	990919040	电焊条烘干箱 80 × 80 × 100cm³	台班	0.553	0.566	0.585
	990920010	电焊条恒温箱	台班	0.553	0.566	0.585
	990304016	汽车式起重机 16t	台班	0.191	0.175	0.158
	990401030	载重汽车 8t	台班	0.041	0.032	0.032
	991201010	轴流通风机 7.5kW	台班	0.252	0.262	0.278
	991003050	电动空气压缩机 6m³/min	台班	0.553	0.593	0.635

3. 容量：200m³

工作内容：球板检查、基础验收、铲麻面、设置垫铁、立柱拉杆组对安装、球皮坡口除污、组装就位、调整、点焊固定、焊接、打磨、材料回收等。 计量单位：t

编号				3-4-12	3-4-13	3-4-14	3-4-15
项目				厚度（mm 以内）			
				16	20	24	28
名称			单位	消耗量			
人工	000203000	综合二类工	工日	8.408	8.180	7.731	7.449
材料	031301009	低碳钢焊条 J427（综合）	kg	24.852	26.993	29.141	31.447
	142909001	氧气	m³	2.526	2.359	2.183	1.870
	142907002	乙炔气	kg	0.972	0.907	0.840	0.719
	031101010	尼龙砂轮片 ϕ150	片	28.953	23.828	20.244	17.789
	022305004	碳精棒 ϕ8～12	根	24.694	20.257	17.161	14.886
	203107001	钢垫板（综合）	kg	22.510	18.490	15.690	13.630
	850103006	其他材料费（占材料费）	%	5.000	5.000	5.000	5.000
机械	990901020	交流弧焊机 32kV · A	台班	6.218	6.032	5.578	5.429
	990919040	电焊条烘干箱 80 × 80 × 100cm³	台班	0.622	0.603	0.558	0.543
	990920010	电焊条恒温箱	台班	0.622	0.603	0.558	0.543
	990304016	汽车式起重机 16t	台班	0.240	0.235	0.222	0.205
	990401030	载重汽车 8t	台班	0.057	0.057	0.049	0.049
	991201010	轴流通风机 7.5kW	台班	0.212	0.212	0.204	0.212
	991003050	电动空气压缩机 6m³/min	台班	0.479	0.521	0.505	0.520

工作内容：球板检查、基础验收、铲麻面、设置垫铁、立柱拉杆组对安装、球皮坡口除污、组装就位、调整、点焊固定、焊接、打磨、材料回收等。 **计量单位：**t

编号				3-4-16	3-4-17	3-4-18	3-4-19
项目				厚度（mm 以内）			
				32	36	40	44
名称			单位	消耗量			
人工	000203000	综合二类工	工日	7.159	6.992	6.885	6.766
材料	031301009	低碳钢焊条 J427（综合）	kg	33.855	36.336	38.869	44.380
	142909001	氧气	m^3	1.874	1.740	1.605	1.497
	142907002	乙炔气	kg	0.721	0.669	0.617	0.576
	031101010	尼龙砂轮片 $\phi150$	片	15.800	14.221	12.951	11.944
	022305004	碳精棒 $\phi8\sim12$	根	13.138	11.755	10.633	9.705
	203107001	钢垫板（综合）	kg	12.020	10.750	9.740	8.900
	850103006	其他材料费（占材料费）	%	5.000	5.000	5.000	5.000
机械	990901020	交流弧焊机 32kV·A	台班	5.340	5.471	5.638	5.945
	990919040	电焊条烘干箱 $80\times80\times100cm^3$	台班	0.534	0.547	0.564	0.595
	990920010	电焊条恒温箱	台班	0.534	0.547	0.564	0.595
	990304016	汽车式起重机 16t	台班	0.196	0.179	0.162	0.153
	990401030	载重汽车 8t	台班	0.049	0.041	0.041	0.032
	991201010	轴流通风机 7.5kW	台班	0.212	0.220	0.228	0.228
	991003050	电动空气压缩机 $6m^3/min$	台班	0.533	0.573	0.612	0.669

4. 容量：400m³

工作内容： 球板检查、基础验收、铲麻面、设置垫铁、立柱拉杆组对安装、球皮坡口除污、组装就位、调整、点焊固定、焊接、打磨、材料回收等。

计量单位： t

编号				3-4-20	3-4-21	3-4-22	3-4-23	3-4-24
项目				厚度（mm 以内）				
				16	20	24	28	32
名称			单位	消耗量				
人工	000203000	综合二类工	工日	7.492	7.283	6.932	6.650	6.315
材料	031301009	低碳钢焊条 J427（综合）	kg	19.965	21.782	23.597	25.527	27.281
	142909001	氧气	m³	2.717	2.541	2.340	2.164	1.997
	142907002	乙炔气	kg	1.045	0.977	0.900	0.832	0.768
	031101010	尼龙砂轮片 ϕ150	片	23.260	19.227	16.393	14.440	12.732
	022305004	碳精棒 ϕ8～12	根	19.838	16.346	13.897	12.084	10.587
	203107001	钢垫板（综合）	kg	16.900	13.930	11.840	10.300	9.020
	850103006	其他材料费（占材料费）	%	5.000	5.000	5.000	5.000	5.000
机械	990901020	交流弧焊机 32kV · A	台班	4.996	4.868	4.517	4.407	4.302
	990919040	电焊条烘干箱 80 × 80 × 100cm³	台班	0.499	0.486	0.451	0.441	0.430
	990920010	电焊条恒温箱	台班	0.499	0.486	0.451	0.441	0.430
	990304024	汽车式起重机 25t	台班	0.252	0.232	0.220	0.204	0.188
	990401030	载重汽车 8t	台班	0.065	0.065	0.057	0.049	0.049
	991201010	轴流通风机 7.5kW	台班	0.155	0.155	0.155	0.155	0.155
	991003050	电动空气压缩机 6m³/min	台班	0.386	0.420	0.408	0.422	0.429

工作内容：球板检查、基础验收、铲麻面、设置垫铁、立柱拉杆组对安装、球皮坡口除污、组装就位、调整、点焊固定、焊接、打磨、材料回收等。　　计量单位：t

编　号				3-4-25	3-4-26	3-4-27	3-4-28
项　目				厚度（mm 以内）			
				36	40	44	48
名　称			单位	消　耗　量			
人工	000203000	综合二类工	工日	6.186	6.069	6.043	5.977
材料	031301009	低碳钢焊条 J427（综合）	kg	29.359	31.472	36.001	38.101
	142909001	氧气	m^3	1.855	1.721	1.621	1.512
	142907002	乙炔气	kg	0.713	0.662	0.623	0.582
	031101010	尼龙砂轮片 ϕ150	片	11.490	10.486	9.689	8.998
	022305004	碳精棒 ϕ8～12	根	9.497	8.609	7.873	7.251
	203107001	钢垫板（综合）	kg	8.090	7.340	6.710	6.180
	850103006	其他材料费（占材料费）	%	5.000	5.000	5.000	5.000
机械	990901020	交流弧焊机 32kV·A	台班	4.421	4.565	4.823	4.985
	990919040	电焊条烘干箱 $80 \times 80 \times 100cm^3$	台班	0.442	0.456	0.483	0.499
	990920010	电焊条恒温箱	台班	0.442	0.456	0.483	0.499
	990304024	汽车式起重机 25t	台班	0.169	0.149	0.142	0.138
	990401030	载重汽车 8t	台班	0.041	0.041	0.032	0.032
	991201010	轴流通风机 7.5kW	台班	0.164	0.164	0.171	0.180
	991003050	电动空气压缩机 $6m^3/min$	台班	0.463	0.496	0.543	0.575

5. 容量：650m³

工作内容：球板检查、基础验收、铲麻面、设置垫铁、立柱拉杆组对安装、球皮坡口除污、组装就位、调整、点焊固定、焊接、打磨、材料回收等。 计量单位：t

编号				3-4-29	3-4-30	3-4-31	3-4-32	3-4-33
项目				厚度（mm 以内）				
				16	20	24	28	32
名称			单位	消耗量				
人工	000203000	综合二类工	工日	6.526	6.355	6.055	5.697	5.467
材料	031301009	低碳钢焊条 J427（综合）	kg	16.720	18.314	19.894	21.566	23.303
	142909001	氧气	m³	2.658	2.448	2.280	2.105	1.938
	142907002	乙炔气	kg	1.022	0.942	0.877	0.810	0.745
	031101010	尼龙砂轮片 ϕ150	片	19.478	16.166	13.820	12.199	10.876
	022305004	碳精棒 ϕ8～12	根	16.613	13.743	11.716	10.209	9.043
	203107001	钢垫板（综合）	kg	19.140	15.890	13.560	11.440	10.310
	850103006	其他材料费（占材料费）	%	5.000	5.000	5.000	5.000	5.000
机械	990901020	交流弧焊机 32kV · A	台班	4.184	4.092	3.808	3.723	3.676
	990919040	电焊条烘干箱 80 × 80 × 100cm³	台班	0.418	0.409	0.381	0.372	0.367
	990920010	电焊条恒温箱	台班	0.418	0.409	0.381	0.372	0.367
	990304024	汽车式起重机 25t	台班	0.175	0.163	0.158	0.138	0.127
	990304036	汽车式起重机 40t	台班	0.057	0.049	0.049	0.049	0.049
	990401040	载重汽车 12t	台班	0.032	0.032	0.032	0.025	0.025
	991201010	轴流通风机 7.5kW	台班	0.147	0.147	0.147	0.147	0.155
	991003050	电动空气压缩机 6m³/min	台班	0.322	0.353	0.345	0.356	0.367

工作内容：球板检查、基础验收、铲麻面、设置垫铁、立柱拉杆组对安装、球皮坡口除污、组装就位、调整、点焊固定、焊接、打磨、材料回收等。 计量单位：t

编号				3-4-34	3-4-35	3-4-36	3-4-37	3-4-38
项目				厚度（mm 以内）				
				36	40	44	48	52
名称			单位	消耗量				
人工	000203000	综合二类工	工日	5.349	5.216	5.152	5.073	4.975
材料	031301009	低碳钢焊条 J427（综合）	kg	24.974	26.791	30.665	32.471	34.317
	142909001	氧气	m^3	1.809	1.661	1.560	1.452	1.418
	142907002	乙炔气	kg	0.696	0.639	0.600	0.558	0.545
	031101010	尼龙砂轮片 $\phi150$	片	9.774	8.926	8.253	7.668	7.198
	022305004	碳精棒 $\phi8$～12	根	8.079	7.329	6.706	6.179	5.729
	203107001	钢垫板（综合）	kg	9.280	8.420	7.710	7.090	6.760
	850103006	其他材料费（占材料费）	%	5.000	5.000	5.000	5.000	5.000
机械	990901020	交流弧焊机 32kV · A	台班	3.760	3.886	4.108	4.244	4.249
	990919040	电焊条烘干箱 $80 \times 80 \times 100cm^3$	台班	0.376	0.388	0.411	0.424	0.425
	990920010	电焊条恒温箱	台班	0.376	0.388	0.411	0.424	0.425
	990304024	汽车式起重机 25t	台班	0.121	0.114	0.109	0.096	0.102
	990304036	汽车式起重机 40t	台班	0.041	0.032	0.032	0.032	0.032
	990401040	载重汽车 12t	台班	0.025	0.025	0.016	0.016	0.016
	991201010	轴流通风机 7.5kW	台班	0.155	0.155	0.155	0.164	0.164
	991003050	电动空气压缩机 $6m^3/min$	台班	0.393	0.423	0.462	0.796	0.489

6. 容量：1000m³

工作内容： 球板检查、基础验收、铲麻面、设置垫铁、立柱拉杆组对安装、球皮坡口除污、组装就位、调整、点焊固定、焊接、打磨、材料回收等。

计量单位： t

编号				3-4-39	3-4-40	3-4-41	3-4-42	3-4-43	3-4-44
项目				厚度（mm 以内）					
				16	20	24	28	32	36
名称			单位	消耗量					
人工	000203000	综合二类工	工日	6.211	6.113	5.783	5.460	5.213	5.163
材料	031301009	低碳钢焊条 J427（综合）	kg	15.531	17.147	18.713	20.389	21.577	23.346
	142909001	氧气	m³	2.515	2.339	2.172	1.995	1.862	1.686
	142907002	乙炔气	kg	0.967	0.900	0.835	0.767	0.716	0.648
	031101010	尼龙砂轮片 ϕ150	片	18.094	15.136	13.000	11.534	10.070	9.137
	022305004	碳精棒 ϕ8～12	根	15.432	12.868	11.020	9.652	8.373	7.552
	203107001	钢垫板（综合）	kg	22.250	18.550	15.890	13.910	12.070	10.890
	850103006	其他材料费（占材料费）	%	5.000	5.000	5.000	5.000	5.000	5.000
机械	990901020	交流弧焊机 32kV · A	台班	3.187	3.232	3.281	3.380	3.403	3.515
	990919040	电焊条烘干箱 80 × 80 × 100cm³	台班	0.338	0.343	0.350	0.352	0.359	0.361
	990920010	电焊条恒温箱	台班	0.338	0.343	0.350	0.352	0.359	0.361
	990304024	汽车式起重机 25t	台班	0.241	0.223	0.210	0.192	0.175	0.163
	990304036	汽车式起重机 40t	台班	0.073	0.073	0.073	0.065	0.065	0.057
	990401040	载重汽车 12t	台班	0.041	0.041	0.032	0.032	0.032	0.032
	991201010	轴流通风机 7.5kW	台班	0.130	0.130	0.130	0.130	0.130	0.138
	991003050	电动空气压缩机 6m³/min	台班	0.300	0.331	0.325	0.337	0.340	0.368

工作内容： 球板检查、基础验收、铲麻面、设置垫铁、立柱拉杆组对安装、球皮坡口除污、组装就位、调整、点焊固定、焊接、打磨、材料回收等。　　**计量单位：** t

编号				3-4-45	3-4-46	3-4-47	3-4-48	3-4-49	3-4-50
项目				厚度（mm 以内）					
				40	44	48	52	56	60
名称			单位	消耗量					
人工	000203000	综合二类工	工日	4.971	4.923	4.815	4.736	4.719	4.616
材料	031301009	低碳钢焊条 J427（综合）	kg	25.140	28.865	30.411	32.292	34.087	35.954
	142909001	氧气	m^3	1.586	1.485	1.376	1.310	1.276	1.242
	142907002	乙炔气	kg	0.610	0.571	0.529	0.504	0.491	0.478
	031101010	尼龙砂轮片 ϕ150	片	8.376	7.769	7.182	6.773	6.379	6.009
	022305004	碳精棒 ϕ8～12	根	6.877	6.312	5.787	5.391	5.036	4.725
	203107001	钢垫板（综合）	kg	9.920	9.100	8.360	7.770	7.200	6.810
	850103006	其他材料费（占材料费）	%	5.000	5.000	5.000	5.000	5.000	5.000
机械	990901020	交流弧焊机 32kV·A	台班	3.646	3.867	3.978	3.994	4.148	4.305
	990919040	电焊条烘干箱 80×80×100cm^3	台班	0.365	0.387	0.398	0.400	0.415	0.430
	990920010	电焊条恒温箱	台班	0.365	0.387	0.398	0.400	0.415	0.430
	990304024	汽车式起重机 25t	台班	0.145	0.132	0.127	0.121	0.114	0.109
	990304036	汽车式起重机 40t	台班	0.057	0.049	0.041	0.041	0.041	0.032
	990401040	载重汽车 12t	台班	0.025	0.025	0.025	0.025	0.025	0.016
	991201010	轴流通风机 7.5kW	台班	0.138	0.147	0.147	0.164	0.164	0.130
	991003050	电动空气压缩机 6m^3/min	台班	0.397	0.435	0.459	0.466	0.493	0.520

7. 容量：$1500m^3$

工作内容：球板检查、基础验收、铲麻面、设置垫铁、立柱拉杆组对安装、球皮坡口除污、组装就位、调整、点焊固定、焊接、打磨、材料回收等。

计量单位：t

编号				3-4-51	3-4-52	3-4-53	3-4-54	3-4-55	3-4-56
项目				厚度（mm 以内）					
				16	20	24	28	32	36
名称			单位	消耗量					
人工	000203000	综合二类工	工日	5.738	5.457	5.175	4.934	4.686	4.521
材料	031301009	低碳钢焊条 J427（综合）	kg	13.443	14.828	16.191	17.617	18.750	20.271
	142909001	氧气	m^3	2.459	2.292	2.116	1.948	1.815	1.672
	142907002	乙炔气	kg	0.946	0.882	0.814	0.749	0.698	0.643
	031101010	尼龙砂轮片 $\phi150$	片	15.661	13.089	11.248	9.966	8.750	7.933
	022305004	碳精棒 $\phi8\sim12$	根	13.357	11.127	9.535	8.340	7.276	6.557
	203107001	钢垫板（综合）	kg	25.540	21.300	18.260	15.990	13.970	12.590
	850103006	其他材料费（占材料费）	%	5.000	5.000	5.000	5.000	5.000	5.000
机械	990901020	交流弧焊机 32kV·A	台班	2.958	3.041	3.100	3.141	3.314	3.363
	990919040	电焊条烘干箱 $80\times80\times100cm^3$	台班	0.295	0.305	0.310	0.315	0.326	0.341
	990920010	电焊条恒温箱	台班	0.295	0.305	0.310	0.315	0.326	0.341
	990304024	汽车式起重机 25t	台班	0.269	0.252	0.228	0.210	0.193	0.176
	990304036	汽车式起重机 40t	台班	0.073	0.073	0.065	0.065	0.057	0.057
	990401040	载重汽车 12t	台班	0.049	0.041	0.041	0.041	0.041	0.032
	991201010	轴流通风机 7.5kW	台班	0.130	0.130	0.130	0.130	0.130	0.130
	991003050	电动空气压缩机 $6m^3/min$	台班	0.259	0.286	0.281	0.291	0.295	0.320

工作内容：球板检查、基础验收、铲麻面、设置垫铁、立柱拉杆组对安装、球皮坡口除污、组装就位、调整、点焊固定、焊接、打磨、材料回收等。 计量单位：t

编号				3-4-57	3-4-58	3-4-59	3-4-60	3-4-61	3-4-62
项目				厚度（mm 以内）					
				40	44	48	52	56	60
名称			单位	消耗量					
人工	000203000	综合二类工	工日	4.499	4.458	4.370	4.288	4.264	4.180
材料	031301009	低碳钢焊条 J427（综合）	kg	21.814	25.034	26.455	28.020	29.568	31.176
	142909001	氧气	m^3	1.539	1.430	1.362	1.296	1.228	1.195
	142907002	乙炔气	kg	0.592	0.550	0.524	0.498	0.472	0.460
	031101010	尼龙砂轮片 $\phi150$	片	7.268	6.737	6.247	5.877	5.533	5.210
	022305004	碳精棒 $\phi8\sim12$	根	5.967	5.474	5.034	4.678	4.369	4.097
	203107001	钢垫板（综合）	kg	11.460	11.790	9.670	8.990	8.400	7.870
	850103006	其他材料费（占材料费）	%	5.000	5.000	5.000	5.000	5.000	5.000
机械	990901020	交流弧焊机 32kV·A	台班	3.164	3.353	3.461	3.465	3.599	3.733
	990919040	电焊条烘干箱 80×80×100cm³	台班	0.316	0.335	0.347	0.347	0.360	0.373
	990920010	电焊条恒温箱	台班	0.316	0.335	0.347	0.347	0.360	0.373
	990304024	汽车式起重机 25t	台班	0.160	0.143	0.134	0.127	0.118	0.106
	990304036	汽车式起重机 40t	台班	0.049	0.049	0.041	0.041	0.041	0.032
	990401040	载重汽车 12t	台班	0.025	0.025	0.025	0.025	0.025	0.016
	991201010	轴流通风机 7.5kW	台班	0.138	0.147	0.147	0.147	0.155	0.155
	991003050	电动空气压缩机 6m³/min	台班	0.344	0.377	0.399	0.405	0.428	0.450

8. 容量：2000m³

工作内容：球板检查、基础验收、铲麻面、设置垫铁、立柱拉杆组对安装、球皮坡口除污、组装就位、调整、点焊固定、焊接、打磨、材料回收等。

计量单位：t

编号				3-4-63	3-4-64	3-4-65	3-4-66	3-4-67
项目				厚度（mm 以内）				
				16	20	24	28	32
名称			单位	消耗量				
人工	000203000	综合二类工	工日	5.665	5.286	4.900	4.650	4.492
材料	031301009	低碳钢焊条 J427（综合）	kg	13.386	14.776	16.143	17.574	18.800
	142909001	氧气	m^3	2.425	2.258	2.082	1.915	1.773
	142907002	乙炔气	kg	0.933	0.868	0.801	0.737	0.682
	031101010	尼龙砂轮片 ϕ150	片	15.594	13.044	11.215	9.941	8.774
	022305004	碳精棒 ϕ8～12	根	13.300	11.089	9.507	8.319	7.296
	203107001	钢垫板（综合）	kg	28.580	23.820	20.430	17.880	15.680
	850103006	其他材料费（占材料费）	%	5.000	5.000	5.000	5.000	5.000
机械	990901020	交流弧焊机 32kV·A	台班	2.965	3.034	3.090	3.147	3.252
	990919040	电焊条烘干箱 80×80×100cm³	台班	0.296	0.303	0.309	0.314	0.325
	990920010	电焊条恒温箱	台班	0.296	0.303	0.309	0.314	0.325
	990304024	汽车式起重机 25t	台班	0.049	0.049	0.049	0.041	0.041
	990304036	汽车式起重机 40t	台班	0.197	0.178	0.159	0.148	0.128
	990304044	汽车式起重机 60t	台班	0.065	0.065	0.057	0.057	0.049
	990401040	载重汽车 12t	台班	0.049	0.049	0.049	0.041	0.041
	991201010	轴流通风机 7.5kW	台班	0.130	0.130	0.130	0.130	0.130
	991003050	电动空气压缩机 6m³/min	台班	0.258	0.285	0.280	0.290	0.296

工作内容：球板检查、基础验收、铲麻面、设置垫铁、立柱拉杆组对安装、球皮坡口除污、组装就位、调整、点焊固定、焊接、打磨、材料回收等。 **计量单位：**t

编号				3-4-68	3-4-69	3-4-70	3-4-71	3-4-72
项目				厚度（mm 以内）				
				36	40	44	48	52
名称			单位	消耗量				
人工	000203000	综合二类工	工日	4.369	4.322	4.317	4.270	4.166
材料	031301009	低碳钢焊条 J427（综合）	kg	20.322	21.865	25.089	26.531	28.098
	142909001	氧气	m^3	1.619	1.484	1.376	1.309	1.242
	142907002	乙炔气	kg	0.623	0.571	0.529	0.503	0.478
	031101010	尼龙砂轮片 ϕ150	片	7.953	7.285	6.752	6.266	5.893
	022305004	碳精棒 ϕ8～12	根	6.574	5.981	5.486	5.049	4.691
	203107001	钢垫板（综合）	kg	14.130	12.850	11.790	10.850	10.080
	850103006	其他材料费（占材料费）	%	5.000	5.000	5.000	5.000	5.000
机械	990901020	交流弧焊机 32kV·A	台班	3.060	3.171	3.362	3.472	3.475
	990919040	电焊条烘干箱 $80 \times 80 \times 100cm^3$	台班	0.306	0.317	0.336	0.347	0.347
	990920010	电焊条恒温箱	台班	0.306	0.317	0.336	0.347	0.347
	990304024	汽车式起重机 25t	台班	0.032	0.025	0.025	0.025	0.025
	990304036	汽车式起重机 40t	台班	0.123	0.118	0.106	0.099	0.092
	990304044	汽车式起重机 60t	台班	0.049	0.041	0.041	0.032	0.032
	990401040	载重汽车 12t	台班	0.032	0.025	0.025	0.025	0.025
	991201010	轴流通风机 7.5kW	台班	0.130	0.138	0.147	0.147	0.147
	991003050	电动空气压缩机 $6m^3/min$	台班	0.321	0.345	0.378	0.400	0.407

9. 容量：3000m³

工作内容：球板检查、基础验收、铲麻面、设置垫铁、立柱拉杆组对安装、球皮坡口除污、组装就位、调整、点焊固定、焊接、打磨、材料回收等。

计量单位：t

编　号				3-4-73	3-4-74	3-4-75	3-4-76
项　目				厚度（mm 以内）			
				16	20	24	28
名　称			单位	消　耗　量			
人工	000203000	综合二类工	工日	5.648	5.224	4.829	4.607
材料	031301009	低碳钢焊条 J427（综合）	kg	14.462	15.912	17.343	18.846
	142909001	氧气	m³	2.278	2.111	1.969	1.801
	142907002	乙炔气	kg	0.876	0.812	0.757	0.693
	031101010	尼龙砂轮片 ϕ150	片	16.848	14.046	12.048	10.661
	022305004	碳精棒 ϕ8～12	根	14.370	11.941	10.213	8.921
	203107001	钢垫板（综合）	kg	26.870	22.330	19.100	16.680
	850103006	其他材料费（占材料费）	%	5.000	5.000	5.000	5.000
机械	990901020	交流弧焊机 32kV · A	台班	3.253	3.320	3.472	3.516
	990919040	电焊条烘干箱 80×80×100cm³	台班	0.325	0.332	0.347	0.351
	990920010	电焊条恒温箱	台班	0.325	0.332	0.347	0.351
	990304024	汽车式起重机 25t	台班	0.032	0.032	0.025	0.025
	990304036	汽车式起重机 40t	台班	0.155	0.143	0.129	0.123
	990304056	汽车式起重机 80t	台班	0.041	0.032	0.032	0.032
	990401040	载重汽车 12t	台班	0.032	0.032	0.025	0.025
	991201010	轴流通风机 7.5kW	台班	0.114	0.114	0.114	0.114
	991003050	电动空气压缩机 6m³/min	台班	0.278	0.307	0.300	0.311

工作内容：球板检查、基础验收、铲麻面、设置垫铁、立柱拉杆组对安装、球皮坡口除污、组装就位、调整、点焊固定、焊接、打磨、材料回收等。 **计量单位：**t

编号				3-4-77	3-4-78	3-4-79	3-4-80
项目				厚度（mm 以内）			
				32	36	40	44
名称			单位	消耗量			
人工	000203000	综合二类工	工日	4.404	4.344	4.324	4.266
材料	031301009	低碳钢焊条 J427（综合）	kg	20.406	22.004	23.629	27.070
	142909001	氧气	m^3	1.659	1.525	1.424	1.326
	142907002	乙炔气	kg	0.638	0.587	0.548	0.510
	031101010	尼龙砂轮片 $\phi150$	片	9.523	8.612	7.873	7.285
	022305004	碳精棒 $\phi8\sim12$	根	7.919	7.118	6.464	5.919
	203107001	钢垫板（综合）	kg	14.810	13.310	12.090	11.070
	850103006	其他材料费（占材料费）	%	5.000	5.000	5.000	5.000
机械	990901020	交流弧焊机 32kV·A	台班	3.218	3.313	3.427	3.627
	990919040	电焊条烘干箱 $80\times80\times100cm^3$	台班	0.322	0.331	0.343	0.363
	990920010	电焊条恒温箱	台班	0.322	0.331	0.343	0.363
	990304024	汽车式起重机 25t	台班	0.025	0.016	0.016	0.016
	990304036	汽车式起重机 40t	台班	0.110	0.104	0.097	0.090
	990304056	汽车式起重机 80t	台班	0.032	0.032	0.032	0.032
	990401040	载重汽车 12t	台班	0.025	0.016	0.016	0.016
	991201010	轴流通风机 7.5kW	台班	0.114	0.122	0.122	0.122
	991003050	电动空气压缩机 $6m^3/min$	台班	0.321	0.347	0.372	0.407

10. 容量：4000m³

工作内容：球板检查、基础验收、铲麻面、设置垫铁、立柱拉杆组对安装、球皮坡口除污、组装就位、调整、点焊固定、焊接、打磨、材料回收等。

计量单位：t

编号				3-4-81	3-4-82	3-4-83	3-4-84	3-4-85	3-4-86
项目				厚度（mm 以内）					
				16	20	24	28	32	36
名称			单位	消耗量					
人工	000203000	综合二类工	工日	5.194	4.839	4.458	4.172	4.044	3.957
材料	031301009	低碳钢焊条 J427（综合）	kg	12.734	14.155	15.316	16.660	18.051	19.476
	142909001	氧气	m³	2.194	2.018	1.851	1.709	1.575	1.440
	142907002	乙炔气	kg	0.844	0.776	0.712	0.657	0.606	0.554
	031101010	尼龙砂轮片 ϕ150	片	14.835	12.495	10.640	9.424	8.425	7.623
	022305004	碳精棒 ϕ8～12	根	12.653	10.623	9.020	7.886	7.005	6.300
	203107001	钢垫板（综合）	kg	28.970	24.140	20.690	18.100	16.080	14.470
	850103006	其他材料费（占材料费）	%	5.000	5.000	5.000	5.000	5.000	5.000
机械	990901020	交流弧焊机 32kV · A	台班	2.846	2.876	2.932	3.018	3.135	3.286
	990919040	电焊条烘干箱 80 × 80 × 100cm³	台班	0.284	0.287	0.293	0.301	0.313	0.328
	990920010	电焊条恒温箱	台班	0.284	0.287	0.293	0.301	0.313	0.328
	990304024	汽车式起重机 25t	台班	0.032	0.032	0.025	0.025	0.025	0.016
	990304036	汽车式起重机 40t	台班	0.143	0.136	0.123	0.110	0.104	0.097
	990304056	汽车式起重机 80t	台班	0.041	0.032	0.032	0.032	0.032	0.032
	990401040	载重汽车 12t	台班	0.032	0.032	0.025	0.025	0.025	0.016
	991201010	轴流通风机 7.5kW	台班	0.106	0.106	0.106	0.106	0.106	0.106
	991003050	电动空气压缩机 6m³/min	台班	0.246	0.272	0.266	0.275	0.285	0.307

11. 容量：5000m³

工作内容： 球板检查、基础验收、铲麻面、设置垫铁、立柱拉杆组对安装、球皮坡口除污、组装就位、调整、点焊固定、焊接、打磨、材料回收等。　　**计量单位：** t

编号				3-4-87	3-4-88	3-4-89	3-4-90	3-4-91
项目				厚度（mm 以内）				
				16	20	24	28	32
名称			单位	消耗量				
人工	000203000	综合二类工	工日	4.845	4.566	4.293	4.030	3.723
材料	031301009	低碳钢焊条 J427（综合）	kg	13.056	14.337	15.604	16.520	16.966
	142909001	氧气	m^3	2.079	1.902	1.769	1.627	1.493
	142907002	乙炔气	kg	0.800	0.732	0.680	0.626	0.574
	031101010	尼龙砂轮片 $\phi150$	片	15.210	12.655	10.840	9.345	7.918
	022305004	碳精棒 $\phi8\sim12$	根	12.973	10.759	9.189	7.820	6.584
	203107001	钢垫板（综合）	kg	24.710	20.630	17.710	15.510	13.790
	850103006	其他材料费（占材料费）	%	5.000	5.000	5.000	5.000	5.000
机械	990901020	交流弧焊机 32kV·A	台班	2.676	2.851	2.986	3.013	3.127
	990919040	电焊条烘干箱 $80\times80\times100cm^3$	台班	0.267	0.285	0.299	0.301	0.312
	990920010	电焊条恒温箱	台班	0.267	0.285	0.299	0.301	0.312
	990304024	汽车式起重机 25t	台班	0.032	0.032	0.025	0.025	0.025
	990304036	汽车式起重机 40t	台班	0.143	0.129	0.116	0.110	0.097
	990304056	汽车式起重机 80t	台班	0.041	0.032	0.032	0.032	0.032
	990401040	载重汽车 12t	台班	0.032	0.032	0.025	0.025	0.025
	991201010	轴流通风机 7.5kW	台班	0.089	0.089	0.098	0.098	0.098
	991003050	电动空气压缩机 $6m^3/min$	台班	0.251	0.277	0.270	0.272	0.268

12. 容量：6000m³

工作内容：球板检查、基础验收、铲麻面、设置垫铁、立柱拉杆组对安装、球皮坡口除污、组装就位、调整、点焊固定、焊接、打磨、材料回收等。 计量单位：t

编号				3-4-92	3-4-93	3-4-94	3-4-95	3-4-96
项目				厚度（mm 以内）				
				16	20	24	28	32
名称			单位	消耗量				
人工	000203000	综合二类工	工日	4.895	4.647	4.366	4.162	4.006
材料	031301009	低碳钢焊条 J427（综合）	kg	14.647	16.162	17.753	18.935	20.830
	142909001	氧气	m³	2.025	1.857	1.724	1.581	1.448
	142907002	乙炔气	kg	0.779	0.714	0.663	0.608	0.557
	031101010	尼龙砂轮片 ϕ150	片	17.064	14.267	12.333	10.711	9.721
	022305004	碳精棒 ϕ8～12	根	14.554	12.129	10.455	8.963	8.083
	203107001	钢垫板（综合）	kg	26.690	22.320	19.180	16.810	14.960
	850103006	其他材料费（占材料费）	%	5.000	5.000	5.000	5.000	5.000
机械	990901020	交流弧焊机 32kV·A	台班	3.268	3.285	3.398	3.437	3.501
	990919040	电焊条烘干箱 80×80×100cm³	台班	0.326	0.328	0.339	0.343	0.350
	990920010	电焊条恒温箱	台班	0.326	0.328	0.339	0.343	0.350
	990304024	汽车式起重机 25t	台班	0.032	0.032	0.025	0.025	0.025
	990304044	汽车式起重机 60t	台班	0.028	0.026	0.024	0.023	0.021
	990302065	履带式起重机 100t	台班	0.086	0.081	0.070	0.065	0.060
	990401040	载重汽车 12t	台班	0.032	0.032	0.025	0.025	0.025
	991201010	轴流通风机 7.5kW	台班	0.089	0.089	0.089	0.089	0.089
	991003050	电动空气压缩机 6m³/min	台班	0.283	0.311	0.307	0.313	0.328

13. 容量：8000m³

工作内容：球板检查、基础验收、铲麻面、设置垫铁、立柱拉杆组对安装、球皮坡口除污、组装就位、调整、点焊固定、焊接、打磨、材料回收等。 **计量单位：**t

编号				3-4-97	3-4-98	3-4-99	3-4-100	3-4-101
项目				厚度（mm 以内）				
				16	20	24	28	32
名称			单位	消耗量				
人工	000203000	综合二类工	工日	4.333	4.142	3.897	3.780	3.679
材料	031301009	低碳钢焊条 J427（综合）	kg	12.452	13.830	15.176	16.577	18.021
	142909001	氧气	m^3	1.868	1.735	1.593	1.459	1.358
	142907002	乙炔气	kg	0.718	0.667	0.613	0.561	0.522
	031101010	尼龙砂轮片 $\phi150$	片	14.507	12.208	10.543	9.377	8.410
	022305004	碳精棒 $\phi8\sim12$	根	12.373	10.379	8.937	7.847	6.993
	203107001	钢垫板（综合）	kg	33.760	28.310	24.380	21.400	19.070
	850103006	其他材料费（占材料费）	%	5.000	5.000	5.000	5.000	5.000
机械	990901020	交流弧焊机 32kV·A	台班	2.843	2.862	2.906	2.972	3.067
	990919040	电焊条烘干箱 $80\times80\times100cm^3$	台班	0.284	0.286	0.290	0.297	0.306
	990920010	电焊条恒温箱	台班	0.284	0.286	0.290	0.297	0.306
	990304024	汽车式起重机 25t	台班	0.032	0.032	0.025	0.025	0.025
	990304044	汽车式起重机 60t	台班	0.028	0.026	0.024	0.023	0.021
	990302065	履带式起重机 100t	台班	0.086	0.081	0.070	0.065	0.060
	990401040	载重汽车 12t	台班	0.032	0.032	0.025	0.025	0.025
	991201010	轴流通风机 7.5kW	台班	0.082	0.082	0.082	0.082	0.082
	991003050	电动空气压缩机 $6m^3/min$	台班	0.240	0.268	0.263	0.273	0.284

14. 容量：10000m³

工作内容：球板检查、基础验收、铲麻面、设置垫铁、立柱拉杆组对安装、球皮坡口除污、组装就位、调整、点焊固定、焊接、打磨、材料回收等。 **计量单位：**t

编号				3-4-102	3-4-103	3-4-104	3-4-105	3-4-106
项目				厚度（mm 以内）				
				16	20	24	28	32
名称			单位	消耗量				
人工	000203000	综合二类工	工日	3.833	3.711	3.565	3.497	3.433
材料	031301009	低碳钢焊条 J427（综合）	kg	10.594	11.961	13.284	14.646	16.041
	142909001	氧气	m^3	1.716	1.574	1.503	1.339	1.230
	142907002	乙炔气	kg	0.660	0.605	0.578	0.515	0.473
	031101010	尼龙砂轮片 ϕ150	片	12.342	10.558	9.229	8.285	7.486
	022305004	碳精棒 ϕ8～12	根	10.526	8.976	7.823	6.933	6.225
	203107001	钢垫板（综合）	kg	33.080	26.960	23.250	20.440	18.730
	850103006	其他材料费（占材料费）	%	5.000	5.000	5.000	5.000	5.000
机械	990901020	交流弧焊机 32kV · A	台班	2.651	2.673	2.743	2.829	2.930
	990919040	电焊条烘干箱 80 × 80 × 100cm³	台班	0.266	0.268	0.274	0.282	0.293
	990920010	电焊条恒温箱	台班	0.266	0.268	0.274	0.282	0.293
	990304024	汽车式起重机 25t	台班	0.032	0.032	0.025	0.025	0.025
	990304044	汽车式起重机 60t	台班	0.028	0.026	0.024	0.023	0.021
	990302065	履带式起重机 100t	台班	0.086	0.081	0.070	0.065	0.060
	990401040	载重汽车 12t	台班	0.032	0.032	0.025	0.025	0.025
	991201010	轴流通风机 7.5kW	台班	0.073	0.073	0.073	0.073	0.073
	991003050	电动空气压缩机 6m³/min	台班	0.204	0.230	0.230	0.242	0.252

二、球形罐组装胎具制作、安装、拆除

1. 球形罐组装胎具制作

工作内容：材料机具运输、放样号料、切割、组对、焊接等。 **计量单位：**台

编号				3-4-107	3-4-108	3-4-109	3-4-110	3-4-111
项目				容量（m³ 以内）				
				50	120	200	400	650
名称			单位	消耗量				
人工	000203000	综合二类工	工日	12.605	18.776	21.610	28.257	36.507
材料	031301009	低碳钢焊条 J427（综合）	kg	11.424	15.530	17.315	20.885	26.597
	142909001	氧气	m³	7.635	13.694	16.313	20.395	25.926
	142907002	乙炔气	kg	2.937	5.267	6.274	7.844	9.972
	012903013	热轧中厚钢板 δ10～20	kg	286.927	492.408	476.482	1074.018	1553.588
	170200002	无缝钢管（综合）	kg	54.110	75.755	131.352	251.816	350.445
	012300001	型钢（综合）	kg	362.397	451.320	461.061	1130.198	2020.344
	016303001	夹具用钢	kg	403.333	807.333	989.333	1709.333	2168.667
	850103006	其他材料费（占材料费）	%	5.000	5.000	5.000	5.000	5.000
机械	990901020	交流弧焊机 32kV·A	台班	2.797	3.801	4.238	5.112	6.511
	990919040	电焊条烘干箱 80×80×100cm³	台班	0.277	0.379	0.423	0.510	0.648
	990920010	电焊条恒温箱	台班	0.277	0.379	0.423	0.510	0.648
	990744010	半自动切割机 100mm	台班	0.437	0.546	0.656	1.093	1.638
	990732030	剪板机 20×2000mm	台班	0.219	0.284	0.306	0.437	0.525
	990304016	汽车式起重机 16t	台班	0.168	0.284	0.357	0.648	0.874
	990401030	载重汽车 8t	台班	0.168	0.284	0.357	0.648	0.874

工作内容：材料机具运输、放样号料、切割、组对、焊接等。 **计量单位：**台

编号				3-4-112	3-4-113	3-4-114	3-4-115	3-4-116
项目				容量（m^3以内）				
				1000	1500	2000	3000	4000
名称			单位	消耗量				
人工	000203000	综合二类工	工日	43.870	50.069	58.881	61.848	72.129
材料	031301009	低碳钢焊条 J427（综合）	kg	31.595	34.366	37.222	39.185	45.990
	142909001	氧气	m^3	30.850	34.502	38.166	42.135	53.260
	142907002	乙炔气	kg	11.865	13.270	14.679	16.206	20.485
	170200002	无缝钢管（综合）	kg	376.462	533.502	643.277	460.795	690.850
	012903013	热轧中厚钢板 δ10～20	kg	1894.207	2569.519	3022.491	3584.508	5200.030
	012300001	型钢（综合）	kg	2321.051	3116.086	4007.177	4923.399	7572.990
	016303001	夹具用钢	kg	2731.333	3454.667	4175.333	4616.640	4717.980
	850103006	其他材料费（占材料费）	%	5.000	5.000	5.000	5.000	5.000
机械	990401030	载重汽车 8t	台班	1.093	1.384	1.676	—	—
	990901020	交流弧焊机 32kV·A	台班	7.734	8.412	10.021	10.553	12.203
	990919040	电焊条烘干箱 80×80×100cm^3	台班	0.800	0.876	1.019	1.072	1.313
	990920010	电焊条恒温箱	台班	0.800	0.876	1.019	1.072	1.313
	990744010	半自动切割机 100mm	台班	1.967	2.512	2.874	3.532	4.451
	990732030	剪板机 20×2000mm	台班	0.656	0.786	0.874	1.056	1.376
	990304016	汽车式起重机 16t	台班	1.093	1.384	1.676	1.821	2.266
	990401040	载重汽车 12t	台班	—	—	—	1.821	2.266

工作内容：材料机具运输、放样号料、切割、组对、焊接等。　　　　**计量单位：**台

编号				3-4-117	3-4-118	3-4-119	3-4-120
项目				容量（m³ 以内）			
				5000	6000	8000	10000
名称			单位	消耗量			
人工	000203000	综合二类工	工日	76.594	79.584	87.008	94.428
材料	031301009	低碳钢焊条 J427（综合）	kg	47.600	52.105	58.140	61.880
	142909001	氧气	m³	45.928	49.327	54.703	58.497
	142907002	乙炔气	kg	17.665	18.972	21.040	22.499
	170200002	无缝钢管（综合）	kg	1395.770	1605.140	1845.910	2023.500
	012903013	热轧中厚钢板 δ10～20	kg	4752.800	5403.200	6044.000	6942.400
	012300001	型钢（综合）	kg	11808.800	12538.400	13997.600	15457.600
	016303001	夹具用钢	kg	4796.820	5164.113	5898.693	6633.480
	850103006	其他材料费（占材料费）	%	5.000	5.000	5.000	5.000
机械	990304040	汽车式起重机 50t	台班	—	—	—	2.994
	990901020	交流弧焊机 32kV·A	台班	12.818	13.222	14.258	15.302
	990919040	电焊条烘干箱 80×80×100cm³	台班	1.302	1.425	1.590	1.692
	990920010	电焊条恒温箱	台班	1.302	1.425	1.590	1.692
	990744010	半自动切割机 100mm	台班	4.977	5.503	6.474	7.445
	990732030	剪板机 20×2000mm	台班	1.578	1.780	2.145	2.509
	990401040	载重汽车 12t	台班	2.469	2.630	2.792	2.994
	990304028	汽车式起重机 30t	台班	2.469	2.630	2.792	—

2. 球形罐组装胎具安装与拆除

工作内容：工夹具、中心柱及支撑材料等的运输、安装、焊接、拆除、焊疤打磨、回收堆放等。　　　　**计量单位：**台

编号				3-4-121	3-4-122	3-4-123	3-4-124	3-4-125
项目				容量（m³ 以内）				
				50	120	200	400	650
名称			单位	消耗量				
人工	000203000	综合二类工	工日	27.286	54.496	62.550	74.156	88.625
材料	031301009	低碳钢焊条 J427（综合）	kg	9.588	18.270	20.370	24.570	31.290
	142909001	氧气	m³	37.256	43.562	49.139	68.654	82.885
	142907002	乙炔气	kg	14.329	16.755	18.900	26.405	31.879
	031101010	尼龙砂轮片 ϕ150	片	15.470	36.550	42.194	67.592	80.852
	850103006	其他材料费（占材料费）	%	5.000	5.000	5.000	5.000	5.000
机械	990901020	交流弧焊机 32kV·A	台班	3.688	7.027	7.835	9.450	8.188
	990919040	电焊条烘干箱 80×80×100cm³	台班	0.310	0.365	0.407	0.442	0.445
	990920010	电焊条恒温箱	台班	0.310	0.365	0.407	0.442	0.445
	990304016	汽车式起重机 16t	台班	2.787	2.787	3.584	3.584	1.265
	990304036	汽车式起重机 40t	台班	—	—	—	—	2.841
	990401040	载重汽车 12t	台班	0.138	0.228	0.283	0.444	0.715

工作内容：工夹具、中心柱及支撑材料等的运输、安装、焊接、拆除、焊疤打磨、回收堆放等。

计量单位：台

编号				3-4-126	3-4-127	3-4-128	3-4-129	3-4-130
项目				容量（m^3以内）				
				1000	1500	2000	3000	4000
		名称	单位	消耗量				
人工	000203000	综合二类工	工日	125.846	145.650	157.470	177.468	205.917
材料	031301009	低碳钢焊条 J427（综合）	kg	32.170	40.430	123.012	136.935	163.800
	142909001	氧气	m^3	100.019	122.739	43.790	46.100	47.990
	142907002	乙炔气	kg	38.469	47.207	16.842	17.731	18.458
	031101010	尼龙砂轮片 ϕ150	片	106.182	135.558	166.124	216.376	277.380
	850103006	其他材料费（占材料费）	%	5.000	5.000	5.000	5.000	5.000
机械	990304016	汽车式起重机 16t	台班	3.645	—	—	—	—
	990901020	交流弧焊机 32kV·A	台班	12.373	15.550	47.312	52.667	63.000
	990919040	电焊条烘干箱 80×80×100cm^3	台班	0.537	1.156	1.706	1.899	2.272
	990920010	电焊条恒温箱	台班	0.537	1.156	1.706	1.899	2.272
	990304036	汽车式起重机 40t	台班	3.178	4.237	4.237	5.008	5.891
	990304052	汽车式起重机 75t	台班	—	1.830	1.830	2.242	2.638
	990401040	载重汽车 12t	台班	0.998	1.211	1.397	1.548	2.072

工作内容：工夹具、中心柱及支撑材料等的运输、安装、焊接、拆除、焊疤打磨、回收堆放等。

计量单位：台

编号				3-4-131	3-4-132	3-4-133	3-4-134
项目				容量（m^3以内）			
				5000	6000	8000	10000
		名称	单位	消耗量			
人工	000203000	综合二类工	工日	227.119	259.518	283.269	298.899
材料	031301009	低碳钢焊条 J427（综合）	kg	166.390	188.220	207.790	235.400
	142909001	氧气	m^3	50.400	52.580	56.070	58.900
	142907002	乙炔气	kg	19.385	20.223	21.565	22.654
	031101010	尼龙砂轮片 ϕ150	片	301.660	331.010	381.930	432.580
	850103006	其他材料费（占材料费）	%	5.000	5.000	5.000	5.000
机械	990901020	交流弧焊机 32kV·A	台班	63.996	72.392	79.919	90.538
	990919040	电焊条烘干箱 80×80×100cm^3	台班	2.308	2.611	2.882	3.265
	990920010	电焊条恒温箱	台班	2.308	2.611	2.882	3.265
	990304036	汽车式起重机 40t	台班	6.797	6.797	7.728	7.728
	990304052	汽车式起重机 75t	台班	2.929	3.116	3.116	3.560
	990401040	载重汽车 12t	台班	2.274	2.444	2.711	2.913

三、球形罐试验

1. 球形罐水压试验

工作内容：临时管线、阀门、试压泵、压力表、盲板安装、拆除、充水、升压、稳压检查、降压放水、整理记录等。

计量单位：台

编　号				3-4-135	3-4-136	3-4-137	3-4-138
项　目				容量（m^3 以内）			
				50	120	200	400
名　称			单位	消　耗　量			
人工	000203000	综合二类工	工日	9.866	11.864	15.541	23.076
材料	341101002	水	m^3	（61.200）	（142.600）	（224.900）	（489.300）
	031301009	低碳钢焊条 J427（综合）	kg	3.000	3.000	3.000	10.300
	142909001	氧气	m^3	1.503	1.503	1.503	7.302
	142907002	乙炔气	kg	0.578	0.578	0.578	2.808
	170101009	焊接钢管 *DN*50	m	6.000	6.000	6.000	—
	190101001	法兰截止阀 *DN*50	个	0.050	0.050	0.050	—
	200001015	平焊法兰 *PN*1.6 *DN*50	副	0.100	0.100	0.100	—
	183125002	压制弯头 90°$R=1.5D$ *DN*50	个	0.100	0.100	0.100	—
	202100002	盲板（综合）	kg	0.840	0.840	0.840	3.300
	020112007	无石棉橡胶板 高压 δ1～6	kg	2.882	2.882	2.913	2.913
	170101017	焊接钢管 *DN*100	m	—	—	—	6.000
	190101020	法兰截止阀 J41T-16 *DN*100	个	—	—	—	0.050
	200001019	平焊法兰 *PN*1.6 *DN*100	副	—	—	—	0.100
	183125003	压制弯头 90°$R=1.5D$ *DN*100	个	—	—	—	0.100
	850103006	其他材料费（占材料费）	%	2.000	2.000	2.000	2.000
机械	990901020	交流弧焊机 32kV · A	台班	1.999	2.314	2.589	2.881
	990304016	汽车式起重机 16t	台班	0.065	0.065	0.065	0.065
	990813045	试压泵 60MPa	台班	0.081	0.146	0.243	0.421
	990801020	电动单级离心清水泵 100mm	台班	0.081	0.146	0.243	0.405

工作内容：临时管线、阀门、试压泵、压力表、盲板安装、拆除、充水、升压、稳压检查、降压放水、整理记录等。

计量单位：台

编号				3-4-139	3-4-140	3-4-141	3-4-142
项目				容量（m^3以内）			
				650	1000	1500	2000
名称			单位	消耗量			
人工	000203000	综合二类工	工日	25.571	29.210	38.806	49.988
材料	341101002	水	m^3	（769.700）	（1169.200）	（1829.250）	（2431.500）
	031301009	低碳钢焊条 J427（综合）	kg	10.300	12.300	15.200	18.000
	142909001	氧气	m^3	7.302	7.302	10.650	14.001
	142907002	乙炔气	kg	2.808	2.808	4.096	5.385
	170101017	焊接钢管 *DN*100	m	6.000	6.000	—	—
	190101020	法兰截止阀 J41T-16 *DN*100	个	0.050	0.050	—	—
	200001019	平焊法兰 *PN*1.6 *DN*100	副	0.100	0.100	—	—
	183125003	压制弯头 90°R＝1.5D *DN*100	个	0.100	0.100	—	—
	202100002	盲板（综合）	kg	3.300	3.300	5.800	5.800
	020112007	无石棉橡胶板 高压 δ1～6	kg	3.121	3.121	6.004	6.004
	170101024	焊接钢管 *DN*150	m	—	—	6.000	6.000
	190101022	法兰截止阀 J41T-16 *DN*150	个	—	—	0.050	0.050
	200001021	平焊法兰 *PN*1.6 *DN*150	副	—	—	0.100	0.100
	183125004	压制弯头 90°R＝1.5D *DN*150	个	—	—	0.100	0.100
	850103006	其他材料费（占材料费）	%	2.000	2.000	2.000	2.000
机械	990901020	交流弧焊机 32kV·A	台班	3.359	3.925	4.993	6.053
	990304016	汽车式起重机 16t	台班	0.097	0.097	0.162	0.162
	990813045	试压泵 60MPa	台班	0.712	1.230	2.064	2.897
	990801020	电动单级离心清水泵 100mm	台班	0.809	1.214	2.023	2.509

工作内容：临时管线、阀门、试压泵、压力表、盲板安装、拆除、充水、升压、稳压检查、降压放水、整理记录等。 **计量单位：**台

编号				3-4-143	3-4-144	3-4-145
项目				容量（m^3 以内）		
				3000	4000	5000
名称			单位	消耗量		
人工	000203000	综合二类工	工日	63.765	71.931	77.418
材料	341101002	水	m^3	（3540.000）	（4640.000）	（5700.000）
	031301009	低碳钢焊条 J427（综合）	kg	21.000	33.800	33.800
	142909001	氧气	m^3	14.000	27.000	27.000
	142907002	乙炔气	kg	5.385	10.385	10.385
	170101024	焊接钢管 *DN*150	m	6.000	8.000	8.000
	190101022	法兰截止阀 J41T-16 *DN*150	个	0.050	0.150	0.050
	200001021	平焊法兰 *PN*1.6 *DN*150	副	0.100	0.100	0.100
	183125004	压制弯头 90°$R = 1.5D$ *DN*150	个	0.100	0.100	0.100
	202100002	盲板（综合）	kg	5.800	8.700	8.700
	020112007	无石棉橡胶板 高压 δ1～6	kg	6.300	6.300	6.300
	850103006	其他材料费（占材料费）	%	2.000	2.000	2.000
机械	990901020	交流弧焊机 32kV · A	台班	7.153	9.710	10.924
	990304016	汽车式起重机 16t	台班	0.259	0.259	0.346
	990813045	试压泵 60MPa	台班	3.674	4.014	4.192
	990801020	电动单级离心清水泵 100mm	台班	3.035	4.046	5.058

工作内容：临时管线、阀门、试压泵、压力表、盲板安装、拆除、充水、升压、稳压检查、降压放水、整理记录等。

计量单位：台

编号				3-4-146	3-4-147	3-4-148
项目				容量（m^3 以内）		
				6000	8000	10000
名称			单位	消耗量		
人工	000203000	综合二类工	工日	82.905	98.680	114.456
材料	341101002	水	m^3	（6720.000）	（8800.000）	（10900.000）
	031301009	低碳钢焊条 J427（综合）	kg	33.800	33.800	33.800
	142909001	氧气	m^3	27.000	27.000	27.000
	142907002	乙炔气	kg	10.385	10.385	10.385
	170101024	焊接钢管 *DN*150	m	8.000	8.000	8.000
	190101022	法兰截止阀 J41T-16 *DN*150	个	0.050	0.050	0.050
	200001021	平焊法兰 *PN*1.6 *DN*150	副	0.100	0.100	0.100
	183125004	压制弯头 90°$R=1.5D$ *DN*150	个	0.100	0.100	0.100
	202100002	盲板（综合）	kg	8.700	8.700	8.700
	020112007	无石棉橡胶板 高压 δ1～6	kg	6.300	6.300	6.300
	850103006	其他材料费（占材料费）	%	2.000	2.000	2.000
机械	990901020	交流弧焊机 32kV·A	台班	12.066	14.339	16.694
	990304016	汽车式起重机 16t	台班	0.346	0.486	0.486
	990813045	试压泵 60MPa	台班	5.285	7.704	9.338
	990801020	电动单级离心清水泵 100mm	台班	5.722	8.343	10.107

2. 球形罐气密性试验

工作内容：试压泵、压力表、盲板的安装、拆除、充气打压、稳压检查、卸压、整理记录等。

计量单位：台

编号				3-4-149	3-4-150	3-4-151	3-4-152	3-4-153
项目				1.6MPa（16kg/cm²）				
				容量（m³以内）				
				50	120	200	400	650
名称			单位	消耗量				
人工	000203000	综合二类工	工日	1.661	3.857	6.526	13.812	21.188
材料	031301009	低碳钢焊条 J427（综合）	kg	2.000	2.500	3.000	5.000	7.000
	142909001	氧气	m^3	3.003	4.023	5.004	7.003	8.011
	142907002	乙炔气	kg	1.155	1.547	1.925	2.693	3.081
	020112007	无石棉橡胶板 高压 δ1～6	kg	2.880	2.880	2.910	2.910	3.120
	850103006	其他材料费（占材料费）	%	5.000	5.000	5.000	5.000	5.000
机械	990901020	交流弧焊机 32kV·A	台班	0.269	0.365	0.543	0.906	1.165
	991003050	电动空气压缩机 6m³/min	台班	0.203	0.478	0.818	1.789	2.638
	991003060	电动空气压缩机 9m³/min	台班	0.146	0.324	0.543	1.077	1.764

工作内容：试压泵、压力表、盲板的安装、拆除、充气打压、稳压检查、卸压、整理记录等。

计量单位：台

编号				3-4-154	3-4-155	3-4-156	3-4-157	3-4-158
项目				1.6MPa（16kg/cm²）				
				容量（m³以内）				
				1000	1500	2000	3000	4000
名称			单位	消耗量				
人工	000203000	综合二类工	工日	32.471	38.096	50.829	69.188	87.547
材料	031301009	低碳钢焊条 J427（综合）	kg	8.000	9.000	10.000	12.000	14.000
	142909001	氧气	m^3	9.000	10.500	12.003	15.100	18.200
	142907002	乙炔气	kg	3.462	4.038	4.617	5.808	7.000
	020112007	无石棉橡胶板 高压 δ1～6	kg	3.120	6.000	6.000	8.400	8.400
	850103006	其他材料费（占材料费）	%	5.000	5.000	5.000	5.000	5.000
机械	990901020	交流弧焊机 32kV·A	台班	1.530	1.805	2.080	2.767	3.237
	991003050	电动空气压缩机 6m³/min	台班	4.046	—	—	—	—
	991003060	电动空气压缩机 9m³/min	台班	2.695	4.055	5.414	8.011	10.520
	991003080	电动空气压缩机 20m³/min	台班	—	1.829	2.444	3.641	4.855

工作内容： 试压泵、压力表、盲板的安装、拆除、充气打压、稳压检查、卸压、整理记录等。

计量单位：台

编号				3-4-159	3-4-160	3-4-161	3-4-162
项目				1.6MPa（16kg/cm²）			
				容量（m³以内）			
				5000	6000	8000	10000
名称			单位	消耗量			
人工	000203000	综合二类工	工日	105.907	124.266	151.805	193.117
材料	031301009	低碳钢焊条 J427（综合）	kg	16.000	18.000	21.000	25.500
	142909001	氧气	m³	21.300	24.400	28.600	32.800
	142907002	乙炔气	kg	8.192	9.385	11.000	12.615
	020112007	无石棉橡胶板 高压 δ1～6	kg	10.800	10.800	11.200	11.200
	850103006	其他材料费（占材料费）	%	5.000	5.000	5.000	5.000
机械	990901020	交流弧焊机 32kV·A	台班	3.699	4.159	4.855	5.900
	991003060	电动空气压缩机 9m³/min	台班	13.109	15.860	21.039	26.704
	991003080	电动空气压缩机 20m³/min	台班	6.069	7.364	9.710	12.138

工作内容： 试压泵、压力表、盲板的安装、拆除、充气打压、稳压检查、卸压、整理记录等。

计量单位：台

编号				3-4-163	3-4-164	3-4-165	3-4-166	3-4-167
项目				2.5MPa（25kg/cm²）				
				容量（m³以内）				
				50	120	200	400	650
名称			单位	消耗量				
人工	000203000	综合二类工	工日	2.848	6.838	11.397	22.808	37.068
材料	031301009	低碳钢焊条 J427（综合）	kg	2.000	2.500	3.500	6.000	8.000
	142909001	氧气	m³	3.000	4.000	5.000	7.000	8.011
	142907002	乙炔气	kg	1.154	1.538	1.923	2.692	3.081
	020112007	无石棉橡胶板 高压 δ1～6	kg	2.880	2.880	2.910	2.910	3.120
	850103006	其他材料费（占材料费）	%	5.000	5.000	5.000	5.000	5.000
机械	990901020	交流弧焊机 32kV·A	台班	0.264	0.365	0.721	1.497	1.537
	991003050	电动空气压缩机 6m³/min	台班	0.348	0.858	1.457	3.059	4.621
	991003060	电动空气压缩机 9m³/min	台班	0.146	0.324	0.543	1.077	1.764

工作内容：试压泵、压力表、盲板的安装、拆除、充气打压、稳压检查、卸压、整理记录等。

计量单位：台

编号				3-4-168	3-4-169	3-4-170	3-4-171	3-4-172
项目				2.5MPa（$25kg/cm^2$）				
				容量（m^3以内）				
				1000	1500	2000	3000	4000
名称			单位	消耗量				
人工	000203000	综合二类工	工日	57.041	78.879	105.215	129.306	153.395
材料	031301009	低碳钢焊条 J427（综合）	kg	9.500	11.500	14.000	20.000	23.330
	142909001	氧气	m^3	9.000	10.500	12.003	15.100	18.200
	142907002	乙炔气	kg	3.462	4.038	4.617	5.808	7.000
	020112007	无石棉橡胶板 高压 δ1～6	kg	3.120	6.000	6.000	8.400	8.400
	850103006	其他材料费（占材料费）	%	5.000	5.000	5.000	5.000	5.000
机械	990901020	交流弧焊机 32kV·A	台班	1.805	2.460	3.172	4.621	5.398
	991003050	电动空气压缩机 $6m^3/min$	台班	4.105	—	—	—	—
	991003060	电动空气压缩机 $9m^3/min$	台班	2.695	7.113	9.476	9.710	10.520
	991003080	电动空气压缩机 $20m^3/min$	台班	1.829	2.444	2.444	3.828	5.098

工作内容：试压泵、压力表、盲板的安装、拆除、充气打压、稳压检查、卸压、整理记录等。

计量单位：台

编号				3-4-173	3-4-174	3-4-175	3-4-176
项目				2.5MPa（$25kg/cm^2$）			
				容量（m^3以内）			
				5000	6000	8000	10000
名称			单位	消耗量			
人工	000203000	综合二类工	工日	177.486	201.575	237.712	273.849
材料	031301009	低碳钢焊条 J427（综合）	kg	26.670	30.000	35.000	42.500
	142909001	氧气	m^3	21.300	24.400	28.600	32.800
	142907002	乙炔气	kg	8.192	9.385	11.000	12.615
	020112007	无石棉橡胶板 高压 δ1～6	kg	10.800	10.800	11.200	11.200
	850103006	其他材料费（占材料费）	%	5.000	5.000	5.000	5.000
机械	990901020	交流弧焊机 32kV·A	台班	6.166	6.935	8.092	9.824
	991003060	电动空气压缩机 $9m^3/min$	台班	13.109	15.860	21.039	26.704
	991003080	电动空气压缩机 $20m^3/min$	台班	6.376	7.728	10.196	12.745

工作内容： 试压泵、压力表、盲板的安装、拆除、充气打压、稳压检查、卸压、整理记录等。

计量单位：台

编号				3-4-177	3-4-178	3-4-179	3-4-180	3-4-181
项目				4MPa（$40kg/cm^2$）				
				容量（m^3以内）				
				50	120	200	400	650
名称			单位	消耗量				
人工	000203000	综合二类工	工日	4.479	10.761	17.932	35.909	58.373
材料	031301009	低碳钢焊条 J427（综合）	kg	2.500	3.000	4.000	7.000	10.000
	142909001	氧气	m^3	3.000	4.000	5.000	7.000	8.011
	142907002	乙炔气	kg	1.154	1.538	1.923	2.692	3.081
	020112007	无石棉橡胶板 高压 δ1～6	kg	2.880	2.880	2.910	2.910	3.120
	850103006	其他材料费（占材料费）	%	5.000	5.000	5.000	5.000	5.000
机械	990901020	交流弧焊机 32kV·A	台班	0.365	0.575	0.834	1.165	2.080
	991003050	电动空气压缩机 $6m^3/min$	台班	0.761	1.829	3.051	6.101	10.325
	991003060	电动空气压缩机 $9m^3/min$	台班	0.170	0.405	0.680	1.359	2.201

工作内容： 试压泵、压力表、盲板的安装、拆除、充气打压、稳压检查、卸压、整理记录等。

计量单位：台

编号				3-4-182	3-4-183	3-4-184	3-4-185	3-4-186
项目				4MPa（$40kg/cm^2$）				
				容量（m^3以内）				
				1000	1500	2000	3000	4000
名称			单位	消耗量				
人工	000203000	综合二类工	工日	89.844	121.389	161.959	193.931	227.026
材料	031301009	低碳钢焊条 J427（综合）	kg	13.000	16.000	20.000	29.000	33.830
	142909001	氧气	m^3	9.000	10.500	12.003	15.100	18.200
	142907002	乙炔气	kg	3.462	4.038	4.617	5.808	7.000
	020112007	无石棉橡胶板 高压 δ1～6	kg	3.120	6.000	6.000	8.400	8.400
	850103006	其他材料费（占材料费）	%	5.000	5.000	5.000	5.000	5.000
机械	990901020	交流弧焊机 32kV·A	台班	2.816	3.488	4.240	6.175	7.202
	991003050	电动空气压缩机 $6m^3/min$	台班	15.270	—	—	—	—
	991003060	电动空气压缩机 $9m^3/min$	台班	3.391	7.745	10.319	9.613	12.624
	991003080	电动空气压缩机 $20m^3/min$	台班	—	3.228	3.228	4.596	5.513

工作内容： 试压泵、压力表、盲板的安装、拆除、充气打压、稳压检查、卸压、整理记录等。

计量单位：台

编号				3-4-187	3-4-188	3-4-189	3-4-190
项目				4MPa（$40kg/cm^2$）			
				容量（m^3以内）			
				5000	6000	8000	10000
名称			单位	消耗量			
人工	000203000	综合二类工	工日	259.128	290.270	337.550	383.388
材料	031301009	低碳钢焊条 J427（综合）	kg	38.670	43.500	50.750	61.630
	142909001	氧气	m^3	21.300	24.400	28.600	32.800
	142907002	乙炔气	kg	8.192	9.385	11.000	12.615
	020112007	无石棉橡胶板 高压 δ1～6	kg	10.800	10.800	11.200	11.200
	850103006	其他材料费（占材料费）	%	5.000	5.000	5.000	5.000
机械	990901020	交流弧焊机 32kV·A	台班	8.238	9.266	10.811	13.125
	991003060	电动空气压缩机 $9m^3/min$	台班	15.731	19.057	25.247	30.710
	991003080	电动空气压缩机 $20m^3/min$	台班	7.655	9.273	12.235	14.655

四、球形罐焊接防护棚制作、安装、拆除

1. 金属防护棚

工作内容： 材料运输、挂拆铁皮、清理、堆放等。

计量单位：台

编号				3-4-191	3-4-192	3-4-193	3-4-194	3-4-195
项目				容量（m^3以内）				
				50	120	200	400	650
名称			单位	消耗量				
人工	000203000	综合二类工	工日	25.700	34.555	41.771	57.698	77.255
材料	170201062	无缝钢管 *D*57～219	kg	173.210	228.700	271.500	374.000	457.400
	012907002	镀锌钢板（综合）	kg	432.768	633.664	783.453	1155.966	1469.857
	031507007	镀锌铁丝（综合）	kg	13.650	19.100	24.100	33.800	43.550
	850103006	其他材料费（占材料费）	%	5.000	5.000	5.000	5.000	5.000
机械	990304016	汽车式起重机 16t	台班	0.320	0.449	0.566	0.793	1.125
	990401030	载重汽车 8t	台班	0.041	0.041	0.041	0.041	0.041

工作内容：材料运输、挂拆铁皮、清理、堆放等。 **计量单位：**台

编号				3-4-196	3-4-197	3-4-198	3-4-199	3-4-200
项目				容量（m³以内）				
				1000	1500	2000	3000	4000
名称			单位	消耗量				
人工	000203000	综合二类工	工日	89.094	131.985	152.163	175.952	219.755
材料	170201062	无缝钢管 *D*57～219	kg	553.300	682.000	793.300	951.600	1141.920
	012907002	镀锌钢板（综合）	kg	1853.546	2343.171	2780.907	3508.156	4119.992
	031507007	镀锌铁丝（综合）	kg	54.150	66.150	78.250	96.900	114.300
	850103006	其他材料费（占材料费）	%	5.000	5.000	5.000	5.000	5.000
机械	990304016	汽车式起重机 16t	台班	1.396	—	—	—	—
	990401030	载重汽车 8t	台班	0.041	0.041	0.081	0.081	0.081
	990304028	汽车式起重机 30t	台班	—	1.861	2.205	2.727	3.488

工作内容：材料运输、挂拆铁皮、清理、堆放等。 **计量单位：**台

编号				3-4-201	3-4-202	3-4-203	3-4-204
项目				容量（m³以内）			
				5000	6000	8000	10000
名称			单位	消耗量			
人工	000203000	综合二类工	工日	246.282	275.807	311.397	349.114
材料	170201062	无缝钢管 *D*57～219	kg	1370.300	1644.360	1973.240	2367.890
	012907002	镀锌钢板（综合）	kg	4677.193	5249.948	6192.340	7125.583
	031507007	镀锌铁丝（综合）	kg	124.950	141.950	166.450	190.500
	850103006	其他材料费（占材料费）	%	5.000	5.000	5.000	5.000
机械	990304028	汽车式起重机 30t	台班	3.812	4.330	5.078	6.037
	990401030	载重汽车 8t	台班	0.081	0.081	0.081	0.081

2. 防火篷布防护棚

工作内容：材料运输、挂拆防火篷布、清理、堆放等。 **计量单位：**台

编号				3-4-205	3-4-206	3-4-207	3-4-208	3-4-209
项目				容量（m³ 以内）				
				50	120	200	400	650
名称			单位	消耗量				
人工	000203000	综合二类工	工日	11.045	14.852	17.830	24.618	32.073
材料	020905003	篷布	m^2	104.018	152.305	188.308	277.843	353.289
	170201062	无缝钢管 $D57\sim219$	kg	171.500	228.800	271.500	374.050	456.090
	031507007	镀锌铁丝（综合）	kg	13.650	19.100	24.100	33.800	43.550
	850103006	其他材料费（占材料费）	%	5.000	5.000	5.000	5.000	5.000
机械	990304016	汽车式起重机 16t	台班	0.080	0.111	0.141	0.197	0.279
	990401030	载重汽车 8t	台班	0.025	0.025	0.025	0.025	0.025

工作内容：材料运输、挂拆防火篷布、清理、堆放等。 **计量单位：**台

编号				3-4-210	3-4-211	3-4-212	3-4-213	3-4-214
项目				容量（m³ 以内）				
				1000	1500	2000	3000	4000
名称			单位	消耗量				
人工	000203000	综合二类工	工日	40.337	54.650	63.847	78.840	95.095
材料	020905003	篷布	m^2	445.510	563.195	668.407	843.205	990.264
	170201062	无缝钢管 $D57\sim219$	kg	553.300	682.000	794.000	952.800	1124.300
	031507007	镀锌铁丝（综合）	kg	54.150	66.150	78.250	96.900	114.300
	850103006	其他材料费（占材料费）	%	5.000	5.000	5.000	5.000	5.000
机械	990304016	汽车式起重机 16t	台班	0.347	—	—	—	—
	990304028	汽车式起重机 30t	台班	—	0.464	0.645	0.797	1.020
	990401030	载重汽车 8t	台班	0.025	0.049	0.057	0.057	0.057

工作内容：材料运输、挂拆防火篷布、清理、堆放等。 计量单位：台

编号				3-4-215	3-4-216	3-4-217	3-4-218
项目				容量（m^3以内）			
				5000	6000	8000	10000
名称			单位	消耗量			
人工	000203000	综合二类工	工日	104.940	117.545	138.168	164.589
材料	020905003	篷布	m^2	1124.190	1261.855	1488.364	1712.675
	170201062	无缝钢管 $D57\sim219$	kg	1292.950	1554.000	1864.800	2237.760
	031507007	镀锌铁丝（综合）	kg	124.950	141.950	166.450	190.500
	850103006	其他材料费（占材料费）	%	5.000	5.000	5.000	5.000
机械	990304028	汽车式起重机 30t	台班	1.114	1.265	1.482	1.762
	990401030	载重汽车 8t	台班	0.057	0.057	0.057	0.057

第五章

气柜制作安装

说　明

一、本章内容包括直升式气柜、螺旋式气柜及干式气柜制作安装工程。

二、本章包括气柜制作安装、胎具制作安装与拆除及气柜充水、气密、快速升降试验。

三、本章不包括以下工作内容：

1. 导轮、法兰及特种螺栓、配重块的制作和加工。
2. 无损探伤检测。
3. 除锈、刷油、防腐。
4. 基础工程及荷载预压试验。
5. 防雷接地。
6. 组装平台的铺设与拆除。

四、有关说明：

1. 胎具主材已将回收值从项目内扣除。
2. 实际采用的施工方法不同时，除另有规定外，不得调整。

工程量计算规则

一、气柜制作安装，应根据气柜的结构形式和不同容积，按设计排版图（如无设计排版图时可按经过批准的下料配板图）所示几何尺寸计算，不扣除孔洞和切角面积所占重量，以“t”为计量单位。

二、螺旋式气柜、直升式气柜计算重量时应包括气柜本体结构（底板、水槽壁、中节、钟罩、轨道、导轮、法兰）、放散装置、人孔、接管、加强板、平台、梯子、栏杆等全部金属重量，不含配重块重量。低压干式气柜计算重量时应包括气柜本体结构、放散装置、人孔、接管、加强板、平台、梯子、栏杆等全部金属重量，不含配重块重量。

三、配重块安装中混凝土预制块按实有体积以“m^3”为计量单位，铸铁块按实际重量以“t”为计量单位。若实际采用的配重块不同时，可按实换算配重块的主材费，但其余不得调整。

四、气柜组装胎具制作安装与拆除，按气柜结构形式和不同容积，以“座”为计量单位。

五、螺旋式气柜轨道煨弯胎具制作，按不同容积以“套”为计量单位。本项目是以单套胎具考虑的，如根据施工图需要制作多套胎具时，其工程量按公式：$1+0.6(N-1)$计算（N为胎具的套数）。

六、气柜型钢煨弯胎具制作，按不同容积以“套”为计量单位。本项目是以单套胎具考虑的，如根据施工图需要制作多套胎具时，其工程量按公式：$1+0.4(N-1)$计算（N为胎具的套数）。

七、气柜充水、气密、快速升降试验，按气柜结构形式和不同容积，以“座”为计量单位，并包括临时水管线的敷设、拆除和材料摊销量。

一、气柜制作、安装

1. 螺旋式气柜制作、安装

工作内容： 型钢调直、平板、摆料、放样号料、剪切、坡口、冷热成型、组对、焊接、成品矫正、本体附件梯子、平台、栏杆制作、安装等。

计量单位： t

编号				3-5-1	3-5-2	3-5-3	3-5-4
项目				湿式气柜容量（m^3 以内）			
				1000	2500	5000	10000
名称			单位	消耗量			
人工	000203000	综合二类工	工日	18.878	18.198	17.074	15.743
材料	010100001	钢材	t	（1.128）	（1.128）	（1.128）	（1.128）
	031301009	低碳钢焊条 J427（综合）	kg	29.564	29.089	27.512	25.232
	031303006	碳钢 CO_2 焊丝	kg	0.893	0.827	0.770	0.722
	142909001	氧气	m^3	15.099	15.014	14.811	13.848
	142907002	乙炔气	kg	5.807	5.775	5.697	5.326
	142919001	二氧化碳气体	m^3	0.473	0.438	0.408	0.383
	031101010	尼龙砂轮片 $\phi150$	片	3.800	3.762	3.743	3.715
	031101016	薄砂轮片 500×25×4	片	0.931	0.912	0.912	0.893
	022305004	碳精棒 $\phi8\sim12$	根	3.325	3.040	2.945	2.850
	050105001	道木（综合）	m^3	0.010	0.010	0.010	0.010
	850103006	其他材料费（占材料费）	%	3.000	3.000	3.000	3.000
机械	990901020	交流弧焊机 32kV·A	台班	6.511	6.226	5.872	5.445
	990913010	二氧化碳气体 保护焊机 250A	台班	0.187	0.169	0.151	0.134
	990919040	电焊条烘干箱 80×80×100cm^3	台班	0.651	0.622	0.587	0.544
	990920010	电焊条恒温箱	台班	0.651	0.622	0.587	0.544
	990744010	半自动切割机 100mm	台班	0.862	0.826	0.791	0.782
	990785040	砂轮切割机 $\phi500$	台班	0.249	0.223	0.195	0.178
	990732035	剪板机 20×2500mm	台班	0.071	0.071	0.071	0.071
	990734015	卷板机 20×2500mm	台班	0.160	0.142	0.124	0.107
	990734040	卷板机 40×3500mm	台班	0.036	0.036	0.036	0.036
	990736020	刨边机 12000mm	台班	0.045	0.045	0.045	0.045
	990761010	摩擦压力机 1600kN	台班	0.063	0.053	0.045	0.036
	990728030	摇臂钻床 63mm	台班	0.107	0.098	0.080	0.071
	990304016	汽车式起重机 16t	台班	0.382	0.338	0.285	0.267
	990304012	汽车式起重机 12t	台班	0.134	0.124	0.116	0.098
	990304036	汽车式起重机 40t	台班	0.062	0.062	0.062	0.062
	990302015	履带式起重机 15t	台班	0.320	0.284	0.223	0.187
	990401020	载重汽车 5t	台班	0.177	0.171	0.166	0.161
	990401040	载重汽车 12t	台班	0.160	0.142	0.116	0.107
	990808010	真空泵 204m^3/h	台班	0.009	0.009	0.009	0.009
	991201010	轴流通风机 7.5kW	台班	0.338	0.302	0.276	0.240
	991003060	电动空气压缩机 9m^3/min	台班	0.355	0.338	0.320	0.294

工作内容：型钢调直、平板、摆料、放样号料、剪切、坡口、冷热成型、组对、焊接、成品矫正、本体附件梯子、平台、栏杆制作、安装等。 计量单位：t

编号				3-5-5	3-5-6	3-5-7	3-5-8
项目				湿式气柜容量（m^3以内）			
				20000	30000	50000	100000
名称			单位	消耗量			
人工	000203000	综合二类工	工日	14.425	13.441	12.438	11.130
材料	010100001	钢材	t	（1.128）	（1.128）	（1.128）	（1.128）
	031301009	低碳钢焊条 J427（综合）	kg	24.186	23.250	22.004	19.935
	031303006	碳钢 CO_2 焊丝	kg	0.677	0.623	0.573	0.504
	142909001	氧气	m^3	13.544	13.093	12.070	11.151
	142907002	乙炔气	kg	5.209	5.036	4.642	4.289
	142919001	二氧化碳气体	m^3	0.359	0.330	0.304	0.267
	031101010	尼龙砂轮片 ϕ150	片	3.657	3.571	3.431	3.231
	031101016	薄砂轮片 500×25×4	片	0.884	0.865	0.837	0.810
	022305004	碳精棒 ϕ8～12	根	2.820	2.604	2.457	2.340
	050105001	道木（综合）	m^3	0.009	0.009	0.009	0.009
	850103006	其他材料费（占材料费）	%	3.000	3.000	3.000	3.000
机械	990901020	交流弧焊机 32kV·A	台班	4.992	4.669	4.356	3.896
	990913010	二氧化碳气体保护焊机 250A	台班	0.114	0.113	0.102	0.093
	990919040	电焊条烘干箱 80×80×100cm^3	台班	0.500	0.467	0.435	0.390
	990920010	电焊条恒温箱	台班	0.500	0.467	0.435	0.390
	990744010	半自动切割机 100mm	台班	0.659	0.600	0.553	0.496
	990785040	砂轮切割机 ϕ500	台班	0.158	0.148	0.136	0.126
	990732035	剪板机 20×2500mm	台班	0.070	0.069	0.068	0.067
	990734015	卷板机 20×2500mm	台班	0.088	0.087	0.077	0.067
	990734040	卷板机 40×3500mm	台班	0.036	0.035	0.034	0.034
	990736020	刨边机 12000mm	台班	0.044	0.044	0.043	0.043
	990761010	摩擦压力机 1600kN	台班	0.036	0.035	0.034	0.025
	990728030	摇臂钻床 63mm	台班	0.070	0.061	0.060	0.042
	990304016	汽车式起重机 16t	台班	0.264	0.261	0.256	0.244
	990304012	汽车式起重机 12t	台班	0.096	0.095	0.085	0.084
	990304036	汽车式起重机 40t	台班	0.062	0.062	0.062	0.062
	990302015	履带式起重机 15t	台班	0.184	0.165	0.153	0.143
	990401020	载重汽车 5t	台班	0.158	0.156	0.145	0.143
	990401040	载重汽车 12t	台班	0.096	0.095	0.085	0.084
	990808010	真空泵 204m^3/h	台班	0.008	0.008	0.008	0.008
	991201010	轴流通风机 7.5kW	台班	0.220	0.218	0.204	0.194
	991003060	电动空气压缩机 9m^3/min	台班	0.272	0.252	0.230	0.202

2. 低压干式气柜制作、安装

工作内容： 施工准备、来料验收、调平调直、平板、放样号料、切割、剪切、开坡口、冷热成型、吊装、组对成型、焊接、矫正、放散装置安装、调整、配合检查验收，本体附件梯子、平台、栏杆制作、安装等。　　**计量单位：** t

编号				3-5-9	3-5-10	3-5-11
项目				气柜容量（m^3 以内）		
				20000	30000	50000
名称			单位	消耗量		
人工	000203000	综合二类工	工日	12.440	11.813	11.215
材料	010100001	钢材	t	（1.130）	（1.130）	（1.130）
	050105001	道木（综合）	m^3	0.014	0.013	0.012
	050301004	木板（综合）	m^3	0.011	0.011	0.010
	142909001	氧气	m^3	17.500	17.133	16.413
	142907002	乙炔气	kg	6.731	6.590	6.313
	031101010	尼龙砂轮片 ϕ150	片	4.930	4.810	4.620
	031101016	薄砂轮片 500×25×4	片	0.960	0.930	0.910
	010501001	钢丝绳 ϕ14.1～15	kg	0.410	0.407	0.405
	022305004	碳精棒 ϕ8～12	根	3.000	2.800	2.600
	031301009	低碳钢焊条 J427（综合）	kg	32.140	31.250	30.720
	850103006	其他材料费（占材料费）	%	3.000	3.000	3.000
机械	990304016	汽车式起重机 16t	台班	0.047	0.047	0.041
	990304040	汽车式起重机 50t	台班	0.065	0.059	0.052
	990304064	汽车式起重机 100t	台班	0.009	0.009	0.008
	990401035	载重汽车 10t	台班	0.047	0.047	0.040
	990403020	平板拖车组 20t	台班	0.039	0.037	0.035
	990509030	电动葫芦单速 5t	台班	0.061	0.061	0.058
	990728030	摇臂钻床 63mm	台班	0.093	0.084	0.075
	990732035	剪板机 20×2500mm	台班	0.075	0.071	0.068
	990734025	卷板机 30×2000mm	台班	0.144	0.144	0.140
	990744010	半自动切割机 100mm	台班	0.636	0.524	0.467
	990902020	硅整流弧焊机 20kV·A	台班	4.198	3.833	3.665
	991003070	电动空气压缩机 10m^3/min	台班	0.234	0.229	0.224
	990808010	真空泵 204m^3/h	台班	0.252	0.243	0.237
	991201010	轴流通风机 7.5kW	台班	0.187	0.187	0.182
	990920010	电焊条恒温箱	台班	0.421	0.383	0.365
	990919040	电焊条烘干箱 80×80×100cm^3	台班	0.421	0.383	0.365

3. 直升式气柜制作、安装

工作内容：型钢调直、平板、摆料、放样号料、剪切、坡口、冷热成型、组对、焊接、成品矫正、本体附件梯子、平台、栏杆制作、安装等。 计量单位：t

编号				3-5-12	3-5-13	3-5-14	3-5-15	3-5-16
项目				气柜容量（m^3 以内）				
				100	200	400	600	1000
	名称		单位	消耗量				
人工	000203000	综合二类工	工日	19.802	19.363	18.914	18.085	16.578
材料	010100001	钢材	t	（1.100）	（1.100）	（1.100）	（1.100）	（1.100）
	031301009	低碳钢焊条 J427（综合）	kg	29.844	29.241	27.792	26.568	24.345
	142909001	氧气	m^3	13.292	12.982	12.655	12.123	11.062
	142907002	乙炔气	kg	5.112	4.993	4.867	4.663	4.255
	031101010	尼龙砂轮片 ϕ150	片	3.321	3.231	3.141	3.107	3.078
	031101016	薄砂轮片 500×25×4	片	1.071	1.008	0.954	0.909	0.873
	022305004	碳精棒 ϕ8～12	根	6.210	6.030	5.850	5.580	5.130
	050105001	道木（综合）	m^3	0.027	0.027	0.027	0.018	0.018
	050301004	木板（综合）	m^3	0.009	0.009	0.009	0.009	0.009
	341111001	木柴	kg	3.150	3.150	3.150	2.700	2.700
	341109001	焦炭	kg	31.500	31.500	31.500	27.000	27.000
	850103006	其他材料费（占材料费）	%	3.000	3.000	3.000	3.000	3.000
机械	990901020	交流弧焊机 32kV·A	台班	6.765	6.597	6.420	6.142	5.638
	990919040	电焊条烘干箱 80×80×100cm^3	台班	0.757	0.737	0.715	0.685	0.628
	990920010	电焊条恒温箱	台班	0.757	0.737	0.715	0.685	0.628
	990785040	砂轮切割机 ϕ500	台班	0.294	0.261	0.261	0.244	0.219
	990744010	半自动切割机 100mm	台班	0.875	0.858	0.833	0.799	0.732
	990732035	剪板机 20×2500mm	台班	0.042	0.042	0.042	0.034	0.034
	990734015	卷板机 20×2500mm	台班	0.135	0.126	0.126	0.118	0.109
	990308020	桥式起重机 15t	台班	0.042	0.042	0.042	0.034	0.034
	990736020	刨边机 12000mm	台班	0.122	0.115	0.115	0.107	0.100
	990761010	摩擦压力机 1600kN	台班	0.084	0.076	0.076	0.076	0.067
	990728030	摇臂钻床 63mm	台班	0.109	0.109	0.109	0.101	0.093
	990304016	汽车式起重机 16t	台班	0.160	0.152	0.152	0.143	0.135
	990304012	汽车式起重机 12t	台班	0.084	0.084	0.084	0.076	0.067
	990302015	履带式起重机 15t	台班	0.724	0.707	0.690	0.656	0.606
	990401020	载重汽车 5t	台班	0.160	0.151	0.151	0.143	0.135
	990401040	载重汽车 12t	台班	0.236	0.227	0.219	0.210	0.194
	990808010	真空泵 204m^3/h	台班	0.008	0.008	0.008	0.008	0.008
	991003050	电动空气压缩机 6m^3/min	台班	0.362	0.353	0.345	0.328	0.303

4. 配重块安装

工作内容： 吊装、就位、固定等。 **计量单位：** 见表

编号				3-5-17	3-5-18
项目				砼预制块	铸铁块
单位				m^3	t
名称			单位	消耗量	
人工	000203000	综合二类工	工日	0.200	0.163
材料	041501008	混凝土预制块（综合）	m^3	（1.030）	—
	330599001	铸铁块	t	—	（1.000）
	012101004	角钢 63 以外	kg	52.000	39.500
	142909001	氧气	m^3	0.375	0.294
	142907002	乙炔气	kg	0.144	0.113
	031301009	低碳钢焊条 J427（综合）	kg	2.200	1.880
	850103006	其他材料费（占材料费）	%	5.000	5.000
机械	990401020	载重汽车 5t	台班	0.103	0.080
	990304016	汽车式起重机 16t	台班	0.084	0.065
	990901020	交流弧焊机 32kV·A	台班	0.421	0.346

5. 密封装置制作、安装

工作内容： 施工准备、密封帘吊入柜内、开箱检查、展开、密封角型钢清扫、抹密封胶泥、安装铁压条、密封帘安装、配合检查验收等。 **计量单位：** 套

编号				3-5-19	3-5-20	3-5-21
项目				干式气柜容量（m^3以内）		
				20000	30000	50000
名称			单位	消耗量		
人工	000203000	综合二类工	工日	147.801	174.229	224.893
材料	020905003	篷布	m^2	320.800	367.902	478.273
	050301004	木板（综合）	m^3	1.180	1.430	1.860
	850103006	其他材料费（占材料费）	%	5.000	5.000	5.000
机械	990304016	汽车式起重机 16t	台班	1.683	2.019	2.618
	990304064	汽车式起重机 100t	台班	2.216	2.739	3.553
	990401035	载重汽车 10t	台班	1.683	2.019	2.618
	991003070	电动空气压缩机 $10m^3/min$	台班	5.610	6.778	8.414

二、胎具制作、安装与拆除

1. 直升式气柜组装胎具制作

工作内容： 调直、摆料、放样号料、切割、成型、组对、焊接、矫正、打磨等。 **计量单位：** 座

编号				3-5-22	3-5-23	3-5-24	3-5-25	3-5-26
项目				气柜容量（m^3以内）				
				100	200	400	600	1000
名称			单位	消耗量				
人工	000203000	综合二类工	工日	10.449	13.854	19.854	26.597	37.653
材料	012900016	钢板 δ4～16	kg	62.000	88.000	148.000	256.000	331.000
	012101002	角钢 50×5以外	kg	163.000	233.000	302.000	370.000	750.000
	011901007	槽钢 14#～20#	kg	466.000	666.000	1131.000	1467.000	2037.000
	010901004	圆钢 ϕ37 以内	kg	68.000	97.000	125.000	190.000	209.000
	170201062	无缝钢管 D57～219	kg	64.000	91.000	118.000	267.000	447.000
	031301009	低碳钢焊条 J427（综合）	kg	24.690	34.080	51.070	68.850	98.120
	142909001	氧气	m^3	13.174	18.213	27.360	35.700	50.949
	142907002	乙炔气	kg	5.067	7.005	10.523	13.731	19.596
	031101010	尼龙砂轮片 ϕ150	片	2.900	3.900	5.800	7.500	10.400
	850103006	其他材料费（占材料费）	%	3.000	3.000	3.000	3.000	3.000
机械	990901020	交流弧焊机 32kV·A	台班	5.133	6.638	9.546	12.621	17.305
	990919040	电焊条烘干箱 80×80×100cm^3	台班	0.513	0.664	0.955	1.262	1.731
	990920010	电焊条恒温箱	台班	0.513	0.664	0.955	1.262	1.731
	990304016	汽车式起重机 16t	台班	1.187	1.617	2.440	3.263	4.703
	990401020	载重汽车 5t	台班	1.066	1.458	2.197	2.936	4.235
	990728030	摇臂钻床 63mm	台班	1.683	1.870	2.150	2.337	2.524

2. 直升式气柜组装胎具安装、拆除

工作内容：组装、焊接、紧固螺栓、切割、拆除等。　　**计量单位：**座

编　号				3-5-27	3-5-28	3-5-29	3-5-30	3-5-31
项　目				气柜容量（m^3以内）				
				100	200	400	600	1000
名　称			单位	消　耗　量				
人工	000203000	综合二类工	工日	8.957	12.258	18.199	23.830	32.520
材料	031301009	低碳钢焊条 J427（综合）	kg	6.570	7.240	8.880	11.790	16.590
	142909001	氧气	m^3	6.582	9.174	13.887	18.360	26.421
	142907002	乙炔气	kg	2.532	3.528	5.341	7.062	10.162
	850103006	其他材料费（占材料费）	%	3.000	3.000	3.000	3.000	3.000
机械	990901020	交流弧焊机 32kV·A	台班	2.066	2.421	2.823	3.805	5.423
	990919040	电焊条烘干箱 80×80×100cm^3	台班	0.207	0.242	0.283	0.381	0.542
	990920010	电焊条恒温箱	台班	0.207	0.242	0.283	0.381	0.542
	990304016	汽车式起重机 16t	台班	1.384	1.954	3.001	4.058	5.927
	990401020	载重汽车 5t	台班	1.795	2.543	3.899	5.273	7.704

3. 螺旋式气柜组装胎具制作

工作内容：调直、摆料、放样号料、切割、剪切、卷弧、钻孔、成型、组对、焊接、矫正等。　　**计量单位：**座

编　号				3-5-32	3-5-33	3-5-34	3-5-35
项　目				湿式气柜容量（m^3以内）			
				1000	2500	5000	10000
名　称			单位	消　耗　量			
人工	000203000	综合二类工	工日	30.597	52.423	66.481	96.367
材料	012900016	钢板 δ4～16	kg	847.000	1830.000	2192.000	2440.000
	012101002	角钢 50×5 以外	kg	438.000	876.000	1198.000	1600.000
	011901007	槽钢 14#～20#	kg	1409.000	1742.000	1870.000	2076.000
	170201062	无缝钢管 D57～219	kg	617.000	1120.000	1128.000	1437.000
	031301009	低碳钢焊条 J427（综合）	kg	82.780	136.420	153.340	177.000
	142909001	氧气	m^3	43.932	66.282	73.239	105.162
	142907002	乙炔气	kg	16.897	25.493	28.169	40.447
	031101010	尼龙砂轮片 φ150	片	9.100	15.200	20.100	23.700
	850103006	其他材料费（占材料费）	%	3.000	3.000	3.000	3.000
机械	990901020	交流弧焊机 32kV·A	台班	14.538	26.916	29.674	36.621
	990304016	汽车式起重机 16t	台班	3.871	6.507	8.536	10.088
	990401020	载重汽车 5t	台班	3.487	5.853	7.685	9.078
	990728030	摇臂钻床 63mm	台班	2.431	2.618	3.366	4.114

工作内容：调直、摆料、放样号料、切割、剪切、卷弧、钻孔、成型、组对、焊接、矫正等。

计量单位：座

编号				3-5-36	3-5-37	3-5-38	3-5-39
项目				湿式气柜容量（m^3以内）			
				20000	30000	50000	100000
名称			单位	消耗量			
人工	000203000	综合二类工	工日	117.562	156.142	216.927	332.258
材料	012900016	钢板 δ4～16	kg	2451.000	3081.000	3786.000	3870.000
	012101002	角钢 50×5 以外	kg	1628.000	1693.000	2146.000	2618.000
	011901007	槽钢 $14^{\#}$～$20^{\#}$	kg	2691.000	3760.000	4574.000	5418.000
	170201062	无缝钢管 $D57$～219	kg	1705.000	2412.000	3396.000	6695.000
	031301009	低碳钢焊条 J427（综合）	kg	194.000	246.290	305.840	399.920
	142909001	氧气	m^3	126.703	144.183	168.990	279.921
	142907002	乙炔气	kg	48.732	55.455	64.996	107.662
	031101010	尼龙砂轮片 ϕ150	片	28.700	34.400	39.700	51.200
	850103006	其他材料费（占材料费）	%	3.000	3.000	3.000	3.000
机械	990901020	交流弧焊机 32kV·A	台班	41.127	48.036	50.149	64.463
	990304016	汽车式起重机 16t	台班	12.191	14.622	16.866	21.737
	990401020	载重汽车 5t	台班	10.976	13.164	15.183	19.568
	990728030	摇臂钻床 63mm	台班	4.862	5.983	6.731	8.601

4. 螺旋式气柜组装胎具安装、拆除

工作内容：组装、焊接、紧固螺栓、切割、拆除、清理现场、材料堆放等。

计量单位：座

编号				3-5-40	3-5-41	3-5-42	3-5-43
项目				湿式气柜容量（m^3以内）			
				1000	2500	5000	10000
名称			单位	消耗量			
人工	000203000	综合二类工	工日	28.950	37.825	49.638	71.587
材料	031301009	低碳钢焊条 J427（综合）	kg	6.650	9.450	13.600	15.200
	142909001	氧气	m^3	23.181	38.427	43.449	50.610
	142907002	乙炔气	kg	8.916	14.780	16.711	19.465
	850103006	其他材料费（占材料费）	%	3.000	3.000	3.000	3.000
机械	990901020	交流弧焊机 32kV·A	台班	3.431	4.908	7.105	7.900
	990919040	电焊条烘干箱 80×80×100cm^3	台班	0.344	0.491	0.711	0.791
	990920010	电焊条恒温箱	台班	0.344	0.491	0.711	0.791
	990304016	汽车式起重机 16t	台班	0.776	1.300	1.711	2.019
	990401020	载重汽车 5t	台班	1.010	1.692	2.225	2.627

工作内容：组装、焊接、紧固螺栓、切割、拆除、清理现场、材料堆放等。　　计量单位：座

编号				3-5-44	3-5-45	3-5-46	3-5-47
项目				湿式气柜容量（m³ 以内）			
				20000	30000	50000	100000
		名称	单位	消耗量			
人工	000203000	综合二类工	工日	95.324	125.195	172.222	187.636
材料	031301009	低碳钢焊条 J427（综合）	kg	21.000	30.670	32.800	60.560
	142909001	氧气	m³	55.944	71.154	88.968	117.192
	142907002	乙炔气	kg	21.517	27.367	34.218	45.074
	850103006	其他材料费（占材料费）	%	3.000	3.000	3.000	3.000
机械	990901020	交流弧焊机 32kV · A	台班	11.434	16.455	17.072	21.279
	990919040	电焊条烘干箱 80 × 80 × 100cm³	台班	1.144	1.645	1.708	2.129
	990920010	电焊条恒温箱	台班	1.144	1.645	1.708	2.129
	990304016	汽车式起重机 16t	台班	2.440	2.926	3.375	4.347
	990401020	载重汽车 5t	台班	3.169	4.394	4.800	5.656

5. 干式气柜组装胎具制作

工作内容：施工准备、放样下料、卷弧、钻孔、组对、焊接、矫正、调整、配合检查验收等。　　计量单位：座

编号				3-5-48	3-5-49	3-5-50
项目				气柜容量（m³ 以内）		
				20000	30000	50000
		名称	单位	消耗量		
人工	000203000	综合二类工	工日	123.312	162.677	222.383
材料	142909001	氧气	m³	128.190	145.050	166.808
	142907002	乙炔气	kg	49.304	55.788	64.157
	031101010	尼龙砂轮片 ϕ150	片	31.000	37.000	42.000
	011901002	槽钢 18#以内	kg	1775.000	3467.250	4410.340
	012903014	热轧中厚钢板 δ12～20	kg	3089.600	3459.330	4400.000
	012101003	角钢 63 以内	kg	399.000	399.000	705.500
	170200004	无缝钢管（综合）	m	537.240	746.770	949.890
	031301009	低碳钢焊条 J427（综合）	kg	208.360	260.330	319.260
	850103006	其他材料费（占材料费）	%	5.000	5.000	5.000
机械	990304016	汽车式起重机 16t	台班	13.182	15.623	18.982
	990401020	载重汽车 5t	台班	11.845	13.295	16.152
	990728030	摇臂钻床 63mm	台班	5.245	6.386	7.479
	990902020	硅整流弧焊机 20kV · A	台班	44.399	55.469	52.916
	990920010	电焊条恒温箱	台班	4.441	5.544	5.292
	990919040	电焊条烘干箱 80 × 80 × 100cm³	台班	4.441	5.544	5.292

6. 干式气柜组装胎具安装、拆除

工作内容：施工准备、组装、焊接、紧固螺栓、拆除等。 **计量单位：**座

编号				3-5-51	3-5-52	3-5-53
项目				气柜容量（m^3 以内）		
				20000	30000	50000
名称			单位	消耗量		
人工	000203000	综合二类工	工日	99.195	129.335	175.215
材料	142909001	氧气	m^3	57.150	73.152	88.120
	142907002	乙炔气	kg	21.981	28.135	33.892
	031101010	尼龙砂轮片 ϕ150	片	18.000	23.040	28.000
	031301009	低碳钢焊条 J427（综合）	kg	48.290	61.811	72.628
	850103006	其他材料费（占材料费）	%	5.000	5.000	5.000
机械	990304016	汽车式起重机 16t	台班	5.404	7.012	8.064
	990401020	载重汽车 5t	台班	3.422	4.441	5.142
	990902020	硅整流弧焊机 20kV · A	台班	14.360	19.633	21.971
	990920010	电焊条恒温箱	台班	1.437	1.963	2.197
	990919040	电焊条烘干箱 80 × 80 × 100cm^3	台班	1.437	1.963	2.197

7. 螺旋式气柜轨道煨弯胎具制作

工作内容：调直、摆料、放样号料、切割、剪切、卷弧、钻孔、成型、组对、焊接、矫正等。 **计量单位：**套

编号				3-5-54	3-5-55	3-5-56	3-5-57
项目				气柜容量（m^3 以内）			
				1000	2500	5000	10000
名称			单位	消耗量			
人工	000203000	综合二类工	工日	9.479	10.426	11.374	12.322
材料	012903011	热轧中厚钢板 δ8～20	kg	550.000	590.000	628.000	648.000
	012101004	角钢 63 以外	kg	48.000	96.000	145.000	192.000
	011901004	槽钢 $5^{\#}$～$16^{\#}$	kg	620.000	620.000	689.000	689.000
	031301009	低碳钢焊条 J427（综合）	kg	17.400	22.400	24.500	26.500
	142909001	氧气	m^3	5.799	5.799	5.799	8.703
	142907002	乙炔气	kg	2.230	2.230	2.230	3.347
	031101010	尼龙砂轮片 ϕ150	片	4.000	4.300	4.600	4.800
	850103006	其他材料费（占材料费）	%	3.000	3.000	3.000	3.000
机械	990901020	交流弧焊机 32kV · A	台班	1.907	2.861	3.814	3.814
	990919040	电焊条烘干箱 80 × 80 × 100cm^3	台班	0.191	0.287	0.381	0.381
	990920010	电焊条恒温箱	台班	0.191	0.287	0.381	0.381
	990732035	剪板机 20 × 2500mm	台班	0.365	0.365	0.449	0.449
	990304016	汽车式起重机 16t	台班	0.935	1.028	1.122	1.309
	990401020	载重汽车 5t	台班	0.841	0.926	1.010	1.178

工作内容：调直、摆料、放样号料、切割、剪切、卷弧、钻孔、成型、组对、焊接、矫正等。

计量单位：套

编号				3-5-58	3-5-59	3-5-60	3-5-61
项目				气柜容量（m³ 以内）			
				20000	30000	50000	100000
		名称	单位	消耗量			
人工	000203000	综合二类工	工日	13.269	13.746	14.452	16.112
材料	012903011	热轧中厚钢板 δ8～20	kg	661.000	675.000	730.000	785.000
	012101004	角钢 63 以外	kg	216.000	241.000	241.000	265.000
	011901004	槽钢 5#～16#	kg	758.000	827.000	827.000	1033.000
	031301009	低碳钢焊条 J427（综合）	kg	27.500	28.600	30.600	32.600
	142909001	氧气	m³	8.703	8.703	8.703	11.604
	142907002	乙炔气	kg	3.347	3.347	3.347	4.463
	031101010	尼龙砂轮片 ϕ150	片	5.000	5.200	5.400	5.600
	850103006	其他材料费（占材料费）	%	3.000	3.000	3.000	3.000
机械	990901020	交流弧焊机 32kV·A	台班	4.291	4.291	4.768	5.722
	990919040	电焊条烘干箱 80×80×100cm³	台班	0.429	0.429	0.477	0.572
	990920010	电焊条恒温箱	台班	0.429	0.429	0.477	0.572
	990732035	剪板机 20×2500mm	台班	0.449	0.449	0.542	0.720
	990304016	汽车式起重机 16t	台班	1.412	1.505	1.683	1.870
	990401020	载重汽车 5t	台班	1.271	1.356	1.515	1.683

8. 螺旋式气柜型钢煨弯胎具制作

工作内容：调直、摆料、放样号料、切割、剪切、卷弧、钻孔、成型、组对、焊接、矫正等。

计量单位：套

编号				3-5-62	3-5-63	3-5-64	3-5-65
项目				气柜容量（m³ 以内）			
				2500	5000	10000	20000
		名称	单位	消耗量			
人工	000203000	综合二类工	工日	8.489	9.197	9.905	10.140
材料	012903011	热轧中厚钢板 δ8～20	kg	400.000	550.000	652.000	730.000
	011701001	工字钢 18#以外	kg	100.000	150.000	160.000	180.000
	031301009	低碳钢焊条 J427（综合）	kg	15.600	18.700	20.700	21.800
	142909001	氧气	m³	8.802	11.704	11.704	13.602
	142907002	乙炔气	kg	3.385	4.502	4.502	5.232
	031101010	尼龙砂轮片 ϕ150	片	2.100	2.300	2.500	2.600
	170201064	无缝钢管 D77～90×4.5～7	kg	—	—	—	35.000
	850103006	其他材料费（占材料费）	%	3.000	3.000	3.000	3.000
机械	990901020	交流弧焊机 32kV·A	台班	2.421	2.898	3.384	3.384
	990919040	电焊条烘干箱 80×80×100cm³	台班	0.242	0.290	0.339	0.339
	990920010	电焊条恒温箱	台班	0.242	0.290	0.339	0.339
	990732035	剪板机 20×2500mm	台班	0.486	0.580	0.673	0.776
	990304016	汽车式起重机 16t	台班	1.028	1.122	1.309	1.496
	990401020	载重汽车 5t	台班	0.926	1.060	1.178	1.346

工作内容：调直、摆料、放样号料、切割、剪切、卷弧、钻孔、成型、组对、焊接、矫正等。

计量单位：套

编号				3-5-66	3-5-67	3-5-68
项目				气柜容量（m^3 以内）		
				30000	50000	100000
名称			单位	消耗量		
人工	000203000	综合二类工	工日	10.613	11.083	11.319
材料	012903011	热轧中厚钢板 δ8～20	kg	770.000	810.000	870.000
	011701001	工字钢 18#以外	kg	190.000	200.000	217.000
	170201064	无缝钢管 *D*77～90×4.5～7	kg	36.000	38.000	40.000
	031301009	低碳钢焊条 J427（综合）	kg	22.800	23.800	24.800
	142909001	氧气	m^3	14.604	16.599	18.501
	142907002	乙炔气	kg	5.617	6.384	7.116
	031101010	尼龙砂轮片 ϕ150	片	2.700	2.800	2.900
	850103006	其他材料费（占材料费）	%	3.000	3.000	3.000
机械	990901020	交流弧焊机 32kV · A	台班	3.581	3.674	3.871
	990919040	电焊条烘干箱 80×80×100cm^3	台班	0.358	0.368	0.387
	990920010	电焊条恒温箱	台班	0.358	0.368	0.387
	990732035	剪板机 20×2500mm	台班	0.776	0.869	0.963
	990304016	汽车式起重机 16t	台班	1.589	1.683	1.870
	990401020	载重汽车 5t	台班	1.430	1.515	1.683

三、气柜充水、气密、快速升降试验

工作内容：临时管线、阀门、盲板安装与拆除、气柜内部清理、设备封口、装水、充气、检查调整导轮、配重块及快速升降试验等。

计量单位：座

编号				3-5-69	3-5-70	3-5-71	3-5-72
项目				直升式		螺旋式	
				气柜容量（m^3以内）			
				1000	2500		5000
名称			单位	消耗量			
人工	000203000	综合二类工	工日	15.646	18.592	25.396	31.518
材料	170101009	焊接钢管 *DN*50	m	10.000	10.000	—	—
	190101006	法兰截止阀 J41H-16 *DN*50	个	0.050	0.050	—	—
	200001015	平焊法兰 *PN*1.6 *DN*50	副	0.100	0.100	—	—
	183125002	压制弯头 90°$R=1.5D$ *DN*50	个	0.100	0.100	—	—
	202100002	盲板（综合）	kg	2.000	3.300	5.800	14.500
	031301009	低碳钢焊条 J427（综合）	kg	4.000	6.000	8.000	10.000
	142909001	氧气	m^3	6.004	9.023	12.000	15.012
	142907002	乙炔气	kg	2.309	3.470	4.615	5.774
	341101001	水	m^3	556.000	1324.000	3000.000	3623.000
	020112007	无石棉橡胶板 高压 δ1～6	kg	2.181	4.820	6.422	8.261
	020101002	橡胶板 δ1～3	kg	1.000	1.000	2.000	2.000
	170101017	焊接钢管 *DN*100	m	—	—	10.000	10.000
	190101007	法兰截止阀 J41H-16 *DN*100	个	—	—	0.050	0.050
	200001019	平焊法兰 *PN*1.6 *DN*100	副	—	—	0.100	0.100
	183125003	压制弯头 90°$R=1.5D$ *DN*100	个	—	—	0.100	0.100
	850103006	其他材料费（占材料费）	%	2.000	2.000	2.000	2.000
机械	990901020	交流弧焊机 32kV·A	台班	1.870	2.805	3.740	4.675
	990919040	电焊条烘干箱 $80\times80\times100cm^3$	台班	0.189	0.281	0.375	0.468
	990920010	电焊条恒温箱	台班	0.189	0.281	0.375	0.468
	991003060	电动空气压缩机 $9m^3/min$	台班	1.870	1.870	3.740	4.675
	990801010	电动单级离心清水泵 50mm	台班	1.870	3.740	—	—
	990801020	电动单级离心清水泵 100mm	台班	—	—	5.610	6.544

工作内容： 临时管线、阀门、盲板安装与拆除、气柜内部清理、设备封口、装水、充气、检查调整导轮、配重块及快速升降试验等。

计量单位：座

编号				3-5-73	3-5-74	3-5-75	3-5-76
项目				螺旋式			
				气柜容量（m^3 以内）			
				10000	20000	30000	50000
名称			单位	消耗量			
人工	000203000	综合二类工	工日	41.267	45.122	48.070	54.872
材料	170101017	焊接钢管 *DN*100	m	10.000	10.000	—	—
	190101007	法兰截止阀 J41H-16 *DN*100	个	0.050	0.050	0.050	0.050
	200001019	平焊法兰 *PN*1.6 *DN*100	副	0.100	0.100	—	—
	183125003	压制弯头 90°R = 1.5D *DN*100	个	0.100	0.100	—	—
	202100002	盲板（综合）	kg	14.500	19.500	24.500	24.500
	031301009	低碳钢焊条 J427（综合）	kg	12.000	13.000	14.000	16.000
	142909001	氧气	m^3	18.002	19.500	21.005	24.003
	142907002	乙炔气	kg	6.924	7.500	8.079	9.232
	341101001	水	m^3	4624.000	8130.000	11636.000	15263.000
	020112007	无石棉橡胶板 高压 δ1～6	kg	10.574	10.790	11.001	12.122
	020101002	橡胶板 δ1～3	kg	2.000	2.500	3.000	3.000
	170101024	焊接钢管 *DN*150	m	—	—	10.000	10.000
	190101008	法兰截止阀 J41H-16 *DN*150	个	—	—	0.050	0.050
	200001021	平焊法兰 *PN*1.6 *DN*150	副	—	—	0.100	0.100
	183125004	压制弯头 90°R = 1.5D *DN*150	个	—	—	0.100	0.100
	850103006	其他材料费（占材料费）	%	2.000	2.000	2.000	2.000
机械	990901020	交流弧焊机 32kV · A	台班	5.610	6.077	6.544	7.479
	990919040	电焊条烘干箱 80 × 80 × 100cm^3	台班	0.561	0.608	—	—
	990920010	电焊条恒温箱	台班	0.561	0.608	—	—
	991003090	电动空气压缩机 40m^3/min	台班	2.805	—	2.805	2.805
	991204010	鼓风机 8m^3/min	台班	—	6.545	3.740	3.740
	990801020	电动单级离心清水泵 100mm	台班	9.349	—	—	—
	990801030	电动单级离心清水泵 150mm	台班	—	10.752	12.154	15.894

工作内容： 临时管线、阀门、盲板安装与拆除、气柜内部清理、设备封口、装水、充气、检查调整导轮、配重块及快速升降试验等。

计量单位： 座

编号				3-5-77	3-5-78	3-5-79	3-5-80
项目				螺旋式		干式气柜	
				气柜容量（m^3以内）			
				100000	20000	30000	50000
名称			单位	消耗量			
人工	000203000	综合二类工	工日	83.442	43.278	48.606	56.264
材料	170101024	焊接钢管 *DN*150	m	10.000	10.000	10.000	10.000
	190101008	法兰截止阀 J41H-16 *DN*150	个	0.100	—	0.050	0.050
	200001021	平焊法兰 *PN*1.6 *DN*150	副	0.100	—	0.100	0.100
	183125004	压制弯头 90°R = 1.5D *DN*150	个	0.100	—	0.100	0.100
	202100002	盲板（综合）	kg	42.300	21.450	25.725	26.093
	031301009	低碳钢焊条 J427（综合）	kg	20.000	7.150	7.350	8.520
	142909001	氧气	m^3	30.000	10.725	11.030	12.780
	142907002	乙炔气	kg	11.538	4.125	4.242	4.915
	341101001	水	m^3	32084.000	—	—	—
	020112007	无石棉橡胶板 高压 δ1～6	kg	14.100	11.869	11.550	12.908
	020101002	橡胶板 δ1～3	kg	4.000	2.750	3.150	3.195
	190101007	法兰截止阀 J41H-16 *DN*100	个	—	0.050	—	—
	200001019	平焊法兰 *PN*1.6 *DN*100	副	—	0.100	—	—
	183125003	压制弯头 90°R = 1.5D *DN*100	个	—	0.100	—	—
	850103006	其他材料费（占材料费）	%	2.000	5.000	5.000	5.000
机械	990901020	交流弧焊机 32kV · A	台班	9.349	—	—	—
	991204010	鼓风机 8m^3/min	台班	5.610	3.908	4.114	4.114
	991003090	电动空气压缩机 40m^3/min	台班	1.870	3.272	3.740	4.675
	990801020	电动单级离心清水泵 100mm	台班	37.397	—	—	—
	990801030	电动单级离心清水泵 150mm	台班	—	12.864	13.369	17.483
	990902020	硅整流弧焊机 20kV · A	台班	—	3.038	3.272	3.740

第六章

工艺金属结构制作安装

说　明

一、本章内容包括金属结构、烟囱、料斗、料仓、火炬及排气筒的制作安装，钢板组合工字钢与型钢圈的制作。

二、本章不包括以下工作内容：

1. 除锈、刷油、防腐衬里和防火层。

2. 无损探伤检测。

3. 焊缝的预热与后热。

4. 不锈钢料斗、料仓的酸洗、钝化、脱脂、气密性试验及内壁抛光。

5. 烟囱、火炬等的防雷接地。

6. 烟囱揽风绳地锚的埋设。

7. 火炬点火装置、自控装置的安装。

8. 高强螺栓副扭矩系数试验、连接件的摩擦系数试验。

9. 建筑基础地脚螺栓与安装物底座预留孔不匹配所发生的费用。

10. 150t 以上（含 150t）大型吊装机械使用费用、停滞费用和进退场费用。

11. 二次灌浆。

12. 现场组装平台的铺设与拆除、吊耳、胎具、加固件制作安装。

13. 胎具和加固件制作安装及运输。

三、关于下列各项内容的规定：

1. 角钢掰八字按角钢圈煨制，项目乘以系数 1.1。

2. 操作高度增加费：

（1）金属结构构件安装高度超过 30m 时，超过部分工程量的项目人工乘以系数 1.1，实际使用的大型吊装机械另计，原吊装机械不作调整。

（2）平台、梯子、栏杆安装高度超过 40m 时，超过部分工程量的项目人工、机械乘以系数 1.1。

3. 火炬、排气筒的筒体制作组对是按钢板卷管计算的，如采用无缝钢管时，按相应项目乘以系数 0.6。

四、有关说明：

1. 本章系综合取定，除另有规定外，不得因施工方法不同而进行调整。

2. 金属结构的格栅板安装，是按比例综合取定其螺栓连接和焊接的工程量，执行时不得调整。

3. 花纹板平台制作安装项目按原材料供货考虑，格栅板平台安装项目按成品供货考虑。

4. 高强螺栓连接钢结构安装项目中已包括连接螺栓安装，但不包括连接螺栓的用量，螺栓按主材另计（螺栓损耗率按 3%计算）。

5. 设备支架、零星小型金属制作安装，属于不锈钢材质应套用相对应的碳钢项目，人工乘以系数 1.15，焊条按实际替换，消耗量不变。

6. 大型金属构件吊装需要的临时加固件，可根据批准的施工方案计算加固件工程量，执行“设备整体安装加固件”项目。

7. 本章适用于与安装工程有关的工艺金属结构制作安装工程。工业厂房的主体钢结构执行本章设备框架制作安装相关项目。

8. 工艺金属结构制作安装中制作和安装的人工、材料、机械比例见下表：

系数表

序号	项目名称	制作（%）			安装（%）		
		人工	材料	机械	人工	材料	机械
1	设备框架制作安装	72	71	47	28	29	53

续前

序号	项目名称	制作（%）			安装（%）		
		人工	材料	机械	人工	材料	机械
2	管廊制作安装	60	50	57	40	50	43
3	桁架制作安装	60	70	60	40	30	40
4	单梁结构制作安装	40	75	52	60	25	48
5	设备支架制作安装	72	77	69	28	23	31
6	平台制作安装	67	63	71	33	37	29
7	梯子、栏杆、扶手制作安装	71	74	71	29	26	29
8	联合平台制作安装	72	70	37	28	30	63

9. 烟囱、火炬、排气筒吊装是按整体吊装就位取定的，如实际工程中采用其他方法施工时另行计算。

10. 火炬头安装是按火炬整体吊装前在地面安装考虑的，若采用高空安装时按实另行计算。

11. 型钢煨制胎具如一个工地同时煨制同样的材料、规格、直径型钢圈，不论煨制批量多少，只能计算一次胎具制作，胎具用料已将回收值从项目内扣除。

12. 不锈钢材质的料斗、料仓制作安装实际采用的焊接材料不同时，可按实换算焊接材料单价。

13. 格栅板材料供货说明：

（1）在施工现场需全部下料制作的，属于原材料供货。

（2）部分已经加工好，部分需要在施工现场下料制作的，属于半成品供货。

（3）在施工现场不需要下料制作，只需要焊接固定或螺栓紧固进行组对安装的，属于成品供货。

14. 大型金属结构采用整体或分片、分段安装需要临时加固、可根据批准的施工方案计算加固件的工程量，执行“设备整体安装加固件”项目。

15. 金属结构构件在基础上安装，需要二次灌浆时，执行相应项目。

16. 高强螺栓连接钢结构安装中已综合考虑零星焊接连接工作，套用时不予调整；但未考虑栓焊混（并）用连接头安装中的焊接，发生时以连接板重量套用本册零星小型金属结构件相关项目。

17. 零星小型金属结构件适用于各种配套的小型金属结构件，如有短缺或少量增加由施工单位在现场加工制作时，才能使用；且单体重量在 100kg 以内（含 100kg）；超过 100kg 的执行电气册铁构件制作安装项目。

工程量计算规则

一、金属结构制作安装，按施工图纸所示尺寸计算，不扣除孔眼和切角所占重量，以“t”为计量单位，零星小型金属结构件制作安装以“100kg”为计量单位。

二、多角形联接筋板重量，以图示最长边和最宽边尺寸，按矩形面积计算重量。

三、金属结构制作安装，已考虑安装时焊接或螺栓连接的重量，不得另行计算。

四、联合平台界定为两台及以上设备的平台互相联接组成便于操作检修使用的平台。计算其工程量时，应包括联合平台上的梯子、栏杆、扶手等整体重量。单台设备上不同空间的几个平台均不应按联合平台计算。

五、格栅板平台安装，按安装形式以“t”为计量单位。

六、料斗、料仓预制安装，按经过批准的实际下料配板图所示几何尺寸，以“t”为计量单位；不扣除人孔、检查孔、清扫孔等所占面积重量。

七、烟囱制作安装，按经过批准的实际下料配板图所示几何尺寸，以“t”为计量单位；不扣除人孔、检查孔、清扫孔等所占面积的重量。其重量包括筒体、弯头、异径过渡段、加强圈、人孔、检查孔、清扫孔等全部金属重量。

八、火炬、排气筒筒体现场制作组对，根据不同筒体直径，按施工图纸所示几何尺寸，以“t”为计量单位；其重量包括火炬或排气筒筒体、引火管等的重量（不扣除孔眼所占面积的重量）。

九、火炬、排气筒型钢或钢管式塔架现场制作组装，根据塔架形式、重量，按所示几何尺寸以“t”为计量单位；其重量包括塔架本体（主体、腹杆、松杆节、筋板）、底部铰腕、管架等金属件的重量，不扣除孔洞和切角所占的重量。塔架上的平台、梯子、栏杆应按相应项目另行计算。

十、火炬、排气筒整体吊装，按高度以“座”为计量单位。火炬、排气筒整体吊装包括：火炬或排气筒筒体、引火管、塔架（塔架式火炬、排气筒）、风缆绳（拉绳式火炬、排气筒）、平台、梯子、栏杆、火炬头、分子密封器、工艺配管、电气、仪表、点火装置、避雷装置、临时加固支撑等构件。

十一、火炬头安装，按火炬头直径以“套”为计量单位；计量单位“套”中包括火炬头、分子密封器。

十二、型钢圈煨制，按型钢规格和型钢圈直径，以“t”为计量单位。

十三、型钢圈煨制胎具，根据胎具规格，以“个”为计量单位。

十四、钢板组合工字钢（H 型钢）制作，按所示几何尺寸，以“t”为计量单位；不扣除孔眼和切角面积所占的重量。

一、金属结构制作、安装

1. 桁架、管廊、设备框架、单梁结构制作、安装

工作内容：放样、号料、切割、剪切、调直、坡口、修口、组对、焊接、吊装就位、找正、焊接、垫铁点固、紧固螺栓等。

计量单位：t

编号				3-6-1	3-6-2	3-6-3	3-6-4
项目				桁架制作安装			
				每组重量（t 以内）			
				2	2～5	5～10	10 以上
名称			单位	消耗量			
人工	000203000	综合二类工	工日	8.467	7.411	7.056	6.657
材料	010100001	钢材	t	（1.060）	（1.060）	（1.060）	（1.060）
	142907002	乙炔气	kg	3.667	2.877	2.158	2.035
	142909001	氧气	m^3	9.535	7.479	5.611	5.292
	031101009	尼龙砂轮片 $\phi100$	片	1.611	1.530	1.467	1.386
	031301009	低碳钢焊条 J427（综合）	kg	24.440	21.411	20.368	19.413
	050401001	木方	m^3	0.002	0.002	0.002	0.002
	850103006	其他材料费（占材料费）	%	4.000	4.000	4.000	4.000
机械	990901020	交流弧焊机 32kV · A	台班	3.783	3.314	3.155	3.138
	990304016	汽车式起重机 16t	台班	0.711	0.711	0.678	0.644
	990401030	载重汽车 8t	台班	0.059	0.059	0.059	0.059
	990401035	载重汽车 10t	台班	0.017	0.017	0.017	0.017
	990403025	平板拖车组 30t	台班	—	—	—	0.109
	990732035	剪板机 20 × 2500mm	台班	0.184	0.159	0.151	0.142
	990727010	立式钻床 25mm	台班	0.226	0.209	0.184	0.167
	990920010	电焊条恒温箱	台班	0.379	0.332	0.316	0.314
	990919040	电焊条烘干箱 80 × 80 × 100cm^3	台班	0.379	0.332	0.316	0.314

工作内容：放样、号料、切割、剪切、调直、坡口、修口、组对、焊接、吊装就位、找正、焊接、垫铁点固、紧固螺栓等。　　**计量单位：**t

编　号				3-6-5	3-6-6	3-6-7	3-6-8
项　目				管廊制作安装			
				高度（m 以内）			
				3	3～5	5～10	10 以上
名　称			单位	消　耗　量			
人工	000203000	综合二类工	工日	6.585	6.914	7.327	7.745
材料	010100001	钢材	t	（1.060）	（1.060）	（1.060）	（1.060）
	142907002	乙炔气	kg	2.847	2.992	3.170	3.348
	142909001	氧气	m^3	7.401	7.780	8.243	8.705
	031101009	尼龙砂轮片 ϕ100	片	1.422	1.503	1.593	1.674
	031301009	低碳钢焊条 J427（综合）	kg	23.825	25.028	26.552	28.031
	050401001	木方	m^3	0.001	0.001	0.001	0.001
	370915002	钢板垫板	kg	11.700	12.150	12.600	12.600
	850103006	其他材料费（占材料费）	%	4.000	4.000	4.000	4.000
机械	990901020	交流弧焊机 32kV · A	台班	3.545	3.728	3.950	4.173
	990304016	汽车式起重机 16t	台班	0.695	0.678	0.661	—
	990304024	汽车式起重机 25t	台班	—	—	—	0.644
	990401030	载重汽车 8t	台班	0.059	0.059	0.059	0.059
	990401035	载重汽车 10t	台班	0.017	0.017	0.017	0.017
	990732035	剪板机 20 × 2500mm	台班	0.059	0.059	0.059	0.067
	990727010	立式钻床 25mm	台班	0.126	0.092	0.092	0.100
	990920010	电焊条恒温箱	台班	0.355	0.373	0.395	0.418
	990919040	电焊条烘干箱 80 × 80 × 100cm^3	台班	0.355	0.373	0.395	0.418
	990727030	立式钻床 50mm	台班	—	0.042	0.042	0.050

工作内容：放样、号料、切割、剪切、调直、坡口、修口、组对、焊接、吊装就位、找正、焊接、垫铁点固、紧固螺栓等。

计量单位：t

编号				3-6-9	3-6-10	3-6-11	3-6-12
项目				设备框架制作安装			单梁结构
				跨度（m）			
				10	20	20 以上	
名称			单位	消耗量			
人工	000203000	综合二类工	工日	7.103	7.890	8.757	6.792
材料	010100001	钢材	t	（1.060）	（1.060）	（1.060）	（1.060）
	142907002	乙炔气	kg	5.903	6.305	6.793	3.115
	142909001	氧气	m^3	15.347	16.392	17.661	8.100
	031101009	尼龙砂轮片 $\phi100$	片	1.935	2.259	2.421	1.719
	031301009	低碳钢焊条 J427（综合）	kg	23.344	24.948	26.730	17.820
	050401001	木方	m^3	0.004	0.004	0.004	0.004
	370915002	钢板垫板	kg	4.950	4.500	4.050	—
	850103006	其他材料费（占材料费）	%	4.000	4.000	4.000	4.000
机械	990901020	交流弧焊机 32kV · A	台班	3.188	3.402	3.648	2.305
	990304016	汽车式起重机 16t	台班	0.720	0.544	0.410	0.627
	990304036	汽车式起重机 40t	台班	0.100	0.109	0.117	—
	990401030	载重汽车 8t	台班	0.059	0.059	0.059	0.059
	990401035	载重汽车 10t	台班	0.017	0.017	0.017	0.017
	990403015	平板拖车组 15t	台班	—	—	—	0.167
	990403025	平板拖车组 30t	台班	0.117	0.109	0.100	—
	990732035	剪板机 20 × 2500mm	台班	0.126	0.109	0.092	0.109
	990727010	立式钻床 25mm	台班	0.100	0.100	0.100	0.142
	990920010	电焊条恒温箱	台班	0.319	0.340	0.365	0.231
	990919040	电焊条烘干箱 80 × 80 × 100cm^3	台班	0.354	0.379	0.405	0.257

2. 高强度螺栓连接管廊钢结构制作、安装

工作内容：施工准备、放样下料、调直、组对、焊接、吊装就位、安装找正、紧固螺栓、配合检查验收等。 **计量单位：**t

编号				3-6-13	3-6-14
项目				制作	安装
名称			单位	消耗量	
人工	000203000	综合二类工	工日	5.484	9.675
材料	010100001	钢材	t	(1.060)	—
	050401001	木方	m^3	0.020	0.011
	142909001	氧气	m^3	6.772	—
	142907002	乙炔气	kg	2.605	—
	031101014	尼龙砂轮片 $\phi500\times25\times4$	片	2.356	—
	031101009	尼龙砂轮片 $\phi100$	片	2.554	—
	031301009	低碳钢焊条 J427（综合）	kg	8.432	—
	370915002	钢板垫板	kg	—	14.700
	850103006	其他材料费（占材料费）	%	6.000	6.000
机械	990308010	桥式起重机 5t	台班	0.580	—
	990304016	汽车式起重机 16t	台班	0.092	—
	990304024	汽车式起重机 25t	台班	—	0.231
	990401030	载重汽车 8t	台班	0.231	0.102
	990727010	立式钻床 25mm	台班	0.078	—
	990728030	摇臂钻床 63mm	台班	0.206	—
	990732035	剪板机 20×2500mm	台班	0.129	—
	990751010	型钢矫正机 60×800mm	台班	0.184	—
	990902020	硅整流弧焊机 20kV·A	台班	1.086	—
	990920010	电焊条恒温箱	台班	0.109	—
	990919040	电焊条烘干箱 80×80×100cm³	台班	0.109	—

3. 高强度螺栓连接设备框架钢结构安装

工作内容：施工准备、吊装组对、焊接、吊装就位、安装找正、紧固螺栓、配合检查验收等。 **计量单位：**t

编号				3-6-15	3-6-16	3-6-17	3-6-18
项目				高度（m以内）			
				3	8	15	40
名称			单位	消耗量			
人工	000203000	综合二类工	工日	9.930	8.635	7.855	6.980
材料	010100001	钢材	t	(1.060)	(1.060)	(1.060)	(1.060)
	050401001	木方	m^3	0.010	0.010	0.010	0.010
	370915002	钢板垫板	kg	7.560	7.350	7.140	6.825
	850103006	其他材料费（占材料费）	%	8.000	8.000	8.000	8.000
机械	990401035	载重汽车 10t	台班	0.147	0.117	0.098	0.095
	990304016	汽车式起重机 16t	台班	0.352	0.312	0.098	0.095
	990304024	汽车式起重机 25t	台班	—	—	0.195	—
	990304040	汽车式起重机 50t	台班	—	—	—	0.190

4. 联合平台制作、安装

工作内容：放样、号料、切割、剪切、调直、型钢煨制、坡口、修口、组对、焊接、吊装就位、找正、焊接、垫铁点固、紧固螺栓等。

计量单位：t

编号				3-6-19	3-6-20	3-6-21	3-6-22	3-6-23	3-6-24
项目				花纹板式平台					
				每组重量（t以内）					
				10	20	40	60	80	80以上
	名称		单位	消耗量					
人工	000203000	综合二类工	工日	9.240	8.783	8.685	8.130	7.858	7.300
材料	010100001	钢材	t	（1.060）	（1.060）	（1.060）	（1.060）	（1.060）	（1.060）
材料	031301009	低碳钢焊条 J427（综合）	kg	22.290	21.537	21.161	20.503	19.647	19.299
材料	142909001	氧气	m^3	17.063	16.381	15.863	15.020	14.507	13.481
材料	142907002	乙炔气	kg	6.563	6.300	6.101	5.777	5.580	5.185
材料	031101009	尼龙砂轮片 ϕ100	片	1.425	1.378	1.349	1.264	1.216	1.197
材料	050105001	道木（综合）	m^3	0.007	0.007	0.006	0.006	0.003	0.003
材料	050401001	木方	m^3	0.003	0.003	0.002	0.002	0.001	0.001
材料	370915002	钢板垫板	kg	12.350	8.360	4.750	4.275	4.275	4.275
材料	850103006	其他材料费（占材料费）	%	4.000	4.000	4.000	4.000	4.000	4.000
机械	990901020	交流弧焊机 32kV·A	台班	3.617	3.507	3.398	3.331	3.180	3.146
机械	990920010	电焊条恒温箱	台班	0.362	0.351	0.340	0.333	0.318	0.314
机械	990919040	电焊条烘干箱 80×80×100cm³	台班	0.362	0.351	0.340	0.333	0.318	0.314
机械	990732035	剪板机 20×2500mm	台班	0.230	0.177	0.168	0.115	0.115	0.115
机械	990727010	立式钻床 25mm	台班	0.018	0.018	0.018	0.009	0.009	0.009
机械	990304016	汽车式起重机 16t	台班	0.804	0.777	0.760	0.760	0.707	0.707
机械	990304028	汽车式起重机 30t	台班	0.398	—	—	—	—	—
机械	990304036	汽车式起重机 40t	台班	—	0.380	—	—	—	—
机械	990304052	汽车式起重机 75t	台班	—	—	0.353	—	—	—
机械	990304064	汽车式起重机 100t	台班	—	—	—	0.327	0.300	0.274
机械	990401030	载重汽车 8t	台班	0.062	0.062	0.062	0.062	0.062	0.062
机械	990401035	载重汽车 10t	台班	0.018	0.018	0.018	0.018	0.018	0.018
机械	990403025	平板拖车组 30t	台班	—	0.115	0.115	0.115	0.115	0.115

工作内容： 放样、号料、切割、剪切、调直、型钢煨制、坡口、修口、组对、焊接、吊装就位、找正、焊接、垫铁点固、紧固螺栓等。

计量单位： t

编　号				3-6-25	3-6-26	3-6-27	3-6-28	3-6-29	3-6-30
项　目				格栅板式平台					
				每组重量（t 以内）					
				10	10～20	20～40	40～60	60～80	80 以上
名　称			单位	消　耗　量					
人工	000203000	综合二类工	工日	10.534	10.009	9.797	9.273	8.954	8.216
材料	010100001	钢材	t	（1.060）	（1.060）	（1.060）	（1.060）	（1.060）	（1.060）
	031301009	低碳钢焊条 J427（综合）	kg	25.412	24.651	24.143	23.381	22.365	21.857
	142909001	氧气	m^3	19.277	18.497	17.927	16.969	16.379	15.228
	142907002	乙炔气	kg	7.414	7.114	6.895	6.527	6.300	5.857
	031101009	尼龙砂轮片 ϕ100	片	1.568	1.520	1.473	1.387	1.330	1.311
	050105001	道木（综合）	m^3	0.007	0.007	0.006	0.006	0.003	0.003
	050401001	木方	m^3	0.002	0.002	0.002	0.001	0.001	0.001
	370915002	钢板垫板	kg	12.350	8.360	4.750	4.275	4.275	4.275
	850103006	其他材料费（占材料费）	%	4.000	4.000	4.000	4.000	4.000	4.000
机械	990304052	汽车式起重机 75t	台班	—	—	0.353	—	—	—
	990901020	交流弧焊机 32kV·A	台班	4.010	3.884	3.808	3.692	3.533	3.448
	990920010	电焊条恒温箱	台班	0.401	0.389	0.381	0.369	0.353	0.345
	990919040	电焊条烘干箱 80×80×100cm^3	台班	0.401	0.389	0.381	0.369	0.353	0.345
	990732035	剪板机 20×2500mm	台班	0.194	0.177	0.168	0.159	0.151	0.141
	990727010	立式钻床 25mm	台班	1.599	1.501	1.202	0.795	0.707	0.530
	990304016	汽车式起重机 16t	台班	0.804	0.777	0.760	0.760	0.707	0.707
	990304028	汽车式起重机 30t	台班	0.398	—	—	—	—	—
	990304036	汽车式起重机 40t	台班	—	0.380	—	—	—	—
	990304064	汽车式起重机 100t	台班	—	—	—	0.327	0.300	0.274
	990401030	载重汽车 8t	台班	0.062	0.062	0.062	0.062	0.062	0.062
	990401035	载重汽车 10t	台班	0.018	0.018	0.018	0.018	0.018	0.018
	990403025	平板拖车组 30t	台班	—	0.115	0.115	0.115	0.115	0.115
	990727030	立式钻床 50mm	台班	0.857	0.804	0.645	0.416	0.371	0.274

5. 平台制作、安装

工作内容：放样、号料、切割、剪切、调直、型钢煨制、坡口、修口、组对、焊接、吊装就位、找正、焊接、紧固螺栓等。

计量单位：t

编号				3-6-31	3-6-32	3-6-33
项目				花纹板式平台		
				扇形		
				每组重量（t 以内）		
				0.5	0.5～1	1 以上
名称			单位	消耗量		
人工	000203000	综合二类工	工日	9.472	7.954	7.198
材料	010100001	钢材	t	（1.080）	（1.080）	（1.080）
	031301009	低碳钢焊条 J427（综合）	kg	19.224	17.108	14.992
	142909001	氧气	m^3	10.112	9.301	8.493
	142907002	乙炔气	kg	3.889	3.577	3.267
	031101009	尼龙砂轮片 ϕ100	片	1.292	1.188	1.007
	050401001	木方	m^3	0.002	0.002	0.002
	850103006	其他材料费（占材料费）	%	4.000	4.000	4.000
机械	990901020	交流弧焊机 32kV·A	台班	3.037	2.702	2.366
	990920010	电焊条恒温箱	台班	0.304	0.271	0.237
	990919040	电焊条烘干箱 $80\times80\times100cm^3$	台班	0.304	0.271	0.237
	990732035	剪板机 20×2500mm	台班	0.141	0.133	0.115
	990304016	汽车式起重机 16t	台班	0.433	0.459	0.475
	990401030	载重汽车 8t	台班	0.062	0.062	0.062
	990401035	载重汽车 10t	台班	0.018	0.018	0.018

工作内容：放样、号料、切割、剪切、调直、型钢煨制、坡口、修口、组对、焊接、吊装就位、找正、焊接、紧固螺栓等。

计量单位：t

编　号				3-6-34	3-6-35	3-6-36
项　目				花纹板式平台		
				矩形		
				每组重量（t 以内）		
				0.5	0.5～1	1 以上
名　称			单位	消　耗　量		
人工	000203000	综合二类工	工日	6.914	6.798	5.667
材料	010100001	钢材	t	（1.060）	（1.060）	（1.060）
	031301009	低碳钢焊条 J427（综合）	kg	17.964	16.017	13.929
	142909001	氧气	m^3	6.167	5.387	4.571
	142907002	乙炔气	kg	2.372	2.072	1.758
	031101009	尼龙砂轮片 ϕ100	片	0.798	0.703	0.618
	050401001	木方	m^3	0.003	0.003	0.003
	850103006	其他材料费（占材料费）	%	4.000	4.000	4.000
机械	990901020	交流弧焊机 32kV·A	台班	2.836	2.526	2.198
	990920010	电焊条恒温箱	台班	0.284	0.253	0.219
	990919040	电焊条烘干箱 80×80×100cm^3	台班	0.284	0.253	0.219
	990732035	剪板机 20×2500mm	台班	0.274	0.265	0.230
	990304016	汽车式起重机 16t	台班	0.433	0.459	0.475
	990401030	载重汽车 8t	台班	0.062	0.062	0.062
	990401035	载重汽车 10t	台班	0.018	0.018	0.018

工作内容：放样、号料、切割、剪切、调直、型钢煨制、坡口、修口、组对、焊接、吊装就位、找正、焊接、紧固螺栓等。

计量单位：t

编号				3-6-37	3-6-38	3-6-39
项目				格栅板平台		
				扇形		
				每组重量（t 以内）		
				0.5	0.5～1	1 以上
名称			单位	消耗量		
人工	000203000	综合二类工	工日	10.775	9.483	8.082
材料	010100001	钢材	t	（1.080）	（1.080）	（1.080）
	031301009	低碳钢焊条 J427（综合）	kg	24.058	21.650	19.008
	142909001	氧气	m^3	10.214	9.502	8.473
	142907002	乙炔气	kg	3.928	3.655	3.259
	031101009	尼龙砂轮片 ϕ100	片	1.359	1.226	1.083
	050401001	木方	m^3	0.001	0.001	0.001
	850103006	其他材料费（占材料费）	%	4.000	4.000	4.000
机械	990901020	交流弧焊机 32kV · A	台班	3.893	3.507	3.079
	990920010	电焊条恒温箱	台班	0.390	0.351	0.308
	990919040	电焊条烘干箱 $80 \times 80 \times 100cm^3$	台班	0.390	0.351	0.308
	990732035	剪板机 20 × 2500mm	台班	0.124	0.106	0.098
	990304016	汽车式起重机 16t	台班	0.433	0.459	0.345
	990401030	载重汽车 8t	台班	0.618	0.618	0.618
	990401035	载重汽车 10t	台班	0.018	0.018	0.018
	990727010	立式钻床 25mm	台班	0.610	0.548	0.486
	990727030	立式钻床 50mm	台班	0.336	0.292	0.265

工作内容：放样、号料、切割、剪切、调直、型钢煨制、坡口、修口、组对、焊接、吊装就位、找正、焊接、紧固螺栓等。　　**计量单位：**t

编　号				3-6-40	3-6-41	3-6-42
项　目				格栅板平台		
				矩形		
				每组重量（t 以内）		
				0.5	0.5～1	1 以上
名　称			单位	消　耗　量		
人工	000203000	综合二类工	工日	8.851	7.687	6.460
材料	010100001	钢材	t	（1.060）	（1.060）	（1.060）
	031301009	低碳钢焊条 J427（综合）	kg	20.164	18.095	15.876
	142909001	氧气	m^3	7.476	6.413	5.626
	142907002	乙炔气	kg	2.875	2.467	2.164
	031101009	尼龙砂轮片 ϕ100	片	1.074	0.960	0.846
	050401001	木方	m^3	0.001	0.001	0.001
	850103006	其他材料费（占材料费）	%	4.000	4.000	4.000
机械	990901020	交流弧焊机 32kV · A	台班	3.180	2.862	2.508
	990920010	电焊条恒温箱	台班	0.318	0.286	0.251
	990919040	电焊条烘干箱 80 × 80 × 100cm^3	台班	0.318	0.286	0.251
	990732035	剪板机 20 × 2500mm	台班	0.247	0.212	0.194
	990727010	立式钻床 25mm	台班	0.610	0.548	0.486
	990727030	立式钻床 50mm	台班	0.336	0.292	0.265
	990304016	汽车式起重机 16t	台班	0.433	0.459	0.345
	990401030	载重汽车 8t	台班	0.618	0.618	0.618
	990401035	载重汽车 10t	台班	0.018	0.018	0.018

6. 格栅板平台安装

工作内容：施工准备、吊装组对、焊接、吊装就位、安装找正、紧固螺栓、配合检查验收等。　**计量单位：**t

编　号				3-6-43	3-6-44
项　目				固定方式	
				焊接固定	螺栓紧固
名　称			单位	消　耗　量	
人工	000203000	综合二类工	工日	2.066	1.958
材料	010100001	钢材	t	（1.030）	（1.030）
	142909001	氧气	m^3	0.069	—
	142907002	乙炔气	kg	0.027	—
	031301009	低碳钢焊条 J427（综合）	kg	4.455	—
	370915002	钢板垫板	kg	7.128	6.930
	850103006	其他材料费（占材料费）	%	5.000	5.000
机械	990304024	汽车式起重机 25t	台班	0.140	0.140
	990401020	载重汽车 5t	台班	0.033	0.033
	990902010	硅整流弧焊机 15kV · A	台班	0.893	—
	990920010	电焊条恒温箱	台班	0.089	—
	990919040	电焊条烘干箱 80 × 80 × 100cm^3	台班	0.089	—

7. 设备支架制作、安装

工作内容：放样、号料、切割、剪切、调直、型钢煨制、坡口、修口、组对、焊接、吊装就位、找正、焊接、紧固螺栓等。

计量单位：t

编号				3-6-45	3-6-46	3-6-47	3-6-48
项目				每组重量（t 以内）			
				0.2	0.2～0.5	0.5～1	1～3
名称			单位	消耗量			
人工	000203000	综合二类工	工日	8.962	8.003	7.362	6.720
材料	010100001	钢材	t	（1.060）	（1.060）	（1.060）	（1.060）
	031301009	低碳钢焊条 J427（综合）	kg	21.246	19.713	18.725	17.738
	142909001	氧气	m^3	7.575	6.766	6.421	6.090
	142907002	乙炔气	kg	2.913	2.602	2.470	2.342
	031101009	尼龙砂轮片 ϕ100	片	1.197	1.121	1.074	1.007
	050401001	木方	m^3	0.006	0.006	0.006	0.005
	850103006	其他材料费（占材料费）	%	4.000	4.000	4.000	4.000
机械	990901020	交流弧焊机 32kV · A	台班	3.281	3.037	2.794	2.727
	990920010	电焊条恒温箱	台班	0.328	0.304	0.280	0.272
	990919040	电焊条烘干箱 80 × 80 × 100cm^3	台班	0.328	0.304	0.280	0.272
	990732035	剪板机 20 × 2500mm	台班	0.247	0.212	0.186	0.159
	990727010	立式钻床 25mm	台班	0.168	0.133	0.124	0.115
	990304016	汽车式起重机 16t	台班	0.239	0.442	0.424	0.380
	990401030	载重汽车 8t	台班	0.062	0.062	0.062	0.062
	990401035	载重汽车 10t	台班	0.018	0.018	0.018	0.018
	990727030	立式钻床 50mm	台班	—	0.027	0.027	0.027

工作内容：放样、号料、切割、剪切、调直、型钢煨制、坡口、修口、组对、焊接、吊装就位、找正、焊接、紧固螺栓等。

计量单位：t

编号				3-6-49	3-6-50	3-6-51
项目				每组重量（t 以内）		
				3～5	5～10	10 以上
		名称	单位	消耗量		
人工	000203000	综合二类工	工日	6.162	5.521	4.963
材料	010100001	钢材	t	（1.060）	（1.060）	（1.060）
	031301009	低碳钢焊条 J427（综合）	kg	15.970	14.192	12.227
	142909001	氧气	m^3	5.415	4.874	4.266
	142907002	乙炔气	kg	2.083	1.875	1.641
	031101009	尼龙砂轮片 $\phi100$	片	0.912	0.817	0.694
	050401001	木方	m^3	0.005	0.004	0.004
	850103006	其他材料费（占材料费）	%	4.000	4.000	4.000
机械	990901020	交流弧焊机 32kV·A	台班	2.458	2.190	1.888
	990920010	电焊条恒温箱	台班	0.246	0.219	0.189
	990919040	电焊条烘干箱 80×80×100cm^3	台班	0.246	0.219	0.189
	990732035	剪板机 20×2500mm	台班	0.159	0.133	0.133
	990727010	立式钻床 25mm	台班	0.106	0.098	0.080
	990727030	立式钻床 50mm	台班	0.018	0.018	0.018
	990304016	汽车式起重机 16t	台班	0.353	0.319	0.283
	990401030	载重汽车 8t	台班	0.062	0.062	0.062
	990401035	载重汽车 10t	台班	0.018	0.018	0.018

8. 梯子、栏杆扶手制作、安装

工作内容：放样、号料、切割、剪切、调直、型钢煨制、坡口、修口、组对、焊接、吊装就位、找正、焊接、紧固螺栓等。

计量单位：t

编号				3-6-52	3-6-53	3-6-54
项目				斜梯制作、安装		直梯
				花纹板踏步	格栅板踏步	制作、安装
		名称	单位	消耗量		
人工	000203000	综合二类工	工日	16.760	18.623	17.224
材料	010100001	钢材	t	（1.060）	（1.060）	（1.060）
	031301009	低碳钢焊条 J427（综合）	kg	33.310	42.700	24.460
	142909001	氧气	m^3	15.732	18.090	16.500
	142907002	乙炔气	kg	6.051	6.958	6.346
	031101009	尼龙砂轮片 $\phi100$	片	1.050	1.340	2.080
	850103006	其他材料费（占材料费）	%	4.000	4.000	4.000
机械	990727010	立式钻床 25mm	台班	0.037	0.037	2.008
	990901020	交流弧焊机 32kV·A	台班	7.102	8.162	3.932
	990920010	电焊条恒温箱	台班	0.711	0.817	0.393
	990919040	电焊条烘干箱 80×80×100cm^3	台班	0.711	0.817	0.393
	990732035	剪板机 20×2500mm	台班	0.558	—	0.065
	990304016	汽车式起重机 16t	台班	0.902	0.902	0.716
	990401030	载重汽车 8t	台班	0.065	0.065	0.065
	990401035	载重汽车 10t	台班	0.019	0.019	0.019

工作内容：放样、号料、切割、剪切、调直、型钢煨制、坡口、修口、组对、焊接、吊装就位、找正、焊接、紧固螺栓等。

计量单位：t

编号				3-6-55	3-6-56	3-6-57
项目				螺旋盘梯制作、安装		栏杆、扶手
				花纹板式踏步	格栅板式踏步	制作、安装
		名称	单位	消耗量		
人工	000203000	综合二类工	工日	25.057	26.970	14.300
材料	010100001	钢材	t	（1.060）	（1.060）	（1.060）
	031301009	低碳钢焊条 J427（综合）	kg	44.240	52.220	10.500
	142909001	氧气	m^3	28.521	31.140	16.944
	142907002	乙炔气	kg	10.970	11.977	6.517
	031101009	尼龙砂轮片 ϕ100	片	2.780	3.120	2.080
	050401001	木方	m^3	0.006	0.004	—
	850103006	其他材料费（占材料费）	%	4.000	4.000	4.000
机械	990901020	交流弧焊机 32kV·A	台班	8.107	9.566	2.147
	990920010	电焊条恒温箱	台班	0.811	0.957	0.215
	990919040	电焊条烘干箱 80×80×100cm^3	台班	0.811	0.957	0.215
	990732035	剪板机 20×2500mm	台班	0.605	0.605	—
	990734025	卷板机 30×2000mm	台班	0.233	0.233	—
	990761020	摩擦压力机 3000kN	台班	0.140	0.140	—
	990304016	汽车式起重机 16t	台班	0.855	0.855	0.986
	990401030	载重汽车 8t	台班	0.065	0.065	0.065
	990401035	载重汽车 10t	台班	0.019	0.019	0.019

9. 零星小型金属结构件制作、安装

工作内容：划线、下料、平直、加工、组对、焊接、安装等。

计量单位：100kg

编号				3-6-58	3-6-59	3-6-60	3-6-61
项目				制作		安装	
				单体重量（kg）			
				≤50	>50	≤50	>50
		名称	单位	消耗量			
人工	000203000	综合二类工	工日	2.252	1.914	1.507	1.282
材料	010100001	钢材	t	（0.105）	（0.105）	—	—
	031301009	低碳钢焊条 J427（综合）	kg	1.800	1.710	1.400	1.330
	031101005	砂轮片 ϕ350	片	0.050	0.050	—	—
	850103006	其他材料费（占材料费）	%	3.000	3.000	3.000	3.000
机械	990736020	刨边机 12000mm	台班	0.093	0.093	—	—
	990734010	卷板机 20×2000mm	台班	0.093	0.093	—	—
	990904030	直流弧焊机 20kV·A	台班	0.236	0.214	0.186	0.186
	990785020	砂轮切割机 ϕ350	台班	0.093	0.093	—	—
	990735010	联合冲剪机 16mm	台班	0.093	0.093	—	—

二、烟囱、风道制作、安装

1. 烟囱制作、安装

工作内容：放样、号料、切割、剪切、坡口、修口、卷圆压头、找圆、型钢煨制、异径弯头制作、组对、焊接、吊装就位、固定风揽绳等。

计量单位：t

编　号				3-6-62	3-6-63	3-6-64	3-6-65	3-6-66	3-6-67
项　目				碳钢					
				制作			安装		
				直径（mm）					
				600	1200	1200 以上	600	1200	1200 以上
名　称			单位	消　耗　量					
人工	000203000	综合二类工	工日	6.304	4.872	4.464	3.008	2.646	2.034
材料	010100001	钢材	t	（1.060）	（1.060）	（1.060）	—	—	—
	031301009	低碳钢焊条 J427（综合）	kg	20.280	18.048	17.008	2.426	1.940	1.683
	142909001	氧气	m^3	4.650	4.371	4.217	1.200	0.801	0.713
	142907002	乙炔气	kg	1.788	1.681	1.622	0.462	0.308	0.274
	050401001	木方	m^3	0.003	0.003	—	—	—	—
	050105001	道木（综合）	m^3	—	—	0.010	0.010	0.010	0.010
	370915002	钢板垫板	kg	—	—	—	3.900	3.700	3.584
	023503004	无石棉板衬垫	kg	—	—	—	2.800	2.200	1.980
	023503009	无石棉绳（综合）	kg	—	—	—	0.440	0.390	0.347
	850103006	其他材料费（占材料费）	%	4.000	4.000	4.000	4.000	4.000	4.000
机械	990901020	交流弧焊机 32kV · A	台班	2.919	2.251	2.025	0.365	0.226	0.184
	990919040	电焊条烘干箱 $80 \times 80 \times 100cm^3$	台班	0.292	0.225	0.203	0.036	0.022	0.019
	990732035	剪板机 20 × 2500mm	台班	0.140	0.112	0.101	—	—	—
	990734025	卷板机 30 × 2000mm	台班	0.140	0.112	0.092	—	—	—
	990304016	汽车式起重机 16t	台班	0.205	0.167	—	0.065	0.065	—
	990304036	汽车式起重机 40t	台班	—	—	0.147	—	—	0.047
	990304052	汽车式起重机 75t	台班	—	—	—	0.174	0.158	—
	990304064	汽车式起重机 100t	台班	—	—	—	—	—	0.139
	990401030	载重汽车 8t	台班	0.019	0.019	0.019	—	—	—
	990401035	载重汽车 10t	台班	—	—	—	0.065	0.065	0.047
	991003050	电动空气压缩机 $6m^3/min$	台班	0.167	0.140	0.129	—	—	—
	990920010	电焊条恒温箱	台班	0.292	0.225	0.203	0.036	0.022	0.019

2. 烟（风）道制作、安装

工作内容： 放样、号料、切割、剪切、坡口、修口、卷圆压头、找圆、型钢煨制、异径弯头制作、组对、焊接、吊装就位、固定风揽绳等。

计量单位： t

编号				3-6-68	3-6-69
项目				碳钢	
				圆筒形	矩形
名称			单位	消耗量	
人工	000203000	综合二类工	工日	11.360	15.339
材料	010100001	钢材	t	（1.080）	（1.100）
	031301009	低碳钢焊条 J427（综合）	kg	23.294	35.124
	142909001	氧气	m^3	9.108	12.746
	142907002	乙炔气	kg	3.503	4.902
	050105001	道木（综合）	m^3	0.010	0.010
	050401001	木方	m^3	0.004	0.004
	850103006	其他材料费（占材料费）	%	4.000	4.000
机械	990901020	交流弧焊机 32kV · A	台班	3.101	4.568
	990919040	电焊烘干箱 80 × 80 × 100cm³	台班	0.310	0.457
	990920010	电焊条恒温箱	台班	0.310	0.457
	990732035	剪板机 20 × 2500mm	台班	0.074	0.127
	990734025	卷板机 30 × 2000mm	台班	0.249	0.363
	990304016	汽车式起重机 16t	台班	0.391	0.456
	990304036	汽车式起重机 40t	台班	0.205	0.288
	990401030	载重汽车 8t	台班	0.019	0.019
	990401035	载重汽车 10t	台班	0.065	0.065

三、料斗、料仓制作、安装

1. 方形碳钢料斗、料仓预制、安装

工作内容：施工准备、放样下料、调整、组对、焊接、吊装就位安装、配合检查验收等。　　计量单位：t

编号				3-6-70	3-6-71	3-6-72	3-6-73	3-6-74
项目				普通方型				
				重量（t 以内）				
				0.2	0.5	1	2	2 以上
名称			单位	消耗量				
人工	000203000	综合二类工	工日	10.019	9.609	8.981	8.276	7.765
材料	010100001	钢材	t	（1.100）	（1.100）	（1.100）	（1.100）	（1.100）
	050105001	道木（综合）	m^3	0.010	0.010	0.010	0.010	0.010
	142909001	氧气	m^3	13.779	12.407	11.642	10.437	9.408
	142907002	乙炔气	kg	5.300	4.772	4.478	4.014	3.618
	031101010	尼龙砂轮片 ϕ150	片	2.058	1.666	1.568	1.470	1.274
	031301009	低碳钢焊条 J427（综合）	kg	33.565	28.322	27.244	26.558	25.970
	850103006	其他材料费（占材料费）	%	4.000	4.000	4.000	4.000	4.000
机械	990304016	汽车式起重机 16t	台班	0.276	0.246	0.246	0.184	0.184
	990401020	载重汽车 5t	台班	0.047	0.047	0.047	0.047	0.047
	990902010	硅整流弧焊机 15kV·A	台班	4.602	4.096	3.929	3.828	3.754
	990732035	剪板机 20×2500mm	台班	0.092	0.092	0.092	0.073	0.073
	991003050	电动空气压缩机 $6m^3/min$	台班	0.073	0.073	0.073	0.047	0.047
	990919040	电焊烘干箱 80×80×100cm^3	台班	0.461	0.410	0.393	0.383	0.376
	990920010	电焊条恒温箱	台班	0.461	0.410	0.393	0.383	0.376

2. 形碳钢料斗、料仓预制、安装

工作内容：施工准备、放样下料、卷弧、调整、组对、焊接、吊装就位安装、配合检查验收等。

计量单位：t

编号				3-6-75	3-6-76	3-6-77	3-6-78	3-6-79
项目				普通圆型				
				重量（t 以内）				
				0.2	0.5	1	2	2 以上
名称			单位	消耗量				
人工	000203000	综合二类工	工日	9.177	8.587	8.118	7.687	7.387
材料	010100001	钢材	t	（1.080）	（1.080）	（1.080）	（1.080）	（1.080）
	050105001	道木（综合）	m^3	0.010	0.010	0.010	0.010	0.010
	142909001	氧气	m^3	12.603	10.819	9.849	9.114	8.467
	142907002	乙炔气	kg	4.847	4.161	3.788	3.505	3.257
	031101010	尼龙砂轮片 ϕ150	片	1.764	1.568	1.470	1.372	1.176
	031301009	低碳钢焊条 J427（综合）	kg	27.048	26.264	25.382	24.696	24.206
	850103006	其他材料费（占材料费）	%	4.000	4.000	4.000	4.000	4.000
机械	990304016	汽车式起重机 16t	台班	0.307	0.246	0.231	0.184	0.184
	990401020	载重汽车 5t	台班	0.047	0.047	0.047	0.047	0.047
	990732035	剪板机 20 × 2500mm	台班	0.092	0.073	0.055	0.055	0.047
	990734025	卷板机 30 × 2000mm	台班	0.184	0.184	0.184	0.147	0.147
	990919040	电焊条烘干箱 80 × 80 × 100cm^3	台班	0.378	0.367	0.358	0.350	0.323
	990920010	电焊条恒温箱	台班	0.378	0.367	0.358	0.350	0.323
	991003050	电动空气压缩机 6m^3/min	台班	0.073	0.073	0.047	0.047	0.047
	990902010	硅整流弧焊机 15kV · A	台班	3.782	3.663	3.571	3.498	3.221

3. 铝合金料斗、料仓制作、安装

工作内容：施工准备、放样下料、切割、剪切、坡口、卷圆压头、找圆、组对、焊接、吊装就位等。

计量单位：t

编号				3-6-80	3-6-81	3-6-82	3-6-83
项目				重量（t 以内）			
				2	5	8	8 以上
名称			单位	消耗量			
人工	000203000	综合二类工	工日	34.142	33.268	31.536	30.286
材料	010100001	钢材	t	（1.120）	（1.120）	（1.120）	（1.120）
	142909001	氧气	m^3	9.600	9.600	9.000	8.300
	142907002	乙炔气	kg	3.692	3.692	3.462	3.192
	142911001	氩气	m^3	24.300	24.300	21.800	20.100
	031101010	尼龙砂轮片 ϕ150	片	3.000	3.000	2.500	2.000
	050401001	木方	m^3	0.010	0.010	0.010	0.010
	031301020	铝焊条 L109（综合）	kg	13.100	12.400	11.500	11.000
	022305004	碳精棒 ϕ8～12	根	26.000	24.000	22.000	20.000
	340101004	钍钨棒	kg	0.800	0.800	0.800	0.800
	143103001	硝酸	kg	25.500	25.000	24.000	22.000
	143315001	丙酮	kg	2.200	2.200	2.200	2.200
	143159001	氢氧化钠（烧碱）	kg	4.500	4.500	4.500	4.500
	850103006	其他材料费（占材料费）	%	5.000	5.000	5.000	5.000
机械	990912010	氩弧焊机 500A	台班	4.908	4.295	3.885	3.580
	990732035	剪板机 20×2500mm	台班	0.205	0.205	0.205	0.205
	990734025	卷板机 30×2000mm	台班	0.102	0.102	0.102	0.102
	991003050	电动空气压缩机 6m^3/min	台班	0.223	0.223	0.205	0.205
	990304020	汽车式起重机 20t	台班	0.358	0.358	0.307	0.307
	990401035	载重汽车 10t	台班	0.051	0.051	0.051	0.051

4. 铝镁合金料斗、料仓制作

（1）整体制作

工作内容：施工准备、放样下料、卷弧、调整、组对、焊接、配合检查验收等。 **计量单位**：t

编号				3-6-84	3-6-85	3-6-86	3-6-87	3-6-88
项目				容积（m³ 以内）				
				1	2	5	10	15
名称			单位	消耗量				
人工	000203000	综合二类工	工日	61.900	51.575	42.272	40.664	39.933
材料	010100001	钢材	t	（1.140）	（1.140）	（1.140）	（1.140）	（1.140）
	341101001	水	m^3	13.864	8.773	8.773	7.673	7.316
	050401001	木方	m^3	0.059	0.059	0.059	0.059	0.059
	140307001	煤油	kg	2.345	2.345	2.345	2.345	2.345
	142911001	氩气	m^3	79.486	79.108	77.977	75.407	72.839
	142909001	氧气	m^3	11.092	7.023	3.951	3.565	3.178
	142907002	乙炔气	kg	4.266	2.701	1.520	1.371	1.222
	143117001	白垩	kg	1.900	1.900	1.900	1.876	1.876
	031101010	尼龙砂轮片 $\phi150$	片	54.926	54.520	53.190	53.190	52.767
	014301001	铝板（综合）	kg	66.492	66.177	65.230	63.653	62.076
	340101003	铈钨棒	g	158.973	158.217	155.954	150.814	145.678
	031303016	铝锰合金焊丝 丝 321（综合）	kg	28.388	28.253	27.849	26.931	26.014
	143517001	脱脂剂	L	17.221	16.977	16.363	15.291	14.217
	850103006	其他材料费（占材料费）	%	6.000	6.000	6.000	6.000	6.000
机械	990308010	桥式起重机 5t	台班	4.805	4.780	4.705	4.579	4.455
	990728010	摇臂钻床 25mm	台班	0.137	0.103	0.028	0.025	0.023
	990728030	摇臂钻床 63mm	台班	0.189	0.125	0.106	0.259	0.228
	990732035	剪板机 20×2500mm	台班	2.085	2.073	2.032	1.966	1.900
	990734005	卷板机 2×1600mm	台班	6.923	6.376	5.570	4.590	2.585
	990736020	刨边机 12000mm	台班	0.317	0.317	0.317	0.317	0.317
	990912010	氩弧焊机 500A	台班	9.467	9.518	9.672	9.919	10.175
	990743010	等离子切割机 400A	台班	7.868	8.553	9.055	9.534	9.930
	991003030	电动空气压缩机 $1m^3/min$	台班	7.868	8.553	9.055	9.534	9.930
	991003050	电动空气压缩机 $6m^3/min$	台班	0.011	0.011	0.025	0.025	0.030
	990801010	电动单级离心清水泵 50mm	台班	0.137	0.109	0.105	0.100	0.096

工作内容：施工准备、放样下料、卷弧、调整、组对、焊接、配合检查验收等。　　　　**计量单位：**t

编　号				3-6-89	3-6-90	3-6-91	3-6-92
项　目				容积（m^3以内）			
				20	30	40	65
名　称			单位	消　耗　量			
人工	000203000	综合二类工	工日	39.526	38.207	36.654	34.007
材料	010100001	钢材	t	(1.140)	(1.140)	(1.140)	(1.140)
	341101001	水	m^3	6.776	5.850	5.850	5.850
	050401001	木方	m^3	0.059	0.059	0.059	0.059
	140307001	煤油	kg	2.341	2.341	2.121	2.121
	142911001	氩气	m^3	70.151	67.388	64.624	61.312
	142909001	氧气	m^3	2.756	2.106	2.106	2.106
	142907002	乙炔气	kg	1.060	0.810	0.810	0.810
	143117001	白垩	kg	1.873	1.696	1.696	1.696
	031101010	尼龙砂轮片 ϕ150	片	52.767	52.401	52.401	49.856
	014301001	铝板（综合）	kg	60.499	58.922	57.345	54.980
	340101003	铈钨棒	g	140.302	134.775	129.248	122.623
	031303016	铝锰合金焊丝 丝321(综合)	kg	25.054	24.067	23.080	21.897
	143517001	脱脂剂	L	13.145	11.000	10.514	7.028
	012900002	钢板（综合）	kg	—	—	4.176	4.176
	170200002	无缝钢管（综合）	kg	—	—	13.272	10.018
	850103006	其他材料费（占材料费）	%	6.000	6.000	6.000	6.000
机械	990308010	桥式起重机 5t	台班	4.330	4.188	4.044	3.831
	990728010	摇臂钻床 25mm	台班	0.020	0.015	0.015	0.015
	990728030	摇臂钻床 63mm	台班	0.198	0.137	0.137	0.137
	990732035	剪板机 20×2500mm	台班	1.845	1.791	1.734	1.653
	990734005	卷板机 2×1600mm	台班	2.322	2.245	2.171	2.087
	990736020	刨边机 12000mm	台班	0.317	0.317	0.317	0.317
	990912010	氩弧焊机 500A	台班	10.357	9.489	9.329	8.266
	990743010	等离子切割机 400A	台班	9.052	8.137	7.221	6.434
	991003030	电动空气压缩机 $1m^3/min$	台班	9.052	8.137	7.221	6.434
	991003050	电动空气压缩机 $6m^3/min$	台班	0.030	0.030	0.030	0.030
	990801010	电动单级离心清水泵 50mm	台班	0.090	0.080	0.080	0.055

（2）分段制作

工作内容：施工准备、放样下料、卷弧、调整、组对、焊接、配合检查验收等。 **计量单位：**t

编号				3-6-93	3-6-94	3-6-95	3-6-96
项目				容积（m^3以内）			
				100	150	200	250
名称			单位	消耗量			
人工	000203000	综合二类工	工日	26.413	24.398	22.383	20.369
材料	010100001	钢材	t	（1.140）	（1.140）	（1.140）	（1.140）
	050401001	木方	m^3	0.040	0.040	0.040	0.040
	140307001	煤油	kg	1.602	1.511	1.420	1.330
	142911001	氩气	m^3	59.097	57.708	56.316	53.332
	142909001	氧气	m^3	1.333	0.902	0.662	0.662
	142907002	乙炔气	kg	0.513	0.347	0.255	0.255
	143117001	白垩	kg	1.281	1.208	0.902	0.902
	031101010	尼龙砂轮片 ϕ150	片	35.105	32.076	29.066	26.591
	014301001	铝板（综合）	kg	40.644	37.667	35.608	33.550
	340101003	铈钨棒	g	118.194	115.416	112.633	106.663
	031303016	铝锰合金焊丝 丝321(综合）	kg	21.106	20.610	20.113	19.047
	143517001	脱脂剂	L	10.144	11.193	12.242	13.291
	850103006	其他材料费（占材料费）	%	6.000	6.000	6.000	6.000
机械	990308010	桥式起重机 5t	台班	2.185	1.891	1.595	1.298
	990728010	摇臂钻床 25mm	台班	0.008	0.007	0.005	0.005
	990728030	摇臂钻床 63mm	台班	0.179	0.185	0.139	0.139
	990732035	剪板机 20×2500mm	台班	0.202	0.168	0.136	0.104
	990732045	剪板机 32×4000mm	台班	0.651	0.584	0.518	0.452
	990734005	卷板机 2×1600mm	台班	1.499	1.997	1.840	1.679
	990736020	刨边机 12000mm	台班	0.219	0.219	0.219	0.219
	990912010	氩弧焊机 500A	台班	6.137	5.525	4.912	4.300
	990743010	等离子切割机 400A	台班	5.324	4.786	4.247	3.711
	991003030	电动空气压缩机 1m^3/min	台班	5.324	4.786	4.247	3.711
	991003050	电动空气压缩机 6m^3/min	台班	0.021	0.021	0.021	0.021

（3）分片制作

工作内容：施工准备、放样下料、卷弧、调整、组对、焊接、配合检查验收等。　　**计量单位：**t

编号				3-6-97	3-6-98	3-6-99	3-6-100	3-6-101
项目				容积（m³ 以内）				
				300	400	500	600	700
		名称	单位	消耗量				
人工	000203000	综合二类工	工日	6.369	6.220	5.927	5.633	5.339
材料	010100001	钢材	t	（1.140）	（1.140）	（1.140）	（1.140）	（1.140）
	050401001	木方	m^3	0.030	0.030	0.030	0.030	0.030
	142911001	氩气	m^3	0.090	0.087	0.084	0.081	0.078
	142909001	氧气	m^3	0.559	0.606	0.652	0.698	0.745
	142907002	乙炔气	kg	0.215	0.233	0.251	0.268	0.287
	031101010	尼龙砂轮片 ϕ150	片	3.465	3.168	3.069	2.970	2.831
	014301001	铝板（综合）	kg	1.742	1.624	1.495	1.376	1.257
	340101003	铈钨棒	g	0.179	0.174	0.168	0.162	0.157
	031303015	铝焊丝 丝 301（综合）	kg	0.032	0.031	0.030	0.029	0.028
	850103006	其他材料费（占材料费）	%	3.000	3.000	3.000	3.000	3.000
机械	990308010	桥式起重机 5t	台班	1.633	1.520	1.407	1.294	1.182
	990728010	摇臂钻床 25mm	台班	0.008	0.007	0.005	0.003	0.001
	990728030	摇臂钻床 63mm	台班	0.060	0.064	0.069	0.072	0.115
	990732035	剪板机 20×2500mm	台班	0.135	0.162	0.190	0.218	0.246
	990732045	剪板机 32×4000mm	台班	0.335	0.274	0.214	0.154	0.094
	990734005	卷板机 2×1600mm	台班	0.285	0.285	0.285	0.285	0.285
	990736020	刨边机 12000mm	台班	0.199	0.199	0.199	0.199	0.115
	990912010	氩弧焊机 500A	台班	0.027	0.025	0.023	0.022	0.020
	990743010	等离子切割机 400A	台班	2.795	2.508	2.222	1.938	1.815
	991003030	电动空气压缩机 1m³/min	台班	2.795	2.508	2.222	1.938	1.815

5. 铝镁合金料斗、料仓安装

（1）整体安装

工作内容：施工准备、吊装就位、找正、配合检查验收等。　　**计量单位：**t

编号				3-6-102	3-6-103	3-6-104	3-6-105	3-6-106
项目				容积（m³ 以内）				
				1	2	5	10	15
		名称	单位	消耗量				
人工	000203000	综合二类工	工日	16.070	13.264	11.683	8.470	5.265
材料	050105001	道木（综合）	m^3	0.099	0.099	0.099	0.069	0.069
	142909001	氧气	m^3	1.188	1.030	1.010	0.990	0.960
	142907002	乙炔气	kg	0.457	0.396	0.388	0.381	0.369
	031301009	低碳钢焊条 J427（综合）	kg	1.782	1.742	1.703	1.594	1.515
	031509005	垫铁	kg	6.336	6.237	5.841	5.742	5.742
	850103006	其他材料费（占材料费）	%	3.000	3.000	3.000	3.000	3.000
机械	990901020	交流弧焊机 32kV·A	台班	0.250	0.244	0.238	0.223	0.212
	990304016	汽车式起重机 16t	台班	2.997	2.925	2.587	2.026	1.321
	990401020	载重汽车 5t	台班	0.355	0.300	0.273	0.182	0.182
	990401030	载重汽车 8t	台班	—	—	—	0.255	0.228

工作内容：施工准备、吊装就位、找正、配合检查验收等。 计量单位：t

编号				3-6-107	3-6-108	3-6-109	3-6-110
项目				容积（m³以内）			
				20	30	40	65
名称			单位	消耗量			
人工	000203000	综合二类工	工日	4.751	3.995	3.231	2.637
材料	050105001	道木（综合）	m³	0.059	0.059	0.050	0.050
	142909001	氧气	m³	0.851	0.782	0.673	0.634
	142907002	乙炔气	kg	0.327	0.301	0.259	0.244
	031301009	低碳钢焊条 J427（综合）	kg	1.168	1.049	0.990	0.941
	031509005	垫铁	kg	5.148	4.930	4.554	4.158
	850103006	其他材料费（占材料费）	%	3.000	3.000	3.000	3.000
机械	990304016	汽车式起重机 16t	台班	0.724	0.654	0.587	0.533
	990304024	汽车式起重机 25t	台班	0.386	0.301	0.219	—
	990304036	汽车式起重机 40t	台班	—	—	—	0.100
	990401030	载重汽车 8t	台班	0.209	0.091	0.091	0.091
	990401045	载重汽车 15t	台班	—	0.182	0.164	0.137
	990901020	交流弧焊机 32kV·A	台班	0.164	0.147	0.139	0.132

（2）分段安装

工作内容：施工准备、吊装就位、组对焊接、找正、配合检查验收等。 计量单位：t

编号				3-6-111	3-6-112	3-6-113	3-6-114
项目				容积（m³以内）			
				100	150	200	250
名称			单位	消耗量			
人工	000203000	综合二类工	工日	5.069	4.657	4.240	3.824
材料	341101001	水	m³	6.081	4.520	3.463	2.551
	050105001	道木（综合）	m³	0.395	0.353	0.312	0.270
	140307001	煤油	kg	0.193	0.173	0.153	0.134
	142911001	氩气	m³	1.918	1.714	1.509	1.305
	143117001	白垩	kg	0.153	0.138	0.122	0.106
	031101010	尼龙砂轮片 ϕ150	片	5.414	4.836	4.258	3.676
	014301001	铝板（综合）	kg	2.999	2.677	2.355	2.033
	340101003	铈钨棒	g	3.836	3.427	3.018	2.610
	010501011	钢丝绳 ϕ15	m	0.850	0.734	0.617	0.500
	031303016	铝锰合金焊丝 丝321(综合)	kg	0.685	0.612	0.539	0.466
	850103006	其他材料费（占材料费）	%	5.000	5.000	5.000	5.000
机械	990304016	汽车式起重机 16t	台班	0.678	0.568	0.500	0.454
	990304024	汽车式起重机 25t	台班	0.314	0.209	—	—
	990304036	汽车式起重机 40t	台班	—	—	0.159	—
	990304040	汽车式起重机 50t	台班	—	—	—	0.116
	990401020	载重汽车 5t	台班	0.066	0.044	0.032	0.020
	990403015	平板拖车组 15t	台班	0.246	0.083	0.061	0.039
	990403020	平板拖车组 20t	台班	—	0.098	0.072	0.047
	990912010	氩弧焊机 500A	台班	0.872	0.778	0.685	0.583
	990743010	等离子切割机 400A	台班	0.197	0.139	0.114	0.091
	991003030	电动空气压缩机 1m³/min	台班	0.197	0.139	0.114	0.091
	991003050	电动空气压缩机 6m³/min	台班	0.004	0.003	0.002	0.001
	990801010	电动单级离心清水泵 50mm	台班	0.055	0.042	0.032	0.022

（3）分片安装

工作内容：施工准备、吊装就位、组对焊接、找正、配合检查验收等。 **计量单位：**t

编号				3-6-115	3-6-116	3-6-117	3-6-118	3-6-119
项目				容积（m^3 以内）				
				300	400	500	600	700
名称			单位	消耗量				
人工	000203000	综合二类工	工日	17.305	16.947	16.588	16.212	15.751
材料	341101001	水	m^3	2.897	2.601	2.305	2.009	1.713
	050105001	道木（综合）	m^3	0.257	0.238	0.218	0.198	0.178
	140307001	煤油	kg	1.443	1.376	1.309	1.241	1.175
	142911001	氩气	m^3	37.999	39.427	40.855	42.286	43.716
	142909001	氧气	m^3	0.148	0.134	0.120	0.106	0.092
	143517001	脱脂剂	L	7.397	7.188	6.980	6.772	6.564
	142907002	乙炔气	kg	0.057	0.052	0.046	0.041	0.035
	143117001	白垩	kg	1.154	1.100	1.046	0.992	0.939
	031101010	尼龙砂轮片 $\phi150$	片	122.860	124.483	126.105	127.738	129.350
	014301001	铝板（综合）	kg	22.054	22.677	23.299	23.921	24.544
	340101003	铈钨棒	g	75.998	78.854	81.710	84.571	87.433
	031303016	铝锰合金焊丝 丝321(综合)	kg	13.571	14.081	14.591	15.102	15.613
	850103006	其他材料费（占材料费）	%	5.000	5.000	5.000	5.000	5.000
机械	990304016	汽车式起重机 16t	台班	1.147	1.192	1.236	1.282	1.328
	990304040	汽车式起重机 50t	台班	0.228	0.034	0.057	0.078	0.091
	990304056	汽车式起重机 80t	台班	0.133	0.253	0.226	0.199	0.173
	990401035	载重汽车 10t	台班	0.104	0.103	0.102	0.102	0.101
	990732030	剪板机 20×2000mm	台班	0.004	0.004	0.004	0.004	0.004
	990734005	卷板机 2×1600mm	台班	0.150	0.169	0.190	0.209	0.231
	990912010	氩弧焊机 500A	台班	5.877	5.858	5.840	5.822	5.804
	990743010	等离子切割机 400A	台班	0.910	0.925	0.939	0.954	0.968
	991003030	电动空气压缩机 $1m^3/min$	台班	0.910	0.925	0.939	0.954	0.968
	991003050	电动空气压缩机 $6m^3/min$	台班	0.020	0.020	0.019	0.018	0.017
	990801010	电动单级离心清水泵 50mm	台班	0.020	0.020	0.019	0.018	0.017

6. 铝镁合金料斗、料仓接管制作、安装

工作内容：施工准备、放样下料、卷弧、组对安装、焊接、配合检查验收等。 **计量单位：**套

编号				3-6-120	3-6-121	3-6-122	3-6-123
项目				接管公称直径（mm）			
				25	50	80	100
名称			单位	消耗量			
人工	000203000	综合二类工	工日	0.300	0.357	0.588	1.097
材料	172305001	铝镁合金接管	套	（1.000）	（1.000）	（1.000）	（1.000）
	142911001	氩气	m^3	0.063	0.126	0.203	0.531
	031101010	尼龙砂轮片 $\phi150$	片	0.042	0.076	0.120	0.828
	340101003	铈钨棒	g	0.129	0.252	0.409	1.064
	031303016	铝锰合金焊丝 丝321(综合)	kg	0.023	0.045	0.073	0.190
	143517001	脱脂剂	L	0.010	0.019	0.030	0.154
	850103006	其他材料费（占材料费）	%	5.000	5.000	5.000	5.000
机械	990912010	氩弧焊机 500A	台班	0.060	0.081	0.107	0.255
	990743010	等离子切割机 400A	台班	0.011	0.021	0.033	0.169
	991003030	电动空气压缩机 $1m^3/min$	台班	0.011	0.021	0.033	0.169
	990734005	卷板机 2×1600mm	台班	—	—	—	0.001

工作内容：施工准备、放样下料、卷弧、组对安装、焊接、配合检查验收等。 **计量单位：**套

编号				3-6-124	3-6-125	3-6-126	3-6-127
项目				接管公称直径（mm）			
				125	150	200	250
名称			单位	消耗量			
人工	000203000	综合二类工	工日	1.235	1.373	1.696	2.007
材料	172305001	铝镁合金接管	套	（1.000）	（1.000）	（1.000）	（1.000）
	142911001	氩气	m^3	0.833	1.000	1.333	1.684
	031101010	尼龙砂轮片 $\phi150$	片	1.281	1.545	2.063	2.525
	340101003	铈钨棒	g	1.663	1.994	2.666	3.371
	031303016	铝锰合金焊丝 丝321(综合)	kg	0.297	0.356	0.476	0.602
	143517001	脱脂剂	L	0.188	0.227	0.301	0.365
	850103006	其他材料费（占材料费）	%	5.000	5.000	5.000	5.000
机械	990734005	卷板机 2×1600mm	台班	0.001	0.001	0.003	0.003
	990912010	氩弧焊机 500A	台班	0.316	0.358	0.451	0.550
	990743010	等离子切割机 400A	台班	0.206	0.248	0.329	0.400
	991003030	电动空气压缩机 $1m^3/min$	台班	0.206	0.248	0.329	0.400

工作内容：施工准备、放样下料、卷弧、组对安装、焊接、配合检查验收等。 **计量单位：**套

编号				3-6-128	3-6-129	3-6-130	3-6-131
项目				接管公称直径（mm）			
				300	350	400	450
	名称		单位	消耗量			
人工	000203000	综合二类工	工日	2.260	2.608	2.908	3.319
材料	172305001	铝镁合金接管	套	（1.000）	（1.000）	（1.000）	（1.000）
	142911001	氩气	m^3	1.993	3.257	3.678	4.144
	143517001	脱脂剂	L	0.429	0.494	0.557	0.626
	031101010	尼龙砂轮片 $\phi150$	片	2.979	3.442	3.901	4.098
	340101003	钍钨棒	g	3.987	6.507	7.286	8.294
	031303016	铝锰合金焊丝 丝321(综合)	kg	0.712	1.162	1.301	1.481
	850103006	其他材料费（占材料费）	%	5.000	5.000	5.000	5.000
机械	990734005	卷板机 2×1600mm	台班	0.003	0.006	0.006	0.007
	990912010	氩弧焊机 500A	台班	0.625	0.862	0.969	1.111
	990743010	等离子切割机 400A	台班	0.471	0.540	0.611	0.685
	991003030	电动空气压缩机 $1m^3/min$	台班	0.471	0.540	0.611	0.685
	990304016	汽车式起重机 16t	台班	—	—	0.020	0.027

工作内容：施工准备、放样下料、卷弧、组对安装、焊接、配合检查验收等。 **计量单位：**套

编号				3-6-132	3-6-133	3-6-134
项目				接管公称直径（mm）		
				500	600	800
	名称		单位	消耗量		
人工	000203000	综合二类工	工日	3.784	4.657	6.089
材料	172305001	铝镁合金接管	套	（1.000）	（1.000）	（1.000）
	142911001	氩气	m^3	4.589	6.792	9.045
	143517001	脱脂剂	L	0.692	0.821	1.065
	031101010	尼龙砂轮片 $\phi150$	片	4.849	6.891	8.988
	340101003	钍钨棒	g	9.184	13.586	18.099
	031303016	铝锰合金焊丝 丝321（综合）	kg	1.640	2.426	3.232
	850103006	其他材料费（占材料费）	%	5.000	5.000	5.000
机械	990304016	汽车式起重机 16t	台班	0.028	0.033	0.042
	990734005	卷板机 2×1600mm	台班	0.007	0.012	0.012
	990912010	氩弧焊机 500A	台班	1.260	1.761	2.311
	990743010	等离子切割机 400A	台班	0.758	0.898	1.166
	991003030	电动空气压缩机 $1m^3/min$	台班	0.758	0.898	1.166

7. 不锈钢料斗、料仓制作

（1）整 体 制 作

工作内容：施工准备、放样号料、切割、坡口、压头卷弧、找圆、组对、焊接、焊缝酸洗钝化、内部附件制作、组装、配合检查验收、成品倒运堆放等。 计量单位：t

编 号				3-6-135	3-6-136	3-6-137	3-6-138	3-6-139
项 目				容积（m^3以内）				
				1	2	5	10	15
	名 称		单位	消 耗 量				
人工	000203000	综合二类工	工日	26.776	22.310	18.285	17.511	17.274
材料	010100001	钢材	t	（1.140）	（1.140）	（1.140）	（1.140）	（1.140）
	050105001	道木（综合）	m^3	0.010	0.010	0.010	0.010	0.010
	050401001	木方	m^3	0.030	0.030	0.030	0.030	0.030
	140307001	煤油	kg	1.146	1.146	1.121	1.067	1.029
	143157001	氢氟酸 45%	kg	0.128	0.128	0.138	0.148	0.158
	143103001	硝酸	kg	1.024	1.024	1.143	1.192	1.251
	142911001	氩气	m^3	0.030	0.030	0.030	0.030	0.030
	142909001	氧气	m^3	0.404	0.404	0.404	0.404	0.404
	142907002	乙炔气	kg	0.155	0.155	0.155	0.155	0.155
	133521001	飞溅净	kg	2.862	2.862	2.862	2.862	2.862
	143169002	酸洗膏	kg	2.325	2.325	2.325	2.325	2.325
	031101017	不锈钢专用砂轮片	片	11.919	11.623	11.613	12.194	12.194
	031301001	不锈钢焊条（综合）	kg	18.567	18.324	18.216	18.143	17.996
	031303018	不锈钢氩弧焊丝（综合）	kg	0.010	0.010	0.010	0.010	0.010
	031301009	低碳钢焊条 J427（综合）	kg	0.483	0.483	0.483	0.483	0.483
	850103006	其他材料费（占材料费）	%	5.000	5.000	5.000	5.000	5.000
机械	990304016	汽车式起重机 16t	台班	1.173	1.071	0.586	0.403	0.376
	990308020	桥式起重机 15t	台班	3.480	3.068	2.555	1.932	1.767
	990309030	门式起重机 20t	台班	1.200	0.843	0.550	0.540	0.467
	990401020	载重汽车 5t	台班	1.886	1.054	0.568	0.385	0.366
	990401035	载重汽车 10t	台班	0.028	0.024	0.019	0.019	0.019
	990728020	摇臂钻床 50mm	台班	0.138	0.138	0.138	0.138	0.138
	990732035	剪板机 20×2500mm	台班	0.083	0.083	0.083	0.083	0.083
	990734015	卷板机 20×2500mm	台班	0.092	0.092	0.092	0.092	0.092
	990736020	刨边机 12000mm	台班	0.062	0.062	0.062	0.062	0.062
	990912010	氩弧焊机 500A	台班	0.019	0.019	0.019	0.019	0.019
	990743010	等离子切割机 400A	台班	1.959	1.923	1.895	1.886	1.886
	990902020	硅整流弧焊机 20kV·A	台班	4.652	4.652	4.652	4.652	4.652
	991003030	电动空气压缩机 $1m^3/min$	台班	1.959	1.903	1.895	1.886	1.886
	991003050	电动空气压缩机 $6m^3/min$	台班	0.432	0.432	0.432	0.432	0.432
	990920010	电焊条恒温箱	台班	0.466	0.404	0.451	0.472	0.450
	990919040	电焊条烘干箱 80×80×$100cm^3$	台班	0.466	0.404	0.451	0.472	0.450

工作内容： 施工准备、放样号料、切割、坡口、压头卷弧、找圆、组对、焊接、焊缝酸洗钝化、内部附件制作、组装、配合检查验收、成品倒运堆放等。　**计量单位：** t

编号				3-6-140	3-6-141	3-6-142	3-6-143
项目				容积（m³ 以内）			
				20	30	40	65
名称			单位	消耗量			
人工	000203000	综合二类工	工日	17.099	16.526	15.853	14.712
材料	010100001	钢材	t	（1.140）	（1.140）	（1.140）	（1.140）
	050105001	道木（综合）	m^3	0.010	0.010	0.010	0.010
	050401001	木方	m^3	0.030	0.030	0.030	0.030
	140307001	煤油	kg	1.021	0.930	0.920	0.918
	143157001	氢氟酸 45%	kg	0.158	0.138	0.138	0.138
	143103001	硝酸	kg	1.251	1.143	1.143	1.143
	142911001	氩气	m^3	0.030	0.030	0.030	0.030
	142909001	氧气	m^3	0.404	0.404	0.404	0.404
	142907002	乙炔气	kg	0.155	0.155	0.155	0.155
	133521001	飞溅净	kg	2.862	2.605	2.579	2.573
	143169002	酸洗膏	kg	2.325	2.285	2.263	2.257
	031101017	不锈钢专用砂轮片	片	12.194	11.718	11.600	11.572
	031301001	不锈钢焊条（综合）	kg	17.739	7.655	17.576	17.447
	031303018	不锈钢氩弧焊丝（综合）	kg	0.010	0.010	0.010	0.010
	031301009	低碳钢焊条 J427（综合）	kg	0.483	0.475	0.470	0.469
	850103006	其他材料费（占材料费）	%	5.000	5.000	5.000	5.000
机械	990304016	汽车式起重机 16t	台班	0.202	0.092	0.046	0.046
	990304024	汽车式起重机 25t	台班	—	0.073	0.055	0.036
	990308020	桥式起重机 15t	台班	1.593	1.437	1.346	1.263
	990309030	门式起重机 20t	台班	0.394	0.321	0.312	0.302
	990401020	载重汽车 5t	台班	0.284	0.092	—	—
	990401035	载重汽车 10t	台班	0.019	0.092	0.055	0.046
	990401045	载重汽车 15t	台班	—	—	0.046	0.046
	990728020	摇臂钻床 50mm	台班	0.138	0.138	0.138	0.138
	990732035	剪板机 20×2500mm	台班	0.083	0.083	0.083	0.083
	990734015	卷板机 20×2500mm	台班	0.092	0.092	0.092	0.092
	990736020	刨边机 12000mm	台班	0.062	0.062	0.061	0.061
	990912010	氩弧焊机 500A	台班	0.019	0.019	0.019	0.019
	990743010	等离子切割机 400A	台班	1.886	1.877	1.859	1.850
	990902020	硅整流弧焊机 20kV·A	台班	4.652	4.487	4.459	4.441
	991003030	电动空气压缩机 1m³/min	台班	1.886	1.877	1.859	1.850
	991003050	电动空气压缩机 6m³/min	台班	0.432	0.432	0.428	0.427
	990920010	电焊条恒温箱	台班	0.494	0.449	0.446	0.443
	990919040	电焊条烘干箱 80×80×100cm³	台班	0.494	0.449	0.446	0.443

（2）分段制作

工作内容：施工准备、放样号料、切割、坡口、压头卷弧、调整、焊接、焊缝酸洗钝化、内部附件制作、组装、配合检查验收、成品倒运堆放等。　　**计量单位：**t

编号				3-6-144	3-6-145	3-6-146	3-6-147
项目				容积（m^3以内）			
				100	150	200	250
		名称	单位	消耗量			
人工	000203000	综合二类工	工日	13.510	12.481	11.437	10.417
材料	010100001	钢材	t	（1.140）	（1.140）	（1.140）	（1.140）
	050105001	道木（综合）	m^3	0.070	0.067	0.065	0.060
	050401001	木方	m^3	0.030	0.030	0.030	0.030
	143157001	氢氟酸 45%	kg	0.160	0.154	0.150	0.142
	143103001	硝酸	kg	1.226	1.177	1.131	1.087
	142911001	氩气	m^3	0.030	0.030	0.030	0.030
	142909001	氧气	m^3	0.299	0.287	0.275	0.264
	142907002	乙炔气	kg	0.115	0.110	0.106	0.102
	133521001	飞溅净	kg	2.762	2.651	2.545	2.444
	143169002	酸洗膏	kg	2.413	2.316	2.223	2.135
	031101017	不锈钢专用砂轮片	片	13.360	12.821	12.363	11.964
	031301001	不锈钢焊条（综合）	kg	18.365	17.630	16.925	16.201
	031303018	不锈钢氩弧焊丝（综合）	kg	0.010	0.010	0.010	0.010
	031301009	低碳钢焊条 J427（综合）	kg	0.499	0.479	0.460	0.441
	850103006	其他材料费（占材料费）	%	5.000	5.000	5.000	5.000
机械	990304016	汽车式起重机 16t	台班	0.110	0.105	0.100	0.091
	990304024	汽车式起重机 25t	台班	0.027	0.027	0.025	0.024
	990308020	桥式起重机 15t	台班	1.621	1.558	1.494	1.430
	990309030	门式起重机 20t	台班	0.300	0.292	0.273	0.255
	990401035	载重汽车 10t	台班	0.091	0.091	0.091	0.091
	990401045	载重汽车 15t	台班	0.082	—	—	—
	990728020	摇臂钻床 50mm	台班	0.338	0.338	0.328	0.328
	990732035	剪板机 20×2500mm	台班	0.127	0.127	0.110	0.110
	990734015	卷板机 20×2500mm	台班	0.155	0.137	0.127	0.118
	990736020	刨边机 12000mm	台班	0.108	0.108	0.104	0.099
	990912010	氩弧焊机 500A	台班	0.027	0.027	0.027	0.027
	990743010	等离子切割机 400A	台班	1.357	1.302	1.249	1.194
	990902020	硅整流弧焊机 20kV·A	台班	3.745	3.599	3.453	3.307
	991003030	电动空气压缩机 $1m^3/min$	台班	1.357	1.302	1.249	1.194
	991003050	电动空气压缩机 $6m^3/min$	台班	0.346	0.338	0.319	0.310
	990920010	电焊条恒温箱	台班	0.375	0.360	0.346	0.331
	990919040	电焊条烘干箱 80×80×100cm^3	台班	0.375	0.360	0.346	0.331
	990403020	平板拖车组 20t	台班	—	0.064	0.055	—
	990403030	平板拖车组 40t	台班	—	—	—	0.046

（3）分片制作

工作内容： 施工准备、放样号料、切割、坡口、压头卷弧、调整、焊接、内部附件制作、配合检查验收、成品倒运堆放等。

计量单位： t

编号				3-6-148	3-6-149	3-6-150	3-6-151	3-6-152
项目				容积（m³ 以内）				
				300	400	500	600	800
名称			单位	消耗量				
人工	000203000	综合二类工	工日	3.260	3.181	3.029	2.883	2.725
材料	010100001	钢材	t	（1.140）	（1.140）	（1.140）	（1.140）	（1.140）
	050105001	道木（综合）	m^3	0.080	0.080	0.080	0.070	0.070
	050401001	木方	m^3	0.020	0.020	0.020	0.020	0.020
	143157001	氢氟酸 45%	kg	0.179	0.179	0.179	0.169	0.169
	143103001	硝酸	kg	1.295	1.295	1.265	1.265	1.265
	142911001	氩气	m^3	0.030	0.030	0.030	0.025	0.025
	142909001	氧气	m^3	0.060	0.056	0.052	0.048	0.045
	142907002	乙炔气	kg	0.023	0.022	0.020	0.018	0.017
	031101017	不锈钢专用砂轮片	片	3.337	3.108	2.888	2.639	2.490
	031301001	不锈钢焊条（综合）	kg	0.428	0.398	0.371	0.345	0.321
	031303018	不锈钢氩弧焊丝（综合）	kg	0.010	0.010	0.010	0.010	0.010
	031301009	低碳钢焊条 J427（综合）	kg	0.299	0.278	0.258	0.240	0.223
	850103006	其他材料费（占材料费）	%	5.000	5.000	5.000	5.000	5.000
机械	990304016	汽车式起重机 16t	台班	0.009	0.009	0.009	0.009	0.009
	990304040	汽车式起重机 50t	台班	0.028	0.026	0.024	0.022	0.020
	990308020	桥式起重机 15t	台班	0.632	0.586	0.540	0.504	0.458
	990401035	载重汽车 10t	台班	0.019	0.019	0.019	0.019	0.019
	990403030	平板拖车组 40t	台班	0.073	0.064	0.064	—	—
	990728020	摇臂钻床 50mm	台班	0.055	0.055	0.046	0.046	0.041
	990732035	剪板机 20×2500mm	台班	0.092	0.092	0.092	0.092	0.092
	990734015	卷板机 20×2500mm	台班	0.284	0.264	0.246	0.228	0.213
	990736020	刨边机 12000mm	台班	0.241	0.224	0.209	0.194	0.181
	990912010	氩弧焊机 500A	台班	0.028	0.028	0.028	0.028	0.028
	990743010	等离子切割机 400A	台班	1.803	1.678	1.560	1.451	1.349
	990902020	硅整流弧焊机 20kV·A	台班	0.714	0.669	0.605	0.559	0.513
	991003050	电动空气压缩机 $6m^3/min$	台班	1.803	1.678	1.560	1.451	1.349
	990920010	电焊条恒温箱	台班	0.072	0.070	0.061	0.056	0.052
	990919040	电焊条烘干箱 $80\times80\times100cm^3$	台班	0.072	0.070	0.061	0.056	0.052
	990403040	平板拖车组 60t	台班	—	—	—	0.055	0.055

8. 不锈钢料斗、料仓安装

（1）整体安装

工作内容：施工准备、吊装就位、安装找正、配合检查验收等。 **计量单位：**t

编号				3-6-153	3-6-154	3-6-155	3-6-156	3-6-157
项目				容积（m^3以内）				
				1	2	5	10	15
	名称		单位	消耗量				
人工	000203000	综合二类工	工日	8.725	7.270	5.961	5.706	5.628
材料	050105001	道木（综合）	m^3	0.069	0.069	0.069	0.069	0.069
	142909001	氧气	m^3	0.591	0.591	0.571	0.571	0.571
	142907002	乙炔气	kg	0.227	0.227	0.220	0.220	0.220
	031101017	不锈钢专用砂轮片	片	1.182	1.182	1.182	1.084	1.084
	031301009	低碳钢焊条 J427（综合）	kg	0.591	0.571	0.571	0.561	0.542
	031509005	垫铁	kg	6.304	6.156	5.762	5.713	5.644
	850103006	其他材料费（占材料费）	%	8.000	8.000	8.000	8.000	8.000
机械	990304016	汽车式起重机 16t	台班	0.247	0.229	0.229	0.138	0.116
	990304040	汽车式起重机 50t	台班	—	—	—	0.183	0.147
	990401035	载重汽车 10t	台班	0.119	0.100	0.092	0.073	—
	990403020	平板拖车组 20t	台班	—	—	—	—	0.055
	990902020	硅整流弧焊机 20kV·A	台班	0.266	0.266	0.266	0.266	0.257

工作内容：施工准备、吊装就位、安装找正、配合检查验收等。 **计量单位：**t

编号				3-6-158	3-6-159	3-6-160	3-6-161
项目				容积（m^3以内）			
				20	30	40	65
	名称		单位	消耗量			
人工	000203000	综合二类工	工日	5.568	5.382	5.166	4.795
材料	050105001	道木（综合）	m^3	0.069	0.069	0.069	0.069
	142909001	氧气	m^3	0.571	0.571	0.571	0.571
	142907002	乙炔气	kg	0.220	0.220	0.220	0.220
	031101017	不锈钢专用砂轮片	片	1.084	0.985	0.985	0.985
	031301009	低碳钢焊条 J427（综合）	kg	0.532	0.532	0.512	0.493
	031509005	垫铁	kg	5.516	5.516	5.427	5.418
	850103006	其他材料费（占材料费）	%	8.000	8.000	8.000	8.000
机械	990401035	载重汽车 10t	台班	0.055	0.055	—	—
	990304016	汽车式起重机 16t	台班	0.092	0.092	0.073	0.055
	990304040	汽车式起重机 50t	台班	0.138	0.110	0.092	0.092
	990403020	平板拖车组 20t	台班	—	—	0.046	0.046
	990902020	硅整流弧焊机 20kV·A	台班	0.257	0.257	0.238	0.238

（2）分段安装

工作内容：施工准备、分段组对、点焊、焊接、组合件安装、焊缝酸洗钝化、吊装就位安装、配合检查验收等。

计量单位：t

编号				3-6-162	3-6-163	3-6-164	3-6-165
项目				容积（m^3 以内）			
				100	150	200	250
名称			单位	消耗量			
人工	000203000	综合二类工	工日	2.594	2.398	2.181	1.990
材料	341101001	水	m^3	4.750	4.560	4.370	4.180
	050105001	道木（综合）	m^3	0.130	0.110	0.100	0.080
	050401001	木方	m^3	0.020	0.018	0.015	0.012
	140307001	煤油	kg	0.379	0.359	0.319	0.299
	143157001	氢氟酸 45%	kg	0.030	0.030	0.030	0.030
	143103001	硝酸	kg	0.040	0.040	0.038	0.035
	142911001	氩气	m^3	0.020	0.020	0.020	0.020
	142909001	氧气	m^3	1.416	1.359	1.305	1.250
	142907002	乙炔气	kg	0.545	0.523	0.502	0.481
	133521001	飞溅净	kg	0.538	0.518	0.499	0.479
	143169002	酸洗膏	kg	0.469	0.450	0.432	0.414
	031101017	不锈钢专用砂轮片	片	0.359	0.345	0.331	0.317
	012300001	型钢（综合）	kg	7.308	7.016	6.760	6.481
	031301001	不锈钢焊条（综合）	kg	3.649	3.503	3.363	3.221
	031303018	不锈钢氩弧焊丝（综合）	kg	0.010	0.010	0.010	0.010
	031301009	低碳钢焊条 J427（综合）	kg	0.788	0.756	0.726	0.698
	031509005	垫铁	kg	5.872	5.637	5.412	5.184
	850103006	其他材料费（占材料费）	%	5.000	5.000	5.000	5.000
机械	990304016	汽车式起重机 16t	台班	0.201	0.192	0.192	0.182
	990304024	汽车式起重机 25t	台班	0.110	0.110	0.100	0.100
	990304040	汽车式起重机 50t	台班	0.091	0.082	0.078	0.073
	990401035	载重汽车 10t	台班	0.036	0.036	0.036	0.036
	990403020	平板拖车组 20t	台班	0.027	0.023	0.021	0.019
	990743010	等离子切割机 400A	台班	0.091	0.091	0.082	0.082
	990902020	硅整流弧焊机 20kV·A	台班	0.693	0.665	0.638	0.611
	991003030	电动空气压缩机 $1m^3/min$	台班	0.082	0.082	0.073	0.073
	991003050	电动空气压缩机 $6m^3/min$	台班	0.009	0.009	0.009	0.009
	990920010	电焊条恒温箱	台班	0.069	0.067	0.064	0.061
	990919040	电焊条烘干箱 $80 \times 80 \times 100cm^3$	台班	0.069	0.067	0.064	0.061

（3）分片安装

工作内容：施工准备、分片组对、点焊、焊接、清根、组合件安装、焊缝酸洗钝化、吊装就位安装、配合检查验收等。

计量单位：t

编号				3-6-166	3-6-167	3-6-168	3-6-169	3-6-170
项目				容积（m^3以内）				
				300	400	500	600	800
	名称		单位	消耗量				
人工	000203000	综合二类工	工日	8.853	8.648	8.236	7.829	7.417
材料	341101001	水	m^3	10.916	10.159	9.412	8.655	7.898
	050105001	道木（综合）	m^3	0.110	0.110	0.110	0.100	0.100
	050401001	木方	m^3	0.018	0.015	0.013	0.012	0.010
	140307001	煤油	kg	0.747	0.737	0.727	0.717	0.717
	143157001	氢氟酸 45%	kg	0.080	0.080	0.080	0.070	0.070
	143103001	硝酸	kg	1.992	1.992	1.892	1.892	1.892
	142909001	氧气	m^3	5.368	5.000	4.621	4.253	3.884
	142907002	乙炔气	kg	2.065	1.923	1.777	1.636	1.494
	133521001	飞溅净	kg	1.255	1.165	1.076	0.986	0.916
	143169002	酸洗膏	kg	1.096	1.016	0.946	0.876	0.787
	031101017	不锈钢专用砂轮片	片	6.972	6.574	5.976	5.478	5.179
	012300001	型钢（综合）	kg	33.286	30.996	28.695	26.364	24.701
	031301001	不锈钢焊条（综合）	kg	40.477	37.679	34.880	32.071	29.282
	031303018	不锈钢氩弧焊丝（综合）	kg	0.010	0.010	0.010	0.010	0.010
	031509005	垫铁	kg	15.398	14.332	13.267	12.201	11.215
	850103006	其他材料费（占材料费）	%	5.000	5.000	5.000	5.000	5.000
机械	990304016	汽车式起重机 16t	台班	0.366	0.339	0.312	0.293	0.275
	990304040	汽车式起重机 50t	台班	0.138	0.119	0.110	0.100	0.092
	990304056	汽车式起重机 80t	台班	0.092	0.092	0.083	0.083	0.073
	990304072	汽车式起重机 120t	台班	—	—	—	0.019	0.019
	990401035	载重汽车 10t	台班	0.019	0.019	0.014	0.014	0.009
	990401045	载重汽车 15t	台班	0.019	0.019	0.019	0.009	0.009
	990403020	平板拖车组 20t	台班	0.009	0.009	—	—	—
	990403030	平板拖车组 40t	台班	—	—	0.009	0.009	0.009
	990728020	摇臂钻床 50mm	台班	0.001	0.001	0.001	0.001	0.001
	990743010	等离子切割机 400A	台班	0.275	0.257	0.238	0.219	0.202
	990902020	硅整流弧焊机 20kV·A	台班	7.014	6.528	6.044	5.558	5.073
	991003030	电动空气压缩机 $1m^3/min$	台班	0.348	0.321	0.302	0.275	0.247
	991003050	电动空气压缩机 $6m^3/min$	台班	0.183	0.183	0.165	0.147	0.138
	990920010	电焊条恒温箱	台班	0.702	0.653	0.605	0.556	0.508
	990919040	电焊条烘干箱 $80 \times 80 \times 100cm^3$	台班	0.702	0.653	0.605	0.556	0.508

四、火炬及排气筒制作、安装

1. 火炬、排气筒筒体制作、组对

工作内容：放样、号料、切割、坡口、滚圆、组对、焊接、引火管预制、组对、带风缆绳的吊耳制作与安装、外观检查等。

计量单位：t

	编　号			3-6-171	3-6-172	3-6-173	3-6-174	3-6-175
	项　目			筒体直径（mm 以内）				
				400	500	600	800	1200
		名　称	单位	消　耗　量				
人工	000203000	综合二类工	工日	12.216	11.780	11.435	10.904	10.364
材料	010100001	钢材	t	（1.060）	（1.060）	（1.060）	（1.060）	（1.060）
	012903014	热轧中厚钢板 δ12～20	kg	5.960	5.820	5.720	5.640	5.520
	012101004	角钢 63 以外	kg	8.940	8.730	8.580	8.450	8.280
	031301009	低碳钢焊条 J427（综合）	kg	30.820	30.450	30.170	29.930	28.850
	031301001	不锈钢焊条（综合）	kg	4.190	4.130	4.100	4.060	3.920
	142909001	氧气	m^3	3.600	3.100	2.600	2.200	2.100
	142907002	乙炔气	kg	1.385	1.192	1.000	0.846	0.808
	031101011	尼龙砂轮片 ϕ180	片	0.110	0.100	0.080	0.070	0.070
	031101009	尼龙砂轮片 ϕ100	片	3.780	3.340	2.860	2.650	2.350
	022305004	碳精棒 ϕ8～12	根	51.870	40.380	30.480	28.020	25.530
	050105001	道木（综合）	m^3	0.030	0.030	0.030	0.020	0.020
	010501011	钢丝绳 ϕ15	m	0.370	0.370	0.370	0.370	0.370
	850103006	其他材料费（占材料费）	%	5.000	5.000	5.000	5.000	5.000
机械	990901020	交流弧焊机 32kV·A	台班	6.729	6.438	6.323	6.139	5.803
	990919040	电焊条烘干箱 80×80×100cm^3	台班	0.673	0.644	0.632	0.614	0.580
	990920010	电焊条恒温箱	台班	0.673	0.644	0.632	0.614	0.580
	990744010	半自动切割机 100mm	台班	0.084	0.084	0.080	0.080	0.080
	990743010	等离子切割机 400A	台班	0.037	0.037	0.037	0.037	0.035
	990732035	剪板机 20×2500mm	台班	0.223	0.186	0.149	0.102	0.093
	990734015	卷板机 20×2500mm	台班	0.288	0.233	0.186	0.149	0.130
	990736020	刨边机 12000mm	台班	0.221	0.174	0.127	0.087	0.079
	990734005	卷板机 2×1600mm	台班	1.487	1.422	1.394	1.357	1.282
	990763050	液压机 2000kN	台班	0.233	0.233	0.245	0.233	0.233
	990728030	摇臂钻床 63mm	台班	0.019	0.019	0.019	0.019	0.019
	991207030	箱式加热炉 75kW	台班	0.288	0.288	0.288	0.288	0.288
	990304016	汽车式起重机 16t	台班	0.130	0.121	0.112	0.102	0.093
	990304020	汽车式起重机 20t	台班	—	—	—	0.279	—
	990309030	门式起重机 20t	台班	0.344	0.316	0.298	—	0.260
	990401035	载重汽车 10t	台班	0.102	0.093	0.084	0.074	0.074
	990403005	平板拖车组 8t	台班	0.074	0.065	—	—	—
	990403015	平板拖车组 15t	台班	—	—	0.056	—	—
	990403020	平板拖车组 20t	台班	—	—	—	0.047	—

续前

编号				3-6-171	3-6-172	3-6-173	3-6-174	3-6-175
项目				筒体直径（mm 以内）				
				400	500	600	800	1200
名称			单位	消耗量				
机械	990403025	平板拖车组 30t	台班	—	—	—	—	0.047
	990503030	电动单筒慢速卷扬机 50kN	台班	0.019	0.019	0.019	0.019	0.019
	991003050	电动空气压缩机 $6m^3/min$	台班	0.363	0.326	0.298	0.279	0.260

2. 火炬、排气筒型钢塔架制作、组对

工作内容：型钢检查、摆料、放样、号料、切割、组对、焊接、整体组装、吊耳制作与安装、搭拆道木堆、外观检查、清理现场等。

计量单位：t

编号				3-6-176	3-6-177	3-6-178	3-6-179	3-6-180	3-6-181
项目				组装重量（t 以内）					
				30	50	100	150	200	250
名称			单位	消耗量					
人工	000203000	综合二类工	工日	12.122	11.625	11.175	10.814	10.296	9.913
材料	010100001	钢材	t	（1.080）	（1.080）	（1.080）	（1.080）	（1.080）	（1.080）
	012903014	热轧中厚钢板 δ12～20	kg	7.250	6.890	6.540	6.220	5.910	5.610
	143515001	渗透剂 500ml	瓶	8.590	8.160	7.750	7.360	7.000	6.650
	031301009	低碳钢焊条 J427（综合）	kg	24.100	23.590	23.080	22.600	22.110	21.640
	142909001	氧气	m^3	6.420	6.080	5.750	5.450	5.150	4.880
	142907002	乙炔气	kg	2.469	2.338	2.212	2.096	1.981	1.877
	031101011	尼龙砂轮片 ϕ180	片	1.050	0.960	0.890	0.800	0.740	0.640
	031101009	尼龙砂轮片 ϕ100	片	0.490	0.450	0.410	0.380	0.350	0.320
	050105001	道木（综合）	m^3	0.030	0.030	0.030	0.030	0.030	0.030
	850103006	其他材料费（占材料费）	%	5.000	5.000	5.000	5.000	5.000	5.000
机械	990901020	交流弧焊机 32kV·A	台班	5.546	5.379	5.220	5.069	4.910	4.769
	990919040	电焊条烘干箱 $80 \times 80 \times 100cm^3$	台班	0.555	0.538	0.522	0.507	0.491	0.477
	990920010	电焊条恒温箱	台班	0.555	0.538	0.522	0.507	0.491	0.477
	990732035	剪板机 20×2500mm	台班	0.074	0.074	0.065	0.065	0.056	0.056
	990751010	型钢矫正机 60×800mm	台班	0.279	0.279	0.251	0.251	0.223	0.223
	990304016	汽车式起重机 16t	台班	0.019	0.019	0.019	0.019	0.019	0.019
	990304020	汽车式起重机 20t	台班	0.112	0.102	0.102	0.102	0.093	0.093
	990304036	汽车式起重机 40t	台班	0.028	0.028	0.028	—	—	—
	990304052	汽车式起重机 75t	台班	—	—	—	0.028	0.028	0.028
	990309030	门式起重机 20t	台班	0.223	0.214	0.205	0.195	0.186	0.186
	990401030	载重汽车 8t	台班	0.019	0.019	0.019	0.019	0.019	0.019
	990403020	平板拖车组 20t	台班	0.028	0.028	0.028	—	—	—
	990403025	平板拖车组 30t	台班	—	—	—	0.028	0.028	0.028

3. 火炬、排气筒钢管塔架现场制作、组装

工作内容：型钢检查、摆料、放样、号料、切割、组对、焊接、整体组装、吊耳制作与安装、搭拆道木堆、外观检查、清理现场等。

计量单位：t

编号				3-6-182	3-6-183	3-6-184	3-6-185	3-6-186	3-6-187
项目				制作组装重量（t 以内）					
				30	50	100	150	200	250
名称			单位	消耗量					
人工	000203000	综合二类工	工日	13.211	12.671	12.180	11.787	11.224	10.806
材料	010100001	钢材	t	（1.080）	（1.080）	（1.080）	（1.080）	（1.080）	（1.080）
	012903014	热轧中厚钢板 δ12～20	kg	7.250	6.890	6.540	6.220	5.910	5.610
	143515001	渗透剂 500ml	瓶	8.590	8.160	7.750	7.360	7.000	6.610
	031301009	低碳钢焊条 J427（综合）	kg	22.180	21.700	21.400	20.780	20.390	20.190
	142909001	氧气	m^3	16.941	16.062	15.210	14.409	13.620	13.200
	142907002	乙炔气	kg	6.516	6.178	5.850	5.542	5.238	5.077
	031101011	尼龙砂轮片 ϕ180	片	1.100	1.010	0.940	0.840	0.780	0.670
	031101009	尼龙砂轮片 ϕ100	片	0.510	0.470	0.430	0.400	0.370	0.340
	050105001	道木（综合）	m^3	0.030	0.030	0.030	0.030	0.030	0.030
	850103006	其他材料费（占材料费）	%	3.000	3.000	3.000	3.000	3.000	3.000
机械	990901020	交流弧焊机 32kV·A	台班	5.397	5.228	5.079	4.928	4.778	4.637
	990919040	电焊条烘干箱 80×80×100cm^3	台班	0.539	0.523	0.508	0.493	0.478	0.464
	990920010	电焊条恒温箱	台班	0.539	0.523	0.508	0.493	0.478	0.464
	990732035	剪板机 20×2500mm	台班	0.047	0.047	0.047	0.047	0.037	0.037
	990304016	汽车式起重机 16t	台班	0.037	0.037	0.037	0.037	0.037	0.037
	990304020	汽车式起重机 20t	台班	0.112	0.112	0.102	0.102	0.093	0.093
	990304036	汽车式起重机 40t	台班	0.047	0.056	0.047	—	—	—
	990304052	汽车式起重机 75t	台班	—	—	—	0.047	0.047	0.047
	990309030	门式起重机 20t	台班	0.223	0.214	0.205	0.195	0.186	0.186
	990403020	平板拖车组 20t	台班	0.056	0.056	0.047	—	—	—
	990403025	平板拖车组 30t	台班	—	—	—	0.047	0.047	0.047

4. 火炬、排气筒整体吊装

（1）风缆绳式火炬排气筒吊装

工作内容：基础验收、索具设置、放垫铁、检查、试吊、吊装、找正、紧固地脚螺栓等。　**计量单位：**座

编号				3-6-188	3-6-189	3-6-190	3-6-191	3-6-192
项目				吊装高度（m 以内）				
				40	60	80	100	120
名称			单位	消耗量				
人工	000203000	综合二类工	工日	108.682	129.949	148.356	175.927	212.371
材料	031301009	低碳钢焊条 J427（综合）	kg	3.000	3.500	4.000	5.000	6.000
	142909001	氧气	m^3	7.200	7.200	9.000	9.000	12.000
	142907002	乙炔气	kg	2.769	2.769	3.462	3.462	4.615
	050105001	道木（综合）	m^3	0.960	1.240	1.580	1.810	2.040
	370915002	钢板垫板	kg	33.000	48.000	70.000	82.000	96.000
	031507031	镀锌铁丝 ϕ4.0	kg	19.000	22.800	26.600	32.300	38.000
	850103006	其他材料费（占材料费）	%	8.000	8.000	8.000	8.000	8.000
机械	990901020	交流弧焊机 32kV · A	台班	0.744	0.930	1.116	1.394	1.859
	990919040	电焊条烘干箱 80 × 80 × 100cm^3	台班	0.074	0.093	0.112	0.140	0.186
	990920010	电焊条恒温箱	台班	0.074	0.093	0.112	0.140	0.186
	990304016	汽车式起重机 16t	台班	2.789	3.254	3.719	4.183	—
	990304036	汽车式起重机 40t	台班	0.930	0.930	0.930	—	—
	990304052	汽车式起重机 75t	台班	—	—	—	0.930	0.930
	990114040	履带式拖拉机 90kW	台班	9.296	9.296	11.156	11.156	13.015
	990302075	履带式起重机 150t	台班	—	—	—	2.789	2.789
	990401030	载重汽车 8t	台班	1.859	1.859	2.324	2.324	2.789
	990403025	平板拖车组 30t	台班	0.698	0.837	1.023	1.301	1.673
	990503030	电动单筒慢速卷扬机 50kN	台班	8.367	8.367	10.226	11.156	13.015

（2）塔架式火炬排气筒吊装

工作内容：基础验收、索具设置、放垫铁、检查、试吊、吊装、找正、紧固地脚螺栓等。　　**计量单位：**座

编　号				3-6-193	3-6-194	3-6-195	3-6-196	3-6-197
项　目				吊装高度（m 以内）				
				40	60	80	100	120
名　称			单位	消　耗　量				
人工	000203000	综合二类工	工日	152.300	184.290	224.393	275.020	346.954
材料	031301009	低碳钢焊条 J427（综合）	kg	10.000	14.000	18.000	23.000	28.000
	142909001	氧气	m^3	12.000	15.000	21.000	28.000	35.000
	142907002	乙炔气	kg	4.615	5.769	8.077	10.769	13.462
	050105001	道木（综合）	m^3	1.200	1.550	1.860	2.050	2.800
	370915002	钢板垫板	kg	50.000	60.000	70.000	80.000	100.000
	031507031	镀锌铁丝 ϕ4.0	kg	24.000	28.000	33.000	38.000	50.000
	850103006	其他材料费（占材料费）	%	8.000	8.000	8.000	8.000	8.000
机械	990901020	交流弧焊机 32kV · A	台班	1.487	1.952	2.324	2.789	3.719
	990919040	电焊条烘干箱 80 × 80 × 100cm^3	台班	0.149	0.195	0.233	0.279	0.372
	990920010	电焊条恒温箱	台班	0.149	0.195	0.233	0.279	0.372
	990304016	汽车式起重机 16t	台班	3.254	3.719	3.719	4.648	5.113
	990304044	汽车式起重机 60t	台班	0.930	0.930	0.930	—	—
	990304064	汽车式起重机 100t	台班	—	—	—	0.930	0.930
	990114040	履带式拖拉机 90kW	台班	9.296	9.296	11.156	11.156	13.015
	990302075	履带式起重机 150t	台班	—	1.859	1.859	1.859	2.789
	990401030	载重汽车 8t	台班	1.859	2.324	2.789	2.789	3.719
	990403025	平板拖车组 30t	台班	1.023	1.301	1.673	2.045	2.510
	990503030	电动单筒慢速卷扬机 50kN	台班	10.226	10.226	13.015	13.015	16.733

5. 火炬头安装

工作内容：清扫、搭拆道木堆、吊装找正、焊接、检查等。 **计量单位：**套

编号				3-6-198	3-6-199	3-6-200	3-6-201	3-6-202
项目				筒体直径（mm 以内）				
				ϕ400	ϕ500	ϕ600	ϕ800	ϕ1200
名称			单位	消耗量				
人工	000203000	综合二类工	工日	7.020	7.684	8.373	9.477	11.526
材料	031301001	不锈钢焊条（综合）	kg	2.850	3.268	4.100	4.940	6.400
	031303018	不锈钢氩弧焊丝（综合）	kg	0.200	0.219	0.290	0.360	0.520
	142911001	氩气	m^3	0.340	0.580	0.710	0.930	1.210
	142907002	乙炔气	kg	1.154	1.500	1.846	2.308	2.769
	142909001	氧气	m^3	3.000	3.900	4.800	6.000	7.200
	340101005	钍钨棒	g	9.500	9.500	19.000	19.000	28.500
	022305004	碳精棒 ϕ8～12	根	3.600	4.200	4.500	5.000	5.500
	031101011	尼龙砂轮片 ϕ180	片	0.660	0.890	1.130	1.370	1.610
	050105001	道木（综合）	m^3	0.070	0.070	0.070	0.070	0.070
	850103006	其他材料费（占材料费）	%	8.000	8.000	8.000	8.000	8.000
机械	990901020	交流弧焊机 32kV · A	台班	0.893	0.893	1.070	1.153	1.348
	990912010	氩弧焊机 500A	台班	0.372	0.372	0.558	0.651	0.837
	990304016	汽车式起重机 16t	台班	0.372	0.372	0.465	0.558	0.651
	990401030	载重汽车 8t	台班	0.186	0.186	0.233	0.279	0.372
	991003050	电动空气压缩机 $6m^3/min$	台班	0.326	0.326	0.419	0.465	0.558

五、型钢圈制作

1. 钢板组合工字钢（H 型钢）制作

工作内容： 放样、号料、切割、坡口、点焊、焊接、矫正、堆放等。　　　　**计量单位：** t

编　号				3-6-203	3-6-204	3-6-205	3-6-206	3-6-207
项　目				钢板厚度（mm 以内）				
				16			26	
				工字钢（H 型钢）高度（mm 以内）				
				400	500	600	600 以上	
名　称			单位	消　耗　量				
人工	000203000	综合二类工	工日	8.880	7.494	6.299	5.037	4.595
材料	010100001	钢材	t	（1.060）	（1.060）	（1.060）	（1.060）	（1.060）
	031301009	低碳钢焊条 J427（综合）	kg	54.169	48.612	38.694	35.103	29.146
	142909001	氧气	m^3	12.378	12.218	11.172	8.579	7.077
	142907002	乙炔气	kg	4.761	4.699	4.297	3.300	2.722
	031101009	尼龙砂轮片 ϕ100	片	6.565	6.451	4.437	3.553	2.708
	050401001	木方	m^3	0.095	0.086	0.067	0.057	0.038
	850103006	其他材料费（占材料费）	%	4.000	4.000	4.000	4.000	4.000
机械	990901020	交流弧焊机 32kV·A	台班	7.226	6.487	5.165	4.685	3.886
	990919040	电焊条烘干箱 80×80×100cm³	台班	0.723	0.649	0.517	0.469	0.389
	990744010	半自动切割机 100mm	台班	0.270	0.254	0.212	0.172	0.140
	990736020	刨边机 12000mm	台班	0.236	0.222	0.180	0.139	0.111
	990304016	汽车式起重机 16t	台班	0.734	0.610	0.517	0.429	0.340
	990401020	载重汽车 5t	台班	0.114	0.106	0.090	0.082	0.073
	990920010	电焊条恒温箱	台班	0.723	0.649	0.517	0.469	0.389

2. 型钢圈制作

（1）角钢圈制作

工作内容：号料、拼对点焊、滚圆切割、打磨堆放、编号等。　　　　**计量单位：**t

编号				3-6-208	3-6-209	3-6-210	3-6-211
项目				角钢型号（6.3 以内）			
				煨制直径（mm 以内）			
				1200	2400	3600	4800
名称			单位	消耗量			
人工	000203000	综合二类工	工日	8.626	7.347	6.050	5.321
材料	010100001	钢材	t	（1.070）	（1.070）	（1.070）	（1.070）
	012901026	热轧薄钢板 δ4.0	kg	21.850	21.850	21.850	21.850
	031301009	低碳钢焊条 J427（综合）	kg	9.523	8.286	7.335	6.830
	142909001	氧气	m^3	5.187	4.865	4.540	4.218
	142907002	乙炔气	kg	1.995	1.871	1.746	1.622
	031101009	尼龙砂轮片 φ100	片	1.492	1.454	1.416	1.368
	850103006	其他材料费（占材料费）	%	3.000	3.000	3.000	3.000
机械	990901020	交流弧焊机 32kV·A	台班	2.103	1.828	1.621	1.508
	990919040	电焊条烘干箱 80×80×100cm³	台班	0.210	0.183	0.162	0.151
	990920010	电焊条恒温箱	台班	0.210	0.183	0.162	0.151
	990734025	卷板机 30×2000mm	台班	1.060	0.972	0.884	0.795
	990304016	汽车式起重机 16t	台班	0.155	0.154	0.153	0.149
	990401020	载重汽车 5t	台班	0.141	0.137	0.136	0.133

工作内容：号料、拼对点焊、滚圆切割、打磨堆放、编号等。　　　　**计量单位：**t

编号				3-6-212	3-6-213	3-6-214
项目				角钢型号（8 以内）		
				煨制直径（mm 以内）		
				2400	3600	4800
名称			单位	消耗量		
人工	000203000	综合二类工	工日	5.793	4.595	4.104
材料	010100001	钢材	t	（1.070）	（1.070）	（1.070）
	012901026	热轧薄钢板 δ4.0	kg	17.670	17.670	17.670
	031301009	低碳钢焊条 J427（综合）	kg	7.717	6.698	6.071
	142909001	氧气	m^3	4.418	3.696	2.859
	142907002	乙炔气	kg	1.699	1.422	1.100
	031101009	尼龙砂轮片 φ100	片	1.083	1.017	0.931
	850103006	其他材料费（占材料费）	%	3.000	3.000	3.000
机械	990901020	交流弧焊机 32kV·A	台班	1.705	1.476	1.341
	990919040	电焊条烘干箱 80×80×100cm³	台班	0.170	0.148	0.134
	990920010	电焊条恒温箱	台班	0.170	0.148	0.134
	990734025	卷板机 30×2000mm	台班	0.937	0.848	0.795
	990304016	汽车式起重机 16t	台班	0.128	0.125	0.124
	990401020	载重汽车 5t	台班	0.133	0.133	0.132

（2）槽钢圈制作

工作内容：号料、滚圆、切割、打磨焊接、堆放、编号等。 **计量单位：**t

编号				3-6-215	3-6-216	3-6-217	3-6-218
项目				槽钢型号（12.6 以内）			
				煨制直径（mm 以内）			
				2400	3600	4800	6000
名称			单位	消耗量			
人工	000203000	综合二类工	工日	6.417	5.636	5.236	4.837
材料	010100001	钢材	t	（1.070）	（1.070）	（1.070）	（1.070）
	031301009	低碳钢焊条 J427（综合）	kg	7.850	6.951	6.470	5.823
	142909001	氧气	m^3	1.602	1.401	1.302	1.200
	142907002	乙炔气	kg	0.616	0.539	0.501	0.462
	031101009	尼龙砂轮片 $\phi100$	片	1.280	1.230	1.170	1.120
	850103006	其他材料费（占材料费）	%	3.000	3.000	3.000	3.000
机械	990901020	交流弧焊机 32kV·A	台班	1.731	1.537	1.430	1.285
	990919040	电焊条烘干箱 80×80×100cm^3	台班	0.173	0.153	0.143	0.128
	990920010	电焊条恒温箱	台班	0.173	0.153	0.143	0.128
	990734025	卷板机 30×2000mm	台班	1.023	0.865	0.828	0.791
	990304016	汽车式起重机 16t	台班	0.140	0.135	0.135	0.132
	990401020	载重汽车 5t	台班	0.144	0.140	0.139	0.135

工作内容：号料、滚圆、切割、打磨焊接、堆放、编号等。 **计量单位：**t

编号				3-6-219	3-6-220	3-6-221
项目				槽钢型号（20 以内）		
				煨制直径（mm 以内）		
				3600	4800	6000
名称			单位	消耗量		
人工	000203000	综合二类工	工日	4.999	4.695	4.468
材料	010100001	钢材	t	（1.070）	（1.070）	（1.070）
	031301009	低碳钢焊条 J427（综合）	kg	6.116	5.694	5.120
	142909001	氧气	m^3	1.401	1.200	1.101
	142907002	乙炔气	kg	0.539	0.462	0.423
	031101009	尼龙砂轮片 $\phi100$	片	1.120	1.070	1.020
	850103006	其他材料费（占材料费）	%	3.000	3.000	3.000
机械	990901020	交流弧焊机 32kV·A	台班	1.352	1.256	1.130
	990919040	电焊条烘干箱 80×80×100cm^3	台班	0.135	0.126	0.113
	990920010	电焊条恒温箱	台班	0.135	0.126	0.113
	990734025	卷板机 30×2000mm	台班	0.818	0.763	0.651
	990304016	汽车式起重机 16t	台班	0.126	0.125	0.121
	990401020	载重汽车 5t	台班	0.130	0.129	0.128

（3）扁钢圈制作

工作内容：号料、切割、卷圈、找圆、焊接、堆放、编号等。 **计量单位：**t

编号				3-6-222	3-6-223	3-6-224	3-6-225
项目				扁钢型号 20～50			
				煨制直径（mm 以内）			
				1200	2400	3600	4800
名称			单位	消耗量			
人工	000203000	综合二类工	工日	14.014	12.546	10.409	8.705
材料	010100001	钢材	t	（1.070）	（1.070）	（1.070）	（1.070）
	031301009	低碳钢焊条 J427（综合）	kg	12.123	10.890	9.558	8.892
	142909001	氧气	m^3	10.377	8.648	7.207	6.006
	142907002	乙炔气	kg	3.991	3.326	2.772	2.310
	031101009	尼龙砂轮片 ϕ100	片	1.630	1.580	1.530	1.480
	850103006	其他材料费（占材料费）	%	3.000	3.000	3.000	3.000
机械	990901020	交流弧焊机 32kV · A	台班	2.678	2.405	2.110	1.961
	990919040	电焊条烘干箱 80 × 80 × 100cm^3	台班	0.268	0.241	0.211	0.196
	990920010	电焊条恒温箱	台班	0.268	0.241	0.211	0.196
	990304016	汽车式起重机 16t	台班	0.140	0.140	0.135	0.130
	990401020	载重汽车 5t	台班	0.167	0.167	0.167	0.163

工作内容：号料、切割、卷圈、找圆、焊接、堆放、编号等。 **计量单位：**t

编号				3-6-226	3-6-227	3-6-228	3-6-229
项目				扁钢型号 55～80			
				煨制直径（mm 以内）			
				2400	3600	4800	6000
名称			单位	消耗量			
人工	000203000	综合二类工	工日	10.876	9.099	8.211	6.874
材料	010100001	钢材	t	（1.070）	（1.070）	（1.070）	（1.070）
	031301009	低碳钢焊条 J427（综合）	kg	9.996	8.696	7.693	7.310
	142909001	氧气	m^3	7.927	6.606	5.505	4.588
	142907002	乙炔气	kg	3.049	2.541	2.117	1.765
	031101009	尼龙砂轮片 ϕ100	片	1.530	1.480	1.430	1.380
	850103006	其他材料费（占材料费）	%	3.000	3.000	3.000	3.000
机械	990901020	交流弧焊机 32kV · A	台班	2.208	1.917	1.698	1.616
	990919040	电焊条烘干箱 80 × 80 × 100cm^3	台班	0.221	0.192	0.170	0.162
	990920010	电焊条恒温箱	台班	0.221	0.192	0.170	0.162
	990304016	汽车式起重机 16t	台班	0.132	0.130	0.126	0.126
	990401020	载重汽车 5t	台班	0.149	0.149	0.145	0.144

3. 型钢圈煨制胎具

(1) 角钢、扁钢

工作内容：样板制作、号料、切割、打磨、组对、整形、成品检查等。 **计量单位：**个

编号				3-6-230	3-6-231	3-6-232	3-6-233	3-6-234
项目				煨制直径（mm 以内）				
				1200	1400	1600	1800	2000
名称			单位	消耗量				
人工	000203000	综合二类工	工日	0.068	0.090	0.099	0.120	0.123
材料	012903020	热轧中厚钢板 δ10	kg	11.000	14.000	16.000	18.000	22.000
	016301001	铸钢 235#	kg	3.000	3.000	3.000	3.000	3.000
	142909001	氧气	m^3	0.060	0.070	0.080	0.090	0.100
	142907002	乙炔气	kg	0.023	0.027	0.031	0.035	0.038
	031101010	尼龙砂轮片 ϕ150	片	0.090	0.090	0.090	0.100	0.110
	291711008	圆钢卡子 ϕ50	kg	0.600	0.600	0.600	0.600	0.600
	850103006	其他材料费（占材料费）	%	5.000	5.000	5.000	5.000	5.000

工作内容：样板制作、号料、切割、打磨、组对、整形、成品检查等。 **计量单位：**个

编号				3-6-235	3-6-236	3-6-237	3-6-238
项目				煨制直径（mm 以内）			
				2200	2400	2600	3000
名称			单位	消耗量			
人工	000203000	综合二类工	工日	0.128	0.145	0.162	0.192
材料	012903020	热轧中厚钢板 δ10	kg	25.000	28.000	32.000	43.000
	016301001	铸钢 235#	kg	3.000	3.000	3.000	3.000
	142909001	氧气	m^3	0.110	0.120	0.120	0.120
	142907002	乙炔气	kg	0.042	0.046	0.046	0.046
	031101010	尼龙砂轮片 ϕ150	片	0.120	0.140	0.140	0.140
	291711008	圆钢卡子 ϕ50	kg	0.600	0.600	0.600	0.600
	850103006	其他材料费（占材料费）	%	5.000	5.000	5.000	5.000

工作内容：样板制作、号料、切割、打磨、组对、整形、成品检查等。 **计量单位：**个

编号				3-6-239	3-6-240	3-6-241	3-6-242
项目				煨制直径（mm 以内）			
				3600	4000	4400	4800
名称			单位	消耗量			
人工	000203000	综合二类工	工日	0.204	0.213	0.230	0.277
材料	012903020	热轧中厚钢板 δ10	kg	54.000	66.800	88.000	96.000
	016301001	铸钢 235#	kg	3.000	3.000	3.000	3.000
	142909001	氧气	m^3	0.140	0.160	0.180	0.200
	142907002	乙炔气	kg	0.054	0.062	0.069	0.077
	031101010	尼龙砂轮片 ϕ150	片	0.160	0.180	0.200	0.230
	291711008	圆钢卡子 ϕ50	kg	0.600	0.600	0.800	0.800
	850103006	其他材料费（占材料费）	%	5.000	5.000	5.000	5.000

（2）槽钢、工字钢

工作内容：样板制作、号料、切割、打磨、组对、焊接、整形、成品检查等。 **计量单位：**个

编号				3-6-243	3-6-244	3-6-245	3-6-246	3-6-247
项目				煨制直径（mm 以内）				
				2400	3000	4000	5000	6000
名称			单位	消耗量				
人工	000203000	综合二类工	工日	0.132	0.180	0.243	0.330	0.448
材料	012903020	热轧中厚钢板 δ10	kg	46.000	78.000	115.000	156.000	211.000
	016301001	铸钢 235#	kg	6.000	6.000	6.000	6.000	6.000
	142909001	氧气	m^3	0.129	0.180	0.240	0.330	0.441
	142907002	乙炔气	kg	0.050	0.069	0.092	0.127	0.170
	031101010	尼龙砂轮片 φ150	片	0.210	0.290	0.390	0.530	0.720
	031301009	低碳钢焊条 J427（综合）	kg	0.700	0.950	1.290	1.760	2.380
	850103006	其他材料费（占材料费）	%	5.000	5.000	5.000	5.000	5.000
机械	990901020	交流弧焊机 32kV · A	台班	0.130	0.177	0.240	0.326	0.442
	990919040	电焊条烘干箱 80 × 80 × 100cm^3	台班	0.013	0.018	0.024	0.033	0.045
	990920010	电焊条恒温箱	台班	0.013	0.018	0.024	0.033	0.045
	990308020	桥式起重机 15t	台班	0.033	0.044	0.058	0.081	0.110
	990732035	剪板机 20 × 2500mm	台班	0.011	0.018	0.024	0.033	0.045

第七章

撬块安装

说 明

一、本章内容包括设备类工艺单元、泵类工艺单元、应急发电机组工艺单元、仪表供风工艺单元安装。

二、本章不包括以下工作内容：

1. 撬块内散装到货的设备、部件、配管等安装就位。

2. 撬块上的房屋搭设。

3. 无损检测。

4. 防腐、保温、电伴热安装。

三、撬块安装是根据目前施工现场较普遍采用的施工方法综合取定，如实际情况不同时，除特殊情况另有规定外，不得调整。

工程量计算规则

一、设备类工艺单元安装、泵类工艺单元安装、应急发电机组工艺单元安装、仪表供风工艺单元安装，按撬块单元底座截面投影面积和设备重量，以“套”为计量单位。

一、设备类工艺单元

工作内容：施工准备，基础处理、垫铁设置、单元整体吊装就位、安装找正、单元底座上电气仪表连接件组装紧固、单元系统试压、单元调试、配合检查验收等。

计量单位：套

编号				3-7-1	3-7-2	3-7-3	3-7-4	3-7-5	3-7-6
项目				撬块面积 10m² 以内			撬块面积 20m² 以内		
				设备重量（t 以内）					
				5	10	15	10	20	30
		名称	单位	消耗量					
人工	000203000	综合二类工	工日	22.279	33.285	45.982	57.041	73.615	91.367
材料	012900002	钢板（综合）	kg	35.463	37.441	40.561	45.051	46.878	51.215
	031305003	焊锡膏	kg	0.076	0.076	0.076	0.152	0.152	0.152
	142907002	乙炔气	kg	0.155	0.155	0.190	0.202	0.225	0.252
	142909001	氧气	m^3	0.403	0.403	0.495	0.525	0.586	0.654
	031301009	低碳钢焊条 J427（综合）	kg	1.979	2.359	2.587	2.664	3.044	3.348
	031509007	平垫铁（综合）	kg	7.914	9.893	12.176	15.220	19.786	22.830
	031509010	斜垫铁（综合）	kg	15.829	19.482	24.733	30.607	40.044	45.782
	140307001	煤油	kg	1.826	1.826	1.826	2.283	2.283	2.283
	140700002	润滑油	kg	0.571	0.609	0.723	0.761	0.951	1.103
	140303001	机油（综合）	kg	1.065	1.065	1.065	1.370	1.370	1.370
	140301003	汽油 92#	kg	1.826	1.826	1.826	2.283	2.283	2.283
	023503007	无石棉布 $\delta 2.5$	m^2	0.647	0.723	0.837	0.913	1.081	1.256
	020112006	无石棉橡胶板 中压 $\delta 0.8\sim6$	kg	0.609	0.837	1.142	1.142	1.522	1.979
	202100002	盲板（综合）	kg	4.718	4.718	4.718	5.327	5.327	5.327
	290901001	接线铜端子头	个	7.610	7.610	7.610	10.654	10.654	10.654
	280307001	铝芯橡皮绝缘电线 BLX-2.5mm²	m	13.698	16.894	19.101	19.634	21.232	22.982

续前

编号				3-7-1	3-7-2	3-7-3	3-7-4	3-7-5	3-7-6
项目				撬块面积 10m² 以内			撬块面积 20m² 以内		
				设备重量（t 以内）					
				5	10	15	10	20	30
名称			单位	消耗量					
材料	050105001	道木（综合）	m^3	0.419	0.419	0.419	0.548	0.548	0.548
	031102005	铁砂布 0#～2#	张	1.522	1.522	1.522	2.283	2.283	2.283
	031101010	尼龙砂轮片 ϕ150	片	1.979	2.283	2.664	2.664	3.044	3.425
	341101001	水	m^3	15.220	19.025	22.830	30.440	34.245	38.050
	271707001	黄腊带 20mm × 10m	卷	1.826	2.131	2.359	2.511	2.968	3.577
	850103006	其他材料费（占材料费）	%	3.000	3.000	3.000	3.000	3.000	3.000
机械	990305020	叉式起重机 5t	台班	0.657	0.657	0.822	0.822	1.055	1.237
	990304016	汽车式起重机 16t	台班	0.251	0.294	—	—	—	—
	990304024	汽车式起重机 25t	台班	—	—	0.329	0.415	—	—
	990304028	汽车式起重机 30t	台班	0.493	0.580	—	0.779	0.493	—
	990304040	汽车式起重机 50t	台班	—	—	0.744	—	1.107	0.657
	990304056	汽车式起重机 80t	台班	—	—	—	—	—	1.237
	990401035	载重汽车 10t	台班	0.251	0.294	—	—	—	—
	990401045	载重汽车 15t	台班	—	—	—	0.415	—	—
	990403020	平板拖车组 20t	台班	—	—	0.372	—	0.493	—
	990403030	平板拖车组 40t	台班	—	—	—	—	—	0.657
	990801010	电动单级离心清水泵 50mm	台班	0.337	0.337	0.415	0.493	0.614	0.744
	990813045	试压泵 60MPa	台班	0.164	0.164	0.251	0.285	0.285	0.285
	990902020	硅整流弧焊机 20kV · A	台班	0.424	0.822	0.822	0.822	0.822	0.822
	991003030	电动空气压缩机 1m³/min	台班	0.182	0.182	0.208	0.251	0.251	0.251
	990919040	电焊条烘干箱 80 × 80 × 100cm³	台班	0.043	0.087	0.087	0.087	0.087	0.087
	990920010	电焊条恒温箱	台班	0.043	0.087	0.087	0.087	0.087	0.087

工作内容： 施工准备，基础处理、垫铁设置、单元整体吊装就位、安装找正、单元底座上电气仪表连接件组装紧固、单元系统试压、单元调试、配合检查验收等。

计量单位： 套

编 号				3-7-7	3-7-8	3-7-9
项 目				撬块面积 $30m^2$ 以内		
				设备重量（t 以内）		
				20	40	50
名 称			单位	消 耗 量		
人工	000203000	综合二类工	工日	105.103	129.997	159.935
材料	012900002	钢板（综合）	kg	62.706	66.816	73.437
	031305003	焊锡膏	kg	0.304	0.304	0.304
	142907002	乙炔气	kg	0.266	0.334	0.395
	142909001	氧气	m^3	0.693	0.868	1.027
	031301009	低碳钢焊条 J427（综合）	kg	3.501	3.881	4.262
	031509007	平垫铁（综合）	kg	31.962	42.723	46.573
	031509010	斜垫铁（综合）	kg	64.305	76.313	93.146
	140307001	煤油	kg	3.044	3.044	3.044
	140700002	润滑油	kg	1.142	1.598	2.131
	140303001	机油（综合）	kg	1.903	1.903	1.903
	140301003	汽油 92#	kg	3.044	3.044	3.044
	023503007	无石棉布 $\delta 2.5$	m^2	1.301	1.522	1.826
	020112006	无石棉橡胶板 中压 $\delta 0.8\sim6$	kg	2.435	2.892	3.425
	202100002	盲板（综合）	kg	6.849	6.849	6.849
	290901001	接线铜端子头	个	12.176	12.176	12.176
	280307001	铝芯橡皮绝缘电线 BLX-$2.5mm^2$	m	23.515	26.483	28.918
	050105001	道木（综合）	m^3	0.868	0.868	0.868
	031102005	铁砂布 $0^{\#}\sim2^{\#}$	张	3.044	3.044	3.044
	031101010	尼龙砂轮片 $\phi150$	片	3.805	4.262	5.175
	341101001	水	m^3	45.660	60.880	76.100
	271707001	黄腊带 20mm × 10m	卷	3.729	4.794	5.403
	850103006	其他材料费（占材料费）	%	3.000	3.000	3.000
机械	990305020	叉式起重机 5t	台班	1.479	1.644	2.301
	990304028	汽车式起重机 30t	台班	0.657	—	—
	990304040	汽车式起重机 50t	台班	1.644	0.709	—
	990304056	汽车式起重机 80t	台班	—	1.730	0.744
	990304064	汽车式起重机 100t	台班	—	—	2.630
	990403020	平板拖车组 20t	台班	0.657	—	—
	990403030	平板拖车组 40t	台班	—	0.709	—
	990403040	平板拖车组 60t	台班	—	—	0.709
	990801010	电动单级离心清水泵 50mm	台班	0.822	1.029	1.644
	990813045	试压泵 60MPa	台班	0.493	0.493	0.580
	990902020	硅整流弧焊机 20 kV · A	台班	1.073	1.237	1.479
	991003030	电动空气压缩机 $1m^3/min$	台班	0.822	0.822	0.822
	990919040	电焊条烘干箱 $80\times80\times100cm^3$	台班	0.104	0.121	0.147
	990920010	电焊条恒温箱	台班	0.104	0.121	0.147

二、泵类工艺单元

工作内容：施工准备，基础处理、垫铁设置、单元整体吊装就位、安装找正、单元底座上电气仪表连接件组装紧固、单元系统试压、单元调试、配合检查验收等。

计量单位：套

	编号			3-7-10	3-7-11	3-7-12	3-7-13	3-7-14	3-7-15
	项目			撬块面积 $10m^2$ 以内			撬块面积 $20m^2$ 以内		
				设备重量（t 以内）					
				5	10	15	10	20	30
	名称		单位	消耗量					
人工	000203000	综合二类工	工日	19.165	26.485	32.595	40.265	47.882	53.343
材料	012900002	钢板（综合）	kg	29.649	30.212	31.125	35.387	38.659	40.904
	031305003	焊锡膏	kg	0.015	0.015	0.015	0.030	0.030	0.030
	142907002	乙炔气	kg	0.138	0.138	0.138	0.170	0.170	0.170
	142909001	氧气	m^3	0.358	0.358	0.358	0.441	0.441	0.441
	031301009	低碳钢焊条 J427（综合）	kg	1.142	1.522	1.826	1.826	2.283	2.740
	031509007	平垫铁（综合）	kg	6.164	7.610	9.132	10.654	13.698	16.742
	031509010	斜垫铁（综合）	kg	13.394	14.733	18.721	21.917	24.656	33.788
	140307001	煤油	kg	0.350	0.441	0.487	0.533	0.609	0.670
	140700002	润滑油	kg	0.525	0.525	0.525	0.723	0.723	0.723
	023503007	无石棉布 $\delta 2.5$	m^2	0.175	0.175	0.175	0.190	0.228	0.266
	020112006	无石棉橡胶板 中压 $\delta 0.8 \sim 6$	kg	1.522	1.674	1.903	1.903	2.283	2.664
	290901001	接线铜端子头	个	4.566	4.566	4.566	6.088	6.088	6.088
	280307001	铝芯橡皮绝缘电线 BLX-2.5mm^2	m	9.132	9.132	10.274	11.035	12.937	13.698
	280307003	铝芯橡皮绝缘电线 BLX-16mm^2	m	6.088	7.991	8.599	9.132	13.318	14.231
	280307004	铝芯橡皮绝缘电线 BLX-25mm^2	m	2.664	3.425	3.805	4.186	4.947	5.327
	050105001	道木（综合）	m^3	0.396	0.396	0.396	0.472	0.472	0.472

续前

编号				3-7-10	3-7-11	3-7-12	3-7-13	3-7-14	3-7-15
项目				撬块面积 $10m^2$ 以内			撬块面积 $20m^2$ 以内		
				设备重量（t 以内）					
				5	10	15	10	20	30
	名称		单位	消耗量					
材料	031102004	铁砂布（综合）	张	1.522	1.522	1.522	2.283	2.283	2.283
	031101010	尼龙砂轮片 $\phi150$	片	0.913	1.142	1.294	1.294	1.522	1.674
	341101001	水	m^3	7.610	11.415	15.220	11.415	15.220	19.025
	271707001	黄腊带 20mm × 10m	卷	1.766	2.100	2.199	2.207	2.435	2.664
	850103006	其他材料费（占材料费）	%	3.000	3.000	3.000	3.000	3.000	3.000
机械	990305020	叉式起重机 5t	台班	0.415	0.657	0.822	0.657	0.822	1.073
	990304024	汽车式起重机 25t	台班	—	—	0.415	0.346	0.372	—
	990304016	汽车式起重机 16t	台班	0.260	0.294	—	—	—	—
	990304028	汽车式起重机 30t	台班	0.580	0.727	—	—	—	—
	990304040	汽车式起重机 50t	台班	—	—	0.822	0.709	0.822	0.943
	990401035	载重汽车 10t	台班	0.260	0.294	—	—	—	—
	990401045	载重汽车 15t	台班	—	—	0.415	0.346	—	—
	990403020	平板拖车组 20t	台班	—	—	—	—	0.372	—
	990403030	平板拖车组 40t	台班	—	—	—	—	—	0.493
	990902020	硅整流弧焊机 20 kV · A	台班	0.285	0.493	0.822	0.692	0.822	1.073
	990801010	电动单级离心清水泵 50mm	台班	0.164	0.251	0.372	0.320	0.458	0.640
	990813045	试压泵 60MPa	台班	0.095	0.121	0.147	0.199	0.251	0.251
	991003030	电动空气压缩机 $1m^3/min$	台班	0.130	0.164	0.251	0.208	0.251	0.346
	990919040	电焊条烘干箱 $80 \times 80 \times 100cm^3$	台班	0.026	0.052	0.087	0.069	0.087	0.104
	990920010	电焊条恒温箱	台班	0.026	0.052	0.087	0.069	0.087	0.104

工作内容：施工准备，基础处理、垫铁设置、单元整体吊装就位、安装找正、单元底座上电气仪表连接件组装紧固、单元系统试压、单元调试、配合检查验收等。

计量单位：套

编号				3-7-16	3-7-17	3-7-18
项目				撬块面积 30m² 以内		
				设备重量（t 以内）		
				20	40	50
	名称		单位	消耗量		
人工	000203000	综合二类工	工日	58.083	66.464	78.172
材料	012900002	钢板（综合）	kg	47.030	52.585	56.466
	031305003	焊锡膏	kg	0.046	0.046	0.046
	142907002	乙炔气	kg	0.234	0.234	0.234
	142909001	氧气	m^3	0.609	0.609	0.609
	031301009	低碳钢焊条 J427（综合）	kg	2.664	3.044	3.957
	031509007	平垫铁（综合）	kg	18.264	23.134	28.233
	031509010	斜垫铁（综合）	kg	36.832	46.269	56.466
	140307001	煤油	kg	0.685	0.913	1.103
	140700002	润滑油	kg	0.913	0.913	0.913
	023503007	无石棉布 δ2.5	m^2	0.274	0.381	0.419
	020112006	无石棉橡胶板 中压 δ0.8～6	kg	2.283	3.044	3.425
	290901001	接线铜端子头	个	7.610	7.610	7.610
	280307001	铝芯橡皮绝缘电线 BLX-2.5mm²	m	13.698	16.742	19.025
	280307003	铝芯橡皮绝缘电线 BLX-16mm²	m	14.459	17.503	21.004
	280307004	铝芯橡皮绝缘电线 BLX-25mm²	m	5.708	7.610	8.752
	050105001	道木（综合）	m^3	0.548	0.548	0.548
	031102004	铁砂布（综合）	张	3.044	3.044	3.044
	031101010	尼龙砂轮片 φ150	片	1.903	2.283	2.664
	341101001	水	m^3	22.830	26.635	30.440
	271707001	黄腊带 20mm × 10m	卷	2.664	3.044	3.653
	850103006	其他材料费（占材料费）	%	3.000	3.000	3.000
机械	990305020	叉式起重机 5t	台班	0.986	1.237	1.644
	990304024	汽车式起重机 25t	台班	0.510	—	—
	990304040	汽车式起重机 50t	台班	1.332	0.562	—
	990304056	汽车式起重机 80t	台班	—	0.917	0.657
	990304064	汽车式起重机 100t	台班	—	—	1.012
	990403020	平板拖车组 20t	台班	0.510	—	—
	990403030	平板拖车组 40t	台班	—	0.562	—
	990403040	平板拖车组 60t	台班	—	—	0.657
	990902020	硅整流弧焊机 20 kV · A	台班	1.029	1.116	1.298
	990801010	电动单级离心清水泵 50mm	台班	0.476	0.545	0.597
	990813045	试压泵 60MPa	台班	0.216	0.398	0.458
	991003030	电动空气压缩机 1m³/min	台班	0.346	0.433	0.510
	990919040	电焊条烘干箱 80 × 80 × 100cm³	台班	0.104	0.112	0.130
	990920010	电焊条恒温箱	台班	0.104	0.112	0.130

三、应急发电机组工艺单元

工作内容： 施工准备，基础处理、垫铁设置、单元整体吊装就位、安装找正、单元底座上电气仪表连接件组装紧固、单元系统试压、单元调试、配合检查验收等。

计量单位：套

		编　号		3-7-19	3-7-20	3-7-21	3-7-22	3-7-23
		项　目		撬块面积 10m² 以内		撬块面积 20m² 以内		
				设备重量（t 以内）				
				5	10	5	10	15
		名　称	单位	消　耗　量				
人工	000203000	综合二类工	工日	16.191	26.189	29.981	33.987	39.607
材料	012900002	钢板（综合）	kg	32.571	40.942	36.756	37.822	39.724
	142907002	乙炔气	kg	0.070	0.070	0.105	0.105	0.105
	142909001	氧气	m^3	0.183	0.183	0.274	0.274	0.274
	031301009	低碳钢焊条 J427（综合）	kg	0.685	0.913	1.142	1.370	1.826
	031509007	平垫铁（综合）	kg	6.773	7.610	9.132	11.415	14.459
	031509010	斜垫铁（综合）	kg	13.546	14.840	18.873	22.602	28.781
	290901001	接线铜端子头	个	7.610	7.610	9.132	9.132	9.132
	280307003	铝芯橡皮绝缘电线 BLX-16mm²	m	1.979	2.207	2.359	2.968	3.196
	280307004	铝芯橡皮绝缘电线 BLX-25mm²	m	2.892	3.348	3.577	4.033	4.566
	050105001	道木（综合）	m^3	0.449	0.449	0.479	0.479	0.479
	850103006	其他材料费（占材料费）	%	3.000	3.000	3.000	3.000	3.000
机械	990305020	叉式起重机 5t	台班	0.415	0.493	0.415	0.493	0.822
	990304016	汽车式起重机 16t	台班	0.260	0.311	0.294	0.329	—
	990304024	汽车式起重机 25t	台班	0.580	0.675	0.657	0.787	0.381
	990304040	汽车式起重机 50t	台班	—	—	—	—	1.090
	990401035	载重汽车 10t	台班	0.260	0.311	0.294	0.329	—
	990401045	载重汽车 15t	台班	—	—	—	—	0.381
	990902020	硅整流弧焊机 20 kV·A	台班	0.251	0.415	0.415	0.493	0.657
	990919040	电焊条烘干箱 80×80×100cm³	台班	0.026	0.043	0.043	0.052	0.052
	990920010	电焊条恒温箱	台班	0.026	0.043	0.043	0.052	0.052

四、仪表供风工艺单元

工作内容：施工准备，基础处理、垫铁设置、单元整体吊装就位、安装找正、单元底座上电气仪表连接件组装紧固、单元系统试压、单元调试、配合检查验收等。

计量单位：套

编号				3-7-24	3-7-25	3-7-26	3-7-27	3-7-28	3-7-29
项目				撬块面积 10m² 以内			撬块面积 20m² 以内		
				设备重量（t 以内）					
				3	5	10	5	10	15
名称			单位	消耗量					
人工	000203000	综合二类工	工日	9.870	10.964	11.868	12.186	13.407	15.129
材料	012900002	钢板（综合）	kg	24.352	27.396	31.962	30.440	31.962	38.811
	142907002	乙炔气	kg	0.070	0.070	0.070	0.088	0.088	0.105
	142909001	氧气	m^3	0.183	0.183	0.183	0.228	0.228	0.274
	031301009	低碳钢焊条 J427（综合）	kg	0.685	0.685	0.913	0.837	0.989	1.142
	031509007	平垫铁（综合）	kg	6.210	6.210	6.210	7.610	7.610	7.610
	031509010	斜垫铁（综合）	kg	12.557	12.557	12.557	15.677	15.677	15.677
	172500036	异型塑料管 ϕ2.5～5	m	1.218	1.271	1.309	1.324	1.408	1.522
	290901001	接线铜端子头	个	41.094	42.616	44.138	44.138	46.421	48.704
	341304003	标志牌 塑料扁形	个	41.094	42.616	44.138	44.138	46.421	48.704
	050105001	道木（综合）	m^3	0.358	0.358	0.358	0.396	0.396	0.396
	031102005	铁砂布 0#～2#	张	0.396	0.426	0.441	0.441	0.457	0.495
	850103006	其他材料费（占材料费）	%	3.000	3.000	3.000	3.000	3.000	3.000
机械	990305020	叉式起重机 5t	台班	0.415	0.415	0.493	0.415	0.493	0.657
	990304016	汽车式起重机 16t	台班	0.441	0.441	0.294	0.268	0.294	—
	990304024	汽车式起重机 25t	台班	—	—	0.216	0.268	0.294	0.337
	990304040	汽车式起重机 50t	台班	—	—	—	—	—	0.588
	990401035	载重汽车 10t	台班	0.251	0.260	0.294	0.268	0.294	—
	990401040	载重汽车 12t	台班	—	—	—	—	—	0.337
	990902020	硅整流弧焊机 20 kV · A	台班	0.251	0.251	0.372	0.329	0.415	0.493
	990919040	电焊条烘干箱 80 × 80 × 100cm³	台班	0.026	0.026	0.043	0.035	0.043	0.052
	990920010	电焊条恒温箱	台班	0.026	0.026	0.043	0.035	0.043	0.052

第八章

综合辅助项目

说　明

一、本章内容包括无损探伤检测、预热、后热及热处理、卷板开卷与平直、现场组装平台铺设与拆除、钢材半成品运输等。

二、本章不包括以下工作内容：

1. 被检工件的退磁。

2. 焊接工艺评定。

3. 产品焊接试板试验。

三、有关说明：

1. 液化气预热与后热，按板材不同厚度分别列项计算。

2. 液化气预热与后热器具制作，当设备容积大于 300m^3 时，执行球形罐的相应项目。

3. 设备和球形罐的整体热处理，应分别执行相应项目。

4. 卷板开卷与平直项目的计算，除实际净用量外，还包括规定的制作损耗量。

5. 现场组装平台是按摊销量进入项目的，主要材料已按 15 次周转使用计算；平台面积每增减 10m^2 时，应按最接近的项目进行调整。

6. 钢材半成品运输及工艺运输项目是指预制厂至安装位置之间的运输，不适用于场外长途运输。

工程量计算规则

一、X（γ）射线焊缝无损探伤，应区别不同板厚，以“10 张”为计量单位；计算工程量时，按设计规定的探伤焊缝总长度除以取定的有效长度（250mm）计算出拍片张数。

二、金属板材板面的超声波、磁粉探伤，按板材面积以“$10m^2$”为计量单位；焊缝和金属板材周边的超声波、磁粉、渗透探伤，按探伤的焊缝长度以“10m”为计量单位。

三、光谱分析按不同类别，以“点”为计量单位。

四、焊缝预热及后热，根据钢板厚度按实际预热及后热焊缝长度以“10m”为计量单位。

五、液化气焊缝预热及后热器具制作，按设备类型和容积以“台”为计量单位。

六、电加热片预热及后热，按板材厚度以“10m 焊缝”为计量单位。

七、焊后局部热处理，按设备板材厚度以“10m 焊缝”为计量单位。

八、设备整体热处理，按设备重量以“t”为计量单位。

九、球形罐整体热处理，按不同形式和设备容积以“台”为计量单位。

十、钢卷板开卷与平直，按不同钢板厚度，以“t”为计量单位。

十一、现场组装平台铺设与拆除，根据批准的施工组织设计，按搭设方式和平台面积以“座”为计量单位。

十二、钢材半成品运输，按运输距离以“10t”为计量单位。“每增加 1km”是指超出项目所增加的运输距离，不包括二次装卸。

十三、硬度检测以“10 点”为计量单位；TOFD 检测以“m”为计量单位。

一、无损探伤检测

1. X 射线探伤

工作内容：射线机的搬运及固定、焊缝清刷、透照位置标记编号、底片号码编排、底片固定、开机拍片、暗室处理、底片鉴定、技术报告等。

计量单位：10 张

编号				3-8-1	3-8-2	3-8-3	3-8-4
项目				板厚（mm 以内）			
				16	30	42	42 以上
		名称	单位	消耗量			
人工	000203000	综合二类工	工日	1.011	1.254	1.568	1.951
材料	161109003	X 射线胶片 80 × 300	张	12.000	12.000	12.000	12.000
材料	301327002	增感屏 80 × 300	副	0.480	0.480	0.480	0.480
材料	021901006	塑料暗袋 80 × 300	副	0.464	0.464	0.464	0.464
材料	144301002	医用白胶布	m^2	0.096	0.096	0.096	0.096
材料	341307001	阿拉伯铅号码	套	0.304	0.304	0.304	0.304
材料	341307002	英文铅号码	套	0.304	0.304	0.304	0.304
材料	860125001	像质计	个	0.464	0.464	0.464	0.464
材料	015301002	铅板 80 × 300 × 3	块	0.304	0.304	0.304	0.304
材料	341101001	水	m^3	0.120	0.120	0.120	0.120
材料	341103001	电	kW · h	0.600	0.600	0.600	0.600
材料	161105001	显影剂	L	0.260	0.260	0.260	0.260
材料	161107001	定影剂	L	0.260	0.260	0.260	0.260
材料	850103006	其他材料费（占材料费）	%	1.000	1.000	1.000	1.000
机械	991216010	X 射线胶片脱水烘干机 ZTH-340	台班	0.057	0.065	0.073	0.144
机械	872128019	X 射线探伤机	台班	0.545	0.680	0.850	1.054

2. γ 射线探伤（内透法）

工作内容：射线机的搬运及固定、焊缝清刷、透照位置标记编号、底片号码编排、底片固定、开机拍片、暗室处理、底片鉴定、技术报告等。

计量单位：10 张

编号				3-8-5	3-8-6	3-8-7	3-8-8
项目				板厚（mm 以内）			
				28	40	48	48 以上
		名称	单位	消耗量			
人工	000203000	综合二类工	工日	0.616	0.674	0.844	1.126
材料	161109003	X 射线胶片 80×300	张	12.000	12.000	12.000	12.000
	301327002	增感屏 80×300	副	0.540	0.540	0.540	0.540
	021901006	塑料暗袋 80×300	副	0.580	0.580	0.580	0.580
	144301002	医用白胶布	m^2	0.120	0.120	0.120	0.140
	341307001	阿拉伯铅号码	套	0.380	0.380	0.380	0.380
	341307002	英文铅号码	套	0.380	0.380	0.380	0.380
	860125001	像质计	个	0.580	0.580	0.580	0.580
	341101001	水	m^3	0.150	0.150	0.150	0.150
	341103001	电	kW·h	0.750	0.750	0.750	0.750
	161105001	显影剂	L	0.260	0.260	0.260	0.260
	161107001	定影剂	L	0.260	0.260	0.260	0.260
	850103006	其他材料费（占材料费）	%	3.000	3.000	3.000	3.000
机械	991216010	X 射线胶片脱水烘干机 ZTH-340	台班	0.010	0.010	0.017	0.019
	872128046	γ 射线探伤仪（Ir192）	台班	0.173	0.190	0.238	0.314

3. 超声波探伤

（1）金属板材对接焊缝探伤

工作内容：搬运仪器、校验仪器及探头、检验部位清理除污、涂抹耦合剂、探伤、检验结果、记录鉴定、技术报告等。

计量单位：10m

编号				3-8-9	3-8-10	3-8-11	3-8-12
项目				板厚（mm 以内）			
				25	46	80	120
		名称	单位	消耗量			
人工	000203000	综合二类工	工日	0.602	0.797	1.196	1.710
材料	300103003	斜探头	个	0.280	0.360	0.540	0.720
	284301001	探头线	根	0.015	0.015	0.015	0.015
	031102005	铁砂布 0#～2#	张	5.400	8.100	11.700	15.300
	140303002	机油 5～7#	kg	0.270	0.360	0.495	0.675
	143543001	耦合剂	kg	1.800	2.250	2.700	3.600
	022701003	棉纱头	kg	1.200	1.500	2.500	3.500
	340907001	毛刷	把	1.000	1.500	1.500	2.000
	850103006	其他材料费（占材料费）	%	1.000	1.000	1.000	1.000
机械	872128028	超声波探伤仪	台班	0.470	0.697	0.941	1.344

（2）金属板材探伤

工作内容：搬运仪器、校验仪器及探头、检验部位清理除污、涂抹耦合剂、探伤、检验结果、记录鉴定、技术报告等。

计量单位：见表

编号				3-8-13	3-8-14
项目				板材超声波探伤	板材周边超声波探伤
单位				10m²	10m
名称			单位	消耗量	
人工	000203000	综合二类工	工日	1.485	0.349
材料	300103002	直探头	个	0.720	0.180
	284301001	探头线	根	0.054	0.036
	031102005	铁砂布 0#～2#	张	15.300	5.400
	140303002	机油 5～7#	kg	0.675	0.360
	143543001	耦合剂	kg	3.100	1.800
	022701003	棉纱头	kg	3.500	1.200
	340907001	毛刷	把	2.000	1.000
	850103006	其他材料费（占材料费）	%	3.000	3.000
机械	872128028	超声波探伤仪	台班	1.261	0.131

4. 磁 粉 探 伤

（1）金属板材探伤

工作内容：搬运仪器、接地、探伤部位除锈打磨清理、配制磁悬液、磁化磁粉反应、缺陷处理、技术报告等。

计量单位：见表

编号				3-8-15	3-8-16
项目				板材磁粉探伤	板材周边磁粉探伤
单位				10m²	10m
名称			单位	消耗量	
人工	000203000	综合二类工	工日	1.022	0.256
材料	031101009	尼龙砂轮片 ϕ100	片	0.350	0.230
	140717001	变压器油	kg	4.589	2.301
	140307001	煤油	kg	4.589	2.301
	161101001	磁粉	g	311.000	112.000
	022701003	棉纱头	kg	0.580	0.230
	850103006	其他材料费（占材料费）	%	3.000	2.700
机械	872128011	磁粉探伤仪	台班	0.380	0.095

（2）金属板材焊缝探伤

工作内容： 搬运仪器、接地、探伤部位除锈打磨清理、配制磁悬液、磁化磁粉反应、缺陷处理、技术报告等。

计量单位： 10m

编号				3-8-17	3-8-18
项目				焊缝磁粉检测	焊缝荧光磁粉检测
名称			单位	消耗量	
人工	000203000	综合二类工	工日	0.602	0.602
材料	031101009	尼龙砂轮片 ϕ100	片	0.330	0.330
	140717001	变压器油	kg	3.338	3.338
	140307001	煤油	kg	3.330	3.330
	161101001	磁粉	g	125.000	—
	022701003	棉纱头	kg	3.029	3.029
	850103006	其他材料费（占材料费）	%	3.000	3.000
	142313001	荧光磁粉	g	—	125.000
机械	872128011	磁粉探伤仪	台班	0.171	0.171

5. 渗透探伤

工作内容： 领料、探伤部位除锈清理、配制及喷涂渗透液、喷涂显像液、干燥处理、观察结果、缺陷部位处理记录、清洗药渍、技术报告等。

计量单位： 10m

编号				3-8-19	3-8-20
项目				渗透探伤	荧光渗透探伤
名称			单位	消耗量	
人工	000203000	综合二类工	工日	0.767	1.014
材料	143515001	渗透剂 500ml	瓶	1.600	—
	143519001	显像剂 500ml	瓶	3.200	3.200
	143505004	清洗液 500ml	瓶	4.800	4.800
	022701003	棉纱头	kg	1.000	1.000
	161105002	荧光渗透探伤剂 500ml	瓶	—	1.600
	850103006	其他材料费（占材料费）	%	3.000	3.000

6. 光谱分析

工作内容： 施工准备、调试仪器、工件检测表面清理、测试分析、对比标准、数据记录、评定、技术报告等。

计量单位： 点

编号				3-8-21	3-8-22	3-8-23
项目				定性分析		分析仪定量分析
				看谱镜	分析仪	
名称			单位	消耗量		
人工	000203000	综合二类工	工日	0.065	0.063	0.135
材料	022305001	石墨阳极	个	0.010	—	—
	031101013	尼龙砂轮片 $\phi100\times16\times3$	片	0.010	0.010	0.010
	021700001	保护玻璃	片	0.010	—	—
	290631001	保险丝管 10A	个	0.012	—	—
	850103006	其他材料费（占材料费）	%	3.000	3.000	3.000
机械	871119001	固定式看谱镜	台班	0.048	—	—
	871119017	光谱分析仪	台班	—	0.010	0.095

二、预热、后热与整体热处理

1. 液化气预热

工作内容：预热器具设备、加热、恒温、回收材料等。　　计量单位：10m 焊缝

编　号				3-8-24	3-8-25	3-8-26	3-8-27	3-8-28
项　目				钢板厚度（mm 以内）				
				12	16	20	24	28
名　称			单位	消　耗　量				
人工	000203000	综合二类工	工日	2.116	2.120	2.128	2.131	2.139
材料	143183001	液化气	kg	84.000	106.600	130.400	155.400	181.600
	860110001	测温笔	支	1.400	1.400	1.400	1.400	1.400
	172707004	橡胶管 *D*25	m	2.000	2.000	2.000	2.000	2.000
	850103006	其他材料费（占材料费）	%	3.000	3.000	3.000	3.000	3.000
机械	990401030	载重汽车 8t	台班	0.067	0.095	0.108	0.139	0.150

工作内容：预热器具设备、加热、恒温、回收材料等。　　计量单位：10m 焊缝

编　号				3-8-29	3-8-30	3-8-31	3-8-32
项　目				钢板厚度（mm 以内）			
				32	36	40	44
名　称			单位	消　耗　量			
人工	000203000	综合二类工	工日	2.163	2.174	2.185	2.177
材料	143183001	液化气	kg	209.100	237.900	267.900	299.100
	860110001	测温笔	支	1.400	1.400	1.400	1.400
	172707004	橡胶管 *D*25	m	2.000	2.000	2.000	2.000
	850103006	其他材料费（占材料费）	%	3.000	3.000	3.000	3.000
机械	990401030	载重汽车 8t	台班	0.181	0.205	0.234	0.257

工作内容：预热器具设备、加热、恒温、回收材料等。　　计量单位：10m 焊缝

编　号				3-8-33	3-8-34	3-8-35	3-8-36
项　目				钢板厚度（mm 以内）			
				48	52	56	60
名　称			单位	消　耗　量			
人工	000203000	综合二类工	工日	2.191	2.197	2.210	2.218
材料	143183001	液化气	kg	331.600	365.400	400.400	436.600
	860110001	测温笔	支	1.400	1.400	1.400	1.400
	172707004	橡胶管 *D*25	m	2.000	2.000	2.000	2.000
	850103006	其他材料费（占材料费）	%	3.000	3.000	3.000	3.000
机械	990401030	载重汽车 8t	台班	0.282	0.320	0.342	0.376

2. 液化气后热

工作内容：后热器具设置、加热、恒温、盖石棉布缓冷、回收材料等。 计量单位：10m 焊缝

编号				3-8-37	3-8-38	3-8-39	3-8-40	3-8-41
项目				钢板厚度（mm 以内）				
				12	16	20	24	28
名称			单位	消耗量				
人工	000203000	综合二类工	工日	2.220	2.241	2.256	2.266	2.272
材料	143183001	液化气	kg	88.200	111.930	136.920	163.170	190.680
	860110001	测温笔	支	1.400	1.400	1.400	1.400	1.400
	172707004	橡胶管 *D*25	m	2.000	2.000	2.000	2.000	2.000
	151705001	硅酸铝毡	kg	27.750	27.750	27.750	27.750	27.750
	850103006	其他材料费（占材料费）	%	3.000	3.000	3.000	3.000	3.000
机械	990401030	载重汽车 8t	台班	0.077	0.096	0.120	0.140	0.162

工作内容：后热器具设置、加热、恒温、盖石棉布缓冷、回收材料等。 计量单位：10m 焊缝

编号				3-8-42	3-8-43	3-8-44	3-8-45
项目				钢板厚度（mm 以内）			
				32	36	40	44
名称			单位	消耗量			
人工	000203000	综合二类工	工日	2.280	2.289	2.293	2.305
材料	143183001	液化气	kg	219.560	249.800	281.300	314.100
	860110001	测温笔	支	1.400	1.400	1.400	1.400
	172707004	橡胶管 *D*25	m	2.000	2.000	2.000	2.000
	023503005	普通无石棉布	kg	—	—	—	27.750
	151705001	硅酸铝毡	kg	27.750	27.750	27.750	—
	850103006	其他材料费（占材料费）	%	3.000	3.000	3.000	3.000
机械	990401030	载重汽车 8t	台班	0.192	0.214	0.239	0.295

工作内容：后热器具设置、加热、恒温、盖石棉布缓冷、回收材料等。 计量单位：10m 焊缝

编号				3-8-46	3-8-47	3-8-48	3-8-49
项目				钢板厚度（mm 以内）			
				48	52	56	60
名称			单位	消耗量			
人工	000203000	综合二类工	工日	2.310	2.310	2.321	2.321
材料	143183001	液化气	kg	348.180	383.670	420.420	458.430
	860110001	测温笔	支	1.400	1.400	1.400	1.400
	172707004	橡胶管 *D*25	m	2.000	2.000	2.000	2.000
	023503005	普通无石棉布	kg	27.750	27.750	27.750	27.750
	850103006	其他材料费（占材料费）	%	3.000	3.000	3.000	3.000
机械	990401030	载重汽车 8t	台班	0.299	0.329	0.367	0.398

3. 液化气预热、后热器具制作

工作内容：放样、下料、组对、焊接等。　　　　**计量单位：**台

编号				3-8-50	3-8-51	3-8-52	3-8-53	3-8-54
项目				容器、塔器				
				容量（m³以内）				
				20	50	100	200	300
		名称	单位	消耗量				
人工	000203000	综合二类工	工日	2.446	5.434	10.506	19.744	27.079
材料	012300001	型钢（综合）	kg	18.600	31.800	43.400	54.600	74.600
	170200002	无缝钢管（综合）	kg	31.000	53.000	72.300	91.000	124.400
	031301009	低碳钢焊条 J427（综合）	kg	1.560	4.070	5.550	6.990	9.550
	031303005	碳钢焊丝	kg	0.990	1.700	2.310	2.910	3.980
	142909001	氧气	m³	0.750	1.290	1.740	2.190	3.000
	142907002	乙炔气	kg	0.288	0.496	0.669	0.842	1.154
	190100001	截止阀 *DN*25	个	2.000	3.000	5.000	6.000	7.000
	850103006	其他材料费（占材料费）	%	3.000	3.000	3.000	3.000	3.000
机械	990901020	交流弧焊机 32kV·A	台班	0.548	1.440	1.962	2.474	3.375
	990401030	载重汽车 8t	台班	0.090	0.090	0.177	0.177	0.265

工作内容：放样、下料、组对、焊接等。　　　　**计量单位：**台

编号				3-8-55	3-8-56	3-8-57	3-8-58
项目				容器、塔器			球形储罐
				容量（m³以内）			
				400	1000	2000	3000
		名称	单位	消耗量			
人工	000203000	综合二类工	工日	28.613	44.468	74.175	118.680
材料	012300001	型钢（综合）	kg	91.100	129.700	173.000	242.200
	170200002	无缝钢管（综合）	kg	151.800	206.200	288.300	389.205
	031301009	低碳钢焊条 J427（综合）	kg	11.690	16.120	22.140	30.332
	031303005	碳钢焊丝	kg	4.860	6.600	9.230	12.553
	142909001	氧气	m³	3.660	4.950	6.930	9.702
	142907002	乙炔气	kg	1.408	1.904	2.665	3.732
	190100001	截止阀 *DN*25	个	8.000	9.000	10.000	11.000
	850103006	其他材料费（占材料费）	%	3.000	3.000	3.000	3.000
机械	990901020	交流弧焊机 32kV·A	台班	4.134	5.699	7.828	10.725
	990401030	载重汽车 8t	台班	0.353	0.447	0.530	0.665

工作内容：放样、下料、组对、焊接等。 计量单位：台

编号				3-8-59	3-8-60	3-8-61	3-8-62
项目				球形储罐			
				容量（m^3 以内）			
				5000	6000	8000	10000
名称			单位	消耗量			
人工	000203000	综合二类工	工日	189.887	303.820	486.111	777.779
材料	012300001	型钢（综合）	kg	339.080	474.712	664.597	930.436
	170200002	无缝钢管（综合）	kg	525.427	709.326	957.590	1292.747
	031301009	低碳钢焊条 J427（综合）	kg	41.555	56.930	77.994	106.852
	031303005	碳钢焊丝	kg	17.072	23.218	31.576	42.943
	142909001	氧气	m^3	13.583	19.016	26.622	37.271
	142907002	乙炔气	kg	5.224	7.314	10.239	14.335
	190100001	截止阀 *DN*25	个	12.000	13.000	14.000	15.000
	850103006	其他材料费（占材料费）	%	3.000	3.000	3.000	3.000
机械	990901020	交流弧焊机 32kV · A	台班	14.693	20.129	27.577	37.780
	990401030	载重汽车 8t	台班	0.760	0.855	0.950	1.055

4. 电加热片预热、后热

工作内容：施工准备、热电偶固定、包扎、连线、通电、升温、恒温、降温、拆除、回收材料、清理现场等。 计量单位：10m 焊缝

编号				3-8-63	3-8-64	3-8-65	3-8-66
项目				板材厚度（mm 以内）			
				12	20	25	30
名称			单位	消耗量			
人工	000203000	综合二类工	工日	1.946	2.336	2.618	2.944
材料	152103002	电加热片 履带式	m^2	0.080	0.096	0.108	0.117
	860110003	热电偶 1000℃ 1m	个	0.200	0.200	0.200	0.200
	151705001	硅酸铝毡	kg	34.970	42.642	47.692	53.654
	850103006	其他材料费（占材料费）	%	3.000	3.000	3.000	3.000
机械	991234010	自控热处理机	台班	0.994	1.210	1.379	1.505

工作内容：施工准备、热电偶固定、包扎、连线、通电、升温、恒温、降温、拆除、回收材料、清理现场等。 计量单位：10m 焊缝

编号				3-8-67	3-8-68	3-8-69
项目				板材厚度（mm 以内）		
				40	50	60
名称			单位	消耗量		
人工	000203000	综合二类工	工日	3.681	4.013	5.137
材料	152103002	电加热片 履带式	m^2	0.165	0.185	0.225
	860110003	热电偶 1000℃ 1m	个	0.200	0.200	0.200
	151705001	硅酸铝毡	kg	72.533	—	—
	155903001	高硅布 δ50	m^2	—	5.910	7.120
	850103006	其他材料费（占材料费）	%	3.000	3.000	3.000
机械	991234010	自控热处理机	台班	1.870	2.106	2.694

5. 焊后局部热处理

工作内容： 热电偶固定、包扎、连线、通电、升温、拆除、回收材料、清理现场、硬度测试等。

计量单位： 10m 焊缝

编号				3-8-70	3-8-71	3-8-72	3-8-73
项目				板材厚度（mm）			
				10～15	16～20	21～25	26～30
名称			单位	消耗量			
人工	000203000	综合二类工	工日	3.038	3.645	4.084	4.597
材料	152103002	电加热片 履带式	m^2	0.090	0.110	0.120	0.130
	860110003	热电偶 1000℃ 1m	个	0.500	0.500	0.500	0.500
	155903001	高硅布 δ50	m^2	2.860	3.430	3.840	4.320
	850103006	其他材料费（占材料费）	%	3.000	3.000	3.000	3.000
机械	991234010	自控热处理机	台班	1.150	1.378	1.549	1.729

工作内容： 热电偶固定、包扎、连线、通电、升温、拆除、回收材料、清理现场、硬度测试等。

计量单位： 10m 焊缝

编号				3-8-74	3-8-75	3-8-76
项目				板材厚度（mm）		
				31～40	41～50	51～60
名称			单位	消耗量		
人工	000203000	综合二类工	工日	5.740	6.456	7.555
材料	152103002	电加热片 履带式	m^2	0.180	0.210	0.250
	860110003	热电偶 1000℃ 1m	个	0.500	0.500	0.500
	155903001	高硅布 δ50	m^2	5.840	6.570	7.910
	850103006	其他材料费（占材料费）	%	3.000	3.000	3.000
机械	991234010	自控热处理机	台班	2.147	2.432	3.154

6. 设备整体热处理

工作内容：进窑搬运、封窑、升温、热处理、保温、出窑搬运、清理现场等。 **计量单位：**t

编号				3-8-77	3-8-78	3-8-79	3-8-80
项目				重量（t以内）			
				0.5	2.5	6	10
名称			单位	消耗量			
人工	000203000	综合二类工	工日	4.064	2.949	1.326	0.820
材料	012300001	型钢（综合）	kg	15.400	13.700	12.100	10.600
	140305002	柴油	kg	195.000	185.000	175.000	167.000
	850103006	其他材料费（占材料费）	%	3.000	3.000	3.000	3.000
机械	990304012	汽车式起重机 12t	台班	0.067	0.057	0.057	—
	990304020	汽车式起重机 20t	台班	—	—	—	0.048
	990401020	载重汽车 5t	台班	0.067	0.057	—	—
	990401035	载重汽车 10t	台班	—	—	0.057	0.048
	991006030	工业锅炉 4t/h	台班	0.124	0.124	0.105	0.105

工作内容：进窑搬运、封窑、升温、热处理、保温、出窑搬运、清理现场等。 **计量单位：**t

编号				3-8-81	3-8-82	3-8-83	3-8-84
项目				重量（t以内）			
				16	24	35	50
名称			单位	消耗量			
人工	000203000	综合二类工	工日	0.558	0.393	0.343	0.307
材料	012300001	型钢（综合）	kg	9.200	7.900	6.800	6.500
	140305002	柴油	kg	159.000	147.000	147.000	147.000
	850103006	其他材料费（占材料费）	%	3.000	3.000	3.000	3.000
机械	990304020	汽车式起重机 20t	台	0.048	—	—	—
	990304040	汽车式起重机 50t	台班	—	0.029	0.029	0.029
	990403025	平板拖车组 30t	台班	0.048	0.029	—	—
	990403035	平板拖车组 50t	台班	—	—	0.029	0.029
	991006030	工业锅炉 4t/h	台班	0.086	0.067	0.057	0.038

7. 球罐整体热处理

（1）柴 油 加 热

工作内容：保温被、保温被压缚机构、立柱移动装置的制作、安装、拆除、热处理装置的设置、拆除、点火升温、恒温、降温、球罐复原、整理记录等。　　**计量单位：**台

编　号				3-8-85	3-8-86	3-8-87	3-8-88	3-8-89
项　目				球罐容积（m^3）				
				50	120	200	400	650
名　称			单位	消　耗　量				
人工	000203000	综合二类工	工日	138.293	174.116	212.786	303.643	373.514
材料	031301009	低碳钢焊条 J427（综合）	kg	15.130	19.050	24.220	36.410	45.600
	142909001	氧气	m^3	8.010	10.170	12.930	19.410	24.330
	142907002	乙炔气	kg	3.081	3.912	4.973	7.465	9.358
	330703001	贮油罐 $\phi1000\times2000\times8$	台	0.200	0.200	0.200	0.200	0.200
	330705001	分气罐 $\phi377\times800\times8$	台	0.200	0.200	0.200	0.200	0.200
	330701001	油缓冲罐 $\phi377\times800\times8$	台	0.200	0.200	0.200	0.200	0.200
	333901001	烟囱 $\phi500\sim600\times2000\times4$	个	0.200	0.200	0.200	0.200	0.200
	031599020	进风套筒 $\phi320\times560\times4$	套	0.250	0.250	0.250	0.250	0.250
	215509001	主付点火器	套	0.250	0.250	0.250	0.250	0.250
	340932001	燃油喷嘴 $1^{\#}\sim2^{\#}$	件	0.500	0.500	0.500	0.500	0.500
	531107001	油过滤器	个	0.250	0.250	0.250	0.250	0.250
	190001003	法兰阀门 *DN*20	个	6.000	6.000	6.000	6.000	6.000
	860116011	转子流量计 TZB-25 1000t/min	支	1.000	1.000	1.000	1.000	1.000
	860110003	热电偶 1000℃ 1m	个	10.000	12.000	12.000	16.000	24.000
	280315002	补偿导线 EV2 × $1mm^2$	m	150.000	150.000	150.000	150.000	150.000
	182713001	导向支架	套	0.250	0.250	0.250	0.250	0.250
	172703001	夹布胶管（耐油） $\phi25$	m	33.000	33.000	33.000	33.000	33.000
	172703002	夹布胶管（耐油） $\phi50$	m	36.000	36.000	36.000	36.000	36.000
	172703003	夹布胶管（耐油） $\phi100$	m	24.000	24.000	24.000	24.000	24.000
	280008007	电打火电缆线 $\phi8$BV8.12 股铜线	m	9.000	9.000	9.000	9.000	9.000
	280008008	电打火电缆线 $\phi10$BV8.2 股铜线	m	6.000	6.000	6.000	6.000	6.000
	012913005	不锈钢板 1Cr18*Ni*9Ti $\delta8$ 以外	kg	14.130	21.200	28.260	70.560	84.750
	340921001	支柱移动装置	kg	223.390	254.580	321.560	435.610	552.380
	150000001	保温被压缚结构	kg	62.940	105.230	130.030	216.340	274.910
	152313002	高硅氧棉绳	kg	4.150	6.750	9.130	15.320	21.960
	031505005	镀锌钢丝网 $\phi1.6\times20\times20$	m^2	166.000	270.000	356.000	612.800	792.000
	150702001	玻璃布（综合）	m^2	166.000	270.000	356.000	612.800	792.000
	010501014	钢丝绳 $\phi20$	m	8.000	10.160	12.920	19.400	24.320
	031507007	镀锌铁丝（综合）	kg	10.000	15.000	20.000	25.000	30.000
	140305002	柴油	kg	1000.000	1200.000	1500.000	2000.000	2500.000
	143183001	液化气	kg	500.000	500.000	700.000	1000.000	1000.000
	850103006	其他材料费（占材料费）	%	2.000	2.000	2.000	2.000	2.000
机械	990901020	交流弧焊机 32kV · A	台班	2.850	3.021	4.598	6.916	8.664
	990812010	齿轮油泵 2.5L/min	台班	7.600	7.600	7.600	7.600	7.600
	991003060	电动空气压缩机 $9m^3$/min	台班	7.600	7.600	7.600	7.600	7.600

工作内容：保温被、保温被压缚机构、立柱移动装置的制作、安装、拆除、热处理装置的设置、拆除、点火升温、恒温、降温、球罐复原、整理记录等。 **计量单位：**台

编号				3-8-90	3-8-91	3-8-92	3-8-93	3-8-94
项目				球罐容积（m^3）				
				1000	1500	2000	3000	4000
		名称	单位	消耗量				
人工	000203000	综合二类工	工日	452.713	568.057	683.411	836.494	1027.950
材料	031301009	低碳钢焊条 J427（综合）	kg	57.410	72.950	88.480	119.550	137.064
	142909001	氧气	m^3	30.630	38.910	47.190	63.750	73.082
	142907002	乙炔气	kg	11.781	14.965	18.150	24.519	28.108
	330703001	贮油罐 $\phi1000\times2000\times8$	台	0.200	0.200	0.200	0.200	0.200
	330705001	分气罐 $\phi377\times800\times8$	台	0.200	0.200	0.200	0.200	0.200
	330701001	油缓冲罐 $\phi377\times800\times8$	台	0.200	0.200	0.200	0.200	0.200
	333901001	烟囱 $\phi500\sim600\times2000\times4$	个	0.200	0.200	0.200	0.200	0.200
	031599020	进风套筒 $\phi320\times560\times4$	套	0.250	0.250	0.250	0.250	0.250
	215509001	主付点火器	套	0.250	0.250	0.250	0.250	0.250
	340932001	燃油喷嘴 1#～2#	件	0.500	0.500	0.500	0.500	0.500
	531107001	油过滤器	个	0.250	0.250	0.250	0.250	0.250
	190001003	法兰阀门 *DN*20	个	6.000	6.000	6.000	6.000	6.000
	860116011	转子流量计 TZB-25 1000t/min	支	1.000	2.000	2.000	2.000	2.000
	860110003	热电偶 1000℃ 1m	个	27.000	32.000	34.000	42.000	47.000
	280315002	补偿导线 EV$2\times1mm^2$	m	150.000	150.000	150.000	150.000	150.000
	182713001	导向支架	套	0.250	0.250	0.250	0.250	0.250
	172703001	夹布胶管（耐油） $\phi25$	m	33.000	33.000	33.000	33.000	33.000
	172703002	夹布胶管（耐油） $\phi50$	m	36.000	36.000	36.000	36.000	36.000
	172703003	夹布胶管（耐油） $\phi100$	m	24.000	24.000	24.000	24.000	24.000
	280008007	电打火电缆线 ϕ8BV8.12 股铜线	m	9.000	9.000	9.000	—	—
	280008008	电打火电缆线 ϕ10BV8.2 股铜线	m	6.000	6.000	6.000	—	—
	012913005	不锈钢板 1Cr18*Ni*9Ti $\delta8$ 以外	kg	105.980	123.640	141.300	172.480	203.520
	340921001	支柱移动装置	kg	670.090	917.030	1164.060	1492.200	1893.760
	150000001	保温被压缚结构	kg	365.040	408.590	452.130	539.000	626.000
	152313002	高硅氧棉绳	kg	26.480	34.290	42.100	54.257	66.006
	031505005	镀锌钢丝网 $\phi1.6\times20\times20$	m^2	1059.200	1371.400	1683.600	2169.520	2638.800
	150702001	玻璃布（综合）	m^2	1059.200	1371.400	1683.600	2169.520	2638.800
	010501014	钢丝绳 $\phi20$	m	30.620	38.910	47.190	59.934	73.904
	031507007	镀锌铁丝（综合）	kg	100.000	150.000	200.000	300.000	300.000
	140305002	柴油	kg	3000.000	3500.000	4000.000	4900.000	5600.000
	143183001	液化气	kg	1500.000	1700.000	2000.000	2450.000	2850.000
	850103006	其他材料费（占材料费）	%	2.000	2.000	2.000	2.000	2.000
	280301007	铜芯塑料绝缘电线 BV-$8mm^2$	m	—	—	—	9.000	9.000
	280301008	铜芯塑料绝缘电线 BV-$10mm^2$	m	—	—	—	6.000	6.000

续前

编号				3-8-90	3-8-91	3-8-92	3-8-93	3-8-94
项目				球罐容积（m³）				
				1000	1500	2000	3000	4000
名称			单位	消耗量				
材料	860113017	弹簧压力表 0～16kg/cm²	个	—	—	—	1.800	1.800
机械	990901020	交流弧焊机 32kV · A	台班	10.906	13.861	16.815	21.806	54.653
	990812010	齿轮油泵 2.5L/min	台班	7.600	7.600	7.600	7.600	7.600
	991003060	电动空气压缩机 9m³/min	台班	7.600	7.600	7.600	7.600	7.600

工作内容：保温被、保温被压缚机构、立柱移动装置的制作、安装、拆除、热处理装置的设置、拆除、点火升温、恒温、降温、球罐复原、整理记录等。 **计量单位：台**

编号				3-8-95	3-8-96	3-8-97	3-8-98
项目				球罐容积（m³）			
				5000	6000	8000	10000
名称			单位	消耗量			
人工	000203000	综合二类工	工日	1284.937	1606.172	2007.716	2509.644
材料	031301009	低碳钢焊条 J427（综合）	kg	171.330	214.163	267.704	334.630
	142909001	氧气	m³	91.353	114.191	142.739	178.424
	142907002	乙炔气	kg	35.136	43.920	54.900	68.625
	330703001	贮油罐 $\phi1000 \times 2000 \times 8$	台	0.200	0.200	0.200	0.200
	330705001	分气罐 $\phi377 \times 800 \times 8$	台	0.200	0.200	0.200	0.200
	330701001	油缓冲罐 $\phi377 \times 800 \times 8$	台	0.200	0.200	0.200	0.200
	333901001	烟囱 $\phi500$～$600 \times 2000 \times 4$	个	0.200	0.200	0.200	0.200
	031599020	进风套筒 $\phi320 \times 560 \times 4$	套	0.250	0.250	0.250	0.250
	215509001	主付点火器	套	0.250	0.250	0.250	0.250
	340932001	燃油喷嘴 1#～2#	件	0.500	0.500	0.500	0.500
	531107001	油过滤器	个	0.250	0.250	0.250	0.250
	190001003	法兰阀门 *DN*20	个	6.000	6.000	6.000	6.000
	860116011	转子流量计 TZB-25 1000t/min	支	3.000	3.000	4.000	4.000
	280315002	补偿导线 EV2 × 1mm²	m	150.000	150.000	150.000	150.000
	182713001	导向支架	套	0.250	0.250	0.250	0.250
	172703001	夹布胶管（耐油）$\phi25$	m	33.000	33.000	33.000	33.000
	172703002	夹布胶管（耐油）$\phi50$	m	36.000	36.000	36.000	36.000
	172703003	夹布胶管（耐油）$\phi100$	m	24.000	24.000	24.000	24.000
	280301007	铜芯塑料绝缘电线 BV-8mm²	m	9.000	9.000	9.000	9.000
	280301008	铜芯塑料绝缘电线 BV-10mm²	m	6.000	6.000	6.000	6.000
	860110003	热电偶 1000℃ 1m	个	52.000	57.000	62.000	67.000
	012913005	不锈钢板 1Cr18*Ni*9Ti $\delta8$ 以外	kg	295.104	427.901	620.456	899.661
	340921001	支柱移动装置	kg	2745.952	3981.630	5773.364	8371.378
	150000001	保温被压缚结构	kg	907.700	1316.165	1908.439	2767.237

续前

		编　号		3-8-95	3-8-96	3-8-97	3-8-98
		项　目		球罐容积（m^3）			
				5000	6000	8000	10000
		名　称	单位	消　耗　量			
材料	152313002	高硅氧棉绳	kg	95.709	138.778	201.228	291.781
	031505005	镀锌钢丝网 $\phi1.6\times20\times20$	m^2	3826.260	5548.077	8044.712	11664.832
	150702001	玻璃布（综合）	m^2	3826.260	5548.077	8044.712	11664.832
	010501014	钢丝绳 $\phi20$	m	107.161	155.383	225.305	326.692
	031507007	镀锌铁丝（综合）	kg	350.000	350.000	400.000	400.000
	140305002	柴油	kg	6200.000	6700.000	7500.000	8000.000
	143183001	液化气	kg	3500.000	4000.000	4500.000	5000.000
	860113017	弹簧压力表 0～16kg/cm^2	个	1.800	1.800	1.800	1.800
	850103006	其他材料费（占材料费）	%	2.000	2.000	2.000	2.000
机械	990901020	交流弧焊机 32kV·A	台班	68.315	85.395	106.743	133.428
	990812010	齿轮油泵 2.5L/min	台班	7.600	7.600	7.600	7.600
	991003060	电动空气压缩机 9m^3/min	台班	7.600	7.600	7.600	7.600

（2）电　加　热

工作内容： 保温被、保温被压缚机构、立柱移动装置的制作、安装、拆除、热处理装置的设置、拆除、点火升温、恒温、降温、球罐复原、整理记录等。　　**计量单位：** 台

		编　号		3-8-99	3-8-100	3-8-101
		项　目		球罐容积（m^3）		
				50	120	200
		名　称	单位	消　耗　量		
人工	000203000	综合二类工	工日	180.636	220.492	264.280
材料	031301009	低碳钢焊条 J427（综合）	kg	15.130	17.145	24.220
	142909001	氧气	m^3	8.000	9.144	12.930
	142907002	乙炔气	kg	3.077	3.517	4.973
	520101001	电加热器	个	4.000	5.600	9.700
	860110003	热电偶 1000℃ 1m	个	10.000	12.000	12.000
	280123001	白钢元母线	10m	1.250	1.250	1.250
	280315002	补偿导线 EV2×1mm^2	m	11.250	11.250	11.250
	280319001	铝芯塑料绝缘电线 BLV	1000m	0.150	0.150	0.150
	281401011	塑料绝缘控制电缆 KVV	100m	0.600	0.600	0.600
	290999003	压根线端子	个	3.600	4.960	8.600
	280315001	电热器检查接线	组	0.300	0.400	0.700
	340921001	支柱移动装置	kg	223.390	236.759	321.560
	152313002	高硅氧棉绳	kg	4.150	5.400	9.130
	151705001	硅酸铝毡	kg	17.000	24.000	42.000
	031505005	镀锌钢丝网 $\phi1.6\times20\times20$	m^2	166.000	216.000	356.000
	150000001	保温被压缚结构	kg	62.940	84.184	130.030
	150702001	玻璃布（综合）	m^2	166.000	216.000	356.000
	031507007	镀锌铁丝（综合）	kg	3.000	3.600	6.000
	341103001	电	kW·h	4440.000	6240.000	10730.000
	850103006	其他材料费（占材料费）	%	2.000	2.000	2.000
机械	990901020	交流弧焊机 32kV·A	台班	2.850	3.021	4.598

工作内容： 保温被、保温被压缚机构、立柱移动装置的制作、安装、拆除、热处理装置的设置、拆除、点火升温、恒温、降温、球罐复原、整理记录等。　　**计量单位：台**

编　号				3-8-102	3-8-103	3-8-104
项　目				球罐容积（m^3）		
				400	650	1000
名　称			单位	消　耗　量		
人工	000203000	综合二类工	工日	366.042	443.597	534.157
材料	031301009	低碳钢焊条 J427（综合）	kg	36.410	45.600	57.410
	142909001	氧气	m^3	19.420	24.320	30.630
	142907002	乙炔气	kg	7.469	9.354	11.781
	520101001	电加热器	个	16.200	22.000	29.000
	860110003	热电偶 1000℃ 1m	个	16.000	24.000	27.000
	280123001	白钢元母线	10m	1.250	1.250	1.250
	280315002	补偿导线 EV2 × $1mm^2$	m	11.250	11.250	11.250
	280319001	铝芯塑料绝缘电线 BLV	1000m	0.150	0.150	0.150
	281401011	塑料绝缘控制电缆 KVV	100m	0.600	0.600	0.600
	290999003	压根线端子	个	14.400	19.700	26.000
	280315001	电热器检查接线	组	1.200	1.600	2.200
	340921001	支柱移动装置	kg	435.610	552.380	670.090
	152313002	高硅氧棉绳	kg	15.320	21.960	26.480
	151705001	硅酸铝毡	kg	70.000	96.000	127.000
	031505005	镀锌钢丝网 ϕ1.6 × 20 × 20	m^2	612.800	792.000	1059.200
	150000001	保温被压缚结构	kg	216.340	274.910	365.040
	150702001	玻璃布（综合）	m^2	612.800	792.000	1059.200
	031507007	镀锌铁丝（综合）	kg	10.000	13.000	18.000
	341103001	电	kW · h	18000.000	24600.000	32590.000
	850103006	其他材料费（占材料费）	%	2.000	2.000	2.000
机械	990901020	交流弧焊机 32kV · A	台班	6.916	8.664	10.906

三、钢卷板开卷与平直

工作内容：卷板展开、号料、切割、平整、堆放等。 计量单位：t

编号				3-8-105	3-8-106
项目				钢板厚度（mm 以内）	
				5	8
名称			单位	消耗量	
人工	000203000	综合二类工	工日	1.960	1.380
材料	012901013	热轧薄钢板 δ2.0～6.0	kg	40.000	—
	142909001	氧气	m^3	3.400	2.140
	142907002	乙炔气	kg	1.308	0.823
	012900020	钢板 δ6～12	kg	—	40.000
	850103006	其他材料费（占材料费）	%	3.000	1.800
机械	990733010	板料校平机 10×2000mm	台班	0.219	0.190
	990305030	叉式起重机 6t	台班	0.067	0.034
	990503030	电动单筒慢速卷扬机 50kN	台班	0.095	0.053

四、现场组装平台铺设与拆除

工作内容：道木摆放找平、排放钢轨（管）、铺钢板、组对点焊、拆除、材料集中堆放等。 计量单位：座

编号				3-8-107	3-8-108	3-8-109	3-8-110
项目				钢管平台（m^2 以内）			
				100	150	300	每增减 10
名称			单位	消耗量			
人工	000203000	综合二类工	工日	25.724	34.050	50.646	1.656
材料	012903011	热轧中厚钢板 δ8～20	kg	837.300	1256.000	2512.000	83.700
	170100004	钢管（综合）	kg	451.300	646.500	1321.600	46.400
	031301009	低碳钢焊条 J427（综合）	kg	5.360	7.190	13.180	0.430
	142909001	氧气	m^3	17.900	24.040	44.050	1.440
	142907002	乙炔气	kg	6.885	9.246	16.942	0.554
	050109001	枕木（综合）	m^3	0.270	0.390	0.750	0.030
	370915002	钢板垫板	kg	118.690	169.080	322.060	101.700
	850103006	其他材料费（占材料费）	%	3.000	3.000	3.000	3.000
机械	990901020	交流弧焊机 32kV·A	台班	2.700	3.600	6.500	0.220
	990919040	电焊条烘干箱 80×80×100cm^3	台班	0.610	0.798	1.192	0.039
	990304016	汽车式起重机 16t	台班	3.325	4.750	6.840	0.228
	990920010	电焊条恒温箱	台班	0.610	0.798	1.192	0.039
	990732035	剪板机 20×2500mm	台班	0.475	0.646	0.950	0.038

工作内容：道木摆放找平、排放钢轨（管）、铺钢板、组对点焊、拆除、材料集中堆放等。　**计量单位：**座

编号				3-8-111	3-8-112	3-8-113	3-8-114
项目				钢轨平台（m² 以内）			
				100	150	300	每增减 10
名称			单位	消耗量			
人工	000203000	综合二类工	工日	20.178	26.707	49.663	1.626
材料	012903011	热轧中厚钢板 δ8～20	kg	837.300	1256.000	2512.000	83.700
	370101004	轻便轨 24kg	kg	264.000	377.000	773.000	27.200
	031301009	低碳钢焊条 J427（综合）	kg	5.360	7.190	13.180	0.430
	142909001	氧气	m^3	17.900	24.040	44.050	1.440
	142907002	乙炔气	kg	6.885	9.246	16.942	0.554
	050109001	枕木（综合）	m^3	0.270	0.390	0.750	0.030
	370915002	钢板垫板	kg	118.690	169.080	322.160	10.170
	850103006	其他材料费（占材料费）	%	3.000	3.000	3.000	3.000
机械	990901020	交流弧焊机 32kV·A	台班	2.700	3.600	6.500	0.220
	990919040	电焊条烘干箱 80×80×100cm³	台班	0.501	0.657	1.228	0.040
	990304016	汽车式起重机 16t	台班	2.660	3.800	6.840	0.228
	990920010	电焊条恒温箱	台班	0.501	0.657	1.228	0.040
	990732035	剪板机 20×2500mm	台班	0.380	0.517	0.950	0.038

五、钢材半成品运输

工作内容：装车运输、卸车、堆放。　**计量单位：**10t

编号				3-8-115	3-8-116	3-8-117	3-8-118	3-8-119	3-8-120
项目				汽车		人力车		拖车	
				运距（km）					
				1 以内	每增加 1km	1 以内	每增加 1km	1 以内	每增加 1km
名称			单位	消耗量					
人工	000203000	综合二类工	工日	1.298	0.098	5.097	1.147	1.083	0.063
材料	050109001	枕木（综合）	m^3	0.006	—	0.001	—	0.008	0.001
	031507031	镀锌铁丝 ϕ4.0	kg	0.400	0.100	0.100	0.100	0.400	0.100
	850103006	其他材料费（占材料费）	%	3.000	3.000	3.000	3.000	3.000	3.000
机械	990401030	载重汽车 8t	台班	0.450	0.029	—	—	0.389	0.022
	990304016	汽车式起重机 16t	台班	0.450	0.026	—	—	0.389	0.022
	990403015	平板拖车组 15t	台班	—	—	—	—	0.022	0.022

六、补 充 项 目

1. 硬度测定、TOFD 检测

工作内容： 施工准备、现场条件确认、检测准备、仪器调试、检件预处理、检测、辅助检测、复核、数据记录、报告编制签发。

计量单位： 见表

编号				3-8-121	3-8-122	3-8-123
项目				硬度测定	TOFD 检测（对接焊缝）	
					板厚（mm 以内）	
					50	100
单位				10 点	m	
名称			单位	消耗量		
人工	000203000	综合二类工	工日	0.614	0.510	0.595
材料	022701003	棉纱头	kg	—	0.300	0.300
	143543001	耦合剂	kg	—	0.600	0.600
	284313002	主机线	根	—	0.001	0.001
	284301001	探头线	根	—	0.010	0.010
	284301002	TOFD 探头线	根	—	0.002	0.004
	300103004	TOFD 探头	个	—	0.004	0.004
	300103003	斜探头	个	—	0.040	0.060
	031305008	黑磁膏	g	—	60.000	60.000
	031101009	尼龙砂轮片 $\phi100$	片	0.300	—	—
	031102005	铁砂布 $0^{\#}\sim2^{\#}$	张	1.500	—	—
	161111001	标准硬度试块	个	0.010	—	—
	850103005	其他材料费	元	0.390	2.790	3.010
机械	871634217	TOFD 检测仪	台班	—	0.080	0.100
	870199015	里氏硬度计	台班	0.260	—	—